Heinz Bielka
Geschichte der
Medizinisch-Biologischen
Institute
Berlin-Buch

Springer

*Berlin
Heidelberg
New York
Barcelona
Hongkong
London
Mailand
Paris
Tokio*

Heinz Bielka

Geschichte der Medizinisch-Biologischen Institute Berlin-Buch

2., überarbeitete und erweiterte Auflage

Mit 185 Abbildungen

 Springer

Professor Dr. Dr. h.c. HEINZ BIELKA
Max-Delbrück-Centrum für Molekulare Medizin
13125 Berlin-Buch, Deutschland

ISBN-13: 978-3-642-93393-6

Die Deutsche Bibliothek – CIP-Einheitsaufnahme
Geschichte der medizinisch-biologischen Institute Berlin-Buch / Heinz Bielka. – 2.,
überarb. und erw. Aufl.. – Berlin; Heidelberg; New York; Barcelona; Hongkong; London; Mailand; Paris; Tokio: Springer, 2002
Früher u.d.T.: Die Medizinisch-Biologischen Institute Berlin-Buch
  ISBN-13: 978-3-642-93393-6   e-ISBN-13: 978-3-642-93392-9
  DOI: 10.1007/978-3-642-93392-9

Dieses Werk ist urheberrechtlich geschützt. Die dadurch begründeten Rechte, insbesondere die der Übersetzung, des Nachdrucks, des Vortrags, der Entnahme von Abbildungen und Tabellen, der Funksendung, der Mikroverfilmung oder der Vervielfältigung auf anderen Wegen und der Speicherung in Datenverarbeitungsanlagen, bleiben, auch bei nur auszugsweiser Verwertung, vorbehalten. Eine Vervielfältigung dieses Werkes oder von Teilen dieses Werkes ist auch im Einzelfall nur in den Grenzen der gesetzlichen Bestimmungen des Urheberrechtsgesetzes der Bundesrepublik Deutschland vom 9. September 1965 in der jeweils geltenden Fassung zulässig. Sie ist grundsätzlich vergütungspflichtig. Zuwiderhandlungen unterliegen den Strafbestimmungen des Urheberrechtsgesetzes.

Springer-Verlag ist ein Unternehmen
der BertelsmannSpringer Science+Business Media GmbH

http://www.springer.de

© Springer-Verlag Berlin Heidelberg 1997, 2002
Softcover reprint of the hardcover 2nd edition 2002

Die Wiedergabe von Gebrauchsnamen, Handelsnamen, Warenbezeichnungen usw. in diesem Werk berechtigt auch ohne besondere Kennzeichnung nicht zu der Annahme, daß solche Namen im Sinn der Warenzeichen- und Markenschutzgesetzgebung als frei zu betrachten wären und daher von jedermann benutzt werden dürften.

Produkthaftung: Für Angaben über Dosierungsanweisungen und Applikationsformen kann vom Verlag keine Gewähr übernommen werden. Derartige Angaben müssen vom jeweiligen Anwender im Einzelfall anhand anderer Literaturstellen auf ihre Richtigkeit überprüft werden.

Umschlaggestaltung: design & production, D-69121 Heidelberg
Herstellung: Druckerei Blankenburg, D-16321 Bernau
Gedruckt auf säurefreiem Papier   SPIN 10854778   27/3130Wg – 5 4 3 2 1 0

Inhaltsverzeichnis

Vorwort zur 1. Auflage 1997   7

Vorwort zur 2. Auflage 2001   9

1. Vorgeschichte und Umfelder   11
2. Das Kaiser-Wilhelm-Institut für Hirnforschung   20
    2.1. Vorgeschichte 1898-1930   20
    2.2. Das Kaiser-Wilhelm-Institut für Hirnforschung 1930-1937   23
    2.3. Das Kaiser-Wilhelm-Institut für Hirnforschung 1937-1945   38
    2.4. Die Abteilung Genetik im Kaiser-Wilhelm-Institut für Hirnforschung   49
3. Situationen und Entwicklungen 1945-1947   61
4. Die Akademieinstitute 1947-1991   68
    4.1. Die Institute für Medizin und Biologie 1947-1971   68
    4.2. Die Zentralinstitute 1972-1991   94
        4.2.1. Das Zentralinstitut für Molekularbiologie   95
        4.2.2. Das Zentralinstitut für Krebsforschung   99
        4.2.3. Das Zentralinstitut für Herz-Kreislaufforschung   102
        4.2.4. Das Zentrum für Medizinische Wissenschaften   103
    4.3. Forschungsprogramme   103
    4.4. Wissenschaftspolitischer Exkurs   111
    4.5. Entwicklungen 1990-1991   120
5. Der Biomedizinische Forschungscampus ab 1992   129
    5.1. Das Max-Delbrück-Centrum für Molekulare Medizin   129
    5.2. Die Universitätskliniken Robert Rössle und Franz Volhard   140
        Die Robert-Rössle-Klinik
        Die Franz-Volhard-Klinik
    5.3. Das Forschungsinstitut für Molekulare Pharmakologie   145
    5.4. Die BBB Biomedizinischer Forschungscampus Berlin-Buch GmbH/BBB Management GmbH Campus Berlin-Buch   148
    5.5. Biotechnologieunternehmen   151
    5.6. Kunst auf dem Campus   154
    5.7. Investive Entwicklungen   158
6. Wissenschaftliche Editionen   160
7. Bucher Beziehungen zu Berliner Akademien   165
8. Chronologische Übersicht   168
9. Biographien   171
10. Archivalien: Geschichte in Dokumenten   187
11. Belletristisches über Bucher Medizin und Wissenschaft   236

Summary   239

Nachworte   242

Quellenverzeichnis   244

Bildnachweis   248

Personenregister   249

Sachregister   254

VORWORT ZUR 1. AUFLAGE

Am Anfang des 20. Jahrhunderts wurde in dem nordöstlich von Berlin gelegenen märkisch-brandenburgischen Dorf Buch mit dem Bau großer Krankenanstalten der Stadt Berlin begonnen. Diese entwickelten sich noch vor dem Ersten Weltkrieg mit etwa 5000 Betten zur größten „Krankenhausstadt" Deutschlands und wurden bald über die Grenzen von Berlin und Deutschland hinaus bekannt. 1920 wurde Buch in die deutsche Hauptstadt eingemeindet.

In den Wissenschaften ist es höchst verdienstlich, das unzulänglich Wahre, was die Alten schon besessen, aufzusuchen und weiterzuführen.

Johann Wolfgang v. Goethe
Maximen und Reflexionen

Diese Bucher Krankenanstalten mit ihren psychiatrischen Kliniken waren 1928 für die Kaiser-Wilhelm-Gesellschaft Anlaß, in unmittelbarer Nähe einen Neubau für das Institut für Hirnforschung zu errichten, das nach seiner Fertigstellung 1930 weltweit das modernste seiner Art war. In diesem Institut mit seiner Klinik wurde unter Oskar und Cécile Vogt Geschichte der Hirnforschung geschrieben, und in der Abteilung Genetik legten der russische Genetiker und Radiobiologe Nikolai W. Timoféeff-Ressovsky in Zusammenarbeit mit dem amerikanischen Genetiker Hermann Muller und dem deutschen Physiker Max Delbrück, beide später Nobelpreisträger, wesentliche Grundlagen für die Entwicklung der modernen Genetik.

Nach dem Zweiten Weltkrieg gründete die Deutsche Akademie der Wissenschaften zu Berlin im ehemaligen Kaiser-Wilhelm-Institut für Hirnforschung ein Institut für Medizin und Biologie, das sich, ebenfalls in der Einheit von Grundlagenforschung und Klinik, mit Wissenschaftlern und Ärzten wie Karl Lohmann, Walter Friedrich, Arnold Graffi, Hans Gummel und Albert Wollenberger zu einem international bekannten Zentrum der Krebs- und Herz-Kreislaufforschung entwickelte.

Nach der Vereinigung der beiden deutschen Staaten wurde 1992 in Berlin-Buch das Max-Delbrück-Centrum für Molekulare Medizin (MDC) als Einrichtung der Hermann von Helmholtz-Gemeinschaft deutscher Forschungszentren gegründet. Ziel des MDC ist es, in der Einheit von Grundlagenforschung und klinischer Forschung unter Anwendung moderner Erkenntnisse und Methoden der Zell- und Molekularbiologie Verfahren für Diagnostik, Therapie und Prävention zu entwickeln, wobei vor allem wiederum Herz-Kreislauf- und Krebserkrankungen sowie neurobiologische Fragestellungen im Vordergrund stehen.

Berlin-Buch ist also kein unbeschriebenes Blatt, sondern vielmehr ein ausgewiesener Ort biomedizinischer und klinischer Wissenschaften. Die Bucher Institute können auf erfolgreiche und international anerkannte Arbeiten zurückblicken und fügen sich somit würdig in medizinische Wissenschaftstraditionen Berlins ein. Ihre Entwicklungen als Einrichtungen verschiedener wissenschaftlicher Gesellschaften und Akademien von 1930 bis zur Gegenwart, also über nahezu sieben Jahrzehnte, haben sich in zeitlich lückenloser Folge unter sehr verschiedenen äußeren Bedingungen abgespielt. Die Geschichte der biomedizinischen Forschung in Berlin-Buch ist somit ein Spiegel der Geschichte medizinischer Wissenschaften in sehr verschiedenen historischen Epochen Deutschlands. Die Bucher Institute bieten damit interessante Möglichkeiten, Fragen nach Wurzeln und Entwicklungen wissenschaftlicher Einrichtungen in unterschiedlichen Gesellschaftssystemen zu untersuchen und Veränderungen in Umbruchphasen, Entwicklungen von Forschungsgebieten, die Bedeutung von Forscherpersönlichkeiten und Forschungstraditionen, die Rolle von Arbeitsbedingungen und Forschungsförderung sowie den Einfluß von Staat und Politik auf die Wissenschaft zu analysieren. Leider gibt es dazu, abgesehen von Ergebnissen erster Versuche des Autors, die bisher lediglich in internen Broschüren des MDC niedergelegt wurden, keine systematischen Dokumentationen für die Bucher Institute. Gerade in der jetzigen Zeit mit ihren gewaltigen Umbrüchen in den biologisch-medizinischen Wissenschaften und grundsätzlichen Überlegungen zur Entwicklung der Forschungseinrichtungen in Deutschland nach der Vereinigung der beiden deutschen Staaten ist es angezeigt, sich auch auf historische Wurzeln zu besinnen und zu versuchen, diese und sich daraus ergebende Erkenntnisse unter verschiedenen Gesichtspunkten darzustellen, um sie verstehen und würdigen zu können.

Der Autor versucht mit diesem Buch, diesem Anliegen zu entsprechen, zumindest, Grundlagen und Anreize für weiterführende Untersuchungen zu schaffen. Die nachfolgenden „Beiträge zur Geschichte" erheben hinsichtlich der Quellenforschung und der Methodik der Quellenauswertung nicht den Anspruch einer wissenschaftlich begründeten Historiographie. Vielmehr handelt es sich hauptsächlich um deskriptive Darstellungen, die sich im wesentlichen darauf beschränken zu veranschaulichen, *was* war und *wie* es war. Der Verfasser stützt sich dabei auf persönliche Erinnerungen und Aufzeichnungen nach mehr als vierzigjähriger Tätigkeit in den Bucher Instituten, auf das noch Miterleben und auf Überlieferungen bekannter Wissenschaftlerpersönlichkeiten der vorausgegangenen Generation sowie verschiedene Archivmaterialien, Dokumente von Zeitzeugen und Literaturrecherchen. Viel Daten sind teilweise sehr institutsspezielle kalendarische Sammlungen von Details, die jedoch für das Selbstverständnis dieser Einrichtungen und weitere Untersuchungen wichtig erscheinen. Die umfangsgemäß und auch wertend unterschiedlichen Darstellungen verschiedener Epochen und Einrichtungen ergeben sich einmal aus unterschiedlich verfügbaren Informationen und Dokumentationen. Andererseits war, um wesentliche Entwicklungslinien erkennbar und verständlich zu machen, eine gewisse Auswahl von Daten erforderlich, um das bezeichnete Anliegen nach Überschaubarkeit erreichen zu können. Natürlich ist dabei eine subjektive, d.h. durch die Sicht und Mentalität des Autors bestimmte Darstellungsweise nicht zu vermeiden. Ergänzt werden die Beschreibungen im Text in einem gesonderten Teil durch Kopien von Originaldokumenten, um so die dadurch erreichbaren Aussagen über Personen und Geschehnisse in ihren Eigenarten in möglichst anschaulicher Weise wirken zu lassen und zusätzliche Informationen zu liefern.

Autor und Herausgeber hoffen, mit diesem Buch auch einen Beitrag zur Geschichte der biomedizinischen Forschung in diesem Jahrhundert in Deutschland leisten zu können.

Berlin-Buch, im April 1997

Heinz Bielka   Detlev Ganten
                Wissenschaftlicher Vorstand des MDC

Vorwort zur 2. Auflage

Die 1. Auflage der Bucher Institutsgeschichte hat großes Interesse gefunden und ist nun vergriffen. Der Autor hat sich daher entschlossen, aus Anlaß des 10. Jahrestages der Gründung des Max-Delbrück-Centrums für Molekulare Medizin eine Neuauflage herauszubringen. Da die 1. Auflage allgemeine Zustimmung gefunden hat, wurden Struktur und Inhalte des Buches im wesentlichen beibehalten. Einige Kapitel wurden jedoch umgearbeitet, einige neu aufgenommen. Durch Nutzung weiterer Quellenmaterialien wurden zahlreiche Ergänzungen vorgenommen, so über Arbeiten im Kaiser-Wilhelm-Institut für Hirnforschung und der genetischen Abteilung des Instituts sowie Anmerkungen zur sogenannten Wendezeit 1989/90 in den Bucher Akademieinstituten vor der Vereinigung der beiden deutschen Staaten. Neu aufgenommen wurde auch ein „Wissenschaftspolitischer Exkurs" in die Zeit 1947-1990, um Situationen und Probleme in den Bucher Akademieinstituten im Zusammenhang mit gesellschaftlichen und politischen Entwicklungen in der DDR und der Akademie der Wissenschaften zu verdeutlichen. Neu sind auch Kapitel über „Kunst auf dem Campus" und über „Wissenschaftliche Editionen". Eine Neuauflage wurde weiterhin durch Entwicklungen im Bucher Forschungscampus in den vergangenen fünf Jahren erforderlich. Dies betrifft das Max-Delbrück-Centrum für Molekulare Medizin und die Universitätskliniken, den BBB Biomedizinischer Forschungscampus Berlin-Buch GmbH, das Forschungsinstitut für Molekulare Pharmakologie und Biotechnologieunternehmen. Der Autor war bemüht, diesen Entwicklungen Rechnung zu tragen, soweit sie den notwendigen Reifegrad erreicht haben, um in einer Historiographie berücksichtigt werden zu können. Das betrifft sowohl Fakten als auch Bewertungen und Interpretationen. Weiterhin wurde versucht, einige Unklarheiten in der 1. Auflage durch Textänderungen zu beseitigen.

Auch diesem Vorwort sei ein Zitat vorangestellt, das auch heute noch, in einer Zeit, die u.a. durch die Gefahr der Auflösung von Traditionsverbundenheiten gekennzeichnet ist, Gültigkeit haben sollte. Es stammt von Professor Peter Luder aus seiner Antrittsvorlesung an der Universität Heidelberg im Jahr 1456.

Berlin-Buch, im Oktober 2001

Heinz Bielka

Geschichte ist eine Anleitung zum Leben, und ihr Studium erhöht die intellektuelle und moralische Erkenntnisfähigkeit.

Peter Luder

1. Vorgeschichte und Umfelder

1867 verfaßte Professor Rudolf Virchow, berühmter Pathologe an der Berliner Charité und zugleich Stadtverordneter und Verantwortlicher für das kommunale Berliner Gesundheitswesen, ein Gutachten über die sich zunehmend verschlechternden hygienischen Verhältnisse in Berlin. Diese Schrift wurde 1868 unter dem Titel „Ueber die Kanalisation von Berlin" auch der Öffentlichkeit zugänglich gemacht (Verlag August Hirschwald, Berlin). Noch 1871, als Berlin Reichshauptstadt wurde, war das System der offenen Rinnsteine an den Gehwegrändern einziges Mittel zur Beseitigung von Abwässern. Auf Veranlassung des Ministers für Handel, Gewerbe und Bauwesen wurde 1869 eine unter Leitung von Rudolf Virchow stehende Deputation eingesetzt, die Pläne zur verbesserten Beseitigung der Abwässer der ständig wachsenden Großstadt Berlin erarbeiten sollte. Im Dezember 1872 schloß Rudolf Virchow den „Generalbericht der städtischen gemischten Deputation für die Untersuchung der auf Canalisation und Abfuhr bezüglichen Fragen" ab (veröffentlicht 1874). Die Diskussionen über die Entfernung der Abwässer durch Abfuhr aus der Stadt oder Kanalisation wurde schließlich zugunsten der Kanalisation entschieden. So entstand nach Plänen des Berliner Baurates James Hobrecht (1825-1902) das für die damalige Zeit revolutionäre System der Abwässerbeseitigung, nämlich ein vom Zentrum der Stadt ausgehend radial geführtes, pumpengetriebenes Rohrleitungssystem, dessen Mündungen auf Rieselfeldern in der Peripherie von Berlin lagen. Damit sollte gleichzeitig der kärgliche Brandenburger Sandboden für landwirtschaftliche Nutzungen verbessert werden. Mit dem Bau wurde 1873 begonnen, und bereits 1876 wurde der erste große Teilabschnitt in Betrieb genommen. Diesem Radialsystem entsprechend wurde die Umgebung von Berlin in 12 Radialbereiche eingeteilt. Die Barnimsche Gemeinde Buch im Nordosten gehörte zum 11. Radialsystem.

Für den Bau dieser Anlagen erwarb im Mai 1898 die Stadt Berlin, vertreten durch den Stadtrat und Stadtverordneten Arnold Marggraff, seines Zeichens Apotheker, für 3,5 Millionen Mark 1259 ha (5000 Morgen) Wiesen, Weiden, Ackerland und Wald der Ländereien des Bucher Gutsherrn Graf Georg von Voß (s. S. 17). Von diesem Gutsland kam etwa die Hälfte zur Administration Buch, auf dem die Bucher Rieselfelder entstanden, die teilweise noch bis zu Beginn der 80er Jahre des 20. Jahrhunderts genutzt wurden.

Die ständige Vergrößerung von Berlin und somit die Zunahme der Zahl kranker Bürger erforderte auch den Bau neuer Krankenhäuser. Daher hatten 1896 die Stadtverordneten von Berlin den Bau einer „III. Städtischen Irrenanstalt" beschlossen. Die von der Stadt erworbenen Ländereien in Buch boten Möglichkeiten auch für Neubauten von Krankenanstalten, mit denen 1900 (Buch hatte zu dieser Zeit ca. 400 Einwohner) nach Plänen des Berliner Stadtbaurates Ludwig Hoffmann (1852-1932) begonnen wurde (*1* in Abb. 1, Abb. 2). Die im Stil des holländischen Frühbarock errichteten Gebäude wurden 1906 mit 1500 Betten in Betrieb genommen. Darüber schrieb die bekannte Vossische Zeitung am 17. September 1906 u.a.: *„Niemand wird von Buch heimgekehrt sein, ohne das Gefühl der Bewunderung für die großartigen Werke, zu deren*

Ausführung weitherziger Bürgersinn die Mittel zur Verfügung gestellt hat. Aber die Mittel allein machen's nicht; es bedurfte eines so ausgezeichneten Künstlers, wie Ludwig Hoffmann ist, um Zweckmäßigkeit und Schönheit zu höchster Harmonie zu verbinden. In die dörfliche Einsamkeit, deren Reizlosigkeit nur durch den prachtvollen Park mit dem alten Herrenhaus unterbrochen wird, hat Hoffmann eine Stadt hingezaubert, die durch ihre Anordnung und ihre Architektur den Besucher verblüfft. Da ist nichts von jenem düsteren Aussehen, das an Stätten des Kummers und des Elends gemahnt. Überall heitere, erfreuende Formen und Farben, überall Licht und Weite". 1926 erfolgte die Umbenennung dieser Anstalt in „Heil- und Pflegeanstalt Buch" mit dann 2350 Betten, 1940 in „Hufeland-Hospital und Krankenhaus" und 1945 in „Hufeland-Krankenhaus" (heute Medizinischer Bereich II, C. W. Hufeland). Christoph Wilhelm Hufeland (1762-1836) gehörte zur Generation deutscher Ärzte der sog. Aufklärungsmedizin, war königlicher Leibarzt und einer der ersten Professoren an der 1810 eröffneten Berliner Universität. Bekannt wurde Hufeland vor allem auch durch sein Buch „Die Kunst, das menschliche Leben zu verlängern" (1. Auflage 1796), ab 3. Auflage „Makrobiotik" genannt.

1899 folgte der Beschluß der Stadtverordneten zum Bau einer städtischen „Heimstätte für brustkranke Männer". Dieses Genesungsheim (*2* in Abb. 1, Abb. 2) wurde von 1900 bis 1905 ebenfalls nach Plänen von Ludwig Hoffmann an der früheren „Bucher Aue" (jetzt Alt-Buch 74) erbaut, das 1927 in „Waldhaus Buch" umbenannt wurde. Im Zweiten Weltkrieg diente das Waldhaus als Luftwaffenlazarett und nahm 1945 die Orthopädische Klinik des Städtischen Krankenhauses auf. 1962 erhielt es die Bezeichnung „Krankenhaus für Orthopädie und Rehabilitation", später Medizinischer Bereich IV, auch Waldhaus genannt. 1989 wurde diese Klinik geschlossen (s. hierzu auch S. 18).

Einem Beschluß der Berliner Stadtverordneten vom 24. April 1902 folgend entstand in den Jahren 1905 bis 1908 wiederum nach Plänen von Ludwig Hoffmann zwischen der Zepernicker Straße und der Straße am Stener Berg (Steinerner Berg) ein Hospital, das sog. „Alte-Leute-Heim" mit 1500 Betten (*3* in Abb. 1). Die offizielle Bezeichnung dieses Hospitals lautete zunächst „Verpflegungsanstalt für Hospitaliten und leichte Sieche beiderlei Geschlechts". Über dieses „Altleuteheim" berichtete das „Berliner Tageblatt" im Beiblatt zur Morgenausgabe am 19. Juni 1909: *„Dieses Heim für alte Leute sieht gar nicht wie ein Hospital oder wie ein Siechenhaus aus. Die zwanzig hübschen Häuser, aus denen diese Stadt besteht, haben helle Mauern und hohe Ziegeldächer; sie sind durch grüne Rasenflächen und gelbe Kieswege voneinander getrennt. Toröffnungen und Fluchtmauern lassen das Ganze dennoch zusammenhängend und einheitlich erscheinen. Und über den Türen wachsen kleine plastische Drolligkeiten heraus, die Ignatius Taschners Meisterhand schuf".* Dieser Bau war als Beispiel für ein modernes Hospital derart attraktiv, daß beispielsweise Theodore Roosevelt, von 1901 bis 1908 Präsident der Vereinigten Staaten von Amerika, am 10. Mai 1910 und Kaiser Wilhelm II. am 15. Oktober 1910 die Anstalt besuchten. 1926 wurde das Hospital in „Hospital Buch-Ost", 1933 in „Ludwig-Hoffmann-Hospital" und 1950 in „Ludwig-Hoffmann-Krankenhaus" umbenannt (heute Medizinischer Bereich III, Ludwig Hoffmann).

Vorgeschichte und Umfelder

Von 1909 bis 1914 wurde in Buch am damaligen Schönerlinder Weg, heute Wiltbergstraße, die IV. Irrenanstalt mit 1500 Betten gebaut, später auch Genesungsheim genannt (4 in Abb. 1, Abb. 2). Auch dieses Werk von Ludwig Hoffmann fand ungeteilte Würdigung. In der Presse hieß es hierzu u.a.: *„Es ist überraschend, welche Fülle von Bedürfnissen und Zwecken von dieser Anlage bewältigt werden kann und wie, ungeachtet dieser vielfältigen Aufgaben, die Anlage im Ganzen einen geschlossenen, nach einheitlichen Gedanken komponierten Charakter zur Schau trägt. Reizende Skulpturen von Taschner und Brunnen von Rauch und Wrba tragen zur Belebung bei"* (s. hierzu auch S. 12). Während des Ersten Weltkrieges wurden diese Einrichtungen als Reservelazarett genutzt. 1919 erfolgte die Umwandlung in „Kinderheilanstalt Buch", zunächst auch „Genesungsheim der Stadt Berlin in Buch", ab 1941 „Städtisches Krankenhaus Buch" genannt. Von 1945 bis 1950 diente dieses Krankenhaus der Sowjetischen Militäradministration als Chirurgisches Armeefeldlazarett Nr. 496. 1950 nahm das „Städtisches Krankenhaus" seine medizinische Betreuungsfunktion für deutsche Bürger wieder auf (heute Medizinischer Bereich I, Wiltbergstraße).

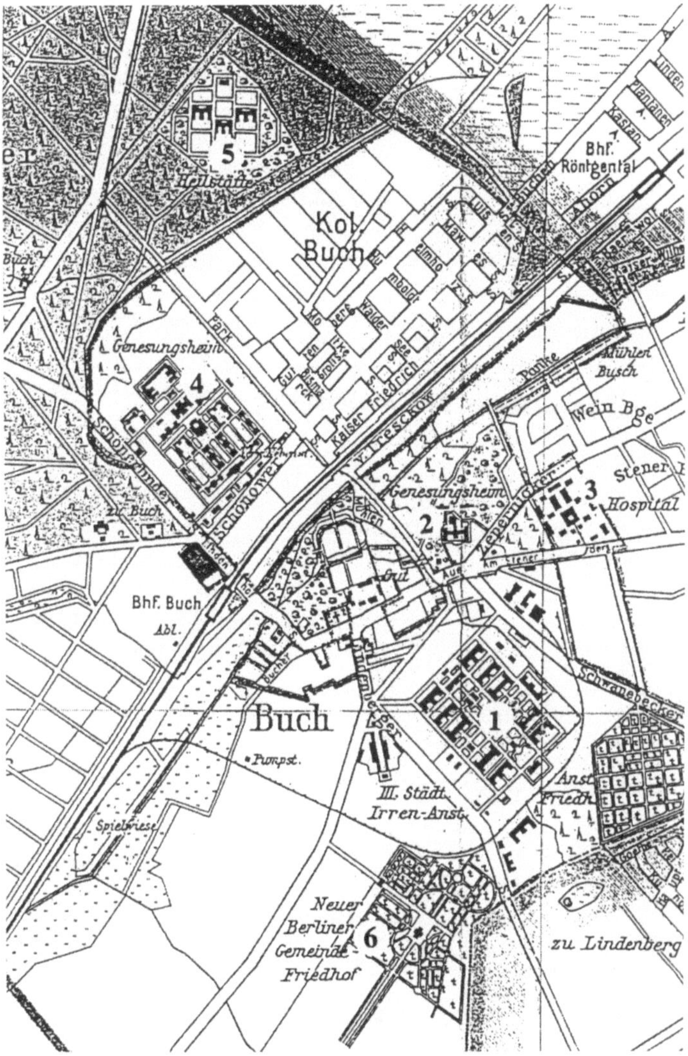

1914 wurde an der Hobrechtsfelder Chaussee im Bucher Wald mit dem Bau einer neuen Heilstätte für Brustkranke begonnen (5 in Abb. 1) (auch „Spezialkrankenhaus für Lungenkranke", „Neue Heimstätte im Walde für Lungenkranke" genannt; s. Abb. 2). Auch diese Krankenanstalt wurde nach Plänen von Ludwig Hoffmann errichtet. Die Bauarbeiten wurden 1916 wegen des Ersten Weltkrieges eingestellt, 1927 wieder aufgenommen und 1929 mit 520 Betten abgeschlossen. Sie erhielt zunächst die Bezeichnung „Hospital Buch-West" und wurde 1934 in „Dr. Heim-Hospital" umbenannt (bis 2000 Medizinischer Bereich V, Dr. Heim). Ernst-Ludwig Heim (1747-1834) war Stadtarzt zu Spandau und bekannt als Berliner Armen- und Hausarzt sowie Hauslehrer von Alexander und Wilhelm von Humboldt.

Für die Errichtung der Krankenanstalten in Buch hat die Stadt Berlin

Abb.1.
Plan der Dorfgemeinde Buch 1926. (1) III. Irrenanstalt (Hufeland-Krankenhaus); (2) Städtische Heimstätte für brustkranke Männer (Waldhaus); (3) „Alte Leute-Heim" (Ludwig-Hoffmann-Hospital); (4) IV. Irrenanstalt (Genesungsheim); (5) Heilstätte für Brustkranke (Dr. Heim-Hospital); (6) Neuer Berliner Gemeindefriedhof (Zentralfriedhof Buch-Karow mit Kapelle; s. Abb. 2), auf dem 1928-1929 das Kaiser-Wilhelm-Institut für Hirnforschung errichtet wurde.
Aus V. Vielgutz: Ludwig Hoffmanns Bauten in Buch, in „Berlin in Geschichte und Gegenwart", Jahrbuch des Landesarchivs Berlin, 1989.

zwischen 1899 und 1918 insgesamt 35 Millionen Goldmark ausgegeben.

Durch Beschluß des Magistrats von Großberlin vom 7. September 1962 wurden die genannten fünf Kliniken mit damals 5010 Betten rückwirkend zum 1. Juli 1962 zum „Städtischen Klinikum Berlin-Buch" zusammengelegt. Die einzelnen Kliniken erhielten die Bezeichnungen Medizinische Bereiche I bis V, auch „Örtliche Bereiche" genannt.

1976 wurde an der Hobrechtsfelder Chaussee in Richtung Karow die Spezialklinik des Regierungskrankenhauses der DDR fertiggestellt (offizielle Bezeichnung damals „Krankenhaus für Regierungsmitglieder und Persönlichkeiten der in der DDR tätigen Parteien"; jetzt Bereich VII), und 1980 das Krankenhaus des Ministeriums für Staatssicherheit der DDR „zur Betreuung der Mitarbeiter des Ministeriums für Staatssicherheit der DDR und der befreundeten Geheimdienste" (im damaligen offiziellen Sprachgebrauch, im Volksmund einfach Stasi-Klinik genannt; jetzt Bereich VI).

Zurück zum Beginn des vorigen Jahrhunderts. Für die Versorgung der Bucher Kranken- und Heilanstalten war der Bau einer „Betriebszentrale" erforderlich. Das hierfür errichtete „Werk Buch" am Stener Berg mit Wasserwerk, Maschinenhaus, Wäscherei und Bäckerei entstand in der Zeit von 1900 bis 1906 (Abb. 2). Nach mehrfachen technischen Rekonstruktionen und Modernisierungen werden diese Einrichtungen zum Teil auch heute noch genutzt.

Am 10. Juli 1914 wurde mit dem Bau des Gemeindefriedhofs (Zentralfriedhof) Buch-Karow begonnen (6 in Abb. 1), und zwar mit Tor- und Verwaltungshaus (Abb. 3), Wohn- und Remisenhaus (Wirtschaftsgebäude, Abb. 4) und Friedhofskapelle (Abb. 5) nach Plänen von Ludwig Hoffmann sowie Gartenanlage (Bestattungsgelände) (Abb. 8) nach Plänen von Gartenbaudirektor Albert Brodersen. Wegen des Ersten Weltkrieges wurde der Bau der Gebäude 1916 unterbrochen, 1921/22 weitergeführt und die Kapelle 1926 fertiggestellt (über ihr weiteres Schicksal s. S. 77). Die Nutzung dieses über einer diluvialen Grundmoräne des Frankfurter Stadiums der

Statistik der Bucher Anstalten.

Name der Anstalt	Bauzeit	Bettenzahl	Häuserzahl	Zahl des Personals	Stand vom
Heil- und Pflegeanstalt, vor 1926 III. Irrenanstalt genannt	1899—1906	2350	31	610 (18 Ärzte)	1. X. 27
Waldhaus, vor 1927 Heimstätte für Lungenkranke genannt	1901—1903	165	4	50 (2 Ärzte)	1. X. 27
Alteuteheim (Hospital)	1904—1908	1587	16	306 (7 Ärzte)	31. III. 27
Kinderheilanstalt. Als IV. Irrenanstalt gebaut, 1914—1919 Kriegslazarett, dann Genesungsheim. Apotheke	1910—1914	1500 z. Zt. 1200 belegt	30	500 (14 Ärzte)	1. X. 27
Neue Heimstätte im Walde für Lungenkranke	1913–? eingestellt 1916 weitergebaut 1927	Geplant 1500	Geplant 20		
Werk Buch Maschinenhaus, Wäscherei, Bäckerei und Wasserwerk	1900—1906		5	255	1. X. 27
Städtischer Friedhof an der Schwanebecker Straße	Eröffnet 1907		3	15	1. X. 27
Zentralfriedhof Buch-Karow mit Kapelle (großer Kuppelbau)	1913–?		3	19	1. X. 27
Rieselgut Hobrechtsfelde mit Sägewerk, Tischlerei und Fleischerei	1905–7 1910	Wohnungen für 30 Familien. Schule		200	1. X. 27

Abb. 2.
Entwicklung der Bucher Krankenanstalten nebst Friedhöfen und Versorgungseinrichtungen. Erläuterungen s. auch Abb. 1 und Text. Aus M. Pfannschmidt: Geschichte der Berliner Vororte Buch und Karow. Berlin 1927.

Weichselvereisung befindlichen Geländes als Friedhof für Erdbestattungen scheiterte jedoch an dem zu hohen Grundwasserspiegel, so daß 1926 der ursprünglich vorgesehene Verwendungszweck aufgegeben wurde. Im Volksmund wurde dieser Friedhof daher auch „Seemannsfriedhof" genannt. Sowohl das „Torhaus" und das „Wirtschaftsgebäude" (ersteres beherbergt derzeit u.a. den Jeanne-Mammen-Saal und das Café Max, das Wirtschaftsgebäude das „Gläserne Labor") als auch einige noch erhaltene, alleeartig angeordnete Baumgruppen lassen den ursprünglich geplanten Zweck als Friedhofsanlage auch heute noch erkennen. 1928 wurde dieses, wie im Vertrag ausgeführt, „gärtnerisch genutzte Gelände" von der Kaiser-Wilhelm-Gesellschaft zur Errichtung eines Instituts für Hirnforschung erworben (s. S. 24).

1925 wurde im Gelände der III. Städtischen Irrenanstalt (Hufeland-Krankenhaus), aufbauend auf dem Leichenhaus, mit dem Bau einer pathologischen Abteilung begonnen, in dem auch ein physiologisch-klinisches Laboratorium eingerichtet wurde. Als Leiter wurde vom anatomischen Laboratorium der Nervenklinik der Berliner Charité Prof. Dr. Berthold Ostertag (1895-1975) berufen. Zum 30. März 1930 wurde die Abteilung in „Pathologisches Institut Buch - Neuropathologisches Institut der Heil- und Pflegeanstalten" umbenannt. Die Zusammenarbeit mit dem Kaiser-Wilhelm-Institut für Hirnforschung wurde durch einen entsprechenden Vertrag der Stadt Berlin mit der Kaiser-Wilhelm-Gesellschaft geregelt. Zum 6. März 1935 wurde Prof. Dr. Hans Anders (1886-1953) vom Pathologischen Institut des Rudolf-Virchow-Krankenhauses zum Direktor des Bucher Pathologischen Instituts ernannt, dem er bis zu seinem Tode 1953 vorstand. Unter seiner Leitung wurde die Zusammenarbeit mit dem Institut für Hirnforschung besonders gefördert. Ab 1936 gehörte er dem Institut als Wissenschaftliches Mitglied an, in dem er ab 1937 auch die Abteilung für Allgemeine Pathologie leitete (s. hierzu S. 40).

Abb. 3.
Torhaus (Verwaltungsgebäude) des geplanten Zentralfriedhofs Buch-Karow (s. auch Abb. 8), erbaut 1914/15 nach Plänen von Ludwig Hoffman; beherbergt seit 1998 u.a. den Jeanne-Mammen-Saal und das Café Max. Aufnahme 1999.

Der Bau der Bucher Kranken- und Heilanstalten führte durch die damit verbundenen Geländeerschließungen zu interessanten Funden und Erkenntnissen über die Frühgeschichte der Ansiedlung Buch.
Bei Erdarbeiten für den Bau des Waldhauses (Genesungsheim an der früheren Bucher Aue; 2 in Abb. 1) wurden Tongefäße und andere Gegenstände gefunden, die auf einen Urnenfriedhof der ausgehenden Bronzezeit hinwiesen. Wo ein Friedhof ist, muß auch eine menschliche Ansiedlung gewesen sein. Reste einer solchen Siedlung, darunter Häuser mit 70 qm Grundfläche, wurden 1909 beim Ausheben der Baugruben für die IV. Irrenanstalt (Genesungsheim am damaligen Schönerlinder Weg, heute Medizinischer Bereich I an der Wiltbergstraße; *4* in Abb.

1) entdeckt. Nach Untersuchungen durch Mitarbeiter des Märkischen Museums unter Dr. Albert Kiekebusch (1870-1935) im Zeitraum von 1909 bis 1914 handelt es sich um die bisher größte jungbronzezeitliche Siedlung aus dem 11. vorchristlichen Jahrhundert Mittel- und Nordeuropas. Die Funde (Gefäßreste, Steinbeile, Bronzemesser, menschliche Knochen einschließlich Schädel) waren derart bedeutend, daß diese Wohnsiedlung, die wahrscheinlich durch Feuer zerstört wurde, als „Typ Buch" Eingang in die Fachliteratur gefunden hat. Immerhin waren diese Ausgrabungen auch für Kaiser Wilhelm II. sehr bedeutsam, denn am 15. Oktober 1910 reiste er eigens dafür nach Buch, um sie zu besichtigen.

Abb. 4.
Wirtschaftsgebäude des geplanten Zentralfriedhofs Buch-Karow (s. auch Abb. 8), erbaut 1914/15 nach Plänen von Ludwig Hoffmann; beherbergt seit 1998 das „Gläserne Labor". Aufnahme 1996.

1982 wurden bei Erschließungsarbeiten für das IV. Bucher Wohngebiet zwischen Panke und Karower Chaussee weitere 480 Siedlungsobjekte aus der jüngeren Bronzezeit ermittelt. Bei vorbereitenden Erdarbeiten für den Wohnbereich Buch V zwischen S-Bahn und dem Bucher Sandweg konnten 1987 Reste einer germanischen Siedlung aus der Eisenzeit des 1. und 2. Jahrhunderts n. Chr. freigelegt werden. In dieser Zeit wurde das Gebiet durch den elbgermanischen Stamm der Semnonen besiedelt, der insbesondere durch Eisen- und Kalkgewinnung Bedeutung erlangte und auch von Tacitus in seinem Werk „De origine et situ Germanorum" beschrieben wurde.

Zu Beginn der Völkerwanderung kam es gegen Ende des 4. Jahrhunderts zu einer starken Bevölkerungsabnahme, so daß das jetzige Berliner Gebiet kaum noch bewohnt war. In diese Region zwischen Weichsel und Elbe gelangten am Ende des 6. Jahrhunderts vom Osten her slawische Stämme. Sie besiedelten diese Gegend bis in das 11. Jahrhundert und gründeten in dem heutigen Bucher Gebiet eine Dorfgemeinschaft. Im „Landbuch Kaiser Karl IV." von 1375 ist das damals 40 Hufen große Dorf als „Buch slavica", „Wentschenbuek" oder „Wentschenbug", also Wendisch-Buch, verzeichnet. Die Bezeichnung Buch geht wahrscheinlich auf das slawische Buckow (Rotbuchheim) oder auch Buck (Waldhöhe, Buche) oder Bueck (Buch) zurück. Auch die Bezeichnung Panke (ein sich durch Sümpfe schlängelndes Flüßchen) ist slawischen Ursprungs. Als erste urkundliche Nennung von Buch galt lange Zeit das Landbuch von 1375. Nach einem erst kürzlich aufgefundenen Dokument, einem Vertrag mit dem Bucher Ritter Wiltberg, geht eine frühere Erwähnung des Ortes als „Wendeschen Buk" (auch Wendisch Buk) jedoch bereits auf das Jahr 1342 zurück. Ein Name „Buch" tritt allerdings auch schon 1289 im Zusammenhang mit dem Berliner Ratmann Johannes Buch auf, als der Rat Statuten für Gewerke der Tuch- und Gewandmacher erließ. Ein Zusammenhang zwischen Johannes Buch und der Ortsbezeichnung Buch scheint jedoch nicht zu bestehen.

Im 12. bis 14. Jahrhundert gelangte das Gebiet durch die Askanier unter deutsche Besiedlungen, insbesondere durch Markgraf II. (1205-1220). Bis 1342 gehörte Buch dem Ritter Betkin v. Wiltberg. Als Teil der Nordmark (später Mark Brandenburg) kam das Dorf Buch zum Barnimschen Kreis und war u.a. im Besitz der Adels- und Reichsfreiherrn sowie auch Gutsherrn und später auch Schloßbesitzer v. Röbel (ab 1450), v. Pölnitz (1669-1724), v. Viereck (1724-1758) und v. Voß (1761-1898) (nach Wiltberg, Röbel, Pölnitz und Viereck sind Straßen in Buch benannt). Unter Adam Otto v. Viereck (1684-1758) erfolgte ab 1724 der Umbau des Schlosses, das 1964 in noch sanierungsfähigem Zustand abgerissen wurde, sowie von 1731 bis 1736 der Bau der barocken Schloßkirche unter Leitung des Berliner Stadtbaumeisters Friedrich Wilhelm Diterichs (auch Dietrichs; 1702-1784). Sie brannte beim Bombenangriff auf Buch am Abend des 18. November 1943 völlig aus und wurde in den Jahren 1951 bis 1954 wieder aufgebaut. Der erste Plan zur Entwicklung des Bucher Schloßgartens zum Bucher Schloßpark stammt aus dem Jahr 1760. 1879 erhielt das zu dieser Zeit etwa 150 Einwohner große, noch zum Kreis Niederbarnim gehörende Dorf Buch einen Haltepunkt der 1842 fertiggestellten Berlin-Stettiner Eisenbahn. Am 8. August 1924 wurde Buch in die elektrisch betriebene Bahnlinie zwischen Berlin Stettiner Bahnhof und Bernau einbezogen.

Abb. 5.
Nach Plänen von Ludwig Hoffmann errichtete Kapelle des geplanten Zentralfriedhofs Buch-Karow (s. auch Abb. 8, Leichenhalle). Der Zentralbau wurde im klassizistischen Stil nach dem Vorbild der im 16. Jahrhundert von Andrea Palladio geschaffenen Villa Rotonda in Vicenza gestaltet, Säulen mit Basis und Voluten in den Kapitellen im ionischen Stil (Reste der Säulenschäfte des Portikus sind vor dem Walter-Friedrich-Haus aufgestellt), der Turmaufbau in Anlehnung an die Kuppeltürme der Französischen und Deutschen Kirche auf dem Berliner Gendarmenmarkt und die Fassadengliederung in Anlehnung an die nach Plänen von Friedrich Wilhelm Diterichs erbaute Bucher Schloßkirche. Die Kapelle wurde am 7. September 1951 gesprengt und an dieser Stelle das Neutronenhaus (Walter-Friedrich-Haus) errichtet.

Mit dem Bau der Rieselfeldanlagen am Anfang des 20. Jahrhunderts und der Gründung der Krankenanstalten wurde Buch zunehmend besiedelt. Um die Jahrhundertwende zählte Buch etwa 400 Einwohner, 1905 wohnten hier ca. 1200 und 1910 bereits ca. 5000 Menschen. Am 1. Oktober 1920 wurde Buch mit damals etwa 6300 Einwohnern in die Stadtgemeinde von „Groß-Berlin" eingegliedert. Der damalige Berliner Oberbürgermeister Adolf Wermuth, der seinen Sommerwohnsitz im Bucher Schloß hatte und seine letzte Ruhestätte auf dem Friedhof an der Bucher Schloßkirche gefunden hat, schrieb in seinem Buch „Ein Beamtenleben" (Berlin, 1922) u.a.: *„Nur aus der Sonderart unserer schnell zusammengewürfelten Stadt läßt sich erklären, daß Berlin so betrüblich wenig von Buch weiß. Die große Mehrzahl im gesellschaftlich maßgebenden Westen kennt den Ort überhaupt nicht oder nur als geographischen Begriff"* - und das, nachdem Theodor Fontane schon 1882 in seinen bekannten „Wanderungen durch die Mark Brandenburg - Spreeland" über Buch u.a. so vortrefflich geschrieben hatte: *„Zwei Meilen nördlich von Berlin liegt das Dorf Buch, reich an Landschaftsbildern aller Art, aber noch reicher an historischen Erinnerungen. Gleich der Eintritt ins Dorf ist malerisch".* Und noch in einem Reiseführer aus den 20er Jahren des 20. Jahrhunderts findet sich über Buch u.a. folgender Satz: *„Der Ort, der wegen seiner Heimstätten vom modernen Reichtum* *gemieden wird, hat seinen dörflichen Charakter mit niedrigen Bauernhäusern, umherlaufenden Gänsen und behäbigen Ochsenkarren bewahrt".*

Durch umfangreiche Wohnungsbauten in den 70er und 80er Jahren des 20. Jahrhunderts hat Buch (die Einwohnerzahl stieg bis 1965 auf ca. 7800, bis 1990 gar auf ca. 16 000) seinen ländlichen Charakter als märkisches Dorf nahezu verloren. Die alte Bucher Dorfaue ist mit Kirche, Pfarrhaus, Gut, Gasthaus Schloßkrug (derzeit italienisches Restaurant) und altem Ausspann (Kutscherhaus, Alt-Buch 40) nur noch in Resten erhalten geblieben.

Die Veränderungen der politischen Verhältnisse in der DDR 1989/1990, die Währungsunion und schließlich der Beitritt der DDR zur Bundesrepublik, d.h. die Vereinigung der beiden deutschen Staaten 1990, brachten auch in Buch Veränderungen mit vielfältigen Folgen für Menschen und Einrichtungen mit sich. Am stärksten betroffen waren die Medizinischen Bereiche I-V, die nur mit größten Anstrengungen und durch zahlreiche Protestaktionen zunächst als „Klinikum Buch, Krankenhausbetrieb von Berlin-Pankow, Akademisches Lehrkrankenhaus" einigermaßen erhalten werden konnten, allerdings verbunden mit starken Reduzierungen der Bettenzahl, an Mitarbeitern, Schließung von Kliniken, Umzügen und Übertragung einiger Kliniken in Trägerschaften außerhalb des Klinikums Berlin-Buch. Von den 1989 im Klinikum Buch genutzten 3700 Betten waren 1999 lediglich noch 1500, im Jahr 2000 nur noch etwa 1100 vorhanden. Die Kliniken der Medizinischen Bereiche VI (Stasi-Krankenhaus) und VII (Regierungskrankenhaus) wurden dem Klinikum Buch angegliedert. Im Bereich VI wurden die Neurochirurgische Klinik, das Neuroradiologische Institut, die Orthopädische Klinik und die Urologische Klinik, im Bereich VII die Chirurgische Klinik, das Institut für Labordiagnostik, die Klinik für Anästhesiologie und operative Intensivmedizin, die Unfallchirurgische Klinik und die Rettungsstelle angesiedelt. Im Medizinischen Bereich II (Hufeland-Krankenhaus) übernahm das Fachkrankenhaus für Lungenheilkunde und Toraxchirurgie des Diakonischen Werkes Berlin-Brandenburg mit den Häusern 205, 207 und 229 insgesamt 170 Betten. In den Häusern 212 (ehemals Festes Haus; s. S. 236) und 213 wurde nach Rekonstruktion 1997 die III. Abteilung für Forensische Psychiatrie des Krankenhauses des Maßregelvollzugs der Senatsverwaltung für Gesundheit und Soziales der Stadt Berlin untergebracht. Die Ende der 70er Jahre gebaute Medizinische Fachschule im Bereich II wurde Schule für Gesundheitsberufe e.V. und bildet im Auftrag der Berliner Senatsverwaltung für Gesundheit und Soziales mit etwa 790 Ausbildungsplätzen Krankenpfleger, Arbeits- und Beschäftigungstherapeuten, Masseure und medizinische Bademeister aus. Im Teil III (Ludwig-Hoffmann-Krankenhaus) betreiben die Immanuel-Krankenhaus-GmbH in den Häusern 302, 305, 311 und 312 mit 120 Betten die Rheumaklinik Berlin-Buch und in den Häusern 303 und 306 die Marseille-Kliniken das Geriatrische Zentrum mit der Klinik für Geriatrie und Rehabilitation mit etwa 65 Betten. Das Waldhaus (Medizinischer Bereich IV), das in der DDR das Krankenhaus für Orthopädie und Rehabilitation beherbergte, wurde bereits 1989 wegen anstehender Rekonstruktionsarbeiten, die nach der Wende nicht ausgeführt wurden, geschlossen. Dieses schöne, nach Plänen von Ludwig Hoffmann am Anfang der 20. Jahrhunderts erbaute Gebäude stand seit 1990 leer und war nahezu dem Verfall preisgegeben. Im Jahr 2000 wurde es im Rahmen der Entwicklung des Gesamtprojektes Buch vom Berliner Senat einer „Berliner Landesentwicklungsgesellschaft" (BLEG) zur Betreuung übergeben. Das Dr. Heim-Krankenhaus (Medizinischer Bereich V) wurde 1992 zunächst der Justizverwaltung von Berlin zum Zwecke der Einrichtung eines Haftkrankenhauses zugeordnet, im Jahr 2000 allerdings geschlossen. Im November 2000 wurden die Anlagen dieses Bereichs für Erweiterungen des Biotechnologieparks des Campus Buch der BBB Biomedizinischer Forschungscampus Berlin-Buch GmbH übertragen. Am Ende des Jahres 2000 war das Klinikum Buch mit etwa 1100 Betten und 3000 Beschäftigten immerhin noch eines der größten Krankenhäuser Berlins. In etwa 130 Gebäuden sind noch 22 Kliniken angesiedelt, 18 Gebäude standen allerdings wegen des Bettenabbaus leer.

Die beiden Kliniken der ehemaligen Akademieinstitute wurden zunächst Einrichtungen der Freien Universität Berlin, ab 1995 der Humboldt-Universität zu Berlin (s. S. 141).

Zum 1. Juni 2001 wurden das Klinikum Buch sowie die beiden Universitätskliniken Robert Rössle und Franz Volhard der Charité durch Übernahme von der Helios-Kliniken GmbH, dem zweitgrößten Krankenhausbetreiber Deutschlands, privatisiert. Der Investor plant, bis 2005 für 400 Millionen Mark im Gelände des Medizinischen Bereichs II (Hufeland-Krankenhaus) für diese Einrichtungen einen modernen Neubau mit 1000 Betten zu errichten.

2. Das Kaiser-Wilhelm-Institut für Hirnforschung

2.1. Vorgeschichte 1898-1930

Die Geschichte des Instituts für Hirnforschung geht auf das Ende des 19. Jahrhunderts zurück. Am 15. Mai 1898 gründete der Nervenarzt Oskar Vogt (Abb. 6) in einer Mietwohnung in der Magdeburger Straße 16 in Berlin W35 (heute Kluckstraße im Bezirk Tiergarten) eine nervenärztliche Praxis, der er, finanziert mit Mitteln aus seiner praktischen ärztlichen Tätigkeit sowie der Firma Friedrich A. Krupp, im gleichen Gebäude eine „Neurobiologische Zentralstation" (gelegentlich auch als Neurologische Zentralstation bezeichnet) mit einer neuroanatomischen und einer psychologischen Abteilung anschloß. Mit dieser Station wollte er, wie er im Rückblick 1910 in seinem Beitrag „Das Neurobiologische Laboratorium" in der „Geschichte der Königlichen Friedrich-Wilhelms-Universität zu Berlin" von Max Lenz schrieb, „... *durch zentralisiertes und systematisches Arbeiten die Hirnanatomie, die Hirnphysiologie und medizinisch wichtige Fragen der empirischen Psychologie fördern*", womit er auch einen „*Ausbau der Lokalisationslehre ins Auge faßte*".

Bereits 1902 schrieb Oskar Vogt im Vorwort zu seinen „Neurobiologischen Arbeiten. Beiträge zur Hirnfaserlehre" (Verlag Gustav Fischer, Jena) über Gegenstand und Ziele seiner Arbeiten: „*Die folgenden Arbeiten sollen in möglichst exacter Weise solche neurobiologischen Beiträge liefern, welche geeignet sind, das Problem vom Zusammenhang der somatischen und psychischen Erscheinungen wenigstens in ferner Zukunft zu fördern. Dabei wollen wir diese Förderung speciell durch seine innige Vereinigung psychologischer, physiologischer und anatomischer Studien erstreben. Diese Vereinigung soll in einer ganz speciellen Richtung erfolgen: in der Verbindung der Beobachtungen natürlicher und experimentell vitaler Abnormitäten mit einer sich anschliessenden postmortalen Untersuchung des Trägers der beobachteten Abnormität*".

Abb. 6.
Oskar Vogt (1870-1959).

Oskar Vogt gilt als der führende Repräsentant der architektonischen Hirnforschung in der ersten Hälfte des 20. Jahrhunderts. Allerdings gehen die Anfänge dieser Forschungsrichtung schon auf die zweite Hälfte des 19. Jahrhunderts zurück. So beschrieb bereits 1867 der Wiener Neuropathologe Theodor Meynert (1833-1892) zytologische Unterschiede im Aufbau der menschlichen Hirnrinde. Auch der Leipziger Neurologe und Psychiater Paul Flechsig (1847-1929), bei dem Oskar Vogt 1894/1895 gearbeitet hatte, kennzeichnete im Ergebnis seiner histologischen Untersuchungen verschiedene Felder auf der Großhirnrinde.

Ab 1899 arbeitete in Vogts Zentralstation auch seine Frau Cécile, geb. Mugnier (Abb. 7), die Oskar Vogt 1898 in Paris kennengelernt hatte. Diese Ehe wurde zeitlebens auch zu einer fruchtbaren wissenschaftlichen Partnerschaft. Das Forscherehepaar Oskar und Cécile Vogt hat meistens gemeinsam publiziert und wurde häufig auch zusammen geehrt. Oskar und Cécile Vogt wurden so zu einem untrennbaren Begriff in der Hirnforschung (Biographien s. S. 182 u. 183).

1901 trat Dr. Korbinian Brodmann (1868-1918) in Vogts Zentralstation ein und arbeitete dort bis 1910. Oskar Vogt hatte Brodmann, der insbesondere durch seine Arbeiten über die Zytoarchitektur (Feingliederung) der Großhirnrinde (Hirnkarten mit Numerierungen der Areae) bekannt geworden ist, während seiner Tätigkeit in der Wasserheilanstalt im oberfränkischen Alexandersbad kennengelernt. 1904 kam Dr. Max Bielschowsky (1869-1940) in Vogts Neurobiologisches Laboratorium, das er 1933 wieder verlassen mußte (s. S. 34). Max Bielschowsky war neben Alois Alzheimer (1864-1915) und Franz Nissl (1860-1919) sowie dem Pathologen Arnold Pick (1851-1924) einer der bekanntesten deutschen Neurohistologen in der ersten Hälfte des 20. Jahrhunderts (Bielschowsky-Dollinger-Syndrom, Bielschowsky-Zeichen, Technik der Silberimprägnation zur Darstellung von Nervenzellen nach Bielschowsky). 1913 wurden Oskar Vogt und Max Bielschowsky zusammen vom Preußischen Kultusminister zum Professor ernannt.

Zum 1. April 1902 gelang es Prof. Dr. Friedrich Althoff (1839-1908), Geheimer Regierungsrat und Ministerialdirigent im preußischen Ministerium für Unterrichts- und Medizinangelegenheiten, gegen Widerstände in der medizinischen Fakultät die Vogtsche Neurobiologische Zentralstation als Neurobiologisches Laboratorium in die Berliner Friedrich-Wilhelms-Universität einzugliedern, und zwar im Status einer selbständigen wissenschaftlichen Einrichtung mit Oskar Vogt als Abteilungsvorsteher. Organisatorisch wurde das Laboratorium dem Physiologischen Institut angeschlossen, damals unter dem Direktorat von Theodor Wilhelm Engelmann, Vorgänger des bekannten Physiologen und Hygienikers Max Rubner. Oskar Vogt bezeichnete diese Einrichtung gelegentlich auch als Neurobiologisches Institut der Universität, was aber inoffiziell war. Bis zum Ersten Weltkrieg arbeiteten im Neurobiologischen Laboratorium bis zu 10 Wissenschaftler und etwa 5 technische Kräfte. Eine für die Überführung in die Universität notwendige finanzielle Unterstützung leistete der Großindustrielle Friedrich Alfred Krupp, den Oskar Vogt bereits während seiner Tätigkeit bei dem Psychiater und Neurologen Professor August Forel in der Schweiz kennengelernt hatte. Seitdem war Oskar Vogt Arzt der Krupp-Familie.

Abb. 7.
Cécile Vogt (1875-1962).

Am 21. März 1914 beschloß der Senat der Kaiser-Wilhelm-Gesellschaft die Gründung eines Instituts für Hirnforschung, in das das Vogtsche Neurobiologische Laboratorium der Berliner Universität eingehen sollte. Damit war die Gründung des Instituts formal vollzogen; als offizielles Gründungsdatum des Instituts nach Bestätigung des Beschlusses gilt der 23. Januar 1915 (s. auch S. 217 f). Die Industriellenfamilien Friedrich Alfred Krupp sowie Gustav Krupp von Bohlen und Halbach, Schwiegersohn von F. A. Krupp, hatten bereits 1913 der Kaiser-Wilhelm-Gesellschaft anläßlich des 25jährigen Regierungsjubiläums „Seiner Majestät des Kaisers und Königs" eine Million Reichsmark für den Bau und den Unterhalt eines Instituts für Hirnforschung zur Verfügung gestellt. Eine entsprechende Mitteilung von Gustav Krupp von Bohlen und Halbach vom 18. Juni 1913 an Oskar Vogt endete mit dem Satz: *„Diese Bestimmung ist durch seine Majestät den Kaiser und König gebilligt worden".*

Der Erste Weltkrieg und der Verfall der Kruppschen Stiftung 1922 durch die Inflation verhinderten jedoch zunächst den Bau des Instituts.

Am 3. Juni 1919 bestätigte der Senat der Kaiser-Wilhelm-Gesellschaft endgültig die Errichtung des Kaiser-Wilhelm-Instituts für Hirnforschung mit Oskar Vogt als Direktor. Der Plan für den Bau eines neuen Instituts wurde in den 20er Jahren durch finanzielle Mittel, insbesondere der Rockefeller-Stiftung sowie vom Reich, dem Staat Preußen und der Stadt Berlin ermöglicht (s. S. 192). Von 1920 bis zur offiziellen Einweihung des Institutsneubaus in Berlin-Buch 1931 bildeten das Neurobiologische Laboratorium der Universität Berlin und das Kaiser-Wilhelm-Institut für Hirnforschung (KWIH) eine Forschungseinrichtung unter Leitung von Oskar Vogt, die anteilig von der Universität und der Kaiser-Wilhelm-Gesellschaft finanziert wurde.

Im Januar 1925 erhielt Oskar Vogt ein Schreiben des russischen Neuropathologen Prof. Dr. Lazar Solomonovic Minor vom 31. Dezember 1924. Darin wurde ihm mitgeteilt, daß eine von der sowjetischen Regierung bestellte Ärztekommission mit der wissenschaftlichen Bearbeitung des Gehirns des am 21. Januar 1924 gestorbenen W. I. Lenin beauftragt worden sei. Im Auftrag dieser Kommission fragte L. S. Minor bei O. Vogt an, ob er bereit sei, die Leitung der zytoarchitektonischen Untersuchungen von Lenins Gehirn zu übernehmen. Die Übertragung dieser Verantwortung an einen ausländischen Wissenschaftler war zunächst sehr überraschend. In diesem Zusammenhang ist es jedoch wichtig zu erwähnen, daß dem internationalen Ärztekollegium zur Behandlung des kranken W. I. Lenin seit 1922 mit dem Breslauer Neurologen und Neurochirurgen Prof. Dr. Otfried Foerster (1873-1941) ein deutscher Arzt angehörte, der auch an der Obduktion von Lenins Leiche am 22. Januar 1924 beteiligt war. Oskar Vogt konsultierte daher mir Schreiben vom 12. Januar 1925 Otfried Foerster bezüglich seiner Meinung zu Minors Anfrage vom 31. Dezember 1924. Foerster antwortete sogleich am 16. Januar 1925 und teilte ihm mit, daß er (Foerster) bei russischen Stellen angeregt habe, ihm (Vogt) die „wissenschaftliche Bearbeitung des Cerebrums" von Lenin zu übertragen. Für das russische Angebot hat offensichtlich auch die Teilnahme von Oskar und Cécile Vogt am 1. Allrussischen Kongreß für Psychoneurologie im Januar 1923 in Moskau eine wichtige Rolle gespielt, wo ihr Vortrag „Pathoarchitektonik und Pathoklise" großes Interesse gefunden hatte. Neben Vogts wissenschaftlichem Ansehen waren für das Angebot an Oskar Vogt wahrscheinlich auch persönliche Beziehungen mit dem sowjetischen Volkskommissar für das Gesundheitswesen Nikolai Alexandrowich Semaschko sowie mit dem russischen Neurologen und Psychiater Professor Wladimir Michailowitsch Bechterew wichtig. Bechterew war wie Vogt Schüler des Leipziger Neurologen Paul Flechsig. Der Vertrag über Vogts Untersuchungen von Lenins Gehirn in Moskau wurde am 16. April 1925 von Oskar Vogt in Berlin und am 22. Mai 1925 in Moskau vom Vizedirektor des Lenin-Instituts, I. P. Towstucha, unterzeichnet (s. S. 187). Verbunden damit war die Errichtung eines Staatsinstituts für Hirnforschung in Moskau, das Oskar Vogt ab 1927 als Direktor nebenamtlich leitete. Dem Institut angeschlossen war eine Abteilung für vergleichende Völker- und Rassenkunde. Sicherlich müssen die zu dieser Zeit insgesamt intensiven und guten wissenschaftlichen Beziehungen zwischen Deutschland und der Sowjetunion auch im Zusammenhang mit dem im April 1922 zwischen beiden Staaten geschlossenen Vertrag von Rapallo gesehen werden.

Oskar Vogt nahm seine Funktion als Direktor des Moskauer Instituts praktisch bis 1929 wahr, besuchte danach das Institut nicht mehr, da es ab 1930 einer anderen staatlichen Behörde, nämlich der Kommunistischen Akademie (Komakademie), unterstellt wurde. Sein Vertrag wurde offiziell aber erst 1936 beendet. Die praktischen Arbeiten zur Herstellung von Serienschnitten von Lenins Gehirn (die Angaben schwanken zwischen etwa 30 000 bis 34 000 Schnitten, im Abschlußbericht von 1936 werden 30 953 Schnitte aufgeführt) wurden zunächst vor allem von Vogts technischer Assistentin Margarethe Woelcke in Moskau durchgeführt. Für die praktischen Arbeiten in Moskau wurden kurzfristig zwei junge russische Ärzte in Vogts Institut in Berlin ausgebildet. Die Auswertungen histologischer Präparate und von Fotographien erfolgten durch Oskar Vogt und seine Mitarbeiter hauptsächlich in Berlin. Erste Ergebnisse der Untersuchungen, herausgegeben vom Kaiser-Wilhelm-Institut für Hirnforschung in Berlin und dem Institut für Hirnforschung in Moskau, wurden im „Journal für Psychologie und Neurologie" (Band 40, 1929) publiziert.

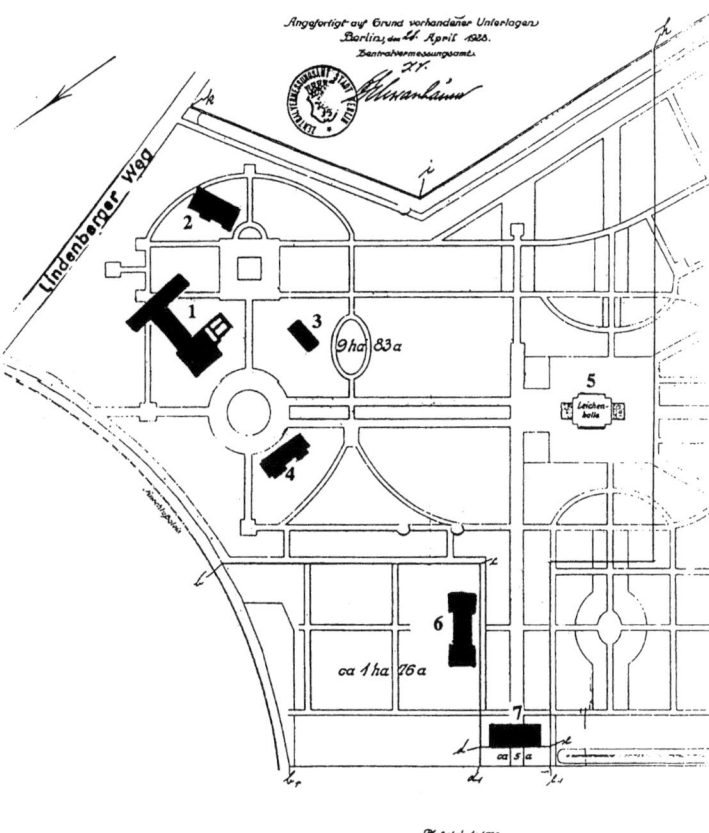

Abb. 8.
*Lageplan des Territoriums des Kaiser-Wilhelm-Instituts für Hirnforschung auf dem Gelände des geplanten „Neuen Berliner Gemeindefriedhofs" in Berlin-Buch (6 in Abb. 1) mit (1) Institut (Laborgebäude) für Hirnforschung (s. Abb. 10 u. 11), (2) Forschungsklinik (s. Abb. 10 u. 12), (3) Direktorenhaus (s. Abb. 10), (4) Mitarbeiterhaus (s. Abb. 10). Weiterhin: (5) „Leichenhalle" (Friedhofskapelle, s. Abb. 5 u. 10), (6) Wirtschaftsgebäude (s. Abb. 4) und (7) Torhaus (s. Abb. 3) des geplanten Friedhofs.
Archiv Geschichte MPG, I. Abtlg. Rep. 1A. Gebäudemarkierungen vom Autor ergänzt.*

2.2. DAS KAISER-WILHELM-INSTITUT FÜR HIRNFORSCHUNG 1930-1937

Am 3. Juli 1928 erwarb die 1911 gegründete Kaiser-Wilhelm-Gesellschaft (KWG) zur Förderung der Wissenschaften, vertreten durch das geschäftsführende Mitglied Dr. Friedrich Glum, von der Stadtgemeinde Berlin, vertreten durch Dr. Kurt Korge sowie den Notar des Kammergerichts Berlin, Dr. Robert von Simon, für die „Errichtung eines Instituts für Hirnforschung" einen Vertrag zur Überlassung eines 9h, 82a und 24qm großen, gärtnerisch genutzten Geländes in Berlin-Buch. Es handelt sich um den in Abb. 1 (6) verzeichneten „Neuen Berliner Gemeindefriedhof" (Zentralfriedhof Buch-Karow mit Kapelle in Abb. 2). Wie schon erwähnt, eignete sich das Gelände wegen der Bodenbeschaffenheit nicht für Erdbestattungen und wurde daher zunächst für gärtnerische Zwecke genutzt. Die Übertragung dieses Geländes an die Kaiser-Wilhelm-Gesellschaft erfolgte durch Erbbaurechtsvertrag für 90 Jahre auf der Preisgrundlage von 3,50 RM pro qm. Abbildung 8 zeigt den Plan dieses Geländes mit Bebauungen (s. auch Abb. 1).

Dem Bau des Instituts für Hirnforschung in Berlin-Buch lag der auch im Vertrag zwischen der Stadt Berlin und der Kaiser-Wilhelm-Gesellschaft näher ausgeführte Gesichtspunkt zugrunde, einen engen Kontakt zwischen der III. Irrenanstalt der Städtischen Heil- und Pflegeanstalten mit damals 2350 Betten und dem Institut für Hirnforschung herzustellen. Direktor der Städtischen Anstalten war der bekannte Psychiater Prof. Dr. Karl Birnbaum (1878-1950), der 1933 wegen „nichtarischer Abstammung" sein Amt aufgeben mußte und 1939 in die USA emigrierte.

Die Wahl von Buch als Standort für das Kaiser-Wilhelm-Institut für Hirnforschung geht auf einen Vorschlag des damaligen Stadtmedizinalrates und Vorsitzenden des Verwaltungsausschusses des Kaiser-Wilhelm-Instituts für Hirnforschung, Prof. Dr. Wilhelm von Drigalski,

Das Kaiser-Wilhelm-Institut für Hirnforschung (Direktor Prof. Dr. Oskar Voigt)

Nachdem es bisher ziemlich unbequem untergebracht, soll es nach einem Vertrag zwischen der Stadt Berlin und der Kaiser-Wilhelm-Gesellschaft in Buch auf einem 10 ha großen städtischen Gelände neu erbaut werden, und zwar im Anschluß an die großen städtischen Anstalten, die bei vollem Ausbau etwa 7000 Betten haben werden. Der Vertrag sieht eine enge wissenschaftliche Zusammenarbeit vor, wobei dem Institut für Hirnforschung das gesamte reiche Material der Anstalten für seine Forschungen zur Verfügung steht, das Institut wiederum den Aerzten der Anstalten Gelegenheit zu wissenschaftlicher Arbeit gibt und ihnen bei Lösung besonders schwieriger Fragen der Diagnose und Therapie behilflich ist. Die Zusammenarbeit regelt ein Verwaltungsausschuß, der aus dem Stadtmedizinalrat, einem weiteren Magistratsmitglied, dem Direktor des Instituts und einem Vertreter der Kaiser-Wilhelm-Gesellschaft besteht.

Das eigentliche Hirnforschungsinstitut beschäftigt sich mit der Erforschung des feineren Aufbaues des Gehirns, besonders der Hirnrinde beim Gesunden und Kranken. Dieser Aufbau ist wie neuere Forschungen (nicht in letzter Linie des Hirnforschungsinstituts selber), gezeigt haben, von außerordentlicher Kompliziertheit auch beim Gesunden. Die Möglichkeiten verschiedener Erkrankungsformen aber sind fast unübersehbar, und wir stehen erst in den ersten Anfängen der Erkenntnis auf diesem Gebiet, dessen Wichtigkeit man übersieht, wenn man bedenkt, daß heute die Lage eines Menschen fast ausschließlich durch die Wertigkeit seines Gehirns bestimmt wird. Kaum auf einem anderen Wege als durch die unendlich mühevollen Forschungen an hunderttausenden von mikroskopischen Präparaten werden wir in die Erkenntnis der körperlichen Unterlagen der Geistes- und Nervenkrankheiten eindringen und mit ihnen vielleicht zu ihrer Verhütung kommen.

Zur Erleichterung einer besonders genauen Untersuchung wichtiger Fälle wird dem Institut eine klinische Abteilung von etwa 40 Betten angegliedert, zu deren Ausbau die Stadt einen Zuschuß von 50 000 *RM* leistet. Einen kleinen, aber höchst wichtigen Teil des Institutes bildet die genetische Abteilung, in der an Insekten Untersuchungen über Variation und Erblichkeit angestellt werden. Natürlich wird auch die Erforschung der Erblichkeit der Nerven- und Geisteskrankheiten des Menschen nicht vernachlässigt, wozu die zahlreichen Kranken der städtischen Anstalten reiche Möglichkeit bieten.

Abb. 9.
Aus dem Amtsblatt der Stadt Berlin vom 7. Oktober 1928 zur Gründung des Kaiser-Wilhelm-Instituts für Hirnforschung in Buch und dessen Zusammenarbeit mit den Bucher städtischen Krankenanstalten.

zurück. Vorher waren als Standorte für das Institut auch Berlin-Dahlem, München und im Rahmen der „Reichsinitiative Ost" auch Breslau, wo der bereits genannte Neurologe und Neurochirurg Otfried Foerster tätig war, in Aussicht genommen worden. Professor Oskar Vogt bestand aber auf Berlin-Buch. In einer Denkschrift aus dem Jahr 1927 zur Notwendigkeit eines Neubaus für das Institut für Hirnforschung in Berlin-Buch schrieb er u.a.: *„Durch die Zusammenarbeit des Hirnforschungsinstituts und den Städtischen Krankenanstalten würden sich Möglichkeiten ergeben, wie sie bisher in Europa nicht vorhanden sind"*, und am 25. Oktober 1929 erläuterte er in einem Dokument für eine „Arbeitsgemeinschaft mit der medizinischen Praxis: *„Es heißt hier die Gelegenheit zu einer einzig in der Welt dastehenden Schöpfung nicht vorübergehen zu lassen".*

Paragraph 2 des o.g. Notariatsvertrages gestattete der Kaiser-Wilhelm-Gesellschaft die „Errichtung eines Instituts für Hirnforschung mit Direktorwohnung, genetischem Vivarium und Nebengebäuden". Bei dem genetischen Vivarium handelt es sich um die Umbauten des sog. Sammlungsturms bis zum zweiten Geschoß an der Südwestseite des Institutsgebäudes (s. Abb. 11, unten) mit den zwei „Gewächshäusern", deren jeweils zwei Teile als „Aquarium" und „Zellenraum" sowie „Feuchtes Warmhaus" und „Trockenes Warmhaus" bezeichnet wurden. (Die „Gewächshäuser" wurden im März 1997 im Zusammenhang mit der Rekonstruktion des alten Institutsgebäudes der Hirnforschung (seit 1992 Oskar- und Cécile-Vogt-Haus) abgerissen).

Am Institutsgebäude wurde westseitig eine Werkstatt für den Apparatebau der physikalisch-technischen Abteilung von Diplomingenieur J. F. Tönnies angebaut und südostseitig am Hörsaal ein „Haus für Stille Tiere", das vor allem der Haltung von Affen diente (s. Abb. 62, oben). Im südlichen Teil des Parks wurde ein Gebäude für die Haltung von Hunden errichtet (in Abb. 10 links neben der Kapelle zu sehen). Für Mitarbeiter wurde ein Wohnhaus für 12 Familien gebaut (s. Abb. 8 u. 10). 1928 wurde mit dem Bau der von dem Münchener Architekten Professor Carl Sattler projektierten Gebäude am Lindenberger Weg begonnen (s. Abb. 10, 11, 12). Im Torhaus (s. Abb. 3) wurden Wohnungen für Mitarbeiter eingerichtet, in denen bis 1945/46 u.a. die Familie Timoféeff-Ressovsky wohnte, von 1950 bis zu seinem Tod 1997 Prof. Dr. F. Jung. Dem Wunsch von Oskar Vogt nach einer eigenen Forschungsklinik, die erst 1932 fertiggestellt wurde, kam der Berliner Magistrat entgegen, indem er dem Institut bereits 1928 vorübergehend das Landhaus V (Haus 231) der III. Heil- und Pflegeanstalt (später Hufeland-Krankenhaus) mit 40 Betten zur Aufnahme von Patienten zur Verfügung stellte.

Während des Baugeschehens traten zwischen Oskar Vogt und der Generalversammlung der Kaiser-Wilhelm-Gesellschaft zahlreiche Probleme auf, die teilweise auch zu ernsten Zerwürfnissen mit Dr. Glum führten, wie u.a. aus einem Brief von Friedrich Glum vom 15. Juni 1929 an v. Bohlen hervorgeht. Oskar Vogt genoß zwar hohes wissenschaftliches Ansehen, galt jedoch bei vielen Fachkollegen als menschlich schwierig, wenig tolerant und sehr autoritär, so daß von verschiedenen Seiten sogar seine Eignung als Direktor des neuen Instituts in Buch in Frage gestellt wurde.

Abb. 10.
Luftaufnahme des Kaiser-Wilhelm-Instituts für Hirnforschung 1931. Im Vordergrund: Laborgebäude (seit 1992 Oskar- und Cécile-Vogt-Haus), dahinter links: Forschungsklinik (Teil der heutigen Robert-Rössle-Klinik) (beide Gebäude sind mit einem überdachten Gang verbunden, der 1957 abgerissen wurde); in der Mitte: Direktorenhaus; im Hintergrund: Friedhofskapelle (s. Abb. 5; an dieser Stelle steht jetzt das Walter-Friedrich-Haus), daneben links der Hundestall (Mitte der 50er Jahre abgerissen); rechts: Mitarbeiterhaus.

Der Neubau des Instituts für Hirnforschung wurde am 24. Februar 1930 zunächst mit der anatomischen, histologischen, genetischen, physikalischen und phototechnischen Abteilung bezogen. Die offizielle Einweihung erfolgte jedoch erst am 2. Juni 1931 in Anwesenheit von Geheimrat Max Planck, von 1930 bis 1936 Präsident der Kaiser-Wilhelm-Gesellschaft (s. Abb. 13-15). Max Planck hielt eine kurze Rede im Umfang von zwei Schreibmaschinenseiten (s. S. 205 f). Den Hauptvortrag über die Entwicklungsgeschichte des Instituts hielt Gustav Krupp von Bohlen und Halbach als Vorsitzender des Kuratoriums und Mitbegründer des Instituts. Ministerialrat Dr. Max Donnevert sprach im Namen der Reichsregierung und der Preußischen Staatsregierung.

Die Forschungsklinik des Instituts für Hirnforschung wurde erst 1932 fertiggestellt und am 1. Mai mit 40 Betten eingeweiht. Die ersten 14 Patienten wurden am 17. Mai 1932 aufgenommen. Bis dahin wurden die Patienten, wie vorausgehend erwähnt, im Landhaus V (Haus 231) der III. Heil- und Pflegeanstalt untergebracht. 1935 wurde die Zahl der Krankenbetten in der Klinik auf 60 erhöht.

Bis zur Gründung des „National Institute for Mental Health" in Bethesda (USA) 1946 war das Kaiser-Wilhelm-Institut für Hirnforschung in Berlin-Buch das größte und modernste Institut seiner Art weltweit.

Der Vertrag der Kaiser-Wilhelm-Gesellschaft mit der Stadt Berlin sah eine enge Zusammenarbeit des Instituts für Hirnforschung mit der Städtischen Heil- und Pflegeanstalt Buch (Direktor Dr. Richard Werner) vor (s. hierzu auch S. 24 u. Abb. 9). Hierzu wurde u.a. ausgeführt: „.... *wobei dem Institut für Hirnforschung das gesamte reiche Material der Anstalten für seine Forschung zur Verfügung steht, das Institut wiederum den Ärzten der Anstalten Gelegenheit zu wissenschaftlicher Arbeit gibt und ihnen bei der Lösung besonders schwieriger Fragen der Diagnose und Therapie behilflich ist"*.

Abb. 11.
Kaiser-Wilhelm-Institut für Hirnforschung nach Fertigstellung 1929. Oben: Frontansicht vom Osten; unten: Ansicht vom Süden (hier noch ohne Anbau des Affenstalls). Im unteren Bild Institutsgebäude mit Hörsaal (rechts) und genetischem Vivarium (links: Anbau bis zur 2. Etage mit „Gewächshäusern"); s. auch Abb. 62.

Das Kuratorium des Instituts für Hirnforschung wurde von 1920 bis 1937 umsichtig und tatkräftig von Dr. Gustav Krupp von Bohlen und Halbach geleitet. Diesem Gremium gehörten 1932 u. a. an: Geheimrat Prof. Dr. Max Planck als Präsident der Kaiser-Wilhelm-Gesellschaft, Prof. Dr. Friedrich Schmidt-Ott als Präsident der Notgemeinschaft der Deutschen Wissenschaft, die Neurologen Prof. Dr. Otfried Foerster (Breslau) und Prof. Dr. Walther Spielmeyer (München; gestorben 1935), der Berliner Pathologe Prof. Dr. Robert Rössle, der Berliner Psychologe Prof. Dr. Wolfgang Köhler, der Münchener Pharmakologe Prof. Dr. Walther Straub, der Serologe Prof. Dr. L. Benda aus dem Industriebereich (I.G. Farben, Frankfurt/Main) und aus dem Politik- und Kommunalbereich Ministerialrat Dr. Max Donnevert (Reichsministerium des Innern), Prof. Dr. Richter (Preußisches Ministerium für Wissenschaft, Kultur und Volksbildung) sowie Prof. Dr. Wilhelm v. Drigalski (Stadtmedizinalrat von Berlin). Das Ausland war mit den US-Amerikanern Prof. Dr. John Campbell Merriam (Präsident der Carnegie Institution, Washington), Prof. Dr. George L. Streeter (Abteilungsleiter an der Carnegie Institution, Washington) sowie dem Genetiker und späteren Nobelpreisträger Dr. Hermann Joseph Muller vertreten, der von 1932 bis 1933 in der genetischen Abteilung des Instituts für Hirnforschung zusammen mit N. W. Timoféeff-Ressovsky arbeitete (s. S. 52, 53).

Abb. 12.
Forschungsklinik (Neurologische Klinik) des Kaiser-Wilhelm-Instituts für Hirnforschung 1932. Oben: Ansicht von Südost, unten: Blick vom Institut (s. auch Abb. 10).

Das Bucher Institut für Hirnforschung wurde zunächst in folgende Abteilungen gegliedert (Anzahl und Benennungen der Abteilungen sind in verschiedenen Dokumenten und während der Aufbauphase des Instituts nicht immer übereinstimmend ausgewiesen bzw. benannt; in Klammern die Namen der Leiter):

1. *Neuroanatomie und Architektonik* (Cécile und Oskar Vogt)
2. *Neurohistologie und -pathologie* (Max Bielschowsky, bis 1933)
3. *Psychologie* (Wolfgang Hochheimer)
4. *Neurophysiologie und Morphologische Technik* (Max Heinrich Fischer, bis 1934); ab 1936 Abteilung für *Physiologie* unter Alois E. Kornmüller
5. *Menschliche Konstitutionsforschung* (Bernhard Patzig)
6. *Neurochemie* (Marthe Vogt, bis 1934)
7. *Experimentelle Genetik* (Nikolai W. Timoféeff-Ressovsky; mit Serge Zarapkin)
8. *Physikalische Technik* (Jan Friedrich Tönnies, bis 1936)
9. *Fototechnik und Reproduktion* (Ernst Heyse) (einschließlich Druckerei für die Dokumentation photographischer Aufnahmen makroskopischer und mikroskopischer Präparate)
10. *Phonetik* (Eberhard Zwirner)
11. *Forschungsklinik* (Gertrud Soeken).

Oskar Vogt leitete das Institut nach dem Harnack-Prinzip der persönlichkeitsorientierten Forschungsorganisation, so benannt nach dem ersten Präsidenten der Kaiser-Wilhelm-Gesellschaft, Prof. Dr. Adolf Harnack (1851-1930). Dieses Prinzip beinhaltet, daß der Direktor eines Instituts die Entscheidungen über alle Forschungsfragen zu treffen hat. Oskar Vogt selbst schrieb dazu (in: Das Kaiser-Wilhelm-Institut für Hirnforschung in Berlin-Buch. 25 Jahre Kaiser-Wilhelm-Gesellschaft zur Förderung der Wissenschaften. Band I, Verlag Julius Springer, Berlin W 9): *„Die Wahl der augenblicklich zu bearbeitenden Fragen hat endlich vom Direktor und seinen wissenschaftlichen Mitarbeitern abzuhängen. Der Direktor muß aus seiner Übersicht über die Bedürfnisse der Hirnforschung den wissenschaftlichen und sozialen Wert der einzelnen Probleme, den Grad der Lösbarkeit und der von den Methoden und Mitarbeitern gewährleisteten Exaktheit beurteilen können. Andererseits sind für den einzelnen Mitarbeiter solche Probleme auszuwählen, die seinem innersten Forscherdrang entsprechen".* Demgemäß wurden die Forschungsthemen des Instituts für Hirnforschung im wesentlichen durch Vogts Arbeiten der neuroanatomisch-architektonischen Abteilung bestimmt, um die sich die anderen Abteilungen unter mehr methodisch-experimentellen Gesichtspunkten gruppierten. Lediglich Timoféeff-Ressovsky erlangte mit seinen genetischen Arbeiten weitgehende Selbständigkeit.

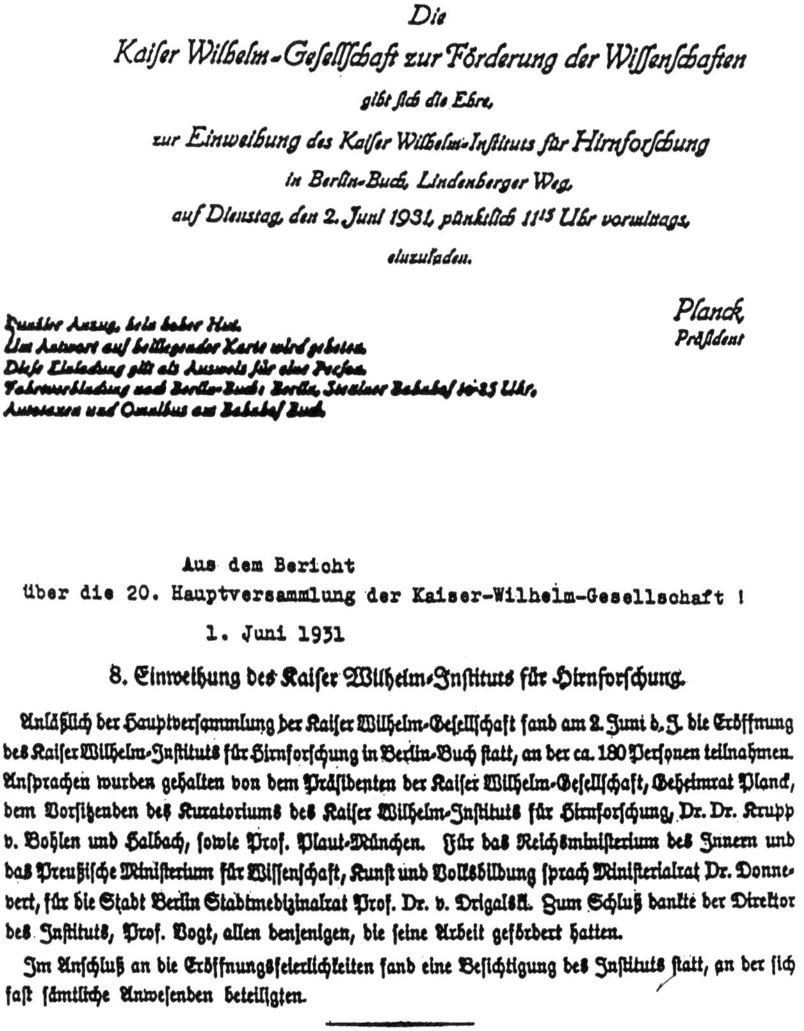

Die
Kaiser Wilhelm-Gesellschaft zur Förderung der Wissenschaften
gibt sich die Ehre,
zur Einweihung des Kaiser Wilhelm-Instituts für Hirnforschung
in Berlin-Buch, Lindenberger Weg,
auf Dienstag, den 2. Juni 1931, pünktlich 11^15 Uhr vormittags,
einzuladen.

Planck
Präsident

Dunkler Anzug, kein hoher Hut.
Um Antwort auf beiliegender Karte wird gebeten.
Diese Einladung gilt als Ausweis für eine Person.
Fahrverbindung nach Berlin-Buch: Berlin, Stettiner Bahnhof 10.35 Uhr,
Autotaxen und Omnibus am Bahnhof Buch.

Aus dem Bericht
über die 20. Hauptversammlung der Kaiser-Wilhelm-Gesellschaft !
1. Juni 1931

8. Einweihung des Kaiser Wilhelm-Instituts für Hirnforschung.

Anläßlich der Hauptversammlung der Kaiser Wilhelm-Gesellschaft fand am 2. Juni d. J. die Eröffnung des Kaiser Wilhelm-Instituts für Hirnforschung in Berlin-Buch statt, an der ca. 180 Personen teilnahmen. Ansprachen wurden gehalten von dem Präsidenten der Kaiser Wilhelm-Gesellschaft, Geheimrat Planck, dem Vorsitzenden des Kuratoriums des Kaiser Wilhelm-Instituts für Hirnforschung, Dr. Dr. Krupp v. Bohlen und Halbach, sowie Prof. Plaut-München. Für das Reichsministerium des Innern und das Preußische Ministerium für Wissenschaft, Kunst und Volksbildung sprach Ministerialrat Dr. Donnevert, für die Stadt Berlin Stadtmedizinalrat Prof. Dr. v. Drigalski. Zum Schluß dankte der Direktor des Instituts, Prof. Vogt, allen denjenigen, die seine Arbeit gefördert hatten.

Im Anschluß an die Eröffnungsfeierlichkeiten fand eine Besichtigung des Instituts statt, an der sich fast sämtliche Anwesenden beteiligten.

Abb. 13.
Einladung zur offiziellen Einweihung des Kaiser-Wilhelm-Instituts für Hirnforschung in Berlin-Buch am 2. Juni 1931 (man beachte den Hinweis auf die Kleidung: „Dunkler Anzug, kein hoher Hut") sowie Bericht darüber.

Das Vogtsche Institut zeichnete sich durch eine straff geführte, interdisziplinär organisierte Forschungsstruktur mit Spezialisten verschiedener Fachrichtungen unter Nutzung morphologisch und funktionell orientierter Methoden mit gemeinsamen Forschungsziel in der Verbindung von Grundlagenforschung bis hin zur angewandten Forschung im kli-

nischen Bereich aus. (Über die Aufgaben des Instituts siehe Oskar Vogt: „Das Kaiser-Wilhelm-Institut für Hirnforschung", in: „Forschungsinstitute, ihre Geschichte, Organisation und Ziele", 1931 (s. S. 199 f); Oskar Vogt: Warum treiben wir Hirnforschung. Forschungen u. Fortschritte der deutschen Wissenschaft 7, 309, 1931; Cécile Vogt: Warum stellen wir die Hirnforschung in den Mittelpunkt unserer Forschung? Naturwiss. 21, 408, 1933).
In Fortführung ihrer bereits in der Neurologischen Zentralstation begonnenen Arbeiten zur Hirnarchitektonik widmeten sich Oskar und Cécile Vogt auch in Buch weiterhin vor allem der topistischen Hirnforschung. Im Vordergrund standen histologische Untersuchungen über den vertikalen Aufbau der verschiedenen Schichten der Hirnrinde und die horizontale Gliederung in verschiedene Felder auf Grund unterschiedlicher Strukturen der Rindenschichten. Neben erkenntnistheoretischen Aspekten war das praktische Ziel dieser Arbeiten im Sinne der topistischen Hirnforschung, physische (sensorische und motorische) und mentale Leistungen und neuropsychische Fähigkeiten (Bewußtseinsvorgänge) bestimmten Hirnstrukturen zuordnen sowie spezifische strukturelle Veränderungen bei pathologischen Prozessen erfassen und beschreiben zu können, insbesondere bei erblichen Nerven- und Geisteskrankheiten (Pathoarchitektonik). Histologisch-anatomisch definierte Strukturen des Zentralnervensystems mit zugeordneten physiologischen und mentalen Funktionen nannten Cécile und Oskar Vogt „Topistische Einheiten", krankhafte Prozesse in diesen Einheiten „Topistische Krankheiten". Der von ihnen geprägte und in die medizinische Fachliteratur eingegangene Begriff „Pathoklise" kennzeichnet die Neigung funktioneller Einheiten des Gehirns für spezifische Erkrankungen (sog. Systemerkrankungen).
Zur Analyse der funktionellen Bedeutung der histologisch verschiedenen Rindenfelder wurden physiologische Methoden angewandt, insbesondere die Elektroenzephalographie und elektrische Reizungen. Die Ergebnisse der morphologischen und funktionellen Untersuchungen wurden in Großhirnrinden-Reizkarten dargestellt. Durch entsprechende vergleichende

Abb. 14.
Oskar Vogt bei seiner Begrüßung im Hörsaal des Instituts anläßlich der offiziellen Eröffnung des Kaiser-Wilhelm-Instituts für Hirnforschung 1931.

Abb. 15.
Veranstaltung mit Max Planck und Mitarbeitern im Hörsaal des Kaiser-Wilhelm-Instituts für Hirnforschung 1931. Erste Reihe von links nach rechts: O. Vogt, M. Planck, Frau Planck, C. Vogt, M. Bielschowsky; zweite Reihe von links nach rechts: Marthe Vogt, N. W. Timoféeff-Ressovsky (hinter Max Planck), Elena Timoféeff; dritte Reihe von links: Alois E. Kornmüller, B. Patzig, (zwischen N.W. und Elena Timoféeff).

Untersuchungen konnten so auch Erkenntnisse über die Phylogenese und Ontogenese des Kortex gewonnen werden (Abb. 20). Mit dem Ziel der Beeinflussung der Funktion spezifischer Rindenfelder bei pathologischen Prozessen im Sinne einer gezielten Chemotherapie wurden diese biochemisch analysiert und ihre Funktionen unter der Einwirkung von Pharmaka vor allem mittels Elektroenzephalographie untersucht.

Abb. 16.
Bibliothek (oben) mit Lesesaal (unten) im Institut für Hirnforschung.

Für funktionelle Untersuchungen waren vor allem die Arbeiten des Physiologen Alois E. Kornmüller (Abb. 22) und des Ingenieurs Jan Friedrich Tönnies über bioelektrische Erscheinungen und Charakteristika der Großhirnrinde von Bedeutung. Grundlage dafür war der von ihnen im Bucher Institut entwickelte erste hochleistungsfähige und klinisch einsetzbare Sechs-Kanal-Elektroenzephalograph („Tönniesscher Neurograph"; Abb. 23) zur Registrierung von Ruhepotentialen („stationäre Ströme") und evozierten Potentialen („Aktionsströme") verschiedener Felder der Großhirnrinde mit Ableitung vom geschlossenen Schädel (Abb. 24). Mit dieser Technik gelang der Nachweis spezifischer bioelektrischer Aktivitäten verschiedener Rindenfelder, deren Beeinflußbarkeit durch äußere Faktoren (z.B. auch Pharmaka), sowie der Nachweis spezifischer, für bestimmte anatomische Rindenfelder charakteristischer Aktionsströme, d.h. Kongruenz der mittels evozierter Potentiale ermittelten Rindenfelder mit den histologischen Daten. Grundlagen für die Arbeiten von Kornmüller und Tönnies waren durch den Physiologen und Psychiater Hans Berger (1873-1941) in Jena geschaffen worden, der 1929 durch Registrierung örtlicher rhythmischer Potentialschwankungen am Gehirn des Menschen die Enzephalographie entwickelt hatte. Hans Berger war wie Oskar Vogt Assistent des Psychiaters Otto Biswanger an der Psychiatrischen Universitätsklinik in Jena gewesen, wo Oskar Vogt 1894 mit einer Arbeit „Über Fasersysteme in den mittleren und caudalen Balkenabschnitten" promovierte.

Besonders erwähnt werden sollen auch die Arbeiten von Marthe Vogt (Abb. 25), älteste Tochter von Cécile und Oskar Vogt. Mit ihren Untersuchungen hat sie in der von ihr bis 1934 geleiteten chemischen Abteilung wesentlich zur Aufklärung der Innervation des Hypophysenvorderlappens, der nervalen Regulation der Schilddrüsenfunktion sowie zur Verteilung von Pharmaka im Zentralnervensystem beigetragen. Über das Zusammenwirken der Chemischen Abteilung mit den drei Programmen „rein chemische", „physikalisch-chemische" und „experimentell-pharmakologische", wie er sie nannte, mit anderen Abteilungen und der Klinik schrieb Oskar Vogt u.a.: Aufgabe der chemischen Arbeiten sei es, „... *unter Berücksichtigung der architektonischen Gliederungsergebnisse der anatomischen Abteilung Substanzen zu entwickeln, die nur einzelne Teile des ZNS beeinflussen und die Arbeit der Klinik unterstützen"* - ein auch heute noch durchaus modernes Konzept der Einheit von Grundlagenforschung und Klinik.

Abb. 17.
Mikrotomlabor im Institut für Hirnforschung (oben) und Makrotom (unten; s. auch Abb. 124) zur Herstellung großer Hirnschnitte.

In der Abteilung Konstitutionsforschung unter Bernhard Patzig wurde über die Vererbung bestimmter Körpermerkmale, z. B. der Schädelform, über die Vererbung von Bewegungsstörungen sowie über die Bedeutung sog. schwacher Gene für die Vererbung von Krankheiten (z.B. des striären Systems) gearbeitet.

Erwähnt werden soll auch, daß sich Oskar Vogt, wie übrigens viele Psychiater seiner Zeit, mit Hypnose beschäftigte, wobei er sich neben den praktischen Möglichkeiten der Anwendung vor allem der Erforschung wissenschaftlicher Grundlagen dieses Phänomens widmete, um sie von Mystizismus und Okkultismus zu befreien.

Im Folgenden soll nochmals auf eine besondere Richtung der Interessen und hirnarchitektonischen Arbeiten von Oskar und Cécile Vogt eingegangen werden, die mit dem Begriff „Ausnahmegehirne" umschrieben wurden, womit eine Einteilung in „vollwertig", „überwertig" und „minderwertig" gemeint war. Im Aufbau der Rindenschichten (Größe und Anzahl der Zellen, Anordnung der Dendriten) lassen sich in den verschiedenen Rindenfeldern neben Veränderungen bei pathologischen Prozessen auch individuelle Unterschiede feststellen. Dies veranlaßte Oskar und Cécile Vogt, sich auch mit Fragen der Struktur von „Ausnahmegehirnen" zu beschäftigen. Darunter waren Gehirne positiver „Ausnahmepersönlichkeiten" einerseits („Elitegehirne" wie etwa hervorragender Wissenschaftler und Künstler sowie prominenter politischer Persönlichkeiten) wie andererseits von Menschen aus dem Kreis Krimineller und Hirnkranker (z.B. Schwachsinniger) zu verstehen. Unter dem Gesichtspunkt „Elitegehirn" hatte Oskar Vogt auch die zytoarchitektonischen Untersuchungen des Gehirns von W. I. Lenin durchgeführt und bewertet (s. S. 22). Auch die Begriffe „Rassegehirne" und „Rassegehirnforschung" spielten eine Rolle, womit sich die beiden Vogts allerdings nicht direkt, d.h. forschungsmäßig beschäftigten (derartige Untersuchungen wurden vielmehr im Moskauer Institut für Hirnforschung durchgeführt; s. S. 22), wenngleich Oskar Vogt im Rahmen der offiziellen Zusammenarbeit 1927 an der Einrichtung des deutsch-russischen Laboratoriums für vergleichende Rassenpathologie in Moskau beteiligt war. Zu den mit den Begriffen anthropologische „Rassenlehre" und „Elitegehirnforschung" belegten wissenschaftlichen Bereichen ist anzumerken, daß diese nicht erst im 20. Jahrhundert zum Gegenstand von Forschungen gemacht wurden. Erste Vertreter dieser Richtungen in Deutschland waren der Göttinger Arzt Johann Friedrich Blumenbach (1752-1840) bereits im 18. Jahrhundert und der deutsche Anthropologe und Hirnforscher Professor Rudolph Wagner (1805-1864) im 19. Jahrhundert. Wagner untersuchte unter diesem Gesichtspunkt u.a. das Gehirn des bekannten Mathematikers Carl Friedrich Gauß. Die Klassifizie-

Abb. 18.
Gehirnsammlung (sog. Gehirnkammer) im Institut für Hirnforschung.

Abb. 19.
Chemisches Laboratorium im Institut für Hirnforschung.

rung von Gehirnen nach morphologischen Kriterien in „überwertige" und „unterwertige" verbanden Oskar und Cécile Vogt mit Vorstellungen im Sinne der Eugenik allgemein für Höherentwicklung („Höherzüchtung") des „Vollwertigen" und Vermeidung des „Unterwertigen". In gleicher Richtung entwickelten sie im Zusammenhang mit ihren Studien über erblich bedingte Krankheiten, insbesondere solche, die auf Gene mit sog. geringer Penetranz zurückzuführen sind, Überlegungen zur Prophylaxe derselben. Letztlich standen sie aber den Möglichkeiten, sowohl „Minder- bzw. Unterwertiges" als auch erbliche Krankheiten mit Hilfe eugenischer Maßnahmen beseitigen zu können, sehr zurückhaltend gegenüber. Bereits 1929 schrieben sie in einem Artikel „Hirnforschung und Genetik" (J. Psychol. Neurol. 39, 438-446, 1929) u.a.: *„Es scheint uns höchst unwahrscheinlich, daß es auf eugenischem Wege gelingen wird, die vorhandenen erblichen Erkrankungen und Minderwertigkeiten des Nervensystems auszumerzen"*.

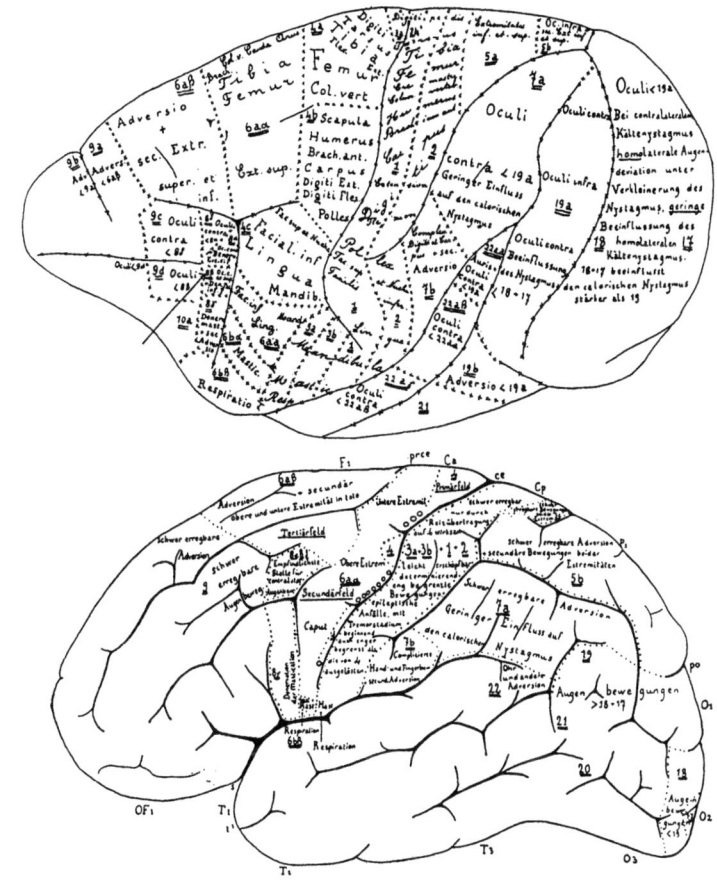

Abb. 20.
*Großhirnrinden-Reizkarten nach Oskar Vogt. Aus den eingezeichneten „Reizpunkten" wurden die für bestimmte Körperfunktionen verantwortlichen Zentren im Gehirn lokalisiert. Vergleich der Rindenfelder eines Primatengehirns (Cercopithecus) (oben) und des menschlichen Gehirns (unten) auf Grund reizphysiologischer Untersuchungen an der Hirnrinde.
Aus C. u. O. Vogt: Sitz und Wesen der Krankheiten; s. Abb. 26).*

Im Folgenden sollen nochmals einige wissenschaftsorganisatorische und gesellschaftspolitische Aspekte behandelt werden.
Zu Beginn des Jahres 1936 hatte das Bucher Hirnforschungsinstitut personell folgende Größe und Zusammensetzung:
1. Lohnempfänger des Instituts: 18 Wissenschaftler (einschließlich Stipendiaten), 3 Verwaltungsangestellte, 21 technische Angestellte (technische Assistentinnen), 20 Arbeiter (u.a. Labordiener, Tierpfleger, Handwerker, Reinemachfrauen, Chauffeure, Laufburschen).
2. Von der 1920 gegründeten Notgemeinschaft der Deutschen Wissenschaft (1929 in Deutsche Forschungsgemeinschaft umbenannt) bezahlte Mitarbeiter: 2 technische Assistentinnen, 1 Präparator, 5 Laborhilfen.
3. Von der Rockefeller-Stiftung finanziert: Ein wissenschaftlicher Assistent.
4. Von der Wissenschaftlichen Akademischen Hilfe der Notgemeinschaft der Deutschen Wissenschaft unterstützt: 5 Wissenschaftler.

5. Von der Stadt Berlin angestellt: Ein Wissenschaftler (Leiterin der Forschungsklinik).

Unbesoldet arbeiteten ab 1933 Frau Dr. Elena Timoféeff-Ressovsky sowie als technische Assistentin die Ehefrau von A. E. Kornmüller.

Abb. 21.
Max Bielschowsky (1869-1940).

Trotz des autoritären Führungsstils von Oskar Vogt (s. S. 25, 28) herrschte im Institut bis 1933 ein politisch durchaus liberales Klima. Nur wenige Mitarbeiter waren Mitglieder rechts- (NSDAP) oder linksorientierter (KPD) Parteien. Jüdische Mitarbeiter gehörten ebenso zum Institut wie Ärzte und Wissenschaftler aus dem Ausland.

Nach der Machtübernahme durch die Nationalsozialisten kam es jedoch zunehmend zu politischen Einflußnahmen und dadurch bedingten Veränderungen. So wurde u.a. versucht, die Arbeitsrichtung Rassenbiologie am Institut zu etablieren, wofür als Leiter Professor Maximinian de Crinis (s. S. 38, 41) vorgesehen war, jedoch wurde dieses Projekt nicht realisiert.

Am 27. April 1933 wurde, veranlaßt durch das Innenministerium, das „Gesetz zur Wiederherstellung des Berufsbeamtentums" auch für Angestellte der Kaiser-Wilhelm-Gesellschaft in Anwendung gebracht. Dieses Gesetz vom 7. April 1933 beinhaltete insbesondere die Entlassung jüdischer und halbjüdischer Beamter und Angestellter. Begünstigt durch dieses Gesetz wurde am 22. Mai 1933 Prof. Dr. Max Bielschowsky (Abb. 21), der bereits 1904 in das Vogtsche Neurobiologische Laboratorium eingetreten war, vor allem auch wegen persönlicher Auseinandersetzungen mit Oskar Vogt bis zum Erreichen der gesetzlichen Altersgrenze am 14. Februar 1934 beurlaubt und verlor so seine Arbeitsmöglichkeiten im Bucher Kaiser-Wilhelm-Institut für Hirnforschung. Bielschowsky, der jüdischer Herkunft war, verließ 1933 Deutschland und ging zunächst nach Holland, kehrte 1936 nochmals nach Berlin zurück, um Deutschland noch vor Ausbruch des Zweiten Weltkrieges endgültig zu verlassen. Er emigrierte nach England und starb am 15. August 1940 in London. 1934 wurde die Biologin Dr. Estera Tenenbaum, eine polnische Jüdin, die seit 1929 in der genetischen Abteilung tätig war, gezwungen zu emigrieren. Auch Marthe Vogt, Leiterin der Abteilung Neurochemie, verließ 1934 das Institut und ging nach England. Der Veranlassung durch die Kaiser-Wilhelm-Gesellschaft folgend, daß Institutsangestellte, die früher der Kommunistischen Partei Deutschlands oder einer ihrer Hilfsorganisationen angehört haben, zu entlassen seien, wurde z.B. auch dem Leiter der Abteilung Fototechnik und Reproduktion, Ernst Heyse, zum 30. Juni 1934 gekündigt. Aus ganz anderen Gründen wurde der Leiter der Abteilung Neurophysiologie, Max Heinrich Fischer, 1934 veranlaßt, das Institut zu verlassen, und zwar wegen unlauterer Zusammenarbeit mit der Bucher nationalsozialistischen SA-Gruppe zum Nachteil des Instituts (s. hierzu S. 35). Das Institut verlor so neben zahlreichen anderen Mitarbeitern innerhalb eines Jahres vier Abteilungsleiter.

Abb. 22.
Alois E. Kornmüller (1905-1968).

Am 5. Mai 1933 formulierte die Generalversammlung der Kaiser-Wilhelm-Gesellschaft in einer Sitzung der Direktoren aller Berliner Kaiser-

Wilhelm-Institute, daß die in den Instituten gebildeten Betriebszellen der Partei *„als rechtliche Vertretung der Institute aufzufassen und berechtigt seien, mit den Direktoren zu verhandeln".* Um so bemerkenswerter ist ein Institutsschreiben von Oskar Vogt vom 17. Juli 1933 nach Übergriffen von Mitgliedern der Bucher SA-Gruppe auf das Institut, in dem er mitteilte: *„Eingriffe lokaler Parteiinstanzen in das Institut werden als Hausfriedensbruch verfolgt. Während der Dienstzeit hat jede politische Tätigkeit zu ruhen. Urlaub dafür kann nicht erteilt werden".*

Abb. 23.
Tönniesscher Neurograph aus dem Jahr 1932. V: Verstärker, M: Magnet des Schreibers, A: Motor für Papierstreifenantrieb, Z: auswechselbare Zahnräder; F: Schreibfeder, P: Papierrollen, L: Lautsprechersystem für Zeitschreibung.
Naturwiss. 20, 384, 1932.

Am 15. März und am 21. Juni 1933 hatten bewaffnete Mitglieder der Bucher SA-Gruppe das Institut überfallen. Bei der Aktion zu spätabendlicher Stunde im März wurde Oskar Vogt in seiner Wohnung festgehalten, vernommen und seine Wohnung durchsucht. Dieser Überfall erfolgte nach einer Mitteilung des Leiters der Physiologischen Abteilung, Max Heinrich Fischer, an den Sturmführer der Bucher SA-Gruppe, daß sich im Institut der ungarische Revolutionär Bela Kun aufhalte. Begünstigt wurde dieser Eingriff durch die allgemeinen Nazi-Terrormaßnahmen nach dem „Tag der nationalen Erhebung" vom 4. März 1933 und im Vorfeld des am 1. April 1933 beginnenden „Judenboykotts". Fischers Anschuldigungen erwiesen sich jedoch als falsch. Daraufhin verließ er das Institut 1934. Seine Abteilung wurde danach aus dem Institut ausgegliedert und 1936 aufgelöst. Bei diesem Überfall wurde auch der bei Timoféeff-Ressovsky als Gast arbeitende amerikanische Genetiker Hermann Muller vorübergehend in Gewahrsam genommen. Beim Überfall am 21. Juni wurden Mitarbeiter des Instituts widerrechtlich festgenommen, in die Bucher SA-Zentrale abgeführt, dort mißhandelt, zum Exerzieren gezwungen und danach zur Geheimhaltung dieser Maßnahmen verpflichtet. Auf Grund einer Beschwerde von Oskar Vogt in der Sitzung des Kuratoriums des Instituts am 6. Juli 1933 über diese Einmischungen der SA in Institutsangelegenheiten legte der Präsident der Kaiser-Wilhelm-Gesellschaft, Geheimrat Max Planck, am 7. Juli 1933 unmißverständlich Protest beim Reichsminister des Innern Dr. Wilhelm

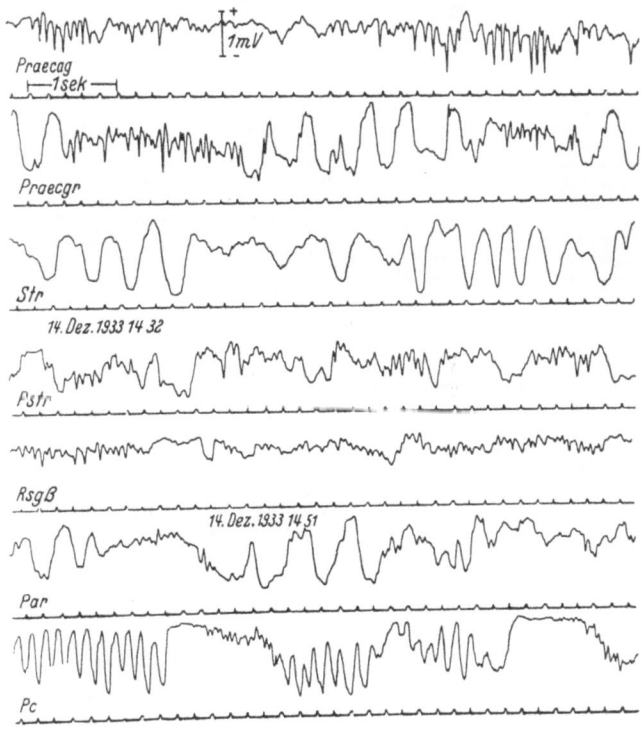

Abb. 24.
Mit Hilfe des Tönniesschen Neurographen registrierte spezifische Eigenströme verschiedener Felder (von oben nach unten) der Großhirnrinde eines Kaninchens.
Naturwiss. 22, 416, 1934.

Frick ein. Dieser forderte umgehend vom Preußischen Minister des Innern *„den Tatbestand sofort festzustellen zu veranlassen, die Schuldigen zur Rechenschaft zu ziehen und das Institut in Berlin-Buch gegen die Gefahr etwaiger weiterer Störungen durch Polizisten zu sichern".* Dadurch konnten weitere Eingriffe in das Institut verhindert werden, obwohl noch am 28. Dezember 1933 das Geheime Staatspolizeiamt den Reichsminister des Innern in einem Schreiben darauf hinwies, daß die *„politischen und rassistischen Verhältnisse am Kaiser-Wilhelm-Institut eine Nachprüfung von berufener Stelle notwendig machen dürften".* In diesem Brief wurde über Oskar Vogt u.a. ausgeführt: *„.... seine immer wieder zutage tretenden Begünstigungshandlungen Juden gegenüber, die Unterlassung der Unterbindung bezw. die stillschweigende Duldung kommunistischer Propaganda und die Beschäftigung von Ausländern hatten ein Spannungsfeld geschaffen ...".*

Abb. 25.
Marthe Vogt im Labor der chemischen Abteilung des Instituts für Hirnforschung.

Wegen seiner Beziehungen zu Rußland (s. S. 22f) wurde Oskar Vogt auch kommunistischer Gesinnung bezichtigt. In einem Brief an den Präsidenten der Kaiser-Wilhelm-Gesellschaft antwortete er 1933 zu den gegen ihn erhobenen Vorwürfen u.a.: *„Ich habe nie in meinem Leben einer politischen Partei angehört. Ich verfüge auch nicht über die dazu notwendigen Kenntnisse und habe mich nur für die Psychologie der Politiker interessiert, worüber ich vielleicht noch einmal ein Buch schreiben werde".* Der Vorwurf kommunistischer Gesinnung von Oskar Vogt wurde schließlich vom Preußischen Kultusminister mit Schreiben vom 24. Dezember 1935 an das Präsidium der Kaiser-Wilhelm-Gesellschaft als nicht nachweisbar zurückgenommen. Immerhin wurde er aber noch 1937 in einem Aufsatz „Weiße Juden in der Wissenschaft" im „Völkischen Beobachter" vom 19. August wegen seiner früheren Arbeiten im Moskauer Institut für Hirnforschung beschimpft. Es ist der starken Rückendeckung zu verdanken, die Oskar Vogt von Seiten der Kaiser-Wilhelm-Gesellschaft mit ihrem Präsidenten Max Planck und vor allem durch den ihm freundschaftlich verbundenen Großindustriellen und Vorsitzenden des Kuratoriums des Instituts Krupp von Bohlen und Halbach erhielt, daß er seine Konflikte mit den nationalsozialistischen Machthabern für damalige Verhältnisse im wesentlichen unbeschadet überstand.

1920 hatte Oskar Vogt von der Kaiser-Wilhelm-Gesellschaft einen Anstellungsvertrag auf Lebenszeit erhalten, in dem es u.a. heißt: *„Herr Dr. Vogt kann von der Kaiser-Wilhelm-Gesellschaft nur unter der Voraus-*

setzung entlassen werden, unter denen ein preussischer Hochschulprofessor seines Amtes enthoben werden kann". Nach ersten Versuchen schon 1934 - bereits am 22. September erhielt Oskar Vogt vom Reichsministerium für Wissenschaft, Erziehung und Kunst eine Kündigung seines Amtes als Institutsdirektor zum 31. Dezember 1934 - wurde schließlich am 31. Juli 1935 aus politischen Gründen „kraft Gesetz" durch den Reichsminister für Wissenschaft, Kunst und Volksbildung Bernhard Rust die Pensionierung von Oskar Vogt als Institutsdirektor zum 31. Oktober 1935 verfügt. Damit erfolgte die Versetzung in den dauernden Ruhestand. Da ein Nachfolger noch nicht benannt war, leitete Oskar Vogt das Institut noch bis zum 31. März 1937 kommissarisch weiter. Grund für die durch die damaligen Machthaber veranlaßte Emeritierung von Oskar Vogt als Institutsdirektor waren seine internationale Gesinnung, kritische Äußerungen über den Nationalsozialismus, Begünstigung von Juden, der Schutz, den er Ausländern und politisch Andersdenkenden gewährte sowie Duldung kommunistischer Umtriebe. Als aufrechter Humanist mit ausgeprägtem sozialen Verantwortungsbewußtsein stand er in krassem Widerspruch zur faschistischen Diktatur. Nach der vertragswidrigen Abberufung siedelte Oskar Vogt mit seiner Frau Cécile am 1. April 1937 nach Neustadt im Schwarzwald in das mit Hilfe der Firma Krupp gebaute private „Institut der Deutschen Hirnforschungs-Gesellschaft m.b.H." über. Diese Gesellschaft war 1936 von Gustav Krupp von Bohlen und Halbach und Oskar Vogt gegründet worden.

Über das Ausscheiden von Oskar und Cécile Vogt aus dem Bucher Institut findet sich im Tätigkeitsbericht der Kaiser-Wilhelm-Gesellschaft für den Zeitraum Oktober 1935 bis Ende März 1937 (Naturwiss. 25, S. 382, 1937) folgende Ausführung: *„Der bisherige Leiter des Kaiser-Wilhelm-*

Abb. 26.
Titelblatt des 1937 bei J. A. Barth/Leipzig erschienenen Buches von Cécile und Oskar Vogt über ihre Arbeiten zur topistischen Hirnforschung.

Instituts für Hirnforschung, Prof. Dr. Vogt, legte Ende März die Leitung des Instituts nieder, da er die Altersgrenze erreicht hat". Die Leitung der Kaiser-Wilhelm-Gesellschaft war 1937 also nicht in der Lage, die wahren Gründe von Vogts Ausscheiden aus dem Institut zu beschreiben. Und weiter hieß es: „*Ebenso schied das Wissenschaftliche Mitglied Dr. Cécile Vogt aus dem Institut aus".* [...]. „*Am 1. April hat Prof. Dr. Hugo Spatz aus München, der schon seit dem 1. November 1936 zur Einarbeitung in Buch tätig war, die Leitung des Instituts übernommen. Die Übernahme erfolgte gelegentlich eines feierlichen Betriebsappells"* (Lingua Tertii Imperii!).

Vor ihrem Weggang aus Buch faßten Oskar und Cécile Vogt die Ergebnisse ihrer jahrelangen Forschungsarbeiten in der zweiteiligen Veröffentlichung über „Sitz und Wesen der Krankheiten im Lichte der topistischen Hirnforschung und des Variierens der Tiere" in dem bereits 1902 von August Forel und Oskar Vogt gegründeten „Journal für Psychologie und Neurologie" zusammen (erschienen in Band 47, S. 237, 1937 und Band 48, S. 169, 1938). Diese Arbeiten wurden als eigenständiges Werk auch in dem gleichnamigen Buch 1937 beim Verlag Johann Ambrosius Barth in Leipzig veröffentlicht (Abb. 26). 1939 folgten drei Mitteilungen über „Thalamusstudien", ebenfalls im „Journal für Psychologie und Neurologie", und 1954 eine weitere größere Arbeit über „Gestaltung der topistischen Hirnforschung und ihre Förderung durch den Hirnbau und seine Anomalien" im „Journal für Hirnforschung", das Oskar und Cécile Vogt 1954 mit dem Untertitel „Organ des Instituts für Hirnforschung und Allgemeine Biologie in Neustadt (Schwarzwald)" gegründet hatten (s. S. 160).

Im Institut in Neustadt waren beide Vogts noch bis zum Tod von Oskar Vogt am 31. Juli 1959 tätig. Cécile Vogt starb am 4. Mai 1962 bei ihrer Tochter Marthe in Cambridge, wohin sie im Juni 1960 gezogen war.

2.3. DAS KAISER-WILHELM-INSTITUT FÜR HIRNFORSCHUNG 1937-1945

Als Kandidaten für die Nachfolge von Oskar Vogt in Berlin-Buch waren zunächst Professor Hugo Spatz und Professor Willibald Scholz von der Deutschen Forschungsanstalt für Psychiatrie (Kaiser-Wilhelm-Institut) in München, Professor Maximinian de Crinis (damals noch Direktor der Universitätsnervenklinik in Köln, später an der Berliner Charité), Professor Georges Schaltenbrand von der Inneren und Nervenklinik der Universität Würzburg und der Berliner Pathologe Professor Paul Schürmann im Gespräch. Insbesondere de Crinis wurde aber von Oskar Vogt, auch im Ergebnis eines früheren Urteils des Münchener Psychiaters Professor Walther Spielmeyer, abgelehnt. Schließlich fiel die Wahl, auch den Empfehlungen von Oskar Vogt folgend, auf Hugo Spatz (Abb. 27). Professor Spatz war insbesondere durch seine Arbeiten über Verschiedenheiten der Reaktionsweise des Zentralnervensystems von Neugeborenen und Erwachsenen, die Entwicklung der Basalganglien, die progressive Paralyse, die Anatomie des Corpus striatum (Streifenhügel) sowie die pathologische Anatomie von Kreislaufstörungen des Gehirns bekannt (Biographie s. S. 178). Zum Zwecke der Einarbeitung in die Institutsangelegenheiten kam Hugo Spatz bereits zum 1. November 1936 nach Berlin-Buch. Bei seiner Amtseinführung 1937 begrüßte er die Mitarbeiter als „Arbeitskameraden" und kündigte u.a. die Einführung von obligatorischem Sport an, was offensichtlich auch sehr erfolgreich gelang, denn bereits im Institutsbericht 1938/39 an die Kaiser-Wilhelm-Gesellschaft wird u.a. ausgeführt: *„Das Kaiser-Wilhelm-Institut für Hirnforschung wurde beim 'Sportappell der Betriebe' Kreissieger und Gausieger".*

Mit der Übernahme der Leitung durch Hugo Spatz waren wesentliche Veränderungen in der Struktur und in Forschungsinhalten des Kaiser-Wilhelm-Instituts für Hirnforschung in Berlin-Buch verbunden. Professor Spatz selbst übernahm die Leitung der Anatomischen Abteilung und der Nervenklinik. Der 1937 aus Würzburg gekommene Neurochirurg Prof. Dr. Wilhelm Tönnis (Abb. 28), der gleichzeitig einen Ruf an die Berliner Universität erhielt und hier als Extraordinarius den ersten Lehrstuhl für Neurochirurgie gründete, wurde Leiter der neuen Abteilung für Tumorforschung und Experimentelle Pathologie des Gehirns. Der Pathologe Prof. Dr. Hans Anders, Leiter der Prosektur und des Instituts für Pathologie der Heilanstalten in Berlin-Buch, übernahm gleichzeitig die Leitung der ebenfalls neu gegründeten Abteilung für Allgemeine Pathologie. Zum 1. Januar 1938 wurde Dr. Julius Hallervorden unter Beibehaltung seiner Tätigkeit als Prosektor der Brandenburgischen Psychiatrischen Anstalten als Leiter der Histopathologischen Abteilung mit angegliedertem Laboratorium der Prosektur der Brandenburgischen Landesanstalten in der Landesanstalt Potsdam (ab 1938 Görden bei Brandenburg/Havel) an das Institut berufen. Zugleich wurde Julius Hallervorden stellvertretender Institutsdirektor. Am 30. Januar 1938 wurde ihm vom Führer und Reichskanzler Adolf Hitler der Titel Professor verliehen. Die Abteilung für Menschliche Konstitutionsforschung unter Bernhard Patzig wurde in Abteilung für Menschliche Erb- und Konstitutionsforschung umbenannt. Die Abteilung Genetik erhielt einen selbständigen Status (s. S. 56), die Abteilungen Phonometrie (Eberhard Zwirner) und Psychologie (Wolfgang Hochheimer) wurden geschlossen. In der Abteilung Chemie wurde 1938 unter Helmut Selbach die Arbeit wieder aufgenommen.

Die Hinwendung zu bevorzugt pathologischen Problemen, - die hirnarchitektonischen Arbeiten wurden weitgehend eingestellt -, ergibt sich auch aus der Gliederung des Instituts in folgende Abteilungen:

1. *Anatomie* (Hugo Spatz) *mit Forschungsklinik* (Nervenklinik) (Gertrud Soeken, bis 1941, danach Bernhard Patzig)
2. *Histopathologie* mit angegliedertem Laboratorium der Prosektur der Brandenburgischen Landesanstalten in der Landesanstalt Görden bei Brandenburg (früher Potsdam) (Julius Hallervorden, ab 1. Januar 1938)
3. *Tumorforschung und Experimentelle Pathologie des Gehirns* (Wilhelm Tönnis)

Abb. 27.
Hugo Spatz (1888-1969).

Abb. 28.
Wilhelm Tönnis (1898-1978).

4. *Allgemeine Pathologie* (Hans E. Anders, zugleich Leiter der Prosektur und Direktor des Pathologischen Instituts der Heilanstalten in Berlin-Buch, auch nach dem Zweiten Weltkrieg bis 1953 noch als Leiter der Pathologie im Hufeland-Krankenhaus tätig)
5. *Physiologie* (Alois E. Kornmüller) mit der Unterabteilung Experimentelle Techniken (Hans-Joachim Schaeder)
6. *Menschliche Erb- und Konstitutionsforschung* (Bernhard Patzig, ab 1941 Leiter der Nervenklinik)
7. *Chemie* (Helmut Selbach, ab 1938)
8. *Phonometrie* (Eberhard Zwirner, bis 31. August 1938)

Die Abteilung Genetik unter Timoféeff-Ressovsky wurde 1937 verselbständigt (s. S. 56).

Beglaubigte Abschrift.

Zur Erstschrift 3,-RM Urkundensteuer entrichtet
Zur Doppelschrift ./. RM Urkundensteuer in Marken entwertet.

§ 20. Berlin, den 28. Dezember 1937
Steuermarkenverwalter Tietz
(L.S.) gez. Willi T i e t z .

rkunden-steuer-
marke. über 3,-RM.

V e r e i n b a r u n g

zwischen dem Oberbürgermeister der Reichshauptstadt Berlin – Hauptgesundheitsamt – und der Kaiser Wilhelm-Gesellschaft zur Förderung der Wissenschaften mit dem Sitz Berlin zur Ergänzung des Vertrages vom 3. Juli 1928 zwischen der Stadtgemeinde Berlin und der Kaiser Wilhelm-Gesellschaft zur Förderung der Wissenschaften.

– – – – –

§ 1. Es soll eine engere Zusammenarbeit zwischen den Ärzten der Heil- und Pflegeanstalt Buch der Reichshauptstadt Berlin und anderen städtischen Hospitälern, die Nervenkranke beherbergen, einerseits und den Mitgliedern des Kaiser Wilhelm-Instituts für Hirnforschung in Buch andererseits angestrebt werden. Regelmäßige Vorweisungen und Aussprachen sollen dazu beitragen, die Ergebnisse der Hirnforschung für das ärztliche Handeln nutzbar zu machen. Besonderer Wert soll dabei auf alle Fragen der Erbforschung gelegt werden.

§ 2. Eine besonders enge Zusammenarbeit soll, unabhängig von der Person der jeweiligen Leiter, zwischen dem Neuro-Pathologischen Institut der Reichshauptstadt Berlin in Buch und dem Kaiser Wilhelm-Institut für Hirnforschung eingerichtet werden. Die Leiter der beiden Institute sollen sich von ihren Arbeitsrichtungen gegenseitig unterrichten, sie sollen sich gegenseitig ergänzen und durch Arbeitsteilung Mehrfach-Untersuchungen vermeiden.

Abb. 29.
Paragraphen 1 und 2 der Vereinbarung von 1937 über die Zusammenarbeit zwischen dem Kaiser-Wilhelm-Institut für Hirnforschung und der Berliner Heil- und Pflegeanstalt, speziell dem Pathologischen Institut in Berlin-Buch (1. Seite).

Unter der Leitung von Hugo Spatz wurde auch der Vertrag über die Zusammenarbeit zwischen dem Kaiser-Wilhelm-Institut für Hirnforschung und der Heil- und Pflegeanstalt Buch, speziell dem Pathologischen Institut unter Prof. Dr. H. Anders, erneuert (Abb. 29). Dieser Vertrag wurde am 23. Dezember 1937 städtischerseits in Vertretung für den Oberbürgermeister von Berlin von dem Stadtmedizinalrat und späteren „Reichsärzteführer" Dr. Leonardo Conti und von Seiten der Kaiser-Wilhelm-Gesellschaft von Ernst Telschow unterzeichnet, der nach dem Ausscheiden von Dr. Friedrich Glum als Generaldirektor 1937 zum „Geschäftsführenden Vorstand und Generalsekretär der Kaiser-Wilhelm-Gesellschaft" berufen worden war.

In Paragraph 3 dieser Vereinbarung heißt es: „*Beide Institute sollen mit in den Dienst der Familienforschung gestellt werden. Das Hirnforschungsinstitut wird dabei in erster Linie das Gehirn berücksichtigen, das Pathologische Institut vorwiegend die anderen Organe. Die makroskopische Sammlung der Heil- und Pflegeanstalt wird, soweit sie Gehirnpathologie betrifft, der Sammlung des Hirnforschungsinstituts leihweise zur Verfügung gestellt*". Demgemäß informierte am 8. März 1938 Prof. Dr. Hans Anders den Reichsgesundheitsführer Prof. Dr. Leonardo

Conti über seine Zusammenarbeit mit dem Institut für Hirnforschung u.a. folgendermaßen: *„Im übrigen mache ich die Sektionen des Hirnforschungsinstituts, soweit sie vom erbbiologischen Standpunkt aus wichtig sind. Ich nehme regelmäßig an den Demonstrationen und Vorlesungen des Hirnforschungsinstituts teil, um in gemeinsamer Aussprache mit den Mitgliedern des Kaiser-Wilhelm-Instituts die beabsichtigte enge Fühlungnahme zwischen Neurohistologie und allgemeiner Pathologie herzustellen".*

1938 wurde auch das Kuratorium des Instituts neu formiert. Unter dem Vorsitz von Generaloberstabsarzt und Heeressanitätsinspekteur Prof. Dr. Anton Waldmann gehörten neben bisherigen Mitgliedern (Krupp v. Bohlen und Halbach, Schmidt-Ott, Foerster (bis zu seinem Tod 1941), Rössle, Straub und den Amerikanern Merriam, Streeter und Muller; s. S. 26) neuberufen u.a. der Frankfurter Hirnpathologe Prof. Dr. Karl Kleist, der Hamburger Neurologe Prof. Dr. Heinrich Pette, der Münchener Neurologe Willibald Scholz und der Berliner Genetiker Fritz v. Wettstein an. Auch überzeugte Nationalsozialisten wurden nunmehr berufen, nämlich Prof. Dr. Hans Heinze, ab 1934 Leiter der Potsdamer Heil- und Pflegeanstalt, die 1938 nach Brandenburg-Görden verlegt wurde (gehörte auch dem „Reichsausschuß zur wissenschaftlichen Erfassung erb- und anlagebedingter schwerer Leiden" an; wurde nach dem Zweiten Weltkrieg in der Sowjetunion zu sieben Jahren Haft verurteilt), der Berliner Psychiater Prof. Dr. Maximinian de Crinis, Mitglied der Kommission zur Vorbereitung der T4-Aktion (beging im Mai 1945 Selbstmord) sowie Prof. Dr. Hermann Boehm, Direktor des erbbiologischen Forschungsinstituts der Führerschule der Deutschen Ärzteschaft in Alt-Rehse bei Neubrandenburg. Das Reichs- und Preußische Ministerium für Wissenschaft, Erziehung und Volksbildung war durch Prof. Dr. Rudolf Mentzel, die Stadt Berlin durch Stadtmedizinalrat Leonardo Conti vertreten. Mit dem Vorsitzenden Prof. Dr. Anton Waldmann, Sanitätsinspekteur des Heeres, und Sanitätsinspekteur der Luftwaffe Dr. Erich Hippke hatte auch das Militär Sitz im Kuratorium. Nach dem Tod von Waldmann 1940 übernahm ein anderer Sanitätsinspekteur des Heeres, nämlich Dr. Siegfried Handloser, den Vorsitz im Kuratorium.

Mit Beginn des Zweiten Weltkrieges kam es im Institut für Hirnforschung zur Etablierung militärischer Einrichtungen, die zu beträchtlichen Veränderungen in den Aufgaben, Strukturen und Verantwortlichkeiten führten. Unter der wissenschaftlichen Leitung von Julius

Abb. 30.
Mitarbeiter der „Betriebszelle Hirnforschung" bei der Demonstration am 1. Mai 1937 (vergl. hierzu auch Abb. 82). Von links nach rechts u.a.: Hugo Spatz (ganz links, 1. Reihe), Wolfgang Hochheimer (dritter von links, 1. Reihe), N. W. Timoféeff-Ressovsky (zweiter von rechts, 2. Reihe; daneben rechts Eberhard Zwirner).

Hallervorden wurde im Institut eine „Sonderstelle zur Erforschung von Kriegsschäden des Zentralnervensystems" eingerichtet, deren Trägerschaft bei der Militärärztlichen Akademie lag. Hier wurden u.a. die Sektionen für das in der Klinik untergebrachte Reservelazarett 127 durchgeführt und verschiedene, vor allem entzündliche Erkrankungen und Infektionen des Zentralnervensystems untersucht. In der Klinik richtete das „Luftfahrtmedizinische Forschungsinstitut des Reichsluftfahrtministeriums" (RLM) unter Leitung von Oberfeldarzt Hugo Spatz, der häufig Felddienste bei der Luftwaffe zu versehen hatte, eine „Außenabteilung für Gehirnforschung" ein, die sich mit Schäden im Zentralnervensystem des fliegenden Personals der Luftwaffe beschäftigte. Und schließlich wurde unter Leitung von Oberstabsarzt Wilhelm Tönnis eine „Forschungsstelle für Hirn-, Rückenmark- und Nervenverletzte" gebildet, deren Aufgabe vor allem in der Nachbehandlung und Rehabilitation von Verletzten mit Schäden im ZNS bestand. Ab 1941 wurde die Forschungsklinik des Kaiser-Wilhelm-Instituts für Hirnforschung unter Bernhard Patzig als Reservelazarett 127 für Nerven-, Hirn- und Rückenmarkverletzte genutzt. Die Neurochirurgische Abteilung wurde von Prof. Dr. Wilhelm Tönnis geleitet, die Konservative Abteilung von Dr. Hans Rosenhagen aus dem Bucher Ludwig-Hoffmann-Hospital. 1944 wurde die Klinik schließlich in ein Heereslazarett für Gehirnverletzte umgewandelt.

Die Veränderungen in den Aufgabenbereichen der Klinik und des Instituts mit den parallellaufenden militärischen Einrichtungen ab 1939/40 führten zu einem Abbau der Grundlagenforschung, was zunehmend auch aus den Publikationen deutlich wird. Für den Zeitraum 1938 bis 1943 wurden dafür einige Arbeiten ausgewählt (in der Zeitschrift „Naturwissenschaften", in der regelmäßig die Tätigkeitsberichte mit Veröffentlichungen der Kaiser-Wilhelm-Gesellschaft publiziert wurden, finden sich ab Band 32, Jahrgang 1944, keine Mitteilungen mehr):

B. Patzig: Zur Frage des Erbganges und der Manifestierung schizophrener Erkrankungen. 3. Neurol. 161, 521 (1938)

H. Spatz: Über multizentrisch wachsende Gliome und zur Frage des Gliosarkoms. 3. Neurol. 161, 160 (1938)

H. Spatz: Die „systematischen Atrophien": Eine wohlgekennzeichnete Gruppe der Erbkrankheiten des Nervensystems. Arch. Psychiatr. 108, 1 (1938)

E. Weber: Teratome und Teratoide des Zentralnervensystems. Zbl. Neurochir. 4, 47 (1939)

H. Spatz: Pathologische Anatomie der Kreislaufstörungen des Gehirns. 3. Neurol. 167, 301 (1939)

J. Hallervorden: Kreislaufstörungen in der Ätiologie des angeborenen Schwachsinns. 3. Neurol. 167, 527 (1939)

B. Patzig: Progressive Paralyse und senile Demenz: Erbbiologische, klinische und anatomische Betrachtungen. 3. menschl. Vererbgs- u. Konstit.lehre 23, 661 (1939)

W. Tönnis u. C. Zülch: Intrakranielle Ganglienzellgeschwülste. Zbl. Neurochir. 4, 273 (1939)

H. Anders u. W. Eicke: Veränderungen an Gehirngefäßen bei Hypertonie. 3. Neurol. 167, 562 (1939)

R. Klaue: Parkinsonsche Krankheit (Paralysis agitans) und postencephalitischer Parkinsonismus. Arch. Psychiatr. 111, 251 (1940)

A. E. Kornmüller: Mechanismus der corticalen Erregungsabläufe und die regionale Gliederung der Hirnrinde. 3. Neurol. 168, 248 (1940)

B. Patzig: Die Pathogenese der Schizophrenie - ein genetisches Problem. 3. Konstitutionslehre 24 (1941)

K. v. Bagh: Systematische Atrophien der Großhirnrinde (Picksche Krankheit). Arch. Psychiatr. 114, 68 (1941)

A. E. Kornmüller et al.: Gehirnaktionsströme im akuten Sauerstoffmangel. Luftf.med. 5, 161 (1941)

H. Spatz: Gehirnpathologie im Kriege. Von den Gehirnwunden. 3bl. Neurochir. 6, 162 (1941)

J. Gremmler: Beziehungen der Hypoxie zum epileptischen Anfall und zu Höhenkrämpfen. Nervenarzt 15, 467 (1942)

F. J. Irsigler: Heilungsverlauf experimenteller Hirnwunden. 3bl. Neurochir. 7, 1 (1942)

F. J. Zülch: Der Nervenschußschmerz. 3. Neurol. 175, 188 (1942)

J. Hallervorden: Pathologisch-anatomische Veränderungen im Zentralnervensystem beim Fleckfieber. Militärarzt 8 (1943).

Die Einbeziehung des Instituts in militärmedizinische Aufgaben geht auch aus Kommentaren in den Jahresberichten hervor. So finden sich in den Berichten der Geschäftsjahre 1941 bis 1943 Ausführungen zu Arbeiten über kriegsbedingte Schußverletzungen im Gehirn und deren Folgen sowie über Behandlungen von Hirnwunden. Im Bericht 1940/41 wird u.a. mitgeteilt: *„Die besondere Ausbildung der wissenschaftlichen Mitarbeiter konnte seit Kriegsausbruch weitgehend für den Wehrmachtssanitätsdienst nutzbar gemacht werden"*, und im Bericht für das Geschäftsjahr 1943 wird ausgeführt: *„Die Tätigkeit des Instituts stand nach wie vor in erster Linie im Dienste des Sanitätswesens der Luftwaffe und des Heeres"*. Ergebnisse wurden z.T. gemeinsam mit dem Luftfahrtmedizinischen Forschungsinstitut des Reichsluftfahrtministeriums veröffentlicht.

Über die Dienste des Instituts im Rahmen des Sanitätswesens der Luftwaffe und des Heeres wurde mit propagandistischem Hintergrund auch in der Presse informiert. So wurde beispielsweise in der „Berliner Morgenpost" vom 28. Februar 1942 unter dem Thema „Das Wunder Gehirn - Besuch im Kaiser-Wilhelm-Institut für Hirnforschung" ausgeführt: *„In der physiologischen Abteilung werden Tierversuche gemacht und werden jetzt auch wehrmachtwichtige Untersuchungen vorgenommen"*. Und weiter: *„Auch bei schweren Gehirnverletzungen kann heute das Messer des Chirurgen noch heilsam eingreifen ... Daß bei solchen Verletzungen auch unsern Kriegsversehrten mit allen Mitteln moderner Heilkunst geholfen wird, ist selbstverständlich"*.

Pläne für die durch den Reichsforschungsrat noch im Oktober 1944 veranlaßte Unterbringung einer Hochspannungsanlage zur Neutronenerzeugung in der durch das Rüstungsamt beschlagnahmten Friedhofskapelle (Abb. 5) für Arbeiten von Prof. Dr. Christian Gerthsen, Direktor des 2. Physikalischen Instituts der Berliner Universität, im Rahmen eines „Vierjahresplaninstituts für Atomforschung" kamen nicht mehr zur Durchführung.

Mit Schreiben des Oberkommandos des Heeres vom 19. April 1944 wurde die Verlegung der o.g. Außenabteilung für Gehirnforschung des Luftfahrtmedizinischen Forschungsinstituts von Professor Spatz zum 25. April 1944 nach Dillenburg in das Reservelazarett im dortigen Schloßhotel angeordnet.

Ab Mai 1944 erfolgten nacheinander Verlegungen von Abteilungen des Instituts für Hirnforschung. Die Abteilung Hallervorden wurde am 8. Mai 1944 nach Dillenburg, die Abteilung Kornmüller am 15. Februar 1945 an das Göttinger Universitätsinstitut für Physiologie verlegt, die Abteilungen Tönnis und Patzig im März 1945 nach Bochum-Langendreer bzw. nach Marburg. Hugo Spatz ging zunächst nach München und 1946 nach Dillenburg, wo er sich u.a. wieder mit Julius Hallervorden, Alois Kornmüller und Wilhelm Tönnis im dort neu gegründeten Hirnforschungsinstitut vereinigte, das 1949 nach Gießen verlegt wurde. Da Buch im Ostsektor von Berlin lag, der nach dem Zweiten Weltkrieg unter sowjetischer Kontrolle stand, war für Hugo Spatz eine Fortführung des KWI für Hirnforschung in Berlin-Buch nicht opportun. In seinen Plänen zum Wiederaufbau eines Instituts für Hirnforschung schrieb er daher bereits am 8. Juli 1945 u.a. *„... solange an einen Wiederaufbau in Berlin-Buch nicht gedacht werden kann ..."*. Die Folge war die Gründung des Instituts in Dillenburg.

Den Zweiten Weltkrieg überstand das Kaiser-Wilhelm-Institut für Hirnforschung in Buch weitestgehend unbeschädigt. Lediglich bei einem Luftangriff im Raum Berlin-Buch am 18. November 1943, bei dem u.a. die barocke Bucher Schloßkirche schwer getroffen wurde und ausbrannte, ebenso wie einige Häuser, Ställe und Scheunen in Alt-Buch, gingen durch einen Bombeneinschlag im Institutsgelände lediglich einige Fenster des Institutsgebäudes zu Bruch. Eine im Torhaus eingeschlagene Brandbombe blieb ohne größere Wirkung.

Wie schon zu Vogts Zeiten 1930 bis 1935/37 gehörte das Institut für Hirnforschung auch nach Übernahme der Leitung durch Hugo Spatz 1937 zunächst noch zu den führenden wissenschaftlichen Einrichtungen auf diesem Gebiet in Deutschland und auch international. Das wird auch durch die zahlreichen Arbeitsaufenthalte von Ärzten und Wissenschaftlern im Bucher Institut belegt, um sich hier, wissenschaftlichen Gepflogenheiten folgend, mit neuesten Entwicklungen und Erkenntnissen des Fachgebietes bekannt zu machen, neue Techniken zu erlernen und gemeinsam mit Bucher Wissenschaftlern Forschungsprojekte zu bearbeiten. Von 1938 bis 1940 arbeiteten ca. 50 ausländische Gäste aus insgesamt 22 Ländern im Bucher Institut, u.a. aus USA, England, Japan, Schweden, Schweiz, Italien, Brasilien, Chile, Estland, Peru, Bulgarien, Rumänien, Island. Aus Deutschland arbeiteten 33 Wissenschaftler und Ärzte zeitweilig als Gäste im Institut, und zwar aus 19 verschiedenen renommierten Instituten und Kliniken, vor allem der Universitäten Freiburg, Tübingen, München, Berlin, Köln, Rostock und Breslau. Auch Ärzte aus Heil- und Pflegeanstalten, die später an Euthanasieaktionen beteiligt waren, schickten Ärzte in das Bucher Institut, so z.B. die Anstalten Arnsdorf bei Dresden, Herzberge, Leipzig-Dösen, Dortmund-Aplerbeck und Görden. Daraus leitete der Historiker Dr. Hans-Walter Schmuhl in seiner Arbeit „Hirnforschung und Krankenmord" Netzwerke des Euthanasieapparates ab, die seit 1937/38 auf vielfältige Weise um das Kaiser-Wilhelm-Institut für Hirnforschung in Berlin-Buch geknüpft worden seien, eine Konstruktion, die jedoch wissenschaftlich nicht weiter belegt wird.

Wahr ist allerdings, daß Hugo Spatz und insbesondere Julius Hallervorden an wissenschaftlich-medizinischen Untersuchungen der Gehirne von Euthanasieopfern beteiligt waren. Julius Hallervorden galt als einer der bekanntesten Mitarbeiter der neurohistopathologischen Schule von Professor Walther Spielmeyer von der Deutschen Forschungsanstalt für Psychiatrie (Kaiser-Wilhelm-Institut) München. Als international namhafter Neuropathologe war Hallervorden vor allem durch seine Arbeiten über Krankheiten des extrapyramidal-motorischen Systems, angeborenen Schwachsinn, Mißbildungen des kindlichen Gehirns infolge gefäßbedingter Störungen sowie über Entmarkungskrankheiten, insbesondere der von ihm neu erkannten konzentrischen Form der Sklerose bekannt, auch durch die Beschreibung der nach ihm und Hugo Spatz benannten, genetisch bedingten neuroaxonalen Dystrophien und Pigmentansammlungen im Globus pallidus und in der Substantia nigra.

Wie erwähnt, trat Julius Hallervorden am 1. Januar 1938 in das Institut für Hirnforschung ein, und zwar unter Beibehaltung seiner Funktion als Leiter der Prosektur der von Professor Walter Heinze geleiteten „Brandenburgischen Psychiatrischen Landesanstalten" in Görden. Die Prosektur wurde von da ab auch als Außenstelle (Zweigstelle) des Bucher Kaiser-Wilhelm-Instituts für Hirnforschung geführt (s. auch S. 39). Unterstützt wurde Hallervorden in der Gördener Außenstelle von seinem dortigen Assistenten Dr. Werner-Joachim Eicke. Im Protokoll einer Sitzung des Kuratoriums des Kaiser-Wilhelm-Instituts für Hirnforschung am 20. Dezember 1938 heißt es u.a.: *„Durch die Verlegung der Prosektur der Brandenburgischen Anstalten an unser Institut und durch die Errichtung einer Zweigstelle ist dem Institut ein sehr wertvolles Material von Gehirnen, besonders aus dem Gebiet des angeborenen Schwachsinns, zugeflossen".*

In der Anstalt Brandenburg-Görden wurden ab 1939/40 im Rahmen des Euthanasieprogramms, vor allem der Aktion T4 (nach der Zentrale dieser Aktion in der Berliner Tiergartenstraße 4 benannt), Menschen umgebracht. Dieses Programm beinhaltete die organisierte Tötung vor allem von Kindern mit erb- und anlagebedingten Leiden sowie „wertlosen Lebens", wie es damals hieß, um erbkranken Nachwuchs zu verhindern. Mit Wirkung vom 1. Juli 1940 wurde die Anstalt Görden zur Kinderfachabteilung des Reichsausschusses zur wissenschaftlichen Erfassung erb- und anlagebingter schwerer Leiden erklärt.

Nach einem Besuch in Görden schrieb Julius Hallervorden am 9. Februar 1939 an Hugo Spatz: *„Ich habe eine große Revue wunderbarer Gehirne gesehen, die inzwischen eingelaufen waren".* Die ersten Gehirne in Görden getöteter Kinder untersuchte Hallervorden nachweislich am 15. Mai 1940, einige wahrscheinlich schon 1939, und zwar in Kenntnis, daß es sich um Opfer von Euthanasiemaßnahmen handelte. Spätestens seit April 1940 wußten Julius Hallervorden und Hugo Spatz davon, denn am 19. April 1940 nahmen neben anderen Psychiatern beide an einer Sitzung in der Reichskanzlei teil, in der die Anwesenden über die Euthanasieaktionen informiert wurden und insbesondere auch darüber, daß die Gehirne der Getöteten neuropathologisch zu untersuchen seien. Am 28. Oktober 1940 wurden in Brandenburg 56 Kinder getötet. Von 37 Tötungsopfern entnahm Hallervorden selbst die Gehirne und nahm sie mit nach Berlin-Buch. Meist wurden die Untersuchungen jedoch in der Prosektur in Görden vorgenommen, nur zum geringeren Teil im Bucher Institut für Hirnforschung. Hallervorden äußerte sich dazu in einem Brief vom 11. Februar 1946 im Zusammenhang mit den Nürnberger Ärzteprozessen an den Präsidenten des Internationalen Gerichtshofs folgendermaßen: *„Ich selbst war neben meiner Tätigkeit als Leiter der histopathologischen Abteilung des Kaiser-Wilhelm-Instituts Prosektor der Landesirrenanstalt Görden bei Brandenburg. In dieser Eigenschaft hatte ich jedes Gehirn der dort Verstorbenen zu untersuchen, nur die zur Klärung der Diagnose und der Krankheitsentstehung wichtigen liess ich an meine Abteilung im Hirnforschungsinstitut kommen, um sie dort zu studieren".* Über seine Untersuchungen an Gehirnen von Tötungsopfern der Anstalt Brandenburg-Görden (wie auch anderer Anstalten, z.B. Bernburg, Leipzig-Dösen, Sonnenstein-Pirna) schrieb Hallervorden am 8. Dezember 1942 an die Deutsche Forschungsgemeinschaft u.a.: *„Außerdem konnte ich im Laufe dieses Sommers 500 Gehirne von Schwachsinnigen selbst hier sezieren und zur Untersuchung vorbereiten",* und noch am 9. März 1944 schickte er das nachfolgend abgebildete Schreiben (Abb. 31) an Prof. Dr. Paul Nitsche, dem ärztlichen Leiter und Obergutachter der Euthanasieaktionen, der 1946 zum Tode verurteilt und hingerichtet wurde.

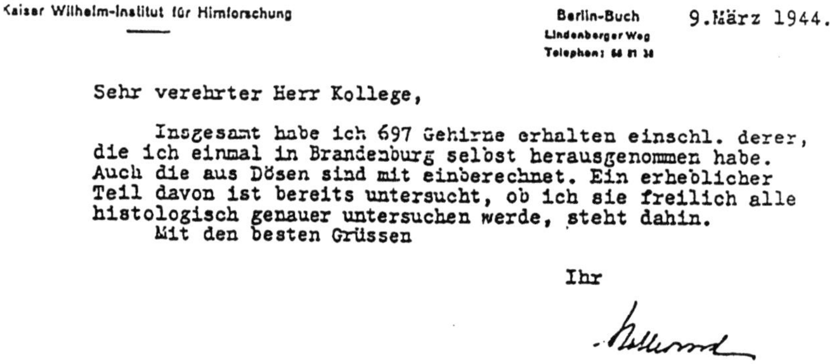

Abb. 31.
Schreiben von Julius Hallervorden an Prof. Dr. Paul Nitsche, Obergutachter der Euthanasieaktionen. Erläuterungen s. Text.

Kaiser Wilhelm-Institut für Hirnforschung

Berlin-Buch 9.März 1944.
Lindenberger Weg
Telephon: 64 81 34

Sehr verehrter Herr Kollege,

Insgesamt habe ich 697 Gehirne erhalten einschl. derer, die ich einmal in Brandenburg selbst herausgenommen habe. Auch die aus Dösen sind mit einberechnet. Ein erheblicher Teil davon ist bereits untersucht, ob ich sie freilich alle histologisch genauer untersuchen werde, steht dahin.
Mit den besten Grüssen

Ihr

Nach sorgfältigen Auswertungen von Archivmaterialien durch den Tübinger Neurologen und Neuropathologen Prof. Dr. Jürgen Peiffer (1999 u. 2000 sowie persönliche Mitteilung) enthalten die Karteikarten der Gördener Prosektur für den Zeitraum 1939 bis 1944 1719 „Fallnummern", von denen lediglich 68 an das Hirnforschungsinstitut in Buch gelangten. Von Hallervorden wurden von 1939 bis 1944 279 Gehirne untersucht, die sicher, und 314 Gehirne, die wahrscheinlich von Tötungsopfern der Euthanasieaktionen stammten; in 231 Fällen konnte ein Zusammenhang mit Tötungen im Rahmen von Euthanasiemaßnahmen nicht sicher nachgewiesen werden (als „unwahrscheinlich" klassifiziert). Auch von Hugo Spatz wurden Gehirne untersucht. Von den von ihm insgesamt 344 untersuchten Gehirnen konnte in 16 Fällen die Herkunft von Euthanasieopfern gesichert werden, in 89 Fällen als wahrscheinlich, in 239 als unwahrscheinlich. Die als sicher und wahrscheinlich registrierten 698 Fälle, die von Hallervorden und Spatz untersucht wurden, machen 8,9% der in Buch und Görden registrierten 7874 Euthanasieopfer aus. Peiffer schreibt dazu 1999: *„ ... in the period from 1939 until 1944 a total of 1651 cases were examined in Brandenburg-Görden, not including 68 brains which* *were sent ... to Hallervordens department in Berlin-Buch, clearly selected for scientific research purpose"*. In seinem Artikel „Neuropathologische Forschungen an „Euthanasieopfern" an zwei Kaiser-Wilhelm-Instituten" schreibt Peiffer: *„Beweise dafür, daß durch die Wissenschaftler ... gezielt Kranke getötet wurden, fanden sich nicht, wohl aber auf Grund der Diagnosevergleiche gewichtige Hinweise darauf, daß gezielt Gehirne Getöteter entnommen und den Forschungsinstituten zugeleitet wurden".*

Nach dem Zweiten Weltkrieg wurde Julius Hallervorden am 14. Juni 1945 im Institut für Hirnforschung in Dillenburg von dem aus Frankfurt/Main stammenden Psychiater Dr. Leo Alexander, einem Vertreter der US-Militärregierung im Range eines Majors, aufgesucht und über seine neuropathologischen Arbeiten in Buch und Görden befragt. Dr. Alexander war bis 1933 in Deutschland als Psychiater tätig und mußte als Jude nach der Machtübernahme durch die Nationalsozialisten Deutschland verlassen. Die Aufzeichnungen dieses Gesprächs, das Hallervorden als persönliche fachliche Unterhaltung interpretierte, hat Alexander in einem Dokument zusammengefaßt, das die Bezeichnung L-170 erhielt. In diesem Schriftstück sind auch Berichte über andere Personen und Institutionen enthalten, so z.B. auch über Dr. Hugo Spatz und Dr. A. E. Kornmüller vom Institut für Hirnforschung, über Professor Dr. Friedrich Hermann Rein vom Physiologischen Institut der Universität Göttingen, über das Luftfahrtmedizinische Forschungsinstitut des Reichsluftfahrtministeriums sowie über die Abteilung für Serologie, experimentelle Therapie und Spirochätenforschung der Deutschen Forschungsanstalt für Psychiatrie (Kaiser-Wilhelm-Institut) München. Dieses Dokument war zunächst als Geheimbericht Alexanders für das amerikanische Heer bestimmt, wurde dann aber auch dem Nürnberger Internationalen Gerichtshof zugeleitet. 1949 hat Alexander diese Vorgänge in Band 241 der Zeitschrift „The New England Journal Medicine" unter dem Titel „Medical Science under Dictatorship" (S. 40-47) publiziert. In der Unterhaltung über die Zusammenarbeit (collaboration) von Hallervorden mit der Anstalt in Görden hat nach Alexanders Aufzeichnungen Hallervorden u.a. geantwortet (Hallervorden sprach Dialekt seiner ostpreußischen Heimat): *„Ich habe da so was gehört, daß das gemacht werden soll, und da bin ich denn zu denen hingegangen und habe ihnen gesagt, nu Menschenskinder, wenn Ihr nu die alle umbringt, dann nehmt doch wenigstens die Gehirne heraus, sodaß das Material verwendet werden kann. Die fragten dann, nu wie viele können Sie untersuchen, da sagte ich ihnen, eine unbegrenzte Menge, - je mehr, desto besser. Ich gab ihnen die Fixierungsmittel, Glasbehälter und Kästen sowie Instruktionen für die Entnahme und Fixierung der Gehirne, und dann kamen sie nur so und brachten sie herein wie von einem Lieferwagen eines Möbelgeschäfts. Die „Gemeinnützige Krankentransport-Gesellschaft" brachte sie in Lieferungen von 150-250. [...]. Es war wunderbares Material unter diesen Gehirnen, wunderbare Schwachsinnige, Mißbildungen und frühinfantile Krankheiten. Ich nahm diese Gehirne selbstverständlich an. Woher sie kamen und wie sie zu mir kamen, war wirklich nicht meine Angelegenheit"*. Hallervorden, dem diese Niederschrift von Alexander vor seiner Nutzung für den Nürnberger Prozeß nicht vorgelegt worden war, hat mehrfach versucht, diese Aussagen als nicht den Tatsachen entsprechend zurückzuweisen. In einem Brief vom 6. November 1947 schrieb Hallervorden an Dr. Alice Gräfin von Platen-Hallermund, offizielle Beobachterin bei den Nürnberger Ärzteprozessen und Autorin des Buches „Die Tötung Geisteskranker in Deutschland" (Frankfurt, 1947), „... *keine der mir vorgeworfenen frivolen Äusserungen habe ich gebraucht. Wohl habe ich gesagt - und das vertrete ich auch heute noch - dass es ein sehr wertvolles Material gewesen ist, dessen Untersuchung mir auch neue wissenschaftliche Ergebnisse gebracht hat. Ich habe auch nicht gesagt: Wo die Gehirne herkamen, war nicht meine Angelegenheit ... ich bin gefragt worden, ob ich die Gehirne untersuchen wollte, das habe ich bejaht".* Hallervorden hat also die Tatbestände seiner Untersuchungen an Gehirnen von Euthanasieopfern prinzipiell bestätigt, verschiedene ihm zur Last gelegte Aussagen und Begleitumstände aber zurückgewiesen. Ein Schreiben von Hallervorden vom 27. August 1946 in dieser Angelegenheit an Dr. Alexander in den USA mit der Bitte um Stellungnahme wurde von diesem nicht beantwortet, ebenso nicht ein späteres Schreiben von Hugo Spatz in dieser Angelegenheit.

Trotz seiner Tätigkeiten und Zusammenarbeit mit Beteiligten der Tötungsaktionen im Euthanasieprogramm kam es nach dem Zweiten Weklkrieg zu keinem offiziellen Ermittlungsverfahren und zu keiner Anklage gegen Julius Hallervorden und demzufolge auch zu keiner gerichtlichen Verurteilung. Im Dokument D 906 der Nürnberger Untersuchungen heißt es: „*Hallervorden was not connected with the euthanasia action".* Auch gegen Hugo Spatz wurden wegen seiner neuropathologischen Arbeiten an Gehirnen von Euthansieopfern keine Ermittlungen durchgeführt.

Über Julius Hallervorden schrieb Dr. Alice Platen-Hallermund, daß „*er ganz seiner Wissenschaft so lebte, daß Forschung und das Streben nach Erweiterung der wissenschaftlichen Erkenntnisse für ihn außerhalb der politischen Wirklichkeit stand",* und Professor Jürgen Peiffer (2000) urteilt: „*Zwischen seiner* [d.h. Hallervordens] *bezeugten Ablehnung der Tötungen und seinem Interesse an der Auswertung der Gehirne von Kranken, denen sein spezielles Interesse galt, besteht ein unauflösbarer Widerspruch".*

Am 25. Mai 1990 fand auf dem Waldfriedhof in München im Rahmen einer Gedenkveranstaltung der Max-Planck-Gesellschaft die Bestattung von Hirnpräparaten statt, die während der Diktatur des Nationalsozialismus auf verwerfliche Weise gewonnen worden waren. Die im Hirnforschungsinstitut in Frankfurt/Main aufgefundenen Präparate entstammten der neuropathologisch-mikroskopischen Sammlung aus dem Kaiser-Wilhelm-Institut für Hirnforschung. Es handelte sich vor allem um Gehirnpräparate von Geisteskranken, die in der Anstalt Brandenburg-Görden getötet worden waren. Diese Präparate wurden 1944 (s. S. 44) sowie 1949 (s. S. 75) von Berlin-Buch nach Westdeutschland überführt. Der Gedenkstein trägt folgende Inschrift: „*Zur Erinnerung an Opfer des Nationalsozialismus und ihren Mißbrauch durch die Medizin - allen Forschern als Mahnung zu verantwortlicher Selbstbegrenzung".*

Am 14. Oktober 2000 wurde im Gelände des Biomedizinischen Forschungscampus Berlin-Buch in einer Gemeinschaftsveranstaltung von Max-Delbrück-Centrum für Molekulare Medizin, der Max-Planck-Gesellschaft und der Deutschen Forschungsgemeinschaft ein Mahnmal *„Zur Erinnerung an die Opfer nationalsozialistischer Euthanasieverbrechen"* eingeweiht (s. Abb. 142). Der weitere Text lautet: *„Von 1939 bis 1944 haben Wissenschaftler des Kaiser-Wilhelm-Instituts für Hirnforschung in Berlin-Buch Gehirne von Opfern der Mordtaten für Forschungszwecke benutzt. Als Verpflichtung und Mahnung für Wissenschaftler und Ärzte zu ethischem Handeln, zur Achtung der unveräußerlichen Rechte aller Menschen und zur Wahrnehmung gesellschaftlicher Mitverantwortung".*

2.4. Die Abteilung Genetik im Institut für Hirnforschung

Im Februar 1925 weilte Professor Oskar Vogt in Moskau, um dort die Arbeiten zur „wissenschaftlichen Erforschung" des Gehirns des 1924 verstorbenen W. I. Lenin vorzubereiten (s. S. 22). Er benutzte diesen Aufenthalt, um für sein Berliner Institut für Hirnforschung einen russischen Genetiker aus der Schule des bekannten Populationsgenetikers Professor Sergei Sergejewitsch Tschetwerikoff (1880-1959) zu gewinnen. Die Wahl fiel auf den jungen Nikolai Wladimirovich Timoféeff-Ressovsky (Abb. 32, 35, 45; Biographie s. S. 180) aus dem Moskauer Institut für Experimentelle Biologie von Professor Nikolai Konstantinowitsch Koltzoff (1872-1940). Oskar Vogt war vor allem an Timoféeffs populationsgenetischen Arbeiten im Zusammenhang mit vererbbaren neurologischen Krankheiten interessiert, die beim Menschen mit unterschiedlichen Häufigkeiten und Schweregraden auftreten. Schon sehr früh hatte sich Oskar Vogt im Rahmen seiner Untersuchungen über Variationen bei Hummelarten auch mit evolutionsprägenden Faktoren beschäftigt. Die genetischen Grundlagen der Ausbildung von Farbmustern bei Insekten, die Vogt auf das Zusammenwirken einer Vielzahl insbesondere mutierter Gene zurückführte, schienen ihm ein geeignetes Modell auch für seine Arbeiten über individuelle Unterschiede in der Zytoarchitektonik des menschlichen Gehirns und Fragen der Evolutionsbiologie zu sein.

Bereits am 1. Juli 1925 siedelte N. W. Timoféeff-Ressovsky mit seiner Familie von Moskau nach Berlin über. Der Wechsel erfolgte im Rahmen eines 1924 zwischen Deutschland und der Sowjetunion geschlossenen wissenschaftlichen Austauschprogramms. Da sich Vogts Institut zu dieser Zeit noch in der Magdeburger Straße im Zentrum von Berlin befand, wurden die Laboratorien der für Timoféeff-Ressovsky geplanten genetischen Abteilung einschließlich der Wohnung für die Timoféeff-Familie zunächst in der Steglitzer Straße 45 (heute Pohlstraße) in Nachbarschaft zum Vogtschen Institut in der Magdeburger Straße im Bezirk Tiergarten untergebracht. Am 29. September 1928, d.h. bei Baubeginn für das neue Gebäude des Instituts für Hirnforschung in Berlin-Buch, siedelte Timoféeff mit seiner Familie nach Berlin-Buch über, und zwar zunächst in das Männerlandhaus V der Heil- und Pflegeanstalt in Buch (seit 1945 Hufeland-Krankenhaus), in dem er vorerst auch mit seinen wissenschaftlichen Arbeiten in Buch begann. Am 26. Juli 1930, d.h. nach Fertigstellung des Institutsneubaus, siedelte Timoféeff sodann in das

Torhaus über (s. Abb. 3), in dem er bis 1945 wohnte und an dem nunmehr eine Gedenktafel an ihn erinnert (Abb. 34), die anläßlich der Einweihung des Max-Delbrück-Centrums für Molekulare Medizin 1992 dort angebracht wurde.

Die wissenschaftlichen Arbeiten der Abteilung Genetik unter Leitung von Timoféff-Ressovsky betrafen, zum Teil in Fortführung seiner Arbeiten bei Tschetwerikoff im Koltzoffschen Institut in Moskau, im wesentlichen vier Gebiete, nämlich Populationsgenetik und Phänogenetik sowie Radiobiologie (Strahlengenetik) und ab 1940 Untersuchungen zur Anwendung radioaktiver Isotope in Biologie und Medizin.

Für die Arbeiten der beiden Timoféeffs zur *Populationsgenetik* bot das in Buch neu errichtete Gebäude des Instituts für Hirnforschung mit seinem genetischen Vivarium mit „Gewächshäusern" (s. Abb. 11) und der Fauna des großen Institutsparks (s. Abb. 10) ideale Möglichkeiten. So konnten in großem Umfang vergleichende Untersuchungen über das Auftreten von Mutationen und über Veränderungen in der zeitlichen und räumlichen Verteilung von Individuen bei verschiedenen Arten der Fruchtfliege *(Drosophila funebris, Drosophila melanogaster)* und des Marienkäfers *(Epilachna chrysomelina)* im genetischen Vivarium unter Laborbedingungen (Abb. 35) und in panmiktischen Freilandpopulationen des Parkgeländes durchgeführt werden. Auf Grund der Unterschiede in den Veränderungen der Anzahl von Individuen innerhalb bestimmter Lebens- und Zeiträume sowie erhöhter Mutationsraten in Laborpopulationen im Vergleich zu Freilandpopulationen schlossen sie, daß die Aufhebung natürlicher Selektionen in geschlossenen Populationen vermehrt zu Mutationen führt, auch zu pathogenen und letalen Mutationen. Nach Timoféeff liegt darüber hinaus in natürlichen Populationen mit mischerbigen Individuen in rezessiven Mutationen ein beträchtliches Potential genetischer Variabilitäten für Artenentwicklungen. Damit haben die beiden Timoféeffs in den 30er und 40er Jahren des 20. Jahrhunderts wesentlich zur Vereinigung von Mendels Vererbungslehre und Darwins klassischer Theorie der Artenentstehung und somit zur Entwicklung der „Synthetischen Evolutionstheorie" (Synthese von Mendelismus und Darwinismus) beigetragen.

Da Selektionen am Phänotyp angreifen, sind für das Verständnis, wie in Populationen genetische Veränderungen auftreten, Kenntnisse über Beziehungen vom Phänotyp zum Gentotyp wichtig. Bereits in seinen Arbeiten bei Tschetwerikoff in Moskau hatte sich Timoféeff-Ressovsky mit dem von Thomas Hunt Morgan beschriebenen Phänomen der polyphänen Genwirkung beschäftigt. In Berlin arbeiteten beide Timoféeffs vor allem im Zeitraum 1925 bis 1935 auf dem Gebiet der Phänogenetik weiter. Dabei ging es um die Analyse der Beeinflussung eines Gens bezüglich der Manifestierung im Phäntotyp durch Umweltfaktoren sowie durch andere Gene des Genoms des gleichen Individuums oder anderer Individuen einer Population. Diese Untersuchungen ergaben, daß ein und dasselbe Merkmal

Abb. 32.
Nikolai Wladimirovich Timoféeff-Ressovsky (1900-1981).

Abb. 33.
Elena Aleksandrovna Timoféeff-Ressovsky (1898-1973).

durch mehrere Gene beeinflußt werden kann und daß die Wirkung verschiedener mutierter Gene nicht unbedingt aus ihren Einzelwirkungen vorhersagbar ist. In Ergänzung zu dem von Oskar Vogt geprägten Begriff der Penetranz (d.h. Häufigkeit, mit der sich ein Gen durchsetzt), faßten Nikolai und Elena Timoféeff-Ressovsky die Erkenntnisse ihrer Untersuchungen unter den Begriffen Expressivität und Spezifität der Wirkung von Genen zusammen. Mit Expressivität definierten sie die Stärke, mit Spezifität die spezifische Auswirkung eines Gens in bestimmten Merkmalen des Phänotyps.

Hauptarbeitsgebiet von Timoféeff-Ressovsky in Buch war die *Strahlenbiologie* oder, wie er selbst dieses Gebiet auch bezeichnete, die *Strahlengenetik*. Dabei handelt es sich vor allem um Untersuchungen über die Erzeugung von Mutationen, insbesondere über Beziehungen zwischen Dosis und mutagener Wirkung ionisierender Strahlen, zunächst insbesondere durch Röntgenstrahlen (Abb. 36, 37). Timoféeff bezeichnete die beobachteten Effekte in seinen Publikationen auch als „Genovariationen durch Röntgenstrahlen". Diese Arbeiten wurden hauptsächlich an der Taufliege *Drosophila melanogaster* durchgeführt, die bereits 1906 durch William Ernest Castle (1867-1962) in die genetische Forschung eingeführt worden war und an der schon ein Jahr später Thomas Hunt Morgan (1866-1945) den Beweis erbringen konnte, daß die paarweise vorkommenden Chromosomen Träger des Erbmaterials sind. 1926 gelang es dem amerikanischen Zoologen und Genetiker Hermann Joseph Muller (Abb. 38; s. auch S. 35) erstmals durch Röntgenstrahlen Mutationen bei *Drosophila melanogaster* zu erzeugen. 1946 erhielt er den Nobelpreis *„für die Entdeckung, daß Mutationen mit Hilfe von Röntgenstrahlen hervorgerufen werden können".*

Abb. 34.
Gedenktafel für N. W. Timoféeff-Ressovsky, die anläßlich der Einweihungsveranstaltung für das Max–Delbrück-Centrum für Molekulare Medizin (MDC) am 17. Oktober 1992 am Torhaus (Abb.3) angebracht wurde.

Abb. 35.
N. W. Timoféeff-Ressovsky (rechts stehend) mit Mitarbeitern im „Trockenen Warmhaus" des genetischen Vivariums (s. Abb. 62, unten) bei populationsgenetischen Untersuchungen mit dem Marienkäfer Epilachna chrysomelina.

Abb. 36.
Anlage zur Erzeugung von Mutationen bei Drosophila durch Röntgenstrahlen in der genetischen Abteilung.

Durch Timoféeffs strahlenbiologische Arbeiten angezogen kam am 9. November 1932 als Guggenheim Memorial Foundation Fellow Hermann Joseph Muller nach Buch, um mit Timoféeff-Ressovsky weitere Untersuchungen zur Analyse von Mutationen durch Strahleneinwirkung durchzuführen. Allerdings verließ Muller nach der Machtübernahme durch die Nationalsozialisten Deutschland und ging, vermittelt durch den russischen Genetiker Nikolai Ivanovic Vavilov (1887-1943), im September 1933 zunächst an das Institut für Genetik der Biologischen Abteilung der Akademie der Wissenschaften in Leningrad und dann im Dezember 1934 an das genetische Institut in Moskau, wo er bis 1937 tätig war.

Beeindruckt von Timoféeffs Arbeiten war auch der damals noch junge Physiker Dr. Max Delbrück (Abb. 39), der von 1932 bis 1937 als Assistent von Lise Meitner in der Physikalisch-Radioaktiven Abteilung des Kaiser-Wilhelm-Instituts für Chemie in Berlin-Dahlem arbeitete. Wie viele Physiker in dieser Zeit beschäftigte auch er sich mit dem aus der Atomtheorie abgeleiteten Konzept der Komplementarität von Niels Bohr (1885-1962) aus dem Jahr 1927. Delbrück war daran vor allem im Zusammenhang mit biologischen Problemen interessiert. Dabei dachte er neben der Erregung von Sinneszellen insbesondere an die Verdopplung des genetischen Materials, von dem bekannt war, daß es weitergegeben wird, relativ stabil ist, aber auch mutieren kann. Um seine Pläne realisiern zu können, brauchte Delbrück Biologen, und so organisierte er private Seminare in der Wohnung seiner Eltern in der Kuntz-Buntschuh-Straße in Grunewald, wozu er auch Timoféeff-Ressovsky einlud. Darüber schrieb Max Delbrück (zit. nach P. Fischer: „Licht und Leben", Universitätsverlag Konstanz GmbH, 1985): *„Das wurde ein großer Erfolg! Als erster kam zu uns Timoféeff-Ressovsky, ein russischer Genetiker, der an einem K.W.I. in Buch, im Nordosten Berlins arbeitete und die Erzeugung von Mutationen durch ionisierende Strahlen experimentell untersuchte. Da dies damals einen interessanten Zugang zu der Struktur der Gene zu eröffnen schien, hatte ich ihn gebeten, uns einmal dar-*

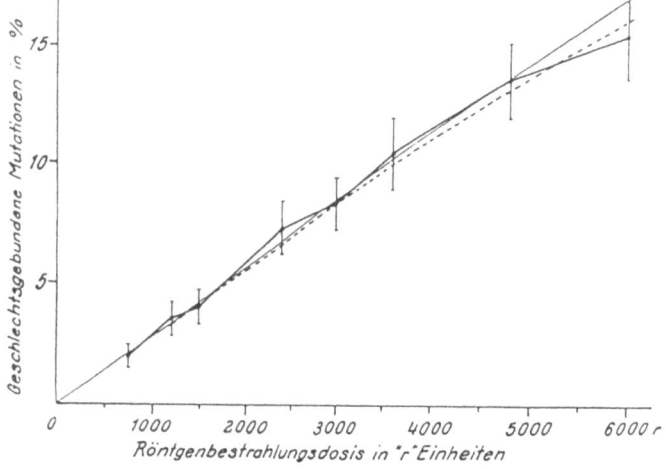

Abb. 37.
Proportionalitätsbeziehung der Mutationsrate zur Röntgendosis bei Drosophila melanogaster. ——: Experimentell ermittelte Werte (direkte lineare Proportionalität), -----: entsprechende Sättigungskurve.
Aus N. W. Timoféeff-Ressovsky, K. G. Zimmer u. M. Delbrück: „Über die Natur der Genmutation und der Genstruktur", S. 202 (s. Abb.41).

über etwas zu erzählen. Er nahm die Einladung an und sprach zunächst nicht einmal eine Stunde, sondern dreimal vier Stunden lang. Dazu kamen noch einige Vorträge seines physikalischen Mitarbeiters K. G. Zimmer". Karl Günter Zimmer (Abb. 40) war damals noch in der Strahlenabteilung des Cecilienhauses in Charlottenburg tätig; am 1. Januar 1937 kam er als Mitarbeiter von Timoféeff-Ressovsky in dessen genetische Abteilung nach Buch. Über diese Seminare sagte Max Delbrück in seinem Nobel-Vortrag 1969 „A physicist's renewed look at biology: Twenty years later" (publiziert in Science 168, 1312-1315, 1970): *„Our principal teacher in the latter area was the geneticist, Timoféeff-Ressovsky, who, together with the physicist K. G. Zimmer, at that time was doing by far the best work in the area of quantitative mutation research".*

Aus den Seminarveranstaltungen entstand eine fruchtbare Zusammenarbeit und letztendlich die bahnbrechende Schrift „Über die Natur der Genmutation und der Genstruktur" von N. W. Timoféeff-Ressovsky, K. G. Zimmer und M. Delbrück, die von dem Zoologen Alfred Kühn am 12. April 1935 in der Sitzung der Fachgruppe Biologie der Gesellschaft der Wissenschaften zu Göttingen zur Veröffentlichung vorgelegt und noch im gleichen Jahr in den „Nachrichten der Gesellschaft für Wissenschaften zu Göttingen" in Band 1, Nr. 13, S. 189-245 publiziert wurde (Abb. 41). Diese Arbeit ging als Dreimännerwerk in die Literatur ein, wegen des grünen Einbandes der Sonderdrucke auch als „Grünes Buch" oder „Grünes Pamphlet" bezeichnet. Max Delbrück selbst sprach über diese Arbeit zunächst von einem „Begräbnis erster Klasse", da die Zeitschrift der Göttinger Gesellschaft kaum bekannt war. Immerhin bekannte er aber auch, daß die Arbeit Interesse erregte und ihm ein Jahr später ein zweites Rockefeller-Stipendium verschaffte, mit dem er nach Pasadena ging.

Abb. 38.
Hermann Joseph Muller (1890-1967), Nobelpreisträger 1946.

Für die Interpretation der Befunde über lineare Beziehungen zwischen Dosis und mutationsauslösender Wirkung von Röntgenstrahlen wandten Timoféeff, Zimmer und Delbrück die bereits 1922 von Friedrich Dessauer (1881-1963) begründete Treffertheorie der mathematischen Beschreibung biologischer Effekte von Strahlenwirkungen erstmals auf genetische Systeme an. Sie kamen zu dem Schluß, daß eine Mutation ein „Ein-Treffer-Ereignis" ist, das durch einen einzigen strahlenbedingten Effekt zustande kommt. Daraus schlußfolgerten sie weiter, daß eine Mutation auf Veränderungen eines Moleküls in Form atomarer Umlagerungen zurückzuführen sei und ein solches Molekül ein Gen oder Teil eines Gens sein könnte. Ein Gen wurde als eine aus Atomen aufgebaute stabile Struktur definiert. Aus ihren Berechnungen über das Volumen des zu einer Mutation führenden räumlichen Trefferbereichs berechneten sie für ein Gen eine Struktur mit einer Kantenlänge von zehn Atomabständen; dementsprechend sollte ein Gen aus etwa 1000 Atomen bestehen. Da ein Treffbereich von mehreren Tausend Atomen zu einer bestimmten Mutation führt, wurde weiter gefordert, daß es im genetischen Material Energieleitungen geben müsse, die immer zu derselben Veränderung führen. Für diese Energieleitungen

Abb. 39.
Max Delbrück (1906-1981), Nobelpreisträger 1969.

wurden durch Röntgenstrahlen freigesetzte und im Molekülverband wandernde Elektronen und dadurch erzeugte Ionisationsvorgänge (Erzeugung positiv und negativ geladener Atome) verantwortlich gemacht, wobei letztlich eine in einem Gen erzeugte Ionisation eine Mutation hervorrufen sollte. Diese Annahmen war damals ganz neu, sind heute allerdings in dieser Form nicht mehr haltbar. Geblieben ist aber die fundamentale Erkenntnis, daß Mutationsauslösungen durch Strahlen keinen Schwellenwert haben und sich in statistischer Weise akkumulieren. Mit dieser Arbeit haben Timoféeff, Zimmer und Delbrück maßgeblich zu einer Theorie der Entstehung von Mutationen und zur Größenberechnung von Genen beigetragen, womit das bis dahin abstrakte Gen eine physikalische Einheit und materielle Eigenschaft erhielt. Im Rückblick auf diese Arbeit sagte Max Delbrück in seinem vorausgehend zitierten Vortrag anläßlich der Verleihung des Nobelpreises u.a. (Science 168, S. 1312, 1970): *„Genes at that time were algebraic units of the combinatorial science of genetics, and it was anything but clear that these units were molecules analyzable in terms of structural chemistry".* Die große Bedeutung dieser Dreimännerarbeit wurde allerdings erst etwa 10 Jahre nach ihrem Erscheinen richtig erkannt und gewürdigt, nämlich durch den Physiker und Nobelpreisträger (1933) Erwin Schrödinger (1887-1961) in seiner im Dezember 1944 erschienenen Schrift „What is life?". In diesem Buch, in dem er versucht, die Frage zu beantworten, ob Physik und Biologie wirklich miteinander verträglich sind und ob das Leben aus den Gesetzen der Physik erklärt werden kann, beschäftigte sich Schrödinger u.a. auch mit Modellvorstellungen von Genen als „aperiodischen Kristallen" und griff dabei auf die Arbeit von Timoféeff-Ressovsky, Zimmer und Delbrück zurück, in der auch der Satz steht: *„Vielleicht bildet sogar das ganze Chromosom eine Einheit, einen ganzen Atomverband mit vielen einzelnen, weitgehend autonomen Untergruppen".*

Abb. 40.
Karl Günter Zimmer (1911-1988).

Nach dem Kölner Genetiker Peter Starlinger war das Dreimännerbuch eine wissenschaftliche Revolution. Anläßlich einer Gedenkfeier für Max Delbrück sagte er 1982 im Kölner Institut für Genetik: *„In dieser Arbeit wurde klar gelegt, daß das Gen - bis dahin abstrakte Einheit ohne Zusammenhang mit dem physikalischen Maßsystem - eine materielle Natur haben müsse, und daß die Daten nahelegen, jedes Gen als ein Makromolekül anzusehen".* In seinem 1974 erschienenen Buch „The Path to the Double Helix" hat auch Robert Olby insbesondere die Verdienste von Timoféeff-Ressovsky an der Dreimännerarbeit gewürdigt; er schrieb hierzu: *„Perhaps molecular biology owes more to the geneticist who began that work - Timoféeff-Ressovsky - than has so far been admitted".*

Bereits ein Jahr vor der Dreimännerarbeit, d.h. 1934, veröffentlichte Timoféeff-Ressovsky in der renommierten Zeitschrift „Biological Reviews of the Cambridge Philosophical Society" (Vol. 9, S. 411-457) eine bemerkenswerte Arbeit, betitelt „The experimental production of mutations", bemerkenswert u.a. auch und gerade deswegen, da hier erstmals der Begriff „Genetic engineering" formuliert und begründet wurde. Unter „General Conclusions" schrieb er: *„.... makes the application of radiation genetic methods most valuable for analytical genetic studies, for* instance, in comparative genetics of related species and of different individual genes, in cytogenetics, in „genetic engineering" (i.e. the synthesis of new genotypes and races)". „Genetic engineering" als Begriff und Forschungsziel wurde also bereits 1934 in Berlin-Buch durch Timoféeff-Ressovsky eingeführt, auch wenn damals vornehmlich auf Züchtungsmethoden und Mutationen bezogen.

Im Rahmen seiner Mutationsversuche beschäftigte sich Timoféeff auch mit „Rückmutationen" zu gleichartigen Ausgangs- bzw. Wildtypen, wodurch er nachweisen konnte, daß Mutationen nicht mit irreversiblen Verlusten im Erbgut einhergehen müssen.

Aus seinen Versuchen über Mutationserzeugungen durch Röntgenstrahlen hat Timoféeff-Ressovsky bereits 1938 nachdrücklich auch auf die Gefahr von Strahlenschäden durch Anwendung von Röntgenstrahlen in der Medizin hingewiesen, auch auf Erbschäden beim Menschen („Ergebnisse der Strahlengenetik als Grundlage für die Schätzung der eventuellen Erbschädigungsgefahr durch Strahlen", in: Fortschritte Gebiet Röntgenstrahlen 58, 1, 1938).

Nachdem Oskar Vogt 1935 zur Emeritierung gezwungen worden war (s. S. 37), drängte sein Nachfolger Hugo Spatz schon 1936, also noch vor der offiziellen Übernahme der Leitung des Instituts für Hirnforschung in Buch, auf eine schnelle Ausgliederung der genetischen Abteilung aus dem Institut. In einem Brief mit Datum 17. Juni 1936 schrieb er an Timoféeff-Ressovsky nach zunächst lobenden Worten über seine wissenschaftlichen Arbeiten u.a.: „Auf der anderen Seite habe ich die Überzeugung, daß Ihr Institut <u>auf die Dauer</u> in Buch fehl am Platze ist" (Unterstreichung von H. Spatz), wobei er sogar von einem Fremdkörper im Institut sprach. Timoféeff hatte 1936 einen Ruf an die „Carnegie Institution of Washington for Fundamental and Scientific Research" erhalten, den er zunächst

Abb. 41.
Titelseite der Arbeit von N. W. Timoféeff-Ressovsky, K. G. Zimmer und M. Delbrück „Über die Natur der Genmutation und der Genstruktur", 1935.

auch anzunehmen gedachte. Nachdem davon das Kultusministerium in Berlin erfahren hatte, wurde sein Etat erhöht, und zum 12. April 1936 erhielt die genetische Abteilung durch das Reichs- und Preußische Ministerium für Wissenschaft, Erziehung und Volksbildung auch einen selbständigen Status im Institut (s. auch S. 40), was, neben familiären Gründen, Timoféeff schließlich veranlaßte, in Buch zu bleiben. Schließlich ging es ihm auch um den Erhalt der genetischen Abteilung. Hugo Spatz äußerte sich sodann in einem Brief vom 29. August 1936 an den Generaldirektor der Kaiser-Wilhelm-Gesellschaft in dieser Angelegenheit folgendermaßen: *„Da ich von Anfang an der Ansicht war, dass man Herrn Timoféeff in Deutschland halten müsse, freue ich mich, dass die Gefahr seiner Abziehung damit überwunden ist".*

Auch eine Rückkehr in die Sowjetunion, die die sowjetische Regierung 1937 anmahnte, lehnte Timoféeff-Ressovsky ab, denn es war die Zeit der Stalinschen Säuberungsaktionen in der Sowjetunion, denen auch Angehörige der beiden Timoféeffs zum Opfer fielen. Die jüngeren Brüder von Timoféeff wurden eingesperrt, einer von ihnen sogar in Leningrad hingerichtet, und auch Verwandte von Frau Elena Timoféeff wurden verfolgt und sind umgekommen. Auch Timoféeffs Lehrer N. K. Koltzoff und der bekannte russische Genetiker N. I. Vavilov warnten die Timoféeffs, nach Rußland zurückzukehren. Koltzoff verlor schließlich seine Position als Institutsdirektor, Vavilov starb 1943 in Saratov in der Verbannung, und auch Timoféeffs Lehrer Tschetwerikoff wurde im Rahmen der Stalinschen Säuberungsaktionen verhaftet. Der mit Timoféeff befreundete deutsche Physiker Professor Robert Rompe schrieb in einem nichtveröffentlichten Artikel „Timoféeff-Ressovsky und die Berliner Physik" dazu u.a.: *„Seine außerordentliche Hingabe an die Wissenschaft, seine engen und fruchtbaren Beziehungen zu bedeutenden Gelehrten in Deutschland wie Warburg, Heisenberg, Jordan, Friedrich, Rajewsky u.a. sowie Warnungen seiner russischen Lehrer und Freunde, 1937 nicht zurückzukehren, waren zweifellos für seine Entscheidung mitbestimmend. Den Nazis war der Umstand, daß ein sowjetischer Genetiker seines internationalen Ansehens in Deutschland arbeitete, offensichtlich so wertvoll, daß sie ihn unbehelligt ließen. Timoféeff nutzte hingegen seine Position, insbesondere bei der Auer-Gesellschaft, um nicht wenigen Menschen, die sich verbergen mußten, zu helfen. Das erforderte von ihm und seiner Frau sehr viel Mut".* Timoféeff selbst schrieb im Zusammenhang mit der Verlängerung seines Auslandspasses an das sowjetische Konsulat: *„Eine plötzliche Abreise würde nicht nur für mich persönlich den Verlust einer Reihe begonnener und erfolgreich sich entwickelnder Versuche bedeuten, sondern auch das Entstehen einer schwer auszufüllenden Lücke in der von mir gemeinsam mit Physikern durchgeführten Analyse des Problems der Mutationen".*

Am 30. Mai 1938 wurde Timoféeff-Ressovsky zum Wissenschaftlichen Mitglied des Kaiser-Wilhelm-Instituts für Hirnforschung ernannt und 1940 Mitglied der Deutschen Akademie der Naturforscher Leopoldina. Im Antrag auf Ernennung zum Mitglied der Kaiser-Wilhelm-Gesellschaft wird u.a. ausgeführt: *„Herr N. W. Timoféeff-Ressovsky ist ein origineller und erfolgreicher Vererbungsforscher. Er hat eine Reihe neuer Fragengebiete der Drosophila-Forschung in Angriff genommen. In enger, von ihm angeregter Arbeitsgemeinschaft mit Physikern hat er* *sehr ausgedehnte Versuchsserien ausgeführt und die Ergebnisse ungemein scharfsinnig theoretisch ausgewertet. Die gezogenen Schlüsse sind sehr weittragend".*

Ab 1937 wurden in der genetischen Abteilung in die strahlenbiologischen Versuche zur Mutationserzeugung auch Neutronenstrahlen einbezogen. Dafür wurde von der Auer-Gesellschaft ein für damalige Verhältnisse hochleistungsfähiger Neutronengenerator der Philips-Werke zur Verfügung gestellt, der Spannungen bis zu 600 000 Volt ermöglichte (Abb. 42). Diese Versuche sollten der weiteren Absicherung der Treffertheorie hinsichtlich der Mutationserzeugung durch Strahlen und der weiteren Größenberechnung von Genen dienen, da mit Neutronenstrahlen höhere Ionisationsdichten in Geweben erreichbar sind. In der Tat waren die biologischen Effekte schneller Neutronen größer als die gleicher Dosen von Röntgenstrahlen. Weiterhin bestätigten die Experimente mit Neutronenstrahlen die bereits mit Röntgenstrahlen erhobenen Befunde: Die Mutationsraten waren bis zu einem Sättigungswert der Strahlendosis proportional, es existierten keine Schwellenwerte und als Trefferereignis wurde wiederum die Bildung eines Ions aus einem Atom definiert. 1944 haben N. W. Timoféeff-Ressovky und K. G. Zimmer die Ergebnisse ihrer weiterführenden Arbeit zur Treffertheorie in dem Buch „Das Trefferprinzip in der Biologie" (Abb. 43) zusammengefaßt, das jedoch wegen der Kriegsereignisse 1944/45 erst 1947 mit Genehmigung der Sowjetischen Militärverwaltung beim S. Hirzel-Verlag in Leipzig erschien. Daraus soll hier zumindest ein Satz zitiert werden, in dem die Autoren Gene als *„nucleoproteidhaltige, eventuell periodisch aufgebaute Moleküle, die kettenförmig zu Chromosomen zusammengefügt sind"* beschrieben.

Abb. 42.
In der genetischen Abteilung verwendeter Beschleuniger (Doppelkaskade) der Fa. Philips (Eindhoven) zur Erzeugung von Neutronenstrahlen. Links: Hochspannungsquelle für + 300 kV; rechts davon Terminal mit Ionenquelle und horizontal liegendes Beschleunigungsrohr; rechts: Hochspannungsquelle für - 300 kV.
Aus: H. J. Born u. K. G. Zimmer: Untersuchungen an Schwebstoff-Filtern, in: Die Gasmaske, Nr. 2. S. 1 (1940). Vergl. hierzu auch Abb. 70.

Nach dem Weggang von Delbrück aus Berlin-Dahlem 1937 setzte Timoféeff-Ressovsky die von Delbrück begründeten Seminare fort, und zwar in Berlin-Buch, an denen u.a. auch der theoretische Physiker Pascual Jordan teilnahm, der sich vor allem für Primärprozesse der biologischen Strahlenwirkung interessierte und 1938 in der „Physikalischen Zeitschrift" (Band 39, S. 711) eine Arbeit „Zur Frage einer spezifischen Anziehung zwischen Genmolekülen" veröffentlichte. Dem lag die Idee zugrunde, daß quantenmechanische Resonanzprozesse eine Anziehung gleicher Moleküle und deren autokatalytische Reproduktion bewirken könnten.

Angeregt durch Jordan beschäftigten sich Timoféeff-Ressovsky und seine Mitarbeiter in den folgenden Jahren mit der Analyse von Primärprozessen der Strahlenwirkung und mit Energiewanderungen. Für diese Untersuchungen war insbesondere die Zusammenarbeit mit Dr. Nikolaus Riehl von der zum Degussa-Konzern gehörenden Auer-Gesellschaft in Berlin wichtig. Riehl, der dort eine leitende Stellung in der Forschung innehatte, war Schüler von Lise Meitner und hatte bereits an den von Max Delbrück durchgeführten privaten Seminaren teilgenommen. Die Auer-Gesellschaft stellte Laboratorien und Personal zur Verfügung, ebenso einen Neutronengenerator für Versuche in der genetischen Abteilung in Buch. Als Gäste waren an diesen Arbeiten in Buch neben Pascual Jordan auch der Max von Laue-Schüler Friedrich Möglich sowie der Physiker Robert Rompe beteiligt (s. auch S. 63). Über Ergebnisse dieser Arbeiten wurde in bedeutenden Publikationen berichtet, u.a. 1941 von N. Riehl, N. W. Timoféeff-Ressovsky und K. G. Zimmer über „Mechanismen der Wirkung ionisierender Strahlen auf biologische Elementareinheiten" in den „Naturwissenschaften" (*29*, 625, 1941) sowie 1943 von N. Riehl, R. Rompe, N. W. Timoféeff-Ressovsky und K. G. Zimmer „Über Energiewanderungsvorgänge und ihre Bedeutung für einige biologische Prozesse" in der Zeitschrift „Protoplasma" (*38*, 105, 1943).

Aus den Untersuchungen von Timoféeff-Ressovsky und Zimmer über biologische Wirkungen von Neutronenstrahlen, die auch zur Entwicklung der Neutronendosimetrie führten, leitete K. G. Zimmer bereits 1939 Konzepte für die Anwendung von Neutronenstrahlen für die Krebstherapie ab, da die Effekte von Neutronen größer sind als die entsprechender Dosen von Röntgenstrahlen.

Ab 1940 wurden in der genetischen Abteilung *Versuche mit radioaktiven Isotopen* durchgeführt, für die ein direkter Bezug zu den vorausgehend beschriebenen Arbeitsgebieten und damit zur Genetik nicht erkennbar ist, es sei denn, daß neben Röntgen- und Neutronenstrahlen auch Strahlen radioaktiver Isotope zur Erzeugung von Mutationen geplant waren, was allerdings aus Forschungsplanungen, Berichten und Veröffentlichungen nicht erkennbar ist. Möglicherweise könnte für diese Arbeiten der 1938 im biophysikalischen Labor der genetischen Abteilung aufgestellte Neutronengenerator eine Rolle gespielt haben (s. S. 57), mit dem sich auch radioaktive Isotope herstellen ließen. An diesen Versuchen waren insbesondere der Otto Hahn-Schüler Dr. Hans-Joachim Born (nach seiner Rückkehr aus der Sowjetunion von 1955 bis 1957 wieder in Buch tätig; s. S. 79), Timoféefs Ehefrau Elena, Dr. Joachim Gerlach (nach dem Zweiten Weltkrieg an der Universität Würzburg tätig) und Dr. P. M. Wolf, Leiter der radiologischen Abteilung der Auer-Gesellschaft, beteiligt. Für die Abtrennung und Aufreinigung der Isotope wurden von H. J. Born und K. G. Zimmer entsprechende Methoden entwickelt. An diesen Arbeiten waren sowjetische Behörden offensichtlich so interessiert, daß beide nach der Besetzung von Buch durch sowjetische Truppen 1945 in die Sowjetunion deportiert wurden. Die Arbeiten mit radioaktiven Isotopen betrafen vor allem Untersuchungen über Aufnahme sowie räumliche und zeitliche Verteilung der Isotope von Chlor, Phosphor, Arsen und Mangan in tierischen Organismen, womit wesentliche Beiträge zur Anwendung der von György v. Hevesy (Nobelpreisträger 1943) in den 30er Jahren des 20. Jahrhunderts begründeten Indikatormethode und deren Anwendung in Medizin und Biologie erbracht wurden. Mit Hilfe von Thorium X (Ra224) wurde von Gerlach, Wolf und Born u.a. die sog. Kreislaufzeit beim Menschen ermittelt. Gemeinsam mit dem Virologen Gerhard Schramm von der Arbeitsstätte für Virusforschung der Kaiser-Wilhelm-Institute für Biochemie und für Biologie in Berlin-Dahlem (Professor Schramm war nach dem Zweiten Weltkrieg Direktor am Max-Planck-Institut für Virusforschung in Tübingen) gelang die radioaktive Phosphatmarkierung des Tabak-MosaikVirus (TMV). Mit diesen Arbeiten wurden wichtige Entwicklungen im Bereich der Physiologie und Biochemie zur Aufklärung von Stoffwechselprozessen von der organismischen bis zur molekularen Ebene geschaffen. Für das Thoriumisotop Uran X (Th^{234}) konnte eine bevorzugte Speicherung in bestimmten Organen festgestellt werden (retikuloendotheliales System, Milz, Lymphknoten), was zur Verwendung von Thorotrast (Thoriumdioxidsol) als Kontrastmittel Eingang in die Röntgendiagnostik fand. (Da Thorotrast auf Grund der langanhaltenden Speicherung zur Entwicklung von Thorotrastosen und malignen Thorotrastomen führte (Granulome, aplastische Anämien, Malignome in der Leber und im Knochenmark), wurde seine Anwendung mit Beginn der 50er Jahre des vorigen Jahrhunderts wieder eingestellt.)

Abb. 43.
Titelseite des Buches „Das Trefferprinzip in der Biologie".

Verschiedene Arbeiten mit Isotopen wurden finanziell u.a. vom Reichsforschungsrat (RFR) und dem Reichsamt für Wirtschaftsausbau (RfW), einer Abteilung des Wirtschaftsministeriums, gefördert, von letzterem z.B. der Forschungsauftrag 476. Sowohl aus dem Forschungsbericht von Timoféeff-Ressovsky vom 31. März 1943 über Ergebnisse der Ar-

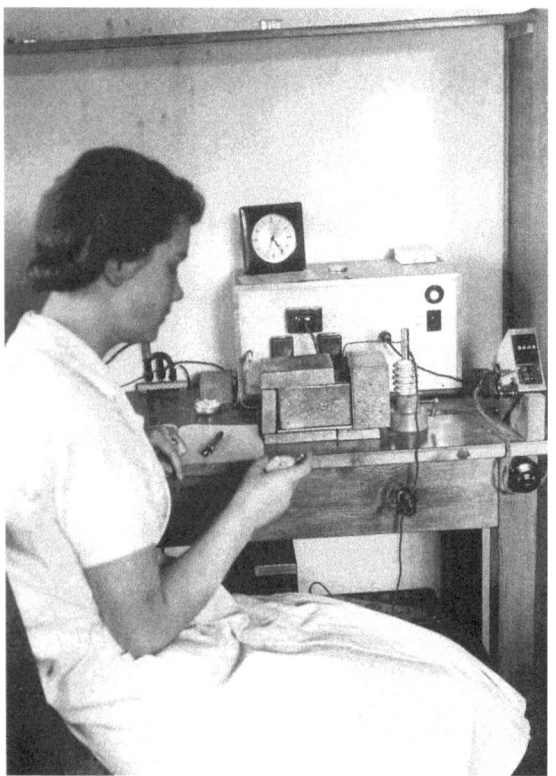

Abb. 44.
Gerät zur Messung der Strahlung radioaktiver Isotope in der genetischen Abteilung etwa 1940.

beiten mit radioaktiven Isotopen als auch aus dem Antrag zur Weiterführung der Versuche ergeben sich keinerlei Anhaltspunkte dafür, daß diese Arbeiten für wirtschaftliche oder gar militärische Zwecke geplant waren. Versuche, mit der in der genetischen Abteilung entwickelten Indikatormethode die Durchlässigkeit von Gasmasken und Gasmaskenfiltern sowie von Flugzeugkabinen für Gase und Schwebstoffe zu prüfen, können zwar als militärisch relevant eingeordnet werden, jedoch dürfte es sich bei diesen Arbeiten eher um die Anwendung von Ergebnissen der medizinisch-biologischen Grundlagenforschung in wirtschaftlichen und militärischen Bereichen handeln, denen sich im Zweiten Weltkrieg keine staatlich finanzierte Institution entziehen konnte. Sicherlich waren diese Untersuchungen auch mit dem Ziel verbunden, zusätzlich finanzielle Mittel zu erschließen sowie Freiräume für weitere wissenschaftliche Arbeiten zu schaffen.

Während kriegsbedingt bereits 1944 beginnend alle Abteilungen des Kaiser-Wilhelm-Instituts für Hirnforschung von Berlin-Buch in verschiedene Teile Deutschlands verlegt wurden (s. S. 44), blieb Timoféeff-Ressovsky auch nach dem Ende des Zweiten Weltkrieges 1945 in Buch.

3. Situationen und Entwicklungen 1945-1947

Am Ende des Zweiten Weltkrieges, - sowjetische Truppen besetzten Buch am 21. April 1945 - , war von den Abteilungsleitern des Kaiser-Wilhelm-Instituts für Hirnforschung nur noch Timoféeff-Ressovsky im Institut anwesend (Abb. 45). Er war gegen den Rat vieler Kollegen in Buch geblieben und nahm nach Zeugenaussagen deutsche Mitarbeiter gegen Übergriffe sowjetischer Soldaten in Schutz. Hier konnte Timoféeff vorerst auch seine Arbeiten auf dem Gebiet der Radiobiologie und Genetik unter dem besonderen Schutz des Kommissars für Innere Angelegenheiten der Sowjetunion, A. P. Savenyagin, fortführen und wurde sogar zum Direktor des „Instituts für Genetik und Biophysik", wie es zunächst genannt wurde, eingesetzt (s. S. 63), vorübergehend auch als Bürgermeister von Buch. Auf dem Institutsgelände wurde von der sowjetischen Militäradministration ein russischer Soldat als Wächter stationiert, der dafür zu sorgen hatte, daß Ordnung herrschte. Dieser nahm nach Aussage des damals in Buch anwesenden Professor Robert Rompe (persönliche Mitteilung an H. B. 1993) die Aufgabe so ernst, „*daß er Rotarmisten das Radfahren auf dem Institutsgelände mit dem Hinweis untersagte, daß hier der berühmte Forscher Timoféeff arbeite, der dafür absolute Ruhe brauche*".

Abb. 45.
Timoféeff-Ressovsky (rechts) mit dem französischen Kriegsgefangenen Piatier (Mitte; Physiker, nach dem Zweiten Weltkrieg Staatssekretär im Französischen Wissenschaftsministerium) und dem russischen Kriegsgefangenen Topilin (links) im Park des Kaiser-Wilhelm-Instituts für Hirnforschung in Buch 1945. Topilin war als Pianist musikalischer Begleiter des berühmten russischen Geigers David Oistrach. Topilin geriet 1942 in deutsche Kriegsgefangenschaft, wurde von Timoféeff-Ressovsky aus dem Gefangenenlager herausgeholt und mit Hilfsarbeiten im Institut beschäftigt (nach J. Fassbender, persönliche Mitteilung).

Am 14. September 1945 wurde N. W. Timoféeff-Ressovsky von sowjetischen Behörden in Berlin-Buch verhaftet und nach Aussagen ehemaliger Mitarbeiter in einer schwarzen Limousine abtransportiert. Er verschwand zunächst für zwei Jahre in einem geheim gehaltenen sowjetischen Lager, worüber u.a. der russische Schriftsteller Alexander Solschenizyn in seinem Buch „Der Archipel Gulag" berichtet (s. S. 237). Frau Elena Timoféeff blieb in Berlin, da sie über das Schicksal ihres Mannes in der Sowjetunion nichts wußte. Sie war vorerst arbeitslos. Vom 1. Mai 1946 bis zum 30. Juni 1947 arbeitete sie sodann als Assistentin bei dem Genetiker Professor Hans Nachtsheim am Zoologischen Institut der Universität Berlin. Nachdem Elena Timoféeff 1947 erste Lebenszeichen ihres Mannes aus einem Lager im Ural erhalten hatte, ging sie in die Sowjetunion.

1945 wurden auch Timoféeffs Mitarbeiter K. G. Zimmer und H.-J. Born sowie auch N. Riehl in die Sowjetunion deportiert (s. hierzu auch S. 58). Dort wurden sie bis 1955 in Sungul im Ural, und zwar im Laboratorium B des Instituts mit der Code-Bezeichnung Objekt 0215 stationiert und arbeiteten dort auf dem Gebiet der Isotopenchemie und -physik.

1947 übernahm Timoféeff-Ressovsky im Laboratorium B die Leitung der genetischen Abteilung. Karl Günter Zimmer ging nach zehnjähriger Arbeit in Sungul zunächst kurz nach Schweden, kehrte 1957 nach Deutschland zurück, und zwar vorerst nach Hamburg, ging 1957 nach Heidelberg und anschließend nach Karlsruhe an das Kernforschungsinstitut. Hans-Joachim Born kehrte 1955 nach Deutschland zurück, arbeitete vorerst wieder in Berlin-Buch (s. S. 79) und folgte zum 1. November 1957 einem Ruf an die Technische Hochschule in München, wo inzwischen auch Nikolaus Riehl (s. S. 57) einen Lehrstuhl für technische Physik erhalten hatte.

Im Juni 1945 wurde das Kaiser-Wilhelm-Institut für Hirnforschung der Sowjetischen Militäradministration unter Leitung von „Kommandant" Oberst Lebedew unterstellt. Die sowjetischen Behörden gestatteten den im Institut anwesenden Mitarbeitern weiter zu arbeiten und versorgten sie auch mit Truppenverpflegung (persönliche Mitteilung von Professor Rompe). Im Herbst 1945 wurde das Institut dem Magistrat von Berlin zugeordnet. Als dessen nachgeordnete Behörde wurde am 13. September 1945 die „Deutsche Zentralverwaltung für Volksbildung" (DZVV) gegründet, die auch für die Institute verantwortlich war. Beide Einrichtungen unterstanden im sowjetischen Sektor von Berlin der unter Viermächteverwaltung stehenden Stadt der Kontrolle durch die Sowjetische Militäradministration (SMA) in Deutschland (SMAD) und der „SMA-Verwaltung zum Studium der Errungenschaften der Wissenschaft und Technik Deutschlands". Somit erfolgte letztlich eine zweifache Beaufsichtigung der Institute durch sowjetische Verwaltungen. Nach der Verhaftung von Timoféeff-Ressovsky im September 1945 wurden gegen den Protest von Oberst Lebedew große Teile der wissenschaftlichen Geräte des Bucher Kaiser-Wilhelm-Instituts für Hirnforschung, insbesondere der genetischen Abteilung, durch russische Soldaten in Munitionskisten verpackt und abtransportiert. Zumindest ein Teil davon gelangte in das vorausgehend erwähnte Laboratorium B in Sungul im Ural.

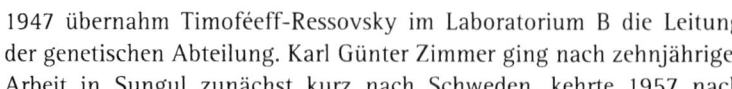

Abb. 46.
Karl Lohmann (1898-1978).

Abb. 47.
Karl Lohmann (rechts) mit Otto Warburg 1960.

Bereits 1944/1945 hatten sich zahlreiche bekannte Wissenschaftler aus beschädigten Universitätsinstituten und anderen Berliner Einrichtungen im Bucher Hirnforschungsinstitut niedergelassen. Zu ihnen gehörten u.a. der Biochemiker und Mediziner Prof. Dr. Dr. Karl Lohmann (Abb. 46, 47; Biographie s. S. 175), der auf Veranlassung von Timoféeff-Ressovsky noch vor Kriegsende vom Institut für Physiologische Chemie der Universität Berlin nach Buch übersiedelte (s. Abb. 48) und, ebenfalls durch Timoféeff veranlaßt, der Physiker Prof. Dr. Robert Rompe (1905-1993) aus den zerstörten Berliner OSRAM-Werken (s. hierzu auch S. 58). Rompe holte im Sommer 1945 den Festkörperphysiker Prof. Dr. Friedrich Möglich (1902-1957), Schüler von Max v. Laue, der mit Timoféeff-Ressovsky bereits über Energieausbreitungsmechanismen bei strahlenbiologischen Vorgängen zusammengearbeitet hatte (s. S. 58), an das Bucher Institut.

Nikolai W. Timoféeff-Ressovsky, Karl Lohmann und Robert Rompe bildeten mit ihren Gruppen im Mai 1945 den „Kern" des ehemaligen Kaiser-Wilhelm-Instituts in Buch. Zunächst wurde von sowjetischen Behörden Timoféeff-Ressovsky als Leiter und Lohmann als Stellvertreter eingesetzt. Nach der Deportation von Timoféeff-Ressovsky gründeten Friedrich Möglich und Robert Rompe eine Abteilung für Festkörperforschung und Biophysik und Karl Lohmann eine Abteilung für Biochemie. Nach dem Weggang von Rompe 1946 baute Möglich die Abteilung zu einem Institut für Festkörperphysik mit einer „Optischen", einer „Kristallographischen" und einer „Chemischen" Abteilung aus. Die chemische Abteilung wurde von dem Chemiker Prof. Dr. Otto Neunhoeffer geleitet, der 1952 als Ordinarius für Organische Chemie an die Berliner Humboldt-Universität berufen wurde und 1960 an die Universität Homburg/Saar ging. Weiterhin gab es ein Laboratorium für Organische Chemie unter Prof. Dr. Ludwig Reichel, der bis zum Bombenangriff im Februar 1945 als Abteilungsleiter im bereits 1921 gegründeten Kaiser-Wilhelm-Institut für Lederforschung in Dresden gearbeitet hatte. Professor Reichel ging 1951 an die Berliner Universität, Professor Möglich gründete noch vor seinem Tod 1957 das Institut für Festkörperforschung der Deutschen Akademie der Wissenschaften zu Berlin in der Berliner Mohrenstraße.

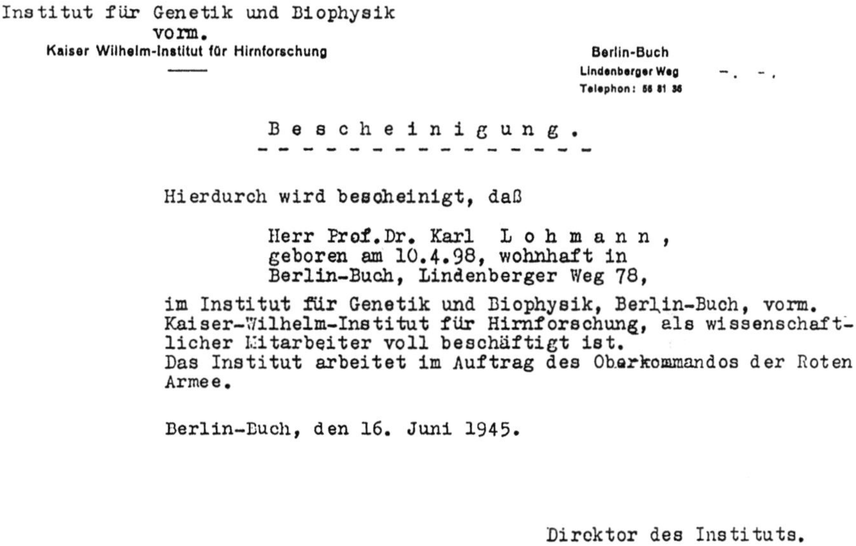

Im Mai 1946 kam Dr. Erwin Negelein (Abb. 49; Biographie s. S. 177), Schüler von Nobelpreisträger Otto Warburg im Dahlemer Kaiser-Wilhelm-Institut für Zellphysiologie, nach Buch. Er entdeckte das 1,3-Bisphosphoglyzerat, das als Negelein-Ester in die Literatur eingegangen ist. Mit Otto Warburg war er maßgeblich an der Entwicklung mannometrischer und optischer Meßverfahren zur Bestimmung biochemischer und zellphysiologischer Prozesse beteiligt.

Abb. 48.
Bescheinigung von N. W. Timoféeff-Ressovsky vom Juni 1945 über die Anstellung von Prof. Dr. Karl Lohmann im Institut für Genetik und Biophysik in Berlin-Buch.

Nach dem Zweiten Weltkrieg hat bis zu seiner Verhaftung durch britische Militärpolizei am 16. November 1946 im US-Sektor Berlin-Zehlendorf auch Prof. Dr. Eugen Haagen in Berlin-Buch gearbeitet. Eugen Haagen galt als einer der bekanntesten deutschen Virologen seiner Zeit. Das zweibändige „Handbuch der Viruskrankheiten" von 1939 war das erste Standardwerk in Deutschland. Von 1935 bis 1941 war er am Robert-Koch-Institut tätig, wo er sich mit Virus- und Tumorforschung beschäftigte. Nach kurzer amerikanischer Kriegsgefangenschaft am Ende des Zweiten Weltkrieges folgte er im Juni 1945 einer Einladung der Sowjetischen Militäradministration in Deutschland, im ehemaligen Kaiser-Wilhelm-Institut für Hirnforschung in Berlin-Buch ein Institut für Virus- und Geschwulstforschung aufzubauen. Haagen war neben anderen Virusarbeiten vor allem durch seine Studien mit dem Gelbfiebervirus in den 30er Jahren hervorgetreten, deren Ergebnisse schließlich auch zu Versuchen in nationalsozialistischen Konzentrationslagern führten.

Nach der Deportation von Timoféeff-Ressovsky im Herbst 1945 wurden die weiteren Entwicklungen im Institut vor allem von Professor Karl Lohmann sowie Professor Robert Rompe bestimmt, zusammen mit dem Göttinger theoretischen Physiker Professor Pascual Jordan, der bereits vor 1945 mit Timoféeff-Ressovsky gearbeitet hatte (s. S. 57, 58).

Abb. 49.
Erwin Negelein (1897-1979). Aufnahme aus dem Warburgschen Institut für Zellphysiologie in Berlin-Dahlem etwa Mitte der 30er Jahre.

In einem vom 16. Dezember 1945 datierten Dokument „Vorschlag über den wissenschaftlichen Neuaufbau des Kaiser-Wilhelm-Instituts für Hirnforschung in Berlin-Buch" von Professor Lohmann wird „*grundsätzlich von dem Gedanken ausgegangen, dass in dem Institut Gemeinschaftsarbeiten grossen Stils gepflegt werden sollen, die auf naturwissenschaftlichem und medizinischem Gebiet liegen*". Als organisatorisch-strukturelle Grundlage für den Aufbau und die Arbeit des Instituts, für das Lohmann die Themenstellung „Untersuchungen an Eiweiss" formulierte, schlug er folgende Abteilungen vor: „*Physiologie (N.N.), Elektrophysiologie (N.N.), Chemie (N.N.), Biochemie (Lohmann), Biophysik I (Möglich - Rompe), Biophysik II (Jordan), Genetische Abteilung I (Frau Schiemann - Frau Timoféeff), Genetische Abteilung II (Pätau?)* (Mitarbeiter von Hans Nachtsheim im Institut für Erbbiologie, H.B.), *Physikalisch-technische Werkstatt (N.N.), Dynamische Konstitutionslehre (Brugsch)*". Zur Bearbeitung von Forschungsthemen äußerte sich Lohmann folgendermaßen: „*Die Dauer der Arbeit an einem Problem wird wohl immer mindestens 3 Jahre betragen; sie soll im allgemeinen nicht länger als 10 Jahre sein. Dann ist ein neues Thema zu stellen, wobei ei-*

ne *Auflösung einzelner Abteilungen und Neueinrichtung anderer auf Grund der neuen Bedürfnisse vorzunehmen ist. Dies bedingt einen ständigen Wechsel der Abteilungsleiter und damit Zuführung von frischem Blut".* Lohmann wollte also das Institut auf Proteinforschung mit zeitbegrenzten Problemstellungen und flexiblen Strukturen orientieren. Interessant an dieser Konzeption ist auch ein politischer Aspekt Lohmann's nach dem Zusammenbruch des „Dritten Reiches". Karl Lohmann, der nicht Mitglied der NSDAP war, schrieb dazu: *„Es wird sich nicht umgehen lassen, in den Mitarbeiterstab vereinzelt Mitglieder der ehemaligen NSDAP aufzunehmen. Hier ist jedoch darauf zu achten, dass nur qualifizierte Wissenschaftler, die zum Eintritt in die Partei gezwungen wurden, und die früher auch nie aktivistisch tätig gewesen sein dürften, aufzunehmen sind".*
Auch Pascual Jordan, damals in Göttingen, äußerte sich zur Gründung eines neuen Instituts in Berlin-Buch. In einem Brief vom 20. September 1946 an Professor Rompe machte er Vorschläge für ein „Institut für Biophysik und medizinische Physik" in Buch, die er mit „persönlichen Arbeitswünschen" in Verbindung brachte. Jordan erklärte darin auch seine Bereitschaft, die Leitung eines solchen Instituts zu übernehmen. Neben den „Hilfsabteilungen" für Physik und (organische) Chemie schlug Jordan folgende Abteilungen vor: *I. Genetik, II. Bakteriologie, III. Eiweiße, Fermente, Viren usw., IV. Krebs*, wofür er jeweils Arbeitsinhalte skizzierte. Die „Krebs-Abteilung" bezeichnete er als *„die Krönung des ganzen Instituts"*, in der *„alle seine Kräfte für die konzentrische Inangriffnahme des vielleicht größten Problems der gegenwärtigen Medizin"* zusammenzufassen seien. Jordans Bereitschaft, die Leitung eines Instituts in Buch zu übernehmen, wurde jedoch wegen dessen Mitgliedschaft in der NSDAP nicht weiter verfolgt.

Am 1. August 1946 wurde auf Grund einer Entscheidung vom 1. Juli 1946, dem 300. Geburtstag von Gottfried Wilhelm Leibniz, die Deutsche Akademie der Wissenschaften zu Berlin gegründet. Die Gründungsanweisung ist im Befehl Nr. 187 des „Obersten Chefs der Sowjetischen Militäradministration, des Oberkommandierenden der Gruppe Sowjetischer Okkupationstruppen in Deutschland" festgelegt. Erster Präsident der Akademie wurde der bekannte Altphilologe Prof. Dr. Johannes Stroux, der dieses Amt bis zum 3. Mai 1951 bekleidete. Unmittelbar nach ihrer Gründung bzw. Wiedereröffnung begann die Angliederung bzw. der Aufbau wissenschaftlicher Institute und Arbeitsstellen der Akademie, zunächst vor allem physikalischer Institute. Die Bildung wissenschaftlicher Forschungsinstitute als Einrichtungen der Akademie ist historisch gesehen interessant, da Prof. Dr. Adolf Harnack als Präsident der Königlich-Preußischen Akademie der Wissenschaften schon 1900 die Bildung eigener Institute *„mit eigenem Etat und pensionsfähigen Beamten, die ausschließlich der Bewältigung bestimmter wissenschaftlicher Aufgaben dienen"* vorgeschlagen hatte.
Am 3. Februar 1947 stellte Professor Stroux „An die Sowjetische Militärverwaltung, Abteilung Gesundheitswesen, Herrn Prof. Dr. Grigorowski, Berlin-Karlshorst" einen Antrag auf Errichtung von Instituten und Arbeitsstellen in Berlin-Buch als Einrichtungen der Akademie, deren Aufgaben *„in enger Verbindung mit den praktischen Bedürfnissen*

der heutigen Medizin" stehen sollten. Genannt wurden in diesem Schreiben ein Institut für Erbbiologie und Erbpathologie mit Prof. Dr. Hans Nachtsheim als Direktor, ein Institut für Biophysik und medizinische Physik, wofür als *„wissenschaftlich bedeutsamster Mitarbeiter Professor Dr. Jordan, zur Zeit Göttingen, vorgesehen ist"*, sowie eine Arbeitsstelle für biochemische und organisch-chemische Spezialaufgaben mit Professor Dr. Ludwig Reichel. Über Professor Möglich und Professor Lohmann wurde ausgeführt, daß sie sich in die Arbeitsgebiete der vorgenannten Einrichtungen *„in natürlicher Weise einordnen"*. Bereits am 24. März 1947 antwortete die Gesundheitsverwaltung der Sowjetischen Militärverwaltung dem Akademiepräsidenten auf dessen Schreiben (s. Abb. 50, Übersetzung s. S. 222). Darin hieß es u.a.: „... *betreffs Übernahme des Wissenschaftlichen Forschungsinstituts Berlin-Buch in Ihre Verwaltung gebe ich meine grundsätzliche Zustimmung*". Und weiter: *„Der Kandidat für das Amt des Direktors soll von Ihnen gemeinsam mit der Zentralverwaltung für Gesundheitswesen vorgeschlagen und von mir bestätigt werden"*.

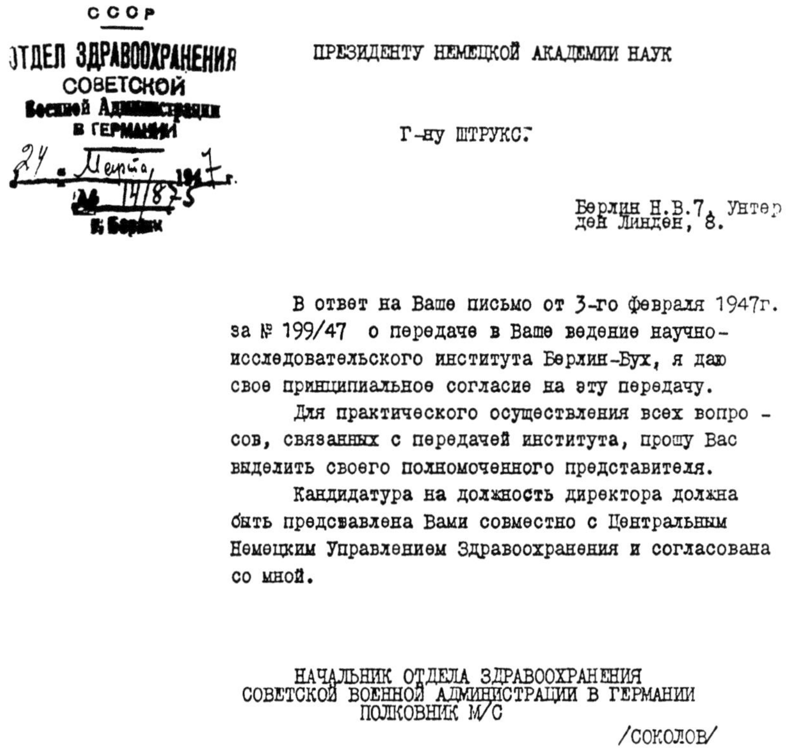

СССР
ОТДЕЛ ЗДРАВООХРАНЕНИЯ
СОВЕТСКОЙ
Военной Администрации
в ГЕРМАНИИ
24 марта 1947 г.
№ 14/875
г. Берлин

ПРЕЗИДЕНТУ НЕМЕЦКОЙ АКАДЕМИИ НАУК

Г-НУ ШТРУКС.

Берлин Н.В.7, Унтер ден Линден, 8.

В ответ на Ваше письмо от 3-го февраля 1947г. за № 199/47 о передаче в Ваше ведение научно-исследовательского института Берлин-Бух, я даю свое принципиальное согласие на эту передачу.

Для практического осуществления всех вопросов, связанных с передачей института, прошу Вас выделить своего полномочного представителя.

Кандидатура на должность директора должна быть предсвавлена Вами совместно с Центральным Немецким Управлением Здравоохранения и согласована со мной.

НАЧАЛЬНИК ОТДЕЛА ЗДРАВООХРАНЕНИЯ
СОВЕТСКОЙ ВОЕННОЙ АДМИНИСТРАЦИИ В ГЕРМАНИИ
ПОЛКОВНИК М/С
/СОКОЛОВ/

Abb. 50.
Schreiben der Sowjetischen Militäradministration vom 24. März 1947 an den Präsidenten der Deutschen Akademie der Wissenschaften zwecks Übernahme des Forschungsinstituts in Berlin-Buch durch die Akademie. Erläuterungen s. Text; deutsche Übersetzung s. S. 222.

Die Entwicklungen gingen nun rasch voran. Bereits am 26. April 1947 fand in der sowjetischen Zentrale in Berlin-Karlshorst eine Besprechung zwischen Vertretern der sowjetischen Militärbehörde und der Akademie statt. Für die Übergabe des Instituts aus sowjetischer Verwaltung, - es unterstand bis zum 30. Juni 1947 der Abteilung Gesundheitswesen (Leiter Professor Timko) der SMAD, - an die Akademie der Wissenschaften wurde unter Leitung der Sowjetischen Militäradministration eine Kommission gebildet, der neben Vertretern der SMAD von deutscher Seite Prof. Dr. Maxim Zetkin (1883-1965), Vizepräsident der Deutschen Verwaltung für Gesundheitswesen, und Dr. Josef Naas, Direktor der Akademie, angehörten. Professor Zetkin, Sohn von Clara Zetkin, genoß bei sowjetischen Behörden hohes Ansehen, da er seit 1920 in der Sowjetunion als Arzt tätig war und dort während des Zweiten Weltkrieges als Militärchirurg gearbeitet hatte. Ende 1945 kehrte er nach Deutschland zurück.

4. Die Akademieinstitute 1947-1991

4.1. Die Institute für Medizin und Biologie 1947-1971

Am 27. Juni 1947 verfügte der Oberbefehlshaber der Sowjetischen Militäradministration in Deutschland (SMAD) mit Befehl Nr. 161 die Übergabe des Medizinisch-biologischen Instituts Berlin-Buch an die Deutsche Akademie der Wissenschaften zu Berlin (Abb. 51). In dieser Gründungsanweisung wurde nachdrücklich auf die *„Bearbeitung von Problemen der theoretischen und klinischen Medizin"* und die Verbindung der *„wissenschaftlichen Thematik [...] mit den praktischen Aufgaben der deutschen Gesundheitsfürsorge"* hingewiesen, d.h. die Verbindung zwischen Forschung und Praxis, wobei insbesondere *„das Studium des Krebsproblems in Gemeinschaftsarbeit mit der Klinik für die Bearbeitung der Diagnostik und Heilung der Krebskranken"* herausgestellt wurde.

Am 4. Juli erfolgte die offizielle Übergabe des Instituts mit 40 „Angestellten" in das Eigentum der Akademie der Wissenschaften. Am 25. Juli 1947 fand die erste Sitzung des Kuratoriums des Instituts in Berlin-Buch statt, an der laut Protokoll Maxim Zetkin (Vizepräsident der Deutschen Zentralverwaltung für das Gesundheitswesen, DZVG), Karl Lohmann, Friedrich Möglich, Hans Nachtsheim, Ludwig Reichel, Ernst Ruska, Helmut Ruska, Karl Friedrich Bonhoeffer (Sekretar der Mathematisch-Naturwissenschaftlichen Klasse der Akademie), Otto Warburg, Wolfgang Heubner sowie Dr. Josef Naas (Direktor der Akademie) und Dr. Wende (Abteilungsleiter der Mathematisch-Naturwissenschaftlichen Klasse der Akademie) teilnahmen; Robert Rössle war entschuldigt. Als Vorsitzender des Kuratoriums wurde nach Beschluß in der Mathematisch-Naturwissenschaftlichen Klasse der Akademie Karl Lohmann bestätigt. Im Protokoll der Sitzung wurde weiter vermerkt, daß über ihre Aufgaben Lohmann, Möglich, Nachtsheim, Reichel sowie Ernst Ruska berichteten, und daß die Brüder E. und H. Ruska ihre Arbeitsstätten in Buch vorbereiten. Das Nachtsheimsche Institut für Erbbiologie und Erbpathologie in Berlin-Dahlem war durch Beschluß des Plenums der Deutschen Akademie der Wissenschaften zu Berlin bereits am 21. November 1946 gegründet worden und für den Umzug nach Berlin-Buch vorgesehen (s. hierzu auch S. 70).

In der Folgezeit wurden zwischen der Akademie der Wissenschaften und Bucher Wissenschaftlern einerseits und sowjetischen Behörden andererseits unterschiedliche Vorstellungen zur Struktur der Bucher Einrichtung deutlich. In einem Dokument, datiert wahrscheinlich etwa Juni 1947 (Sammlung Bielka), handschriftlich unterzeichnet von Prof. Karl Lohmann und Prof. Dr. Karl Linser, damals Präsident der Deutschen Zentralverwaltung für das Gesundheitswesen in der Sowjetischen Besatzungszone, wurden *„als zur Zeit in der Forschungsstätte Buch als Institute eingerichtet bzw. in der Einrichtung begriffen"* genannt: Biochemie (Prof. Dr. med. et phil. Lohmann), Festkörperforschung mit einer Abteilung Biophysik (Prof. Dr. phil. Möglich), Vergleichende Erbbiologie und Erbpathologie, das durch Beschluß des Plenums der Akademie am 21. November 1946 gegründet worden war, sich aber noch in Berlin-Dahlem befand (Prof. Dr. phil. Nachtsheim), Mikromorphologie (Dozent Dr. med. Helmut Ruska), Organische Chemie (Prof. Dr. phil. Reichel), Geräteentwicklung (Dozent Dr. ing. Ernst Ruska). Weiter wurde in diesem Dokument u.a. ausgeführt: *„Von diesen Instituten erscheinen in den Rahmen des Instituts passend und unbedingt geeignet das Institut für Biochemie, das Institut für vergleichende Erbbiologie und Erbpathologie, das Institut für Mikromorphologie, das Institut für Geräteentwicklung".* Und weiterhin hieß es: *„Das Institut für Biophysik wird am besten besetzt mit Prof. Dr. phil. Friedrich, dem früheren Direktor des Instituts für Strahlenforschung in Berlin und Ordinarius in der Medizinischen Fakultät der Universität Berlin".* Für die anderen Institute wurden Entwicklungen außerhalb von Buch vorgeschlagen. Als zentrale Aufgabe *(„gewissermaßen Zentralinstitut")* wurde ein Institut für Geschwulstforschung genannt, wozu gesagt wurde, daß *„an dessen Arbeiten alle anderen Institute mitzuwirken haben".* Damit im Zusammenhang wurde ausgeführt: *„Die Klinik für Geschwulstkranke wird in der früheren Nervenklinik aufgebaut".* (Über ein weiteres Dokument zur Planung des Instituts s. auch S. 220).

Am 9. August 1947 wurden zur weiteren Entwicklung des Bucher Instituts für Medizin und Biologie von der Akademie der Wissenschaften der Abteilung Volksbildung der Sowjetischen Militäradministration in Deutschland (SMAD) in Berlin-Karlshorst, „zu Hd. Herrn Professor Woronow", zur Bestätigung als Institute vorgeschlagen: Institut für Biochemie (Lohmann), Organische Chemie (Reichel), Mikromorphologie (Helmut Ruska), Erbbiologie und Erbpathologie (Nachtsheim), Krebsforschung (keine Namensnennung; H.B.), Biophysik und Festkörperforschung (Möglich), Geräteentwicklung (Ernst Ruska). In einem Brief von Dr. Naas von der Akademie vom 8. Dezember 1947 an „Herrn General Makarow, Abteilung Gesundheitswesen der SMAD" wurde zum Forschungsinstitut für Medizin und Biologie der Akademie der Wissenschaften u.a. auch ausgeführt, *„das Institut als Anziehungs- und Sammelpunkt für bedeutende Wissenschaftler vor allem auch aus dem Westen Deutschlands zu benutzen".*

Befehl Nr. 161
des Oberbefehlshabers der SMA in Deutschland
Berlin, den 27. Juni 1947

Betrifft:
Übergabe des medizinisch-biologischen Instituts Berlin-Buch der SMA in Deutschland an die Deutsche Akademie der Wissenschaft.

Während der Zeit des faschistischen Regimes in Deutschland wurden Biologie und Medizin in weitgehendem Maße für die Begründung falscher Rassentheorien benutzt.
Zum Zwecke der Demokratisierung der deutschen medizinischen Wissenschaft und der Beseitigung der Überreste einer falschen Rassenlehre und in Berücksichtigung des Antrages der Deutschen Akademie der Wissenschaften und der Deutschen Verwaltung für das Gesundheitswesen

befehle ich:

1. Der Deutschen Akademie der Wissenschaften ist das von der SMA in Deutschland in den Jahren 1945-46 ausgestattete und wiederhergestellte medizinisch-biologische Institut zu übergeben (Bln.-Buch).
2. Dem Präsidenten der Deutschen Akademie der Wissenschaften:
   a) unverändert das Profil und die Ausrichtung der Arbeit des medizinisch-biologischen Instituts in Berlin-Buch als eines wissenschaftlichen Forschungsinstitutes beizubehalten, dessen Aufgabe ausschließlich in der Bearbeitung von Problemen der theoretischen und klinischen Medizin besteht;
   b) die wissenschaftliche Thematik des medizinisch-biologischen Instituts mit den praktischen Aufgaben der Gesundheitsfürsorge zu verbinden, diese Thematik mit der deutschen Verwaltung für das Gesundheitswesen zu koordinieren und sie dem Leiter der Abteilung für das Gesundheitswesen der SMA in Deutschland zur Bestätigung vorzulegen.
   c) den Posten des Direktors und der Leiter des Laboratoriums mit Personen zu besetzen, welche höhere medizinische Ausbildung haben und ihre Kandidatur gemeinsam mit der deutschen Verwaltung für Gesundheitsfürsorge aufzustellen sowie die Kandidatenliste dem Leiter der Abteilung für das Gesundheitswesen der SMA in Deutschland vorzulegen;
   d) das in Betrieb befindliche Laboratorium für Biochemie und Biophysik weiter beizubehalten und in möglichst kurzer Frist, auf keinen Fall später als Dezember 1947, Versuchslaboratorien für das Studium des Krebsproblems in Gemeinschaftsarbeit mit der Klinik für die Bearbeitung der Diagnostik und Heilung der Krebskranken zu organisieren.
   e) Die Durchführung wissenschaftlicher Forschungsthemen und Arbeiten in dem Umfang und innerhalb der Frist zu sichern, welche laut Arbeitsplan für 1947 vorgesehen sind.
3. Die Kontrolle der Durchführung dieses Befehls ist dem Leiter der Abteilung für das Gesundheitswesen der SMA in Deutschland aufzutragen.

I. A.
Der Stellvertreter des Oberbefehlshabers der SMA in Deutschland. Oberleutnant M. Dratwin.

Der Chef des Stabes der SMA in Deutschland Generalleutnant G. Lukjantschenko

Für die Richtigkeit:
Chef der Abteilung I der allg. Abteilung des Stabes der SMA A. Komow

Abb. 51.
Befehl 161 der Sowjetischen Militäradministration in Deutschland (SMAD) zur Gründung des Instituts für Medizin und Biologie der Deutschen Akademie der Wissenschaften zu Berlin in Berlin-Buch.

Abb. 52.
Ernst Ruska (1906-1988),
Nobelpreisträger 1986.

Abb. 53.
Helmut Ruska (1908-1973).

Am 9. Dezember 1947 wies Oberst Sokolow, Chef der Abteilung Gesundheitswesen der Sowjetischen Militäradministration in einem Schreiben an den Akademiepräsidenten mit Verweis auf Befehl Nr. 161 die Gründung von Instituten in Buch zurück. Sokolow ordnete vielmehr die Gründung wissenschaftlicher Laboratorien oder Abteilungen an und schlug dafür vor: Biochemie, Biophysik, Krebsforschung einschließlich klinische Abteilung, Vergleichende Biologie und Pathologie (nicht Erbbiologie und Erbpathologie, wie von der Akademie vorgesehen; H. B.), Mikromorphologie, Apparatebau. Weiterhin teilte er mit, daß die Errichtung eines Instituts für Organische Chemie nicht bewilligt wird und schnellstens die Bildung einer Abteilung für Krebsforschung erfolgen solle. Diesen Weisungen der SMAD fügte sich schließlich die Akademie der Wissenschaften und informierte am 31. Dezember 1947, daß entsprechende Maßnahmen eingeleitet werden, d.h. die Gründung von Abteilungen und Arbeitsstellen im Institut. Diese Entscheidung führte aber auch dazu, daß mit Hans Nachtsheim sowie Ernst und Helmut Ruska bekannte Wissenschaftler ihre Verträge mit der Akademie kündigten.

Professor Nachtsheim protestierte sowohl bei der Akademie als auch in einem persönlichen Gespräch am 3. Februar 1948 bei Oberst Sokolow in der SMAD in Berlin-Karlshorst gegen die für Buch verfügte Regelung, jedoch ohne Erfolg. Die von ihm im Dahlemer Kaiser-Wilhelm-Institut für Anthropologie, Eugenik und Erblehre bis Kriegsende geleitete Abteilung für Experimentelle Erbpathologie war bereits 1946 von der Deutschen Akademie der Wissenschaften als Institut für Vergleichende Erbbiologie und Erbpathologie übernommen worden. Da er sich durch die von der SMAD für Buch verfügte Institutsstruktur in seiner „Selbständigkeit und Arbeitsfreiheit" beeinträchtigt fühlte, teilte er am 6. Dezember 1948 Professor Friedrich in Buch mit, sein Institut, das sich zu dieser Zeit noch in Dahlem befand, „nicht mehr als zu der Bucher Forschungsgemeinschaft gehörig zu betrachten". Diese Entscheidung führte auch zu Zerwürfnissen mit der Verwaltung der Akademie, insbesondere ihrem Direktor Dr. Joseph Naas, der Professor Nachtsheim u.a. antisowjetische Haltung vorwarf. Eine mit diesem Vorgang befaßte Kommission des Plenums der Akademie, der u.a. Walter Friedrich, Karl Friedrich Bonhoeffer und Kurt Noack angehörten, mißbilligte am 3. Februar 1949 in einer Stellungnahme das Verhalten der Akademieverwaltung. Die Absage von Professor Nachtsheim an die Akademie der Wissenschaften, die ein arger Verlust für die Entwicklung der Bucher Institute war, begründete er später auch noch mit der Situation der Genetik und dem Schicksal von Genetikern in der Sowjetunion. An Akademie-Präsident Stroux schrieb er: „*Wie Ihnen bekannt sein dürfte, hat man in Sowjetrußland aus politischen Gründen alle Genetiker beseitigt und die Genetik in Acht und Bann getan. Nach allen bisherigen Erfahrungen müssen wir damit rechnen, daß auch die deutschen Genetiker auf sowjetisch kontrolliertem deutschen Boden keine freien Forscher mehr sein können*". Leider behielt er angesichts der sich seit 1949 zunehmend auch in der DDR entwickelnden parteidoktrinären

Lyssenko-Pseudogenetik recht. Vehement protestierte Nachtsheim u.a. auch gegen die Verschleppung von Timoféeff-Ressovsky nach Rußland. Auch die Kündigung ihrer Arbeitsverträge mit der Akademie durch Ernst und Helmut Ruska war ein großer Verlust für das Bucher Institut. Ernst Ruska (Abb. 52) hatte neben seiner weiteren Tätigkeit bei der Fa. Siemens mit Datum 26. August 1947 einen Arbeitsvertrag mit der Akademie der Wissenschaften erhalten. Er bestand darauf, in Buch ein eigenes Institut zu erhalten. Dem hatten auch die Klasse und das Plenum der Akademie der Wissenschaften im Juli 1947 und ebenso die „Deutsche Verwaltung für Volksbildung in der Sowjetischen Besatzungszone" noch im April 1948 zugestimmt. Da der Befehl 161 der Sowjetischen Militäradministration jedoch die Gründung nur eines Instituts mit Orientierungen auf Probleme der theoretischen und klinischen Medizin vorsah und die sowjetischen Behörden auch strikt darauf bestanden, fühlte sich Ernst Ruska zunehmend in der Freiheit seiner Pläne zur Weiterentwicklung der Elektronenmikroskopie in Buch behindert. Aus diesem Grunde, wie auch wegen der zunehmenden politischen und wirtschaftlichen Spannungen in Berlin, teilte Ernst Ruska am 7. Dezember 1948 der Akademie sein Ausscheiden aus dem Bucher Institut mit. Am 10. Dezember 1948 kündigte auch sein jüngerer Bruder Helmut Ruska (Abb. 53) zum Jahresende 1948 seinen Einstellungsvertrag vom 6. Juni 1947 mit der Akademie.

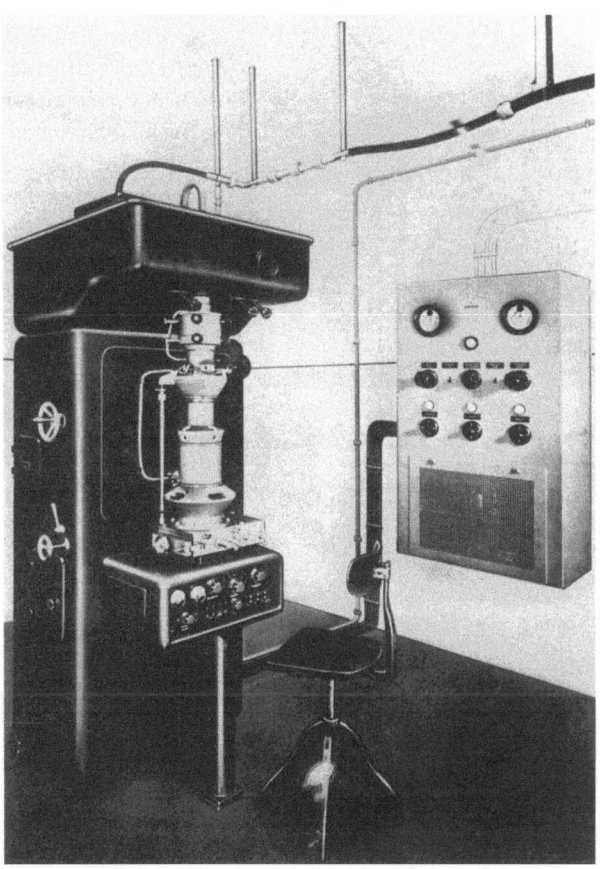

Abb. 54.
Von Ernst Ruska und Bodo v. Borries 1938 konstruiertes Siemens-Elektronenmikroskop der ersten Lieferserie, mit dem Helmut Ruska in Berlin-Buch 1947-1948 gearbeitet hat. Dieses Gerät wurde noch bis 1958 im Institut für Medizin und Biologie benutzt.

Ungeklärt und strittig war nach der Gründung des Bucher Akademieinstituts zunächst die Frage der Besetzung des Direktorpostens. Als Kandidaten wurden in der Akademie Prof. Dr. Richard Kuhn, Direktor des Kaiser-Wilhelm-Instituts für Medizinische Forschung in Heidelberg, der jedoch ablehnte, sowie Prof. Dr. Karl Lohmann und Prof. Dr. Walter Friedrich vorgesehen. Der Physikochemiker Prof. Dr. Robert Havemann, der am 5. Juli 1945 vom damaligen Berliner Stadtrat Otto Winzer als vorläufiger Vorsitzender der Kaiser-Wilhelm-Gesellschaft (KWG) in Berlin eingesetzt worden war, schlug Otto Warburg vor. Dieser Plan wurde jedoch nicht weiter verfolgt. (Robert Havemann, nach dem Krieg zunächst Leiter des Dahlemer Instituts für Physikalische Chemie der Kaiser-Wilhelm-Gesellschaft, wurde von den Kaiser-Wilhelm-Instituten in Westdeutschland und der nach dem Krieg zunächst in Göttingen ansässigen Verwaltung der KWG unter Ernst Telschow als Vorsitzender der KWG nicht anerkannt). Mit Prof. Dr. Walter Friedrich, der 1945 kriegsbedingt von der Berliner Universität nach Affinghausen in der britischen Besatzungszone Deutschlands gegangen war, wurden am 17. Juni 1947 von Akademiedirektor Dr. Joseph Naas

W. Friedrich

Abb. 55.
Walter Friedrich (1883-1968).

erste persönlich Kontakte in Affinghausen über eine Rückkehr nach Berlin an die Universität und zur Übernahme der Leitung des Instituts in Berlin-Buch aufgenommen. Da sich die Verhandlungen längere Zeit hinzogen, erklärte sich Professor Karl Lohmann bereit, zunächst die Leitung des Instituts kommissarisch für ein halbes bis ein Jahr zu übernehmen, zumal bereits in der Sitzung der medizinischen Klasse der Akademie am 13. März 1947 darüber beraten worden war. Das Plenum der Deutschen Akademie der Wissenschaften zu Berlin bestätigte sodann in seiner Sitzung am 17. Juli 1947 Professor Lohmann als kommissarischen Direktor. In einem Presseinterview, abgedruckt in der „Täglichen Rundschau" vom 9. September 1947, charakterisierte Karl Lohmann die damals schwierigen Arbeitsbedingungen u.a. so: *„Die Zeiten, da man mit dem Reagensglas wissenschaftliche Forschung betreiben kann, sind heute leider vorbei. Unsere Untersuchungsmöglichkeiten sind auch heute leider noch immer beschränkt durch die allgemeine Materialknappheit und den Mangel an Chemikalien. Wir haben uns von Anfang an bemüht, die Einengung unserer Arbeit durch Improvisation und persönliche Initiative zu beheben".* (Über Schwierigkeiten in der Zeit des Institutsaufbaus nach dem Zweiten Weltkrieg berichten auch die auf S. 223 abgebildeten Dokumente).

Am 12. November 1947 teilte Akademiepräsident Stroux in der Sitzung des Plenums mit, daß Professor Walter Friedrich nach Berlin zurückkehren wird und bereit sei, die Leitung des Bucher Instituts zu übernehmen.

Abb. 56.
Walter Friedrich (zweiter von links) mit Otto Hahn (links), Lise Meitner und Max Volmer (rechts) in Berlin anläßlich einer von der Deutschen Akademie der Wissenschaften zu Berlin 1958 veranstalteten Gedenkfeier zum 100. Geburtstag von Max Planck.

Walter Friedrich (Abb. 55, 56) war Schüler von Nobelpreisträger Wilhelm Conrad Röntgen. Er ist vor allem durch seine gemeinsam mit Paul Knipping und Nobelpreisträger Max v. Laue gemachte Entdeckung der Beugung von Röntgenstrahlen an Kristallen und die daraus abgeleitete Wellennatur der Röntgenstrahlen bekannt (Max v. Laue, Walter Friedrich u. Paul Knipping: Interferenz-Erscheinungen bei Röntgenstrahlen. Sitzungsberichte der Mathematisch-physikalischen Klasse der Königlich Bayerischen Akademie der Wissenschaften, Jahrgang 1912, S. 303-322, Heft II, München 1912). Diese Entdeckung war damit auch eine wichtige Grundlage für die Entwicklung der Röntgenkristallstrukturanalyse. 1922 gründete Walter Friedrich das erste Ordinariat und Institut für Medizinische Physik an der Berliner Friedrich-Wilhelms-Universität (weitere Angaben zur Biographie s. S. 172).

Obwohl die SMAD zunächst gewisse Bedenken gegen Walter Friedrich als Institutsdirektor hatte, da er kein Mediziner war, stimmte am 7. Januar 1948 Oberst Sokolow doch dem Ersuchen der Akademie zu, ihn als Direktor des Bucher Instituts zu bestätigen. Auf der 2. Kuratoriumssitzung des Instituts am 28. Januar 1948 wurde Professor Friedrich im Beisein von Professor Zetkin und Vertretern der SMAD (Professor Pschenitschnikow, Major Kitkow) in das Amt des Direktors eingeführt. Danach gaben, wie im Protokoll der Sitzung vermerkt, neben Möglich und Negelein auch Nachtsheim, Helmut Ruska und Ernst Ruska Arbeitsberichte.

Eine weitere vordringliche Aufgabe seit Gründung des Instituts, worauf die sowjetischen Behörden immer wieder drängten, war der Aufbau der Abteilung Krebsforschung und vor allem auch der Geschwulstklinik im Gebäude der Nervenklinik des ehemaligen Kaiser-Wilhelm-Instituts für Hirnforschung. In dieses Gebäude war nach Beendigung des Zweiten Weltkrieges die Geburtsklinik aus dem Bucher Städtischen Krankenhaus an der Wiltbergstraße verlegt worden, das von 1945 bis 1949 sowjetischen Behörden als Chirurgisches Armeelazarett Nr. 496 diente (s. S. 13). Nachdem im Dezember 1947 die Geburtsklinik in das Ludwig-Hoffmann-Hospital verlegt worden war, wurde im Februar 1948 mit dem Aufbau der Geschwulstklinik begonnen, und zwar, einem Vorschlag von Professor Lohmann vom Dezember 1947 folgend, unter der kommissarischen Leitung von Professor Maxim Zetkin, dem Vizepräsidenten der Deutschen Zentralverwaltung für Gesundheitswesen. Zu seiner Unterstützung wurde im Januar 1948 Dr. Paul Gustav Wildner eingestellt, der somit erster festbestallter Arzt der Geschwulstklinik wurde und hier bis zu seiner Emeritierung 1986 gearbeitet hat. Als stellvertretenden Leiter der Klinik schlug Zetkin Prof. Dr. Heinrich Cramer vom Institut gegen Geschwulstkrankheiten am Rudolf-Virchow-Krankenhaus Berlin vor, der am 1. August 1948 seine Tätigkeit in Buch aufnahm. Mit Abschluß der Bauarbeiten im Klinikgebäude stellte am 9. Dezember 1948 Professor Friedrich an die Akademie einen Antrag auf Ernennung von Heinrich Cramer zum Ärztlichen Direktor der Geschwulstklinik des Instituts für Medizin und Biologie, nachdem Professor Zetkin seine Funktion als kommissarischer Leiter Ende 1948 abgegeben hatte. Am 1. April 1949 wurde unter Leitung von Heinrich Cramer (Abb. 57) die Geschwulstklinik mit 55 Betten eröffnet (Abb. 58). Mit der Inbetriebnahme der Klinik wurde mit dem Aufbau einer Röntgenabteilung, einer Anästhesieabteilung, einer Beratungsstelle für Geschwulstkranke, einer Poliklinik sowie einer Abteilung für Nachsorge und Statistik begonnen.

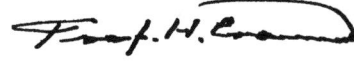

Abb. 57.
Heinrich Cramer (1890-1960), vom 1. April 1949 bis 31. Oktober 1954 Direktor der Geschwulstklinik.

Abb. 58.
Zur Eröffnung der Geschwulstklinik des Instituts für Medizin und Biologie in Berlin-Buch.

Im März 1949 gab es im Institut für Medizin und Biologie folgende Abteilungen mit den genannten Hauptaufgaben:
Biochemie: Leiter Prof. Dr. K. Lohmann mit Dr. E. Negelein als Stellvertreter. Eiweiß- und Enzymchemie.
Biophysik: Leiter Prof. Dr. W. Friedrich. Röntgenstrukturanalyse, treffertheoretische Untersuchungen an biologischen Objekten, Strahlen-Metronomie.
Genetik: Leiter Dr. H. Lüers (komm.) (s. Abb. 63). Untersuchungen an Drosophila-Mutanten, Vererbungsprobleme von Geschwülsten.
Geschwulstforschung: Leiter Prof. Dr. W. Friedrich mit Doz. Dr. A. Graffi für biologische Geschwulstforschung. Kanzerogene Substanzen und Krebsätiologie, antibiotische Stoffe.
Mikromorphologie: Leiter NN (nach dem Weggang von Dr. Helmut Ruska). Ausbau zu einer pathologischen Abteilung. Pathologische und anatomische Betreuung der Geschwulstklinik und Geschwulstforschung; Pathologie der Geschwülste.
Klinische Abteilung für Geschwulstforschung: Leiter Prof. Dr. H. Cramer. Ausbau der Behandlungsmethoden bösartiger Geschwülste.

In diesen Abteilungen und der Klinik waren zunächst 44 Mitarbeiter angestellt, darunter 10 Wissenschaftler und Ärzte sowie 34 technische Mitarbeiter.

Räumlich verbunden und verwaltungsmäßig eingegliedert waren noch die Abteilung für Festkörperforschung unter Prof. Dr. F. Möglich und das Laboratorium für Organische Chemie unter Prof. Dr. L. Reichel (s. hierzu S. 63 u. 66).

In der Folgezeit kamen weitere Wissenschaftler und Ärzte nach Buch. In der Abteilung für Geschwulstforschung hatte bereits am 1. Juni 1948 der damals schon namhafte Krebsforscher Dr. Arnold Graffi (Abb. 59; Biographie s. S. 173), der nach einem Habilitationsverfahren an der Berliner Charité auf dem Gebiet der experimentellen Pathologie (Krebsforschung) auf Veranlassung von Walter Friedrich nach Berlin-Buch gekommen war, die Leitung des Laboratoriums für biologische Krebsforschung übernommen. 1949 kam Dr. Friedrich Jung (Abb. 60; Biographie s. S. 175) aus Würzburg nach Berlin. Als Schüler des Berliner Pharmakologen Wolfgang Heubner übernahm er als dessen Nachfolger den Lehrstuhl und das Direktorat des Instituts für Pharmakologie der Humboldt-Universität Berlin und gründete im Bucher Institut für Medizin und Biologie die Abteilung für Pharmakologie und Experimentelle Pathologie. Die Physikerin Dr. Käthe Boll-Dornberger (s. Abb. 63), die während ihrer Emigration in England bei John D. Bernal gearbeitet hatte, gründete eine Arbeitsgruppe für Röntgenstrukturanalyse und der Mikrobiologe Prof. Dr. Friedrich Windisch vom Institut für Gärungstechnologie in Berlin-Wedding ein Laboratorium für Mikrobiologie in der Abteilung für Geschwulstforschung, aus dem später die Abteilung für Zellphysiologie hervorging. Dr. Walter Hebekerl übernahm die Leitung des Laboratoriums für chemische Krebsforschung.

In die Geschwulstklinik kamen zum 1. Februar 1949 der Chirurg Dr. Hans Gummel (Abb. 61, 72; Biographie s. S. 174), Schüler von Professor Karl-Heinrich Bauer aus Breslauer Zeiten als stellvertretender ärztlicher

Abb. 59.
Arnold Graffi (geb. 1910).

Direktor, später der Radiologe Dr. Hans-Jürgen Eichhorn, der Chirurg Dr. Theodor Matthes, der Internist Dr. Walter Lührs (s. Abb. 81), der Anästhesist Dr. Lothar Barth und der Gynäkologe Dr. Walter Eschbach.

Das Jahrbuch der Akademie der Wissenschaften zu Berlin 1946-1949 weist aus, daß am Ende dieser Berichtsperiode im Institut für Medizin und Biologie 145 Mitarbeiter tätig waren, und zwar 27 Wissenschaftler, 98 technische Mitarbeiter und Schwestern sowie 20 Verwaltungsangestellte. Auch in den Folgejahren entwickelte sich das Institut personell weiter. Bis 1951 hatte sich die Zahl der Mitarbeiter auf 248 erhöht (43 Wissenschaftler und Ärzte, 173 Krankenschwestern und technische Mitarbeiter, 32 Verwaltungsangestellte), 1955 auf insgesamt etwa 530 und 1957 auf etwa 730 Mitarbeiter.

Am 17. Oktober 1949 hatte der Direktor der Deutschen Akademie der Wissenschaften zu Berlin an die Abteilung Volksbildung der Sowjetischen Militäradministration einen Antrag auf Genehmigung zur Rückführung von Gerätschaften und Buchbeständen von Professor Walter Friedrich aus Affinghausen bei Bremen nach Berlin-Buch gestellt. Nach dort waren während der letzten Monate des Zweiten Weltkrieges aus dem Friedrichschen Institut für Strahlenforschung der Berliner Universität u.a. Radiumpräparate, Röntgenapparate und Quarzmonochromatoren verlagert worden. Die Akademie bot dafür im Austausch *„Sammlungen von 10 000 makroskopischen Präparaten und ca. 100 000 mikroskopischen Hirnschnitten von Geisteskranken, Hirntumorkranken und Hirnverletzten"* aus dem Kaiser-Wilhelm-Institut für Hirnforschung in Buch an, die zum großen Teil in der Friedhofskapelle (s. Abb. 5) lagerten. Vermerkt wurde, daß sich die *„Krankengeschichten hierzu in den Händen der jetzigen Interessenten befinden, die in Westdeutschland arbeiten"* (gemeint waren Professor Spatz und Professor Hallervorden im Institut für Hirnforschung in Gießen; d. A.). Verhandlungen dazu wurden auch mit dem Kultusminister von Niedersachsen in Hannover geführt, der der Rückgabe der von Walter Friedrich gewünschten Materialien, Geräte und Bücher auf dem Wege einer Kompensation zustimmte. Nachdem von den sowjetischen Behörden die Bereitschaft kundgetan worden war, stimmte auf ein entsprechendes Schreiben der Akademie vom 17. November 1949 am 25. November 1949 auch der Ministerpräsident der DDR, Otto Grotewohl, zu. Professor Friedrich bekümmerte sich sodann persönlich um die Rückführungen. Die Hirnpräparate wurden zunächst nach Göttingen überführt; über das weitere Schicksal s. S. 48.

Abb. 60.
Friedrich Jung (1915-1997).

Ende 1949 hatte das Institut für Medizin und Biologie folgende Struktur:
Direktor: Prof. Dr. W. Friedrich, Stellv. Direktor: Prof. Dr. K. Lohmann
1. Abteilung *Biochemie,* Leiter Prof. Dr. K. Lohmann, Stellvertreter Dr. E. Negelein
2. Abteilung *Biophysik,* Leiter Prof. Dr. W. Friedrich

Abb. 61.
Hans Gummel (1908-1973).

Abb. 62.
Laborgebäude des Akademieinstituts für Medizin und Biologie etwa 1965, ehemals Kaiser-Wilhelm-Institut für Hirnforschung (s. Abb. 11; seit 1992 Oskar- und Cécile-Vogt-Haus). Oben: Ansicht von Südost mit Hörsaal und ehemaligem Affenstall (links); unten: Ansicht von Südwest mit genetischem Vivarium (Anbau bis zur 2. Etage mit „Gewächshäusern").

3. Abteilung *Genetik*, Komm. Leiter Prof. Dr. W. Friedrich, Stellvertreter Prof. Dr. H. Lüers, der bereits in der Abteilung Genetik des Kaiser-Wilhelm-Instituts für Hirnforschung bei Timoféeff-Ressovsky gearbeitet hatte

4. Abteilung *Pharmakologie und experimentelle Pathologie*, Leiter Prof. Dr. F. Jung

5. Abteilung *Geschwulstforschung*, Leiter Prof. Dr. W. Friedrich
mit
Laboratorium für *biologische Geschwulstforschung*, Leiter Doz. Dr. A. Graffi
Laboratorium für *chemische Geschwulstforschung*, Leiter Dr. W. Hebekerl
Laboratorium für *Mikrobiologie*, Leiter Prof. Dr. F. Windisch

6. Abteilung *Geschwulstklinik*, Ärztlicher Direktor Prof. Dr. H. Cramer (Radiologe), Stellvertreter Dr. H. Gummel (Chirurg) mit Poliklinik und gynäkologischer Abteilung, Leiter Dr. Th. Matthes (Chirurg)

7. Abteilung *Gerätebau und zentrale Anlagen*, Komm. Leiter Prof. Dr. W. Friedrich.

Im Dezember 1949 hatte die Sowjetische Kontrollkommission in Deutschland Professor Walter Friedrich die Erlaubnis zur Errichtung einer Hochspannungsanlage gegeben, womit Voraussetzungen für Arbeiten auf dem Gebiet der Strahlenbiologie und Strahlentherapie mit Radioisotopen und Neutronen geschaffen werden sollten. Für diesen Zweck wurde im Zeitraum 1952-1959 das von dem Architekten Georg Müller vom Entwurfsbüro für Bauvorhaben der Akademie der Wissenschaften projektierte sog. Neutronenhaus gebaut (Abb. 69), dessen Laborteile (Ost- und Westflügel) 1954/55 fertiggestellt wurden. Die Inbetriebnahme der Hochspannungsanlage (Abb. 70) für strahlenbiologische Arbeiten und therapeutische Anwendungen in der großen Halle im Südteil des Gebäudes, die im Mai 2000 abgerissen wurde, erfolgte 1960. Als Aufstellungsort für diese Anlage war ursprünglich die auf dem Gelände befindliche Friedhofskapelle (s. Abb. 5) vorgesehen. Da bei dem Versuch, die Kapelle in den Bau des Neutronenhauses einzubeziehen, Schwierigkeiten an den Isolationsstrecken auftraten, wurde sie am 7. September 1951 gesprengt und an dieser Stelle das Neutronenhaus, 1992 Walter-Friedrich-Haus benannt, gebaut. Anstelle des abgerissenen südlichen Gebäudeteils des Neutronenhauses wurde 2000/2001 das Kommunikationszentrum errichtet (Abb. 114).

Im Mai 1953 wurden die Laboratorien in der Abteilung Geschwulstforschung in den Status von Abteilungen für Biologische Krebsforschung unter Prof. Dr. A. Graffi, Chemische Krebsforschung unter Dr. W. Hebekerl, anschließend Dipl. Chem. H. Bothe, und Mikrobiologie unter Prof. Dr. F. Windisch überführt. Nach dem Weggang des Genetikers Prof. Dr. H. Lüers zum 31. Dezember 1953 übernahm zunächst sein Mitarbeiter Dr. Heinrich Hertweck bis 1960, danach bis 1965 der Graffi-Schüler Dr. Erhard Geißler die Leitung der Abteilung Genetik.

Nach dem Ausscheiden von Prof. Dr. H. Cramer 1954 wurde Prof. Dr. H. Gummel als Ärztlicher Direktor und Leiter der Geschwulstklinik berufen.

Abb. 63.
Dienstbesprechung bei Prof. Dr. W. Friedrich 1953 in seinem Dienstzimmer im jetzigen Oskar- und Cécile-Vogt-Haus. Von links nach rechts, stehend: H. Lüers, H. Gummel, W. Friedrich, A. Graffi; sitzend: W. Lührs, K. Lohmann, W. Kölle, K. Boll-Dornberger, E. Negelein.

Das Klinikgebäude (Abb. 71) war inzwischen durch einen Operationssaal (Abb. 72) mit Anästhesieabteilung unter Dr. Lothar Barth, Bettenstationen (Klinik B und C 1951 bzw. 1955; Abb. 73) und Labors (Abb. 75) erweitert und die Bettenzahl von 55 im Jahr 1949 auf 110 im Jahr 1955 erhöht worden. Vom 1. April 1949 bis 30. Juni 1955 wurden etwa 4350 stationäre Behandlungen durchgeführt, wobei Magen-, Lungen- und Mamma-Karzinome Schwerpunkte waren. 1956 wurde in der Klinik die Abteilung Nuklearmedizin und 1957 die Abteilung Strahlenbiologie gebildet, ebenfalls 1957 das erste Co^{60}-Bestrahlungsgerät installiert und 1959 das sog. Röntgenhaus (Abb. 76) fertiggestellt.

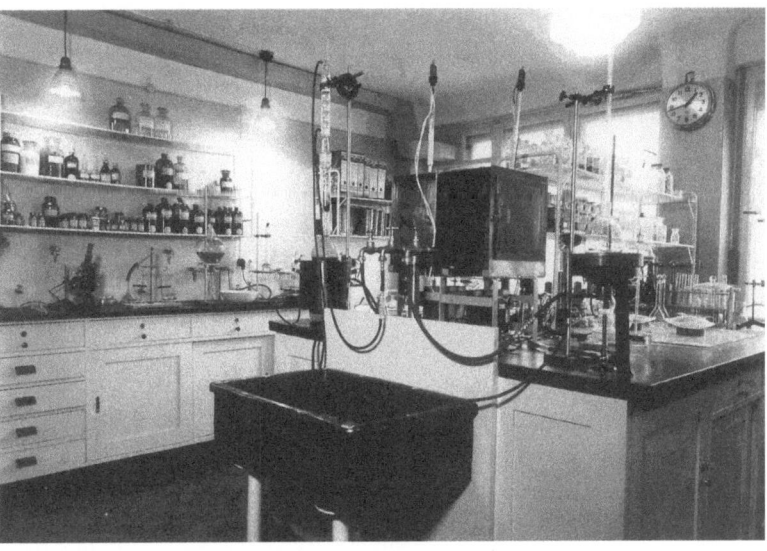

Abb. 64.
Chemisches Laboratorium im Institut für Medizin und Biologie, etwa 1956.

1955 hatte das Institut für Medizin und Biologie eine Größe erreicht, die, wie in dem entsprechenden Akademiedokument ausgeführt wurde, eine Neuordnung erforderte. Am 26. Mai 1955 erließ das Präsidium der Akademie der Wissenschaften eine „Ordnung der Aufgaben und der Arbeitsweise des Instituts für Medizin und Biologie", nach der die Abteilungen den Status von Bereichen mit eigenen Verantwortlichkeiten in wissenschaftlicher, personeller und finanzieller Hinsicht erhielten. Folgende Bereiche wurden gegründet:

Abb. 65.
Labor für Stoffwechselmessungen mittels Warburg-Mannometrie, etwa 1958.

1. *Biochemie* unter Prof. Dr. Karl Lohmann mit den Abteilungen Biochemie, Angewandte Isotopenforschung, dem vorher von Walter Friedrich gegründeten Botanischen Laboratorium mit Dr. Heinz Karl Parchwitz und Dr. Erhard Bender zur Bearbeitung von Problemen pflanzlicher Tumoren (dieses Labor wurde 1958 in den Bereich Physik überführt) und einem Geschwulstlabor unter Dr. Ferdinand Schmidt (vordem in der Klinik, wissenschaftlich der Abteilung Krebsforschung von Professor Arnold Graffi angeschlossen; 1961 in das Institut für Ernährung in Potsdam-Rehbrücke verlagert, in dem Prof. Dr. Karl Lohmann die Funktion eines Institutspräsidenten wahrnahm)

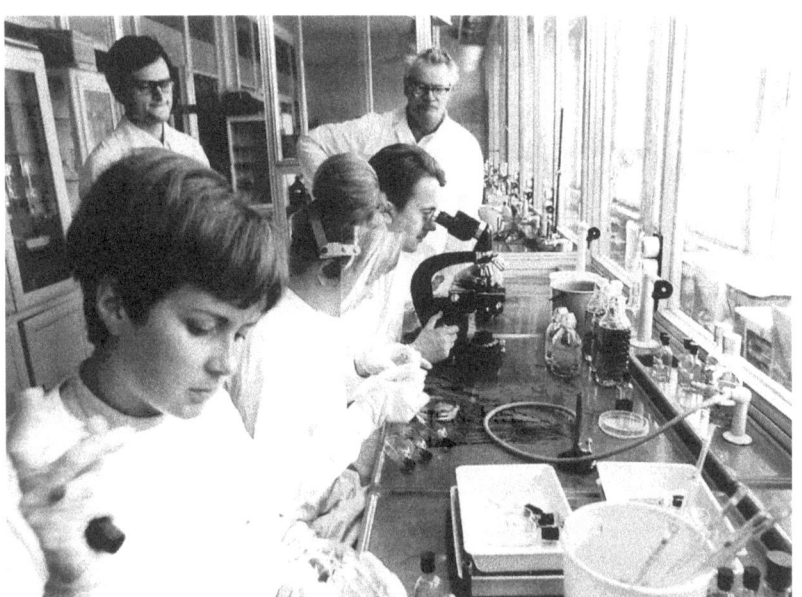

Abb. 66.
Zellzuchtlabor in der Abteilung Virologie des Instituts für Krebsforschung, etwa 1965.

2. *Biologie* unter Prof. Dr. Arnold Graffi mit den Abteilungen Biologische Krebsforschung, Chemische Krebsforschung und Genetik
3. *Physik* unter Prof. Dr. Walter Friedrich mit den Abteilungen Biophysik und Physik
4. *Pharmakologie* unter Prof. Dr. Friedrich Jung mit den Abteilungen Pharmakologie, Mikrobiologie und Elektronenmikroskopie (deren

Leitung 1956 der Mikrobiologe Dr. Kurt Zapf aus Jena übernahm).
Die Abteilung Mikrobiologie wurde später unter Leitung von Prof.
Dr. Friedrich Windisch als eigener Bereich aus dem Bereich Pharmakologie ausgegliedert

5. *Klinische Medizin* unter Prof. Dr. Hans Gummel, u. a. mit den Abteilungen Innere Medizin unter Dr. Walter Lührs (s. Abb. 63), Gynäkologie unter Dr. Walter Eschbach, Anästhesie unter Dr. Lothar Barth, anschließend Dr. Manfred Meyer, der Strahlenabteilung unter Dr. Hans-Jürgen Eichhorn sowie der Abteilung für Statistik und Nachsorge unter Dr. Gustav Wildner.

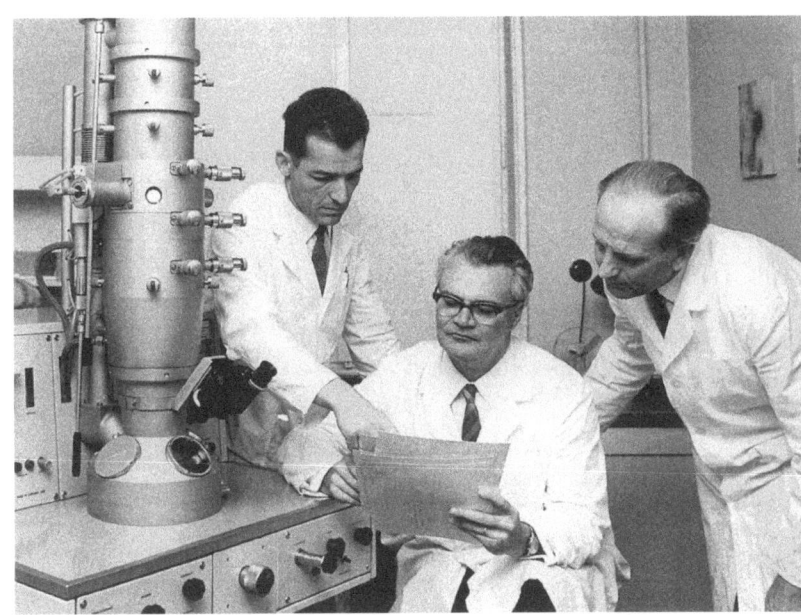

Abb. 67.
Elektronenmikroskopisches Labor im Institut für Krebsforschung 1967. Von links nach rechts: Dr. D. Bierwolf, Professor A. Graffi, Dr. F. Fey.

Für die technische Versorgung und Organisation gab es einen Bereich „Zentrale Anlagen und Verwaltung" (ZAV), später in „Zentrale Verwaltung und Versorgung", 1969 in „Ökonomie und technische Versorgung" und 1972 mit der Bildung der Zentralinstitute schließlich in „Verwaltung und Dienstleistungseinrichtungen" (VDE) umbenannt.

Für Arbeiten mit radioaktiven Isotopen wurde nach Anweisung durch das Präsidium der Akademie vom 9. Juni 1955 der Bereich Angewandte Isotopenforschung gegründet und im Westflügel des Neutronenhauses angesiedelt. Der Bereich wurde zunächst von dem Otto Hahn-Schüler Prof. Dr. Hans Joachim Born geleitet, der bereits bis 1945 im Kaiser-Wilhelm-Institut für Hirnforschung in der Abteilung Genetik bei Timoféeff-Ressovsky gearbeitet hatte (s. S. 58). Nach dem Weggang von Professor Born an die Technische Universität München im Oktober 1957 übernahm Dr. Günter Vormum die Leitung des Bereichs. Über weitere Entwicklungen s. S. 90.

Abb. 68.
Im alten Tierstall (ehemaliger Timoféeffscher Röntgenpavillon am Verbindungsgang zwischen Institut und Klinik; s. Abb 10) des Instituts für Medizin und Biologie, 1954.

Abb. 69.
Neutronenhaus, errichtet 1952-1954/60, 1992 nach Walter Friedrich benannt. Aufnahme 1995.

Abb. 70.
Hochvoltanlage (1,5-MV-Gleichspannungsanlage) in der großen Halle des Neutronenhauses (s. Abb. 69) zur Erzeugung von beta- und harter gamma-Strahlung sowie zur Herstellung von Isotopen mit kurzer Halbwertszeit und Neutronen. Aus M. Biener: Exptl. Technik der Physik, XII, 218 (1964). Die Halle wurde im Frühjahr 2000 abgerissen und an dieser Stelle 2000/2001 das Kommunikationszentrum (s. Abb. 114) erbaut. Vergl. mit Abb. 42.

Am 8. Juli 1954 hatte zur weiteren Entwicklung des Gesundheitsschutzes der Ministerrat der DDR die Schaffung eines Instituts für Herz-Kreislaufforschung beschlossen. Dafür war zunächst die Gründung einer Arbeitsstelle für Kreislaufforschung vorgesehen, bestehend aus einer Arbeitsgruppe für Biochemie unter Leitung von Prof. Dr. Albert Wollenberger (Abb. 77; Biographie s. S. 185) und einer Arbeitsgruppe für Experimentelle Herz- und Gefäßchirurgie. In der Sitzung der medizinischen Klasse der Akademie am 24. Februar 1955 beantragte Professor Friedrich Jung die Ansiedlung der Arbeitsgruppe für Biochemie unter Albert Wollenberger in Berlin-Buch. Sowohl in dieser als auch in der folgenden Sitzung am 10. März 1955 lehnte die Klasse diesen Antrag ab, und zwar im wesentlichen auf Grund des Widerstandes des Sekretars der Klasse, Karl Lohmann, der seine ablehnende Haltung laut Protokoll mit unzureichenden Raummöglichkeiten in Buch begründete. Nach Intervention des Ministeriums für Gesundheitswesen setzte jedoch das Präsidium der Akademie mit Beschluß vom 1. Dezember 1955 gegen die Stimmen von Walter Friedrich und Karl Lohmann die Gründung der Arbeitsgruppe für Biochemie in Buch durch. Am 1. April 1956 nahm sodann die Gruppe Wollenberger ihre Arbeit in Buch auf, und zwar vorerst in Räumen des Instituts für Medizin und Biologie und in Kellerräumen der Geschwulstklinik. Die Arbeitsgruppe für Herz- und Gefäßchirurgie unter Prof. Dr. Petros Kokkalis (1896-1962) wurde im Krankenhaus Friedrichshain angesiedelt. Nach dem Tod von Professor Kokkalis am 15. Januar 1962 wurde diese Arbeitsgruppe zunächst von Prof. Dr. H. J. Serffling (Charité) geleitet, später aber aus der Akademie ausgegliedert und an die Charité überführt, wo durch den Internisten Prof. Dr. Harald Dutz ein Herz-Kreislaufzentrum aufgebaut wurde.

Nach der Fertigstellung (Grundsteinlegung am 20. April 1963) des Laborgebäudes für die Kreislaufforschung 1965 (Abb. 78) wurde die Arbeitsgruppe von Professor Wollenberger am 1. Februar 1965 in den Status des Instituts für Kreislaufforschung überführt.

1958 gab es in der Folge dieser Entwicklungen seit 1955 im Institut für Medizin und Biologie die in Abb. 79 dargestellten Bereiche.

Mit der bereits zitierten Anordnung der Akademie vom 26. Mai 1955 trat auch eine neue Geschäftsordnung in Kraft. Anstelle des Kuratoriums des Instituts wurde ein Wissenschaftlicher Rat gebildet. Die Koordinierung der wissenschaftlichen Tätigkeiten sowie die Vertretung und Verwaltung des Instituts oblag nunmehr zwei Gremien, nämlich dem Direktorium und dem Wissenschaftlichen Rat.

Dem Direktorium (Abb. 80) gehörten alle Direktoren, der Vertreter der Belegschaft, der Vorsitzende der Betriebsgewerkschaftsleitung und der Leiter der Personalabteilung an. Den Vorsitz im Direktorium führte der „Erste Direktor am Institut", der jeweils für zwei Jahre vom Direktorium gewählt wurde. Die Wahl bedurfte der Bestätigung durch den Präsidenten der Deutschen Akademie der Wissenschaften bzw. des Vorstandes der Forschungsgemeinschaft (Vereinigung der naturwissenschaftlichen und medizinischen Institute der Akademie). Für die erste Wahlperiode (1955/56) wurde nach zwei Sitzungen am 3. und 7. Juni 1955 Professor Lohmann als 1. Direktor gewählt, als Stellvertreter Professor Hans Gummel und der Physiker Dr. Herbert Pupke. Professor Walter Friedrich übernahm auf Vorschlag des Präsidiums der Akademie die Funktion eines Präsidenten des Bucher Instituts. Für die zweite Periode (1957/58) wurde am 5. Juni 1957 Professor Arnold Graffi als Direktor gewählt.

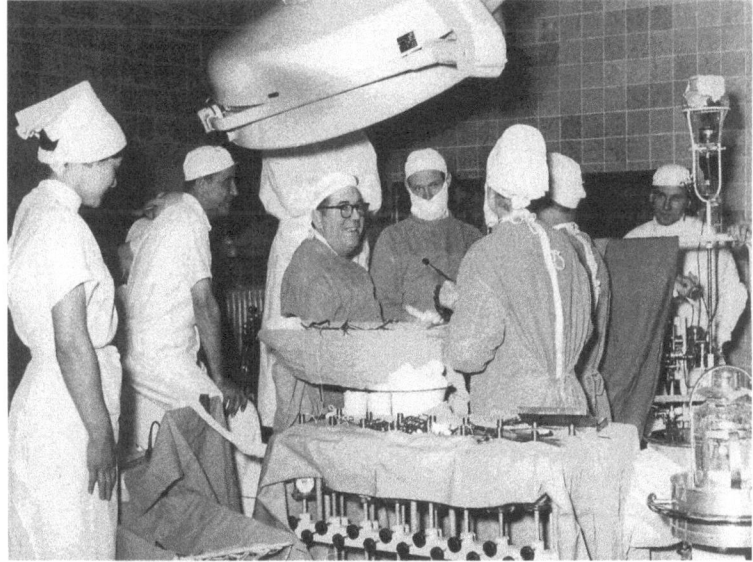

Abb. 71.
Robert-Rössle-Klinik etwa 1960 mit Senecas Leitspruch „Homo homonis res sacra".

Abb. 72.
Operationssaal der Robert-Rössle-Klinik 1960. In Bildmitte Prof. Dr. H. Gummel (links) und Dr. G. Marx (rechts).

Der Wissenschaftliche Rat (Abb. 81) hatte die Aufgabe, *„die wissenschaftliche Zusammenarbeit der Arbeitsbereiche sicherzustellen, For-*

schungspläne der Bereiche und grundsätzliche Maßnahmen zu deren Durchführung zu koordinieren, Berichte über Forschungsergebnisse entgegenzunehmen und wissenschaftliche Kolloquien durchzuführen". Der Rat setzte sich aus den Direktoren der Bereiche sowie Ordentlichen und Korrespondierenden Mitgliedern der Deutschen Akademie der Wissenschaften zu Berlin zusammen; die Mitglieder wurden vom Präsidium der Akademie berufen. Den Vorsitz im Wissenschaftlichen Rat führte als Ordentliches Mitglied der Deutschen Akademie der Wissenschaften zu Berlin Walter Friedrich. 1955 wurden folgende Akademiemitglieder in den Wissenschaftlichen Rat berufen: Theodor Brugsch (Berlin, Internist), Johannes Dobberstein (Berlin, Veterinärpathologe), Walter Friedrich (Berlin, Biophysiker), Herwig Hamperl (Bonn, Humanpathologe), Hans Knöll (Jena, Mikrobiologe), Karl Lohmann, zugleich 1. Direktor am Institut (Berlin, Biochemiker), Kurt Noack (Berlin, Pflanzenbiochemiker), Robert Rompe (Berlin, Physiker), Robert Rössle (Berlin, Humanpathologe), Robert Schröder (Leipzig, Gynäkologe), Otto-Heinrich Warburg (Berlin, Biochemiker). Weiter gehörten ihm die Leiter am Institut Arnold Graffi (Pathologe), Hans Gummel (Chirurg), Heinrich Hertweck (Genetiker), Friedrich Jung (Pharmakologe), Walther Lührs (Internist), Erwin Negelein (Biochemiker), Herbert Pupke (Physiker) und Friedrich Windisch (Mikrobiologe) an.

Abb. 73.
Gebäude B (oben; fertiggestellt 1951) und Gebäude C (links; fertiggestellt 1956) der Robert-Rössle-Klinik.

Abb.74.
Patientenüberwachungsanlage der Intensivtherapiestation in der Robert-Rössle-Klinik, etwa 1970.

1958 trat Professor Walter Friedrich in den Ruhestand. Auf Beschluß des Präsidiums der Akademie der Wissenschaften zu Berlin wurde für ihn „mit Rücksicht auf seine Verdienste und Person" eine Sonderregelung getroffen: er wurde für die Dauer von zwei Jahren als Nachfolger von Professor Graffi zum „Ersten Direktor" des Instituts für Medizin und Biologie berufen. Ihm folgten mit der Bildung der Institute (s. S. 85) als „Vorsitzende des Rates der Direktoren" 1961 Professor Jung,

1963 Professor Wollenberger und 1965 Professor Baumann. Walter Friedrich führte die Bezeichnung „Präsident des Medizinisch-Biologischen Forschungszentrums Berlin-Buch".

Mit Wirkung vom 1. Oktober 1958 wurde das am 1. Dezember 1957 von Prof. Dr. Rudolf Baumann (Abb. 83) gegründete „Institut für Kortiko-Viscerale Pathologie und Therapie" aus dem Geschäftsbereich des Städtischen Krankenhauses Berlin-Buch an der Wiltbergstraße ausgegliedert und von der Deutschen Akademie der Wissenschaften zu Berlin übernommen. 1972 wurde dieses Institut zusammen mit dem Institut für Kreislaufforschung zum Zentralinstitut für Herz-Kreislaufforschung vereinigt. Professor Baumann hatte mit Bezug auf die von Iwan Petrowitsch Pawlow (1849-1936; Nobelpreis 1904) entwickelte Lehre der höheren Nerventätigkeit, die in den 50er Jahren zunehmend Einfluß auf verschiedene Bereiche der medizinisch-biologischen Forschung in der DDR erlangte, in der von ihm geleiteten Inneren Klinik im Städtischen Krankenhaus in Berlin-Buch 1955 eine „Klinische Forschungsabteilung für Schlaftherapie" eingerichtet, und zwar mit dem Ziel, daß „auf diesem Wege fehlgesteuerte regulative Leistungen der Organsysteme normalisiert werden können". Am 15. März 1956 wurde diese Einrichtung durch Feuer völlig zerstört. Mit dem Neubau Haus 134 im Städtischen Krankenhaus des Klinikums Berlin-Buch an der Wiltbergstraße (ab 1992 Franz-Volhard-Klinik) erhielt sie 1957 ein neues Gebäude (Abb. 84, 85) und den Status „Institut für Kortiko-Viscerale Pathologie und Therapie". Anfang der 60er Jahre unterhielt das Institut in der Abteilung Klinische und Experimentelle Pathophysiologie und Therapie 30 institutseigene Betten und 180 weitere Betten im Vertrag mit der I. Medizinischen Klinik des Bucher Städtischen Krankenhauses. Daneben gab

Abb. 75.
Histologischer Labor in der Robert-Rössle-Klinik, etwa 1960.

Abb. 76.
„Röntgenhaus" der Geschwulstklinik, fertiggestellt 1959.

Abb. 77.
Albert Wollenberger (1912-2000).

es im Institut die Abteilungen für Physiologie, für Biochemie und für Pharmakodynamik. Zu dieser Zeit waren im klinischen Bereich und den experimentellen Abteilungen etwa 160 Mitarbeiter tätig, davon ca. 60 Ärzte und Wissenschaftler. Schwerpunkte der klinischen und experimentellen Forschungen waren Arbeiten über zentralnervöse Regulationsmechanismen bei kardio-vaskulären und neuro-endokrinen Erkrankungen sowie über die Biochemie und Pharmakodynamik von Aktivitäten des ZNS. 1961 erhielt das Institut ein Tierstallgebäude, insbesondere für Arbeiten mit Primaten, heute Franz-Gross-Haus (Abb. 86). Von 1981 bis 1982 wurde das Gebäude des Bereichs Herzinfarktforschung und Kardiologische Intensivmedizin der Klinik des Zentralinstituts für Herz-Kreislaufforschung errichtet (Abb. 87)

1958 siedelte Prof. Dr. Kurt Repke (1919-2001; s. Abb. 88) vom Institut für Pharmakologie der Universität Greifswald in den Lohmannschen Bereich für Biochemie in Berlin-Buch über und gründete die Abteilung für Steroidchemie. Im gleichen Jahr kam der 1935 emigrierte Physiker Prof. Dr. Dr. Fritz Lange (1900-1987) aus der Sowjetunion in die DDR und übernahm im Bucher Institut für Medizin und Biologie die Leitung des Bereichs Physik. Fritz Lange entwickelte u.a. Isotopentrennverfahren mittels Zirkulationszentrifugation und Zirkulationsdiffusion, die vor allem zur Trennung von Wasserstoffisotopen geeignet sind.

Zum 1. Mai 1960 erhielt die Geschwulstklinik des Instituts für Medizin und Biologie gemäß Beschluß K/38/9 der Akademie den Namen „Robert-Rössle-Klinik", womit die Verdienste des Berliner Pathologen Professor Rössle für die Geschwulstforschung, die Gründung des Bucher Instituts 1947 und seine Mitarbeit im Wissenschaftlichen Rat des Instituts gewürdigt wurden.

1961 wurde nach dem Institut für Kortiko-Viscerale Pathologie und Therapie eine weitere Einrichtung des Städtischen Krankenhauses in den Verbund der Bucher medizinisch-biologischen Institute der Akademie der Wissenschaften eingegliedert. Am 1. August 1958 hatte der von der Universität Rostock berufene Pädiater Prof. Dr. Hans Wolfgang Ocklitz (1921-1999) die Leitung der I. Kinderklinik im Städtischen Krankenhaus an der Wiltbergstraße übernommen und eine Arbeitsstelle für „Infektionskrankheiten im Kindesalter" gegründet. Diese For-

Abb. 78.
Gebäude des Instituts für Kreislaufforschung, fertiggestellt 1965; ab 2000 Gebäude der „RCC Gen bio tec GmbH".

schungsstelle wurde 1961 in den Verband der Bucher Akademieinstitute für Medizin und Biologie eingegliedert, mit der Gründung der Forschungsbereiche der Akademie allerdings 1968 als Akademieeinrichtung aufgelöst.

1961 wurden die bisherigen Arbeitsbereiche des Instituts für Medizin und Biologie „mit Rücksicht auf den erreichten Entwicklungsstand", der „eine qualitative Veränderung nach sich ziehen sollte" (Zitierungen aus dem Akademiedokument hierzu), in den Rang von Instituten erhoben. In dem entsprechenden Beschluß Nr. K. 53/11 der Akademie über die Bildung des Medizinisch-Biologischen Forschungszentrums der Deutschen Akademie der Wissenschaften in Berlin-Buch vom 6. Juli 1961 hieß es:

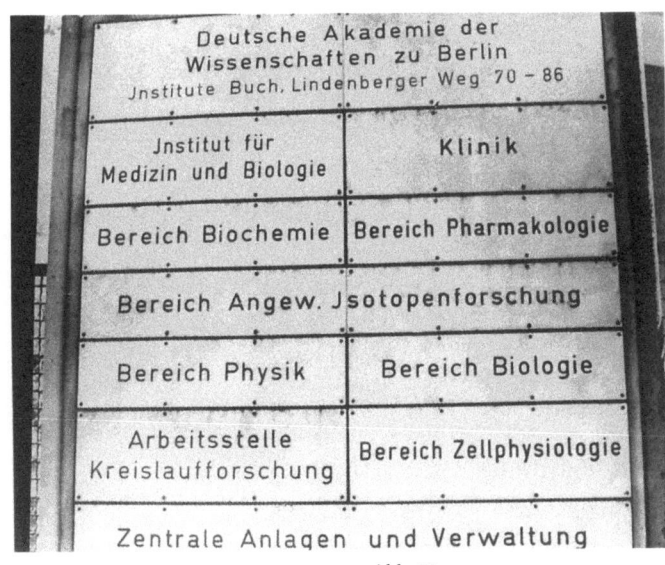

Abb. 79.
Übersicht über die Bereiche des Instituts für Medizin und Biologie 1958 auf einer Tafel am Institutseingang Lindenberger Weg.

„Gemäß § 1 der Geschäftsordnung der Forschungsgemeinschaft der DAW wird beschlossen:
Aus den bisherigen Arbeitsbereichen des Instituts für Medizin und Biologie werden mit Wirkung vom 1. Oktober 1961 folgende Institute gebildet:
Institut für Biochemie: Direktor Prof. Dr. Karl Lohmann
Institut für Biophysik: Direktor Prof. Dr. Fritz Lange
Institut für angewandte Isotopenforschung: Direktor Dr. Günther Vormum
Institut für experimentelle Krebsforschung (einschließlich Abteilung Genetik): Direktor Prof. Dr. Arnold Graffi
Institut für Pharmakologie: Direktor Prof. Dr. Friedrich Jung
Institut für Zellphysiologie: Direktor Prof. Dr. Erwin Negelein (als Nachfolger von Prof. Dr. Friedrich Windisch nach dessen Tod 1961)
Robert-Rössle-Klinik: Direktor Prof. Dr. Hans Gummel.
Die aus den Arbeitsbereichen des Instituts für Medizin und Biologie hervorgegangenen neuen Institute bilden gemeinsam mit dem Institut für Kortiko-Viscerale Pathologie und Therapie, der Arbeitsstelle für Kreislaufforschung und der Arbeitsstelle für Infektionskrankheiten im Kindesalter das Medizinisch-Biologische Forschungszentrum der DAW, das unter W. Friedrich als Präsidenten die Bezeichnung „Institute für Medizin und Biologie in Berlin-Buch" führt".

Abb. 80.
Sitzung des Direktoriums 1957 unter Walter Friedrich im Konferenzzimmer des Neutronenhauses (Walter-Friedrich-Haus). Von links nach rechts: E. Negelein, A. Wollenberger, H. Gummel, A. Graffi, W. Friedrich, K. Lohmann, F. Jung.

Diese Anweisung enthielt auch die Festlegung, daß *„mit dieser Weiterentwicklung keine Erweiterung der Verwaltung, weder personell noch finanziell, eintreten darf".*

Am 13. Oktober 1961 konstituierte sich der Rat der Direktoren der Institute und wählte Prof. Dr. Friedrich Jung als „Geschäftsführenden Direktor". Der frühere wissenschaftliche Rat mit auswärtigen Mitgliedern (s. S. 82) wurde aufgelöst.

Am 1. Oktober 1964 wurden das Institut für Experimentelle Krebsforschung und die Robert-Rössle-Klinik zum Institut für Krebsforschung vereinigt, um, wie es in der Begründung hierzu hieß, *„dem komplexen Charakter der Krebsforschung als einer Hauptrichtung des Forschungszentrums Buch wirkungsvoller gerecht zu werden".* Damit wurde auch Bestrebungen entgegengewirkt, die Klinik aus dem Verbund der Akademieinrichtungen herauszulösen, um sie dem Klinikum Buch oder einer von einigen Seiten gewünschten „Medizinischen Akademie" dem Ministerium für Gesundheitswesen zuzuordnen. Die experimentelle Krebsforschung und die Geschwulstklinik gehörten zu den profilbestimmenden und erfolgreichen wissenschaftlichen Bucher Einrichtungen. Dies wurde u.a. auch von Professor Karl Heinrich Bauer (Heidelberg) bereits 1959 eingeräumt, indem er die Krebsforschung in Berlin-Buch als wegweisend für die Gründung des Deutschen Krebsforschungszentrums (DKFZ) in Heidelberg herausstellte. In der Festschrift zur Einweihung der Betriebsstufe des DKFZ am 25. Oktober 1972 führte er aus einer Denkschrift vom 17. Dezember 1959 zur Gründung des DKFZ u.a. aus, *„daß die DDR unter Leitung des Krebsklinikers Prof. Gummel und des Virologen Prof. Graffi in Berlin-Buch schon längst ein Krebsforschungszentrum und eine Geschwulstklinik mit 200 Betten in Betrieb genommen hatte. Das Gesamtinstitut verfügte damals bereits in seinen acht Bereichen über 133 Wissenschaftler".* Und weiter: *„Die Denkschrift wirkte auch insofern stimulierend, als sie zugleich über die in der DDR*

Abb. 81.
Sitzung des Wissenschaftlichen Rates am 12. April 1957 im Konferenzzimmer des Neutronenhauses (Walter-Friedrich-Haus). Von links nach rechts: W. Lührs, H. Gummel, O. Warburg, K. Noack, K. Lohmann, W. Friedrich, Th. Brugsch, F. Jung, H. Pupke.

Abb. 82.
Demonstration von Mitarbeitern des Bucher Akademieinstituts für Medizin und Biologie am 1. Mai 1958 (s. hierzu auch Abb. 30).

seit dem 24. Juli 1952 bestehende gesetzliche Meldepflicht für die Geschwulstkrankheiten, deren Überwachung in 165 Betreuungsstellen sowie über das im DDR-Ministerium für Gesundheitswesen bestehende Sonderreferat „Krebsbekämpfung" berichtete, über Fakten also, die einen Vorsprung der DDR auf dem Krebssektor bewiesen..." (s. hierzu auch aus der Trauerrede von K. H. Bauer für H. Gummel 1973, S. 224).

1964 beendeten altersbedingt die Professoren Fritz Lange, Karl Lohmann und Erwin Negelein ihre Tätigkeiten als Institutsdirektoren. Als Nachfolger wurden Prof. Dr. Karl Heinz Lohs aus Leipzig (Biophysik), Prof. Dr. Kurt Repke (Biochemie) und Prof. Dr. Heinz Bielka (Zellphysiologie) berufen (Abb. 88). Professor Walter Friedrich schied altersbedingt mit Wirkung vom 31. März 1965 auch aus seiner Funktion als Präsident des Medizinisch-Biologischen Forschungszentrums Berlin-Buch aus; er starb 1968 im Alter von 85 Jahren. Professor Lohmann starb 1978 im Alter von 80 Jahren, Professor Negelein 1979 im 82. Lebensjahr.

In den 50er und 60er Jahren wurden die Einrichtungen der Bucher Institute baulich wesentlich erweitert. So wurde die Klinik in mehreren Stufen ausgebaut: Klinikteil B 1950-1951, Klinikteil C (Abb. 73) mit Wirtschaftsgebäude mit Küche und Wäscherei 1954-1956, das Röntgenhaus (Abb. 76) 1958-1959 und ein neues Operationsgebäude mit „Wachstation" 1967-1968 (Abb. 74). Weiterhin entstanden das Neutronenhaus (Abb. 69) 1952-1954, der Tierstall „Warmtierhaus" (Abb. 89) 1954-1955, der „Pavillon" für Virologie und Gewebezüchtung (Abb. 90) (erste Baustufe 1962, zweite Baustufe 1981; beide Teile im November/Dezember 2000 abgerissen), das Laborgebäude des Instituts für Kreislaufforschung (Abb. 78) 1964-1965 und das „Rechenzentrum" (Abb. 91, 92; ab 1994 Bibliothek, N. W. Timoféeff-Ressovsky-Haus) 1970-1972. Außerdem wurden an der Robert-Rössle-Straße Wohnungen für Mitarbeiter gebaut, und zwar 1957-1958 das sog. Ärzte- und Schwesternhaus (Robert-Rössle-Straße 2-5) und 1961 das Wohnheim für Ledige (Robert-Rössle-Straße 1) sowie Kinderkrippe und Kindergarten.

Abb. 83.
Rudolf Baumann (1911-1988).

Abb. 84.
Institut für Kortiko-Viscerale Pathologie und Therapie, ab 1972 Klinik des Zentralinstituts für Herz- Kreislaufforschung, 1992 nach dem deutschen Internisten Franz-Volhard benannt.

Bereits 1958 wurde im Bericht des wissenschaftlichen Sekretärs der Forschungsgemeinschaft der Naturwissenschaftlich-Technischen Institute der Akademie ausgeführt: „Für den Klinischen Bereich des Instituts

Abb. 85.
Innenhof des Instituts für Kortiko-Viscerale Pathologie und Therapie mit der Statue „Geschwister" von Waldemar Grzimek.

für Medizin und Biologie sollen bis 1965 neue Operationsräume geschaffen werden. Außerdem ist für die chemisch arbeitenden Gruppen dieses Instituts (gemeint waren die Gruppen im Gebäude des ehemaligen Kaiser-Wilhelm-Instituts für Hirnforschung) *ein Neubau geplant".*
Nachdem erste, sehr detaillierte Planungen aus der zweiten Hälfte der 50er Jahre nicht umgesetzt werden konnten, wurde zur Realisierung des Vorhabens in den Jahren 1966 bis 1968 von K. Repke, H. Bielka, Hj. Sellner, J. Richter und G. Zilling eine weitere Konzeption für den Bau eines „Biozentrum Buch: Modell einer modernen Forschungsstätte" erarbeitet (s. Abb. 93 a,b), die in ihren Grundzügen schließlich in dem 1974 bis 1980 errichteten Neubau des Zentralinstituts für Molekularbiologie (Abb. 94), ab 1992 Max-Delbrück-Haus, realisiert wurde.

Bereits 1964, d. h. mit dem Ausscheiden von Professor Walter Friedrich als Institutsdirektor, klinkte sich das Institut für Biophysik aus dem Fachbereich Medizin der Akademie, zu dem alle Bucher Institute gehörten, aus und wurde dem unter Leitung von Professor Robert Rompe stehenden Bereich Physik-Nord zugeordnet (s. hierzu auch S. 113). Die Bucher Biophysiker fühlten sich, soweit ein wissenschaftliches Profil zu dieser Zeit überhaupt noch vorhanden war, kaum der Medizin und Biologie der Bucher Institute verbunden. Wahrscheinlich spielten für die Ausgliederung der Biophysik aus den Bucher Instituten auch subjektive Gründe eine Rolle. 1966 beschloß sodann der Fachbereich Physik Nord, das Bucher Institut für Biophysik wieder stärker auf strahlenbiologische Arbeiten zu orientieren. Neben anderen Überlegungen könnten dafür auch Rückbesinnungen von Robert Rompe auf gemeinsame Arbeiten mit Timoféeff-Ressovsky in den 40er Jahren in Berlin-Buch eine Rolle gespielt haben (s. S. 58). Für diese Arbeiten wurde Dr. Helmut Abel, Leiter der Abteilung für Biophysik im Akademieinstitut für Kernforschung in Rossendorf bei Dresden, zum stellvertretenden Direktor des Instituts für Biophysik in Berlin-Buch berufen. Hier baute er 1967 den Bereich Strahlenbiophysik mit Abteilungen für Strahlenbiochemie, Theoretische Biophysik, Physik und Technik auf. 1968 wurde die Abteilung Biophysik aus dem Institut

Abb. 86.
Tierhaus des Zentralinstituts für Herz-Kreislaufforschung im Medizinischen Bereich I, ab 1993 Franz-Gross-Haus.

für Kernforschung ausgegliedert und als Außenstelle dem Bereich Strahlenbiophysik des Bucher Instituts für Biophysik zugeordnet.
1975/76 entstand mit Unterstützung von N. W. Timoféeff-Ressovsky im Vereinigten Kernforschungszentrum in Dubna (UdSSR) eine weitere Außenstelle des Bucher Instituts, nunmehr Zentralinstitut für Molekularbiologie.

Mit der 1967/68 begonnenen Akademiereform mit Orientierungen der Institute auf praxisrelevante, auftragsgebundene Forschungen und Finanzierungen sowie auf neue Leitungsstrukturen wurden 1968 anstelle der bisherigen Forschungsgemeinschaft der Akademie mit ihren Fachbereichen sog. Forschungsbereiche gebildet und Zentralinstitute geplant. Auch für die Bucher Institute gab es in dieser Zeit verschiedene Vorstellungen, Pläne und Anordnungen über Umstrukturierungen und für weitere inhaltliche Entwicklungen, die in rascher Folge zu teilweise schwer überschaubaren Maßnahmen und Veränderungen führten, zu unruhigen bis teilweise gar chaotischen Zuständen.

Abb. 87.
Gebäude des Bereichs Herzinfarktforschung und Kardiologische Intensivmedizin der Klinik des Zentralinstituts für Herz-Kreislaufforschung, erbaut 1981-1982. Aufnahme 1995.

Aus Protest trat zunächst Professor Baumann von seiner Funktion als Vorsitzender des Rates der Direktoren der Bucher Institute zurück - aus „gesundheitlichen Gründen", wie es offiziell hieß. Mit Wirkung vom 15. Mai 1968 wurde Prof. Dr. Kurt Zapf (s. S. 79) mit der Führung der Geschäfte dieses Gremiums betraut. Am 18. Oktober 1968 wurde sodann Prof. Dr. Helmut Böhme, damals Direktor des Akademieinstituts für Genetik und Kulturpflanzenforschung in Gatersleben, vom Präsidenten der Akademie mit der „Bildung, dem Aufbau und der operativen Leitung des Forschungsbereichs Medizin und Biologie" mit Zentrum in Berlin-Buch beauftragt. Am 6. Mai 1969 wurde durch den Präsidenten der Akademie „auf Geheiß der Abteilung Wissenschaft des Zentralkomitees der SED" (persönliche Mitteilung des damaligen Akademiepräsidenten Professor Klare 1996 an H. B.) ein ehemaliger höherer Offizier der

Abb. 88.
Prof. Dr. Walter Friedrich mit den 1964 zu neuen Direktoren ernannten (von rechts nach links) K. Repke, K.-H. Lohs, (W. Friedrich) und H. Bielka.

"Nationalen Volksarmee der DDR" und zuvor Leiter der Abteilung Gesundheits- und Sozialwesen in Halle (Saale), Prof. Dr. Kurt Geiger, als "Beauftragter für die Bildung eines Zentralinstituts für Biologie und Medizin" eingesetzt. In der Mitteilung 6/69 der Akademie vom 15. Juni 1969 wurde sodann für das geplante Zentralinstitut für Biologie und Medizin das folgende Leitungsgremium mit folgenden Bereichen vorgeschlagen:

Abb. 89.
Tierhaus (sog. Warmtierhaus), fertiggestellt 1955, 1994/96 rekonstruiert. Aufnahme 1996.

Direktor: Prof. Dr. Dr. Kurt Geiger
1. Stellvertreter, zugleich Leiter des Bereichs *Wissenschaftliche Dienste*: Dr. Peter Oehme
2. Stellvertreter, zugleich Leiter des Bereichs *Molekularbiologie*: Prof. Dr. Kurt Repke
3. Stellvertreter, zugleich Leiter des Bereichs *Klinische Krebsforschung*: Prof. Dr. Hans Gummel
4. Stellvertreter, zugleich Leiter des Bereichs *Zerebroviszerale Regulationsforschung*: Prof. Dr. Rudolf Baumann
5. Stellvertreter und Leiter des Bereichs *Ökonomie und Technische Versorgung* (ÖTV) (vordem „Zentrale Verwaltung und Versorgung"): Dipl. Ök. Hans-Jörg Sellner.

Das Institut für Angewandte Isotopenforschung wurde aus dem Verband der Bucher Institute 1969 ausgegliedert und als Bereich dem in Leipzig ansässigen Zentralinstitut für Isotopen- und Strahlentechnik (1971 in Zentralinstitut für Isotopen- und Strahlenforschung umbenannt) zugeordnet.

Abb. 90.
„Pavillon" für Virologie und Gewebezüchtung; 1. Baustufe (rechts) fertiggestellt 1962, Erweiterungsbau (links) 1981; im November/Dezember 2000 abgerissen.

Wie vorauszusehen war, erwiesen sich recht bald militärische Kommandoanordnungen von Professor Geiger wie beispielsweise „geht nicht - gibt's nicht" oder „Erfolg ist Pflicht" als ungeeignet für die Leitung einer wissenschaftlichen Einrichtung. So wurde mit Wirkung vom 6. April 1970 Dr. Peter Oehme als Stellvertreter des Beauftragten für die Organisation der Bildung des Forschungszentrums Berlin-Buch eingesetzt und nahm damit gleichzeitig Geschäftsaufgaben von Professor Geiger wahr, der schließlich am 30. Juni 1971 von seiner

Funktion in Buch wieder abberufen wurde, letztlich auf Grund massiver Beschwerden von Professor Rudolf Baumann. Es ging also ziemlich rat- und planlos durcheinander.

Wesentliche Orientierungen für Aufgaben und Struktur eines Zentralinstituts für Biologie und Medizin in Berlin-Buch gab ein zu dieser Zeit von Professor Graffi und Mitarbeitern entwickeltes Modell mit den grundsätzlichen Elementen *„Molekular- und zellbiologische Grundlagenforschung"*, *„Medizinisch-klinisch orientierte Forschungen"* und *„Klinische Anwendungsbereiche"*.

Abb. 91.
Gebäude für das Rechenzentrum der Bucher Institute, errichtet 1970-1972, ab 1994 Bibliothek (N. W. Timoféeff-Ressovsky-Haus). Aufnahme 1996.

Im Mai 1971 wurde für ein zukünftiges Zentralinstitut für Molekularbiologie, wie es nun genannt wurde, neben wissenschaftlichen Abteilungen und Bereichen die Bildung eines Bereichs „Methodik und Theorie" mit den Unterstrukturen „Physiko-Chemisches Zentrum", „Biologische Ultrastrukturforschung", „Rechenzentrum", „Theorie" sowie „Automatisierung und Entwicklung" konzipiert und aus der bisherigen Bibliothek das „Informationszentrum" unter Leitung von Dr. Gerhard Blankenstein gebildet.

Abb. 92.
Russische Rechenstation BESEM6 im Rechenzentrum (Abb. 91) der Bucher Institute 1980, installiert 1976.

Prof. Dr. K. Repke, Direktor des Instituts für Biochemie
Dr. H. Bielka, Direktor des Instituts für Zellphysiologie
Dipl. oec. Hj. Sellner, Verwaltungsdirektor am medizinisch-biologischen Forschungszentrum
Dipl.-Phil. J. Richter, Persönlicher Referent des Vorsitzenden des Rates der Direktoren im medizinisch-biologischen Forschungszentrum, Berlin-Buch, der Deutschen Akademie der Wissenschaften zu Berlin
Architekt G. Zilling, BDA, VEB Industrieprojektierung Berlin II

Konzeption des Biozentrums Berlin-Buch — Modell einer modernen Forschungsstätte *

Im Perspektivplan unserer Hauptstadt Berlin ist ein für die medizinisch-biologische Forschung in der DDR wichtiges Projekt enthalten. Danach wird innerhalb des medizinisch-biologischen Forschungszentrums der Akademie in Berlin-Buch ein als Biozentrum konzipiertes Laborgebäude errichtet, das den Akademie-Instituten für Biochemie, Zellphysiologie, experimentelle Krebsforschung und Pharmakologie moderne Forschungsbedingungen bieten soll. Das sechsgeschossige, ca. 105 m lange und 27 m tiefe Laborgebäude (Abb. 1) wird insgesamt 340 Arbeitsplätze für Mitarbeiter und Gäste der verschiedenen naturwissenschaftlichen Disziplinen bieten. Das Biozentrum soll die effektive, interdisziplinäre Bearbeitung der Komplexaufgabe „Erforschung der Grundlagen der Lebensprozesse, ihrer normalen Regulation, pathologischen Entgleisung und aktiven, gezielten Steuerung" gewährleisten. Dieser Aufgabenstellung gemäß wurde in zweijähriger Gemeinschaftsarbeit von Wissenschaftlern, Architekten und Ökonomen eine Baukonzeption für das Biozentrum entwickelt, die u. a. durch moderne Gestaltung des umbauten Raums als Tiefkörper, klare Gliederung der Forschungseinheiten nach sowohl bau- und versorgungstechnischen als auch funktionellen Gesichtspunkten sowie zeit- und kostensparende Montage des Gebäudes mit Typen-Bauelementen gekennzeichnet ist. Da der geplante Forschungskomplex als Modell bei der Projektierung ähnlich interdisziplinär anzulegender Forschungsstätten dienen könnte, beschreiben die Autoren nachstehend die Konzeption des Biozentrums, in der eine Einheit zwischen wissenschaftlicher Aufgabenstellung und baulicher Gestaltung angestrebt ist.

Zukünftige Aufgabe und Rolle der Biowissenschaften

Den Biowissenschaften ist im Programm der SED bei der umfassenden Verwirklichung des Sozialismus die Aufgabe gestellt, die Lebensprozesse beherrschen zu lernen. Dem liegt die Erkenntnis zugrunde, daß den Biowissenschaften in der zweiten Hälfte dieses Jahrhunderts

* Zum 20. Jahrestag der Gründung der Institute für Medizin und Biologie der Akademie in Berlin-Buch

für die Entwicklung der menschlichen Gesellschaft eine Rolle zukommen wird, die an Bedeutung die Rolle der physikalischen Wissenschaften in der ersten Hälfte unseres Jahrhunderts noch übertrifft. Die Aufklärung der Grundlagen und Gesetzmäßigkeiten biologischer Elementarprozesse und ihrer pathologischen Abartigkeiten ist eine fundamentale Voraussetzung für die Lösung solcher gesellschaftlicher Probleme wie die Steigerung der Leistungsfähigkeit des Menschen, die Vermeidung von Erbdefekten sowie die Vorbeugung und Ausrottung von Krankheiten, insbesondere der sozialhygienisch im Vordergrund stehenden Herz- und Kreislaufkrankheiten, Geschwulstkrankheiten, Infektionskrankheiten und Stoffwechselerkrankungen. Neben der Medizin werden auch andere für die Gesellschaft wichtige Gebiete, wie die Ernährung, die tierische und pflanzliche Produktion sowie die Arzneimittelproduktion, von den Ergebnissen der Biowissenschaften nachhaltig beeinflußt.

Notwendigkeit baulicher Rekonstruktionsmaßnahmen

Von den zum medizinisch-biologischen Forschungszentrum vereinigten Einrichtungen sind die Institute für Biochemie, Zellphysiologie, experimentelle Krebsforschung und Pharmakologie noch behelfsmäßig in einem vor etwa 40 Jahren für histologische Arbeiten errichteten Laborgebäude untergebracht, das bis 1945 dem Institut für Hirnforschung der Kaiser-Wilhelm-Gesellschaft gedient hatte.
Infolge der baulichen Einschnürung mit all ihren Nachteilen, wie funktionswidrige Gliederung bzw. Zersplitterung der Forschungseinheiten und unzulängliche apparative Ausstattung der Labore, sind die vier Institute in ihrer Entwicklung stark gehemmt, so daß die höchstmögliche Effektivität in ihrer Forschungsarbeit nicht erreichbar ist und die Potenz erfahrener und hochspezialisierter Wissenschaftler und Techniker nicht voll genutzt werden kann. „Der Zustand des jetzt von diesen Instituten genutzten Hauptgebäudes ist unzureichend und beeinträchtigt die qualifizierte Forschungsarbeit. Erweiterungs- und Rekonstruktionsmöglichkeiten bestehen nicht. Die Räume sind überbelegt." [1]

Abb. 93.
Zwischen 1966 und 1968 erarbeitetes Konzept für ein Biozentrum Berlin-Buch. a) Begründungen und Zielstellungen; b) Baukonzeption (S. 93).

Die Akademieinstitute 1947-1991

Abb.1 Außenansicht des Biozentrums

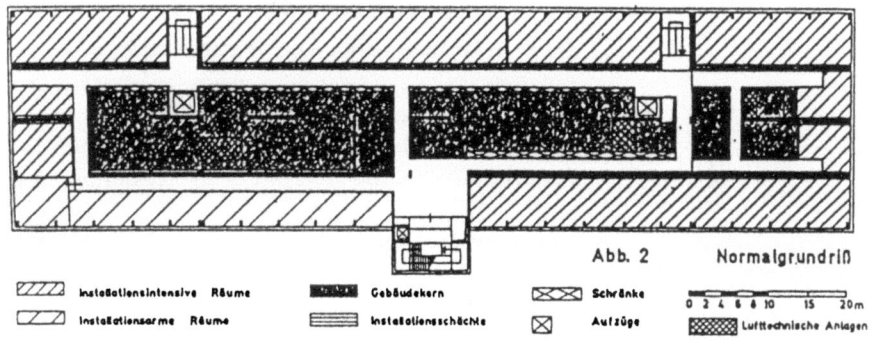

Abb. 2 Normalgrundriß

- ▨ Installationsintensive Räume
- ▨ Installationsarme Räume
- ■ Gebäudekern
- ≡ Installationsschächte
- ⊠ Schränke
- ⊠ Aufzüge
- ▨ Lufttechnische Anlagen

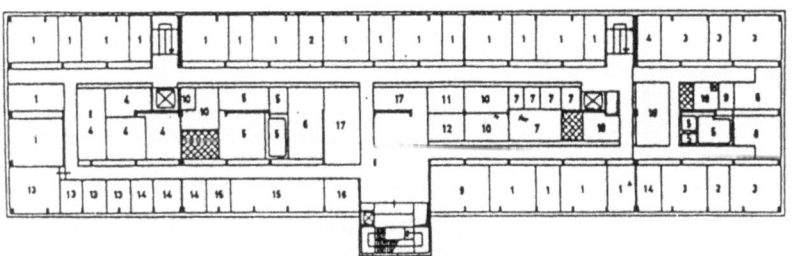

Abb.3 Funktionelle Institutsgliederung
(Institut für Biochemie)

Installationsintensive Raumgruppe
1. Biochemische und chemische Laboreinheiten
2. Zentrale Spüle (automatische Laborwaschmaschinen)
3. Isotopenlaboratorien
4. Analytische und präparative Chromatographie
5. Kältelaboratorien und Tiefkühlräume
6. Zentrifugenraum
7. Gewebezucht- und Bruträume
8. Isotopenmeßräume
9. Werkstatt

Installationsarme Raumgruppe
10. Optische und physikalische Meßräume
11. Wägeraum
12. Photolabor
13. Institutsleitung
14. Abteilungsleiterzimmer
15. Seminarraum/Bibliothek und Dokumentation
16. Klubraum
17. Umkleide- und sanitäre Räume
18. Isotopenschleuse
19. Lager

4.2. Die Zentralinstitute 1972-1991

In dem auf Seite 117 erwähnten Beitrag von Akademie-Vizepräsident Prof. Dr. Hermann Klare zum Leibniztag 1968 wurde im Zusammenhang mit den aus der Akademiereform abzuleitenden organisatorischen Maßnahmen ausgeführt: *„Die vielfältigen Erfordernisse der Zusammenarbeit, z. B. mit den industriellen Auftraggebern, werden ferner die Notwendigkeit erhärten, aus den bei der Akademie vorhandenen Einrichtungen größere Instituteinheiten in Gestalt von Zentralinstituten dort zu bilden, wo das entsprechend den wissenschaftlichen und territorialen Gegebenheiten richtig und zweckmäßig ist".*

Am 5. Januar 1972 wurde den Bucher Instituten vom Leiter des Forschungsbereichs für Molekularbiologie und Medizin der Akademie der Wissenschaften der DDR, Prof. Dr. Werner Scheler, mitgeteilt: *„Ausgehend von der Gründungsanweisung des Forschungszentrums für Molekularbiologie und Medizin und der Auflage, problemorientierte Struktureinheiten zu bilden, sind in den zurückliegenden Monaten wiederholt Beratungen über die zukünftige Gliederung der Berliner Einrichtungen des Forschungszentrums geführt worden. Unter Berücksichtigung dieser Aussprachen und auf der Basis zentraler Vorgaben werden*
das Zentralinstitut für Molekularbiologie,
das Zentralinstitut für Krebsforschung,
das Zentralinstitut für Herz-Kreislauf-Regulationsforschung
sowie
die Verwaltungs- und Dienstleistungseinrichtungen (VDE) gebildet.
Nach Abstimmung mit dem Präsidenten wurden mit der Vorbereitung der Bildung und Wahrnehmung der Geschäftsführung beauftragt:
Prof. Dr. Friedrich Jung (Molekularbiologie)
Prof. Dr. Hans Gummel (Krebsforschung)
Prof. Dr. Rudolf Baumann (Kreislaufforschung)
Dipl.-Ing. Eberhard Schmidt (Verwaltungs- und Dienstleistungseinrichtungen [VDE])".

Am 3. Februar 1972 fand im Hörsaal des Institutsgebäudes (ehemals Institut für Hirnforschung, ab 1992 Oskar und Cécile-Vogt-Haus) eine Veranstaltung mit Akademiepräsident Prof. Dr. Hermann Klare und Prof. Dr. Werner Scheler statt, in der offiziell die Bildung der Zentralinstitute für Molekularbiologie (ZIM), Krebsforschung (ZIK) und Herz-Kreislaufforschung (ZHKF) in Berlin-Buch rückwirkend zum 1. Januar 1972 erfolgte.

Diese Institute wurden dem am 1. Februar 1971 unter Leitung des Pharmakologen Prof. Dr. Werner Scheler neu gebildeten „Forschungszentrum für Molekularbiologie und Medizin" (vordem Forschungsbereich Medizin und Biologie) der Akademie der Wissenschaften zugeordnet, dem weitere biologische Institute der Akademie angehörten, nämlich das Zentralinstitut für Mikrobiologie und Experimentelle Therapie in Jena, das Zentralinstitut für Genetik und Kulturpflanzenforschung in Gatersleben, das Zentralinstitut für Ernährungsforschung in Potsdam-Rehbrücke und das Institut für Biochemie der Pflanzen in Halle. Hinzu kamen später noch das Institut für Wirkstoffforschung in Berlin-Friedrichsfelde, das Institut für Neurobiologie in Magdeburg und die Forschungsstelle für Wirbeltiere im Tierpark Berlin-Friedrichsfelde.

Im Ergebnis der Akademiereform waren in Berlin-Buch drei große Zentralinstitute geschaffen worden. Mit dem „Forschungszentrum für Molekularbiologie und Medizin" und den Zentralinstituten wurde eine Einrichtung der Akademie gebildet, die leitungsmäßig und juristisch Industriekombinaten bzw. Industriebetrieben entsprachen (s. S. 118f).

Trotz ökonomischer Schwierigkeiten erfolgten in den 70er und 80er Jahren im Gelände der Bucher Institute und Kliniken der Akademie weitere beträchtliche Investitionen. So wurde 1977 die Betatronanlage, 1978 das Casino mit Vortrags- und Gesellschaftssaal, 1980 der Laborneubau für das Zentralinstitut für Molekularbiologie (Abb. 94) sowie die neue Poliklinik der Robert-Rössle-Klinik am Lindenberger Weg (Abb. 99), 1981 die Anlage für Computertomographie der Robert-Rössle-Klinik und 1982 das Gebäude des Bereichs Herzinfarktforschung und Kardiologische Intensivmedizin (Abb. 87) der Klinik des Zentralinstituts für Herz-Kreislaufforschung (ab 1992 Franz-Volhard-Klinik) fertiggestellt.

4.2.1. DAS ZENTRALINSTITUT FÜR MOLEKULARBIOLOGIE (ZIM)

In die Bildung des Zentralinstituts für Molekularbiologie gingen die bisherigen selbständigen Institute für Biochemie, Biophysik, Pharmakologie und Zellphysiologie ein; als Direktor wurde Prof. Dr. Friedrich Jung berufen. Das Institut für Angewandte Isotopenforschung war bereits 1969 dem Zentralinstitut für Isotopen- und Strahlenforschung der Akademie in Leipzig zugeordnet worden (s. S. 90).

Im Jahrbuch der Akademie der Wissenschaften der DDR 1980 wurden als Aufgaben des Zentralinstituts für Molekularbiologie „Molekular- und zellbiologische Arbeiten zur Analyse der Organisation und Regulation zellphysiologischer Prozesse, insbesondere im Hinblick auf medizinisch, pharmazeutisch und biotechnologisch anwendbare Erkenntnisgewinne" formuliert (s. Abb. 97).

Abb. 94.
Laborgebäude des Zentralinstituts für Molekularbiologie, Baubeginn 1974, fertiggestellt 1980; ab 1992 Max-Delbrück-Haus. Aufnahme 1993.

Mit der Gründung des Zentralinstituts für Molekularbiologie wurden folgende Bereiche gebildet:
1. *Biomembranen* (Leiter Prof. Dr. Kurt Repke) mit den Abteilungen Energiekonvertierung, Informationserkennung, Informationsübertragung
2. *Bioregulation* (Leiterin Prof. Dr. Sinaida Rosenthal, 1972 vom Bio-

chemischen Institut der Humboldt-Universität nach Berlin-Buch gekommen) mit den Abteilungen Somatische Zellgenetik, Virologie, Zellkinetik, Zellphysiologie, Zellregulation
3. *Enzymologie* (Leiter Prof. Dr. Peter Mohr, 1970 vom Pharmakologischen Institut der Universität Greifswald nach Berlin-Buch gekommen) mit den Abteilungen Angewandte und molekulare Enzymologie, Pharmakologie, Biokatalyse, Enzymelektrochemie

Abb. 95.
Biochemisches Laboratorium (Labor für Proteinsequenzanalytik) im Zentralinstitut für Molekularbiologie.

4. *Molekular- und zellbiologische Wirkstofforschung* (Leiter Prof. Dr. Peter Oehme) mit den Abteilungen bzw. selbständigen Arbeitsgruppen Experimentelle Pharmakologie, Wirkstoffchemie, Zellpharmakologie, Zellzüchtung, Theoretische Molekularpharmakologie
5. *Strahlenbiophysik* (Leiter Prof. Dr. Helmut Abel) mit den Abteilungen Strahlenbiologie, Strahlenbiochemie, Theoretische Biophysik (s. auch S. 88)
6. *Biophysik* (Leiter Prof. Dr. Ernst Höhne) mit den Abteilungen Röntgenstrukturanalyse, Spektroskopie, Hydrodynamik, Röntgenkleinwinkelstreuung
7. *Chemische Analytik* (Leiter Prof. Dr. Gerhard Etzold)
8. *Wissenschaftliches Informationszentrum* mit *Bibliothek* (Leiter Dr. Gerhard Blankenstein).

Zum 1. Januar 1976 wurde der Bereich Molekular- und zellbiologische Wirkstofforschung unter Bildung des Instituts für Wirkstofforschung unter Leitung von Prof. Dr. Peter Oehme in das Akademieinstitut für Vergleichende Pathologie in Berlin-Friedrichsfelde verlegt, das damit aufgelöst wurde.

Abb. 96.
Biophysikalisches Laboratorium (Labor für optische Spektroskopie) im Zentralinstitut für Molekularbiologie.

Mit Wirkung vom 1. Januar 1980 wurden, u.a. auch wegen subjektiver Probleme, aus den o.g. großen Bereichen des ZIM teilweise wieder kleinere, wissenschaftlich selbständige Abteilungen geschaffen, die z.T. früheren Abteilungen in Bereichen bzw. Instituten entsprachen, so die

Abteilung Zellregulation unter Prof. Dr. Ruth Lindigkeit, Zellkinetik unter Prof. Dr. Peter Langen, Zellphysiologie unter Prof. Dr. Heinz Bielka, Virologie unter Prof. Dr. Erhard Geißler (der 1971 von der Universität Rostock nach Berlin-Buch zurückgekommen war; s. hierzu S. 77), Biokatalyse unter Prof. Dr. Klaus Ruckpaul, Enzymelektrochemie unter Prof. Dr. Frieder Scheller und Mathematische Biologie unter Prof. Dr. Jens Reich.

Nach der Emeritierung von Professor Friedrich Jung 1980 übernahm zum 1. Januar 1981 Prof. Dr. Wolfgang Zschiesche vom Zentralinstitut für Mikrobiologie und Experimentelle Therapie (Jena) die Leitung des ZIM. Krankheitsbedingt schied er von 1982 bis 1984 aus seiner Funktion aus. In dieser Zeit wurde das Institut von Professor Heinz Bielka kommissarisch geleitet. Mit der Emeritierung von Professor Zschiesche wurde im Rahmen des Kaderprogramms der Akademie zum 15. März 1984 Prof. Dr. Günter Pasternak, der 1979 als Nachfolger von Professor Werner Scheler die Leitung des Forschungszentrums für Molekularbiologie und Medizin der Akademie übernommen hatte, zum Direktor des ZIM berufen. Im Zusammenhang damit wurden 1985 größere Teile des von ihm bis dahin im Zentralinstitut für Krebsforschung geleiteten Bereichs Klinische und Experimentelle Immunologie in das Zentralinstitut für Molekularbiologie überführt.
Von 1988 bis zur Auflösung am 31. Dezember 1991 war das Zentralinstitut für Molekularbiologie im Ergebnis von Umstrukturierungen und Neugründungen von Abteilungen in sieben Bereiche gegliedert:

Zentralinstitut für Molekularbiologie

1115 Berlin, Lindenberger Weg 70, Telefon 3 46 23 62

Direktor: Ordentliches Mitglied *Friedrich Jung*
Stellvertreter des Direktors: MR Professor Dr. med. habil. *Wolfgang Zschiesche*
Bereichsleiter bzw. Leiter selbst. Abt.:
Professor Dr. sc. nat. *Helmut Abel*
Ordentliches Mitglied *Heinz Bielka* (ab 1. 1.)
Professor Dr. rer. nat. habil. *Gerhard Etzold*
Professor Dr. rer. nat. habil. *Erhard Geißler* (ab 1. 1.)
Professor Dr. rer. nat. habil. *Ernst Höhne*
Professor Dr. rer. nat. habil. *Peter Langen* (ab 1. 1.)
Professor Dr. rer. nat. habil. *Ruth Lindigkeit* (ab 1. 1.)
Professor Dr. sc. nat. *Peter Mohr*
Professor Dr. sc. med. *Jens-Georg Reich* (ab 1. 1.)
Professor Dr. med. habil. *Kurt Repke*
Ordentliches Mitglied *Sinaida Rosenthal*
Professor Dr. sc. med. *Klaus Ruckpaul* (ab 1. 1.)

Aufgaben

Molekular- und zellbiologische Grundlagenforschung als Voraussetzung für die Steuerung biologischer Prozesse:
Erforschung der Regulation von Replikation, Transkription und Translation in tierischen Zellen durch zelleigene und zwischen den Zellen wirkende hoch- und niedermolekulare Faktoren sowie die Beeinflussung normaler und gestörter Wachstumsprozesse, der Zelldifferenzierung und der Zell-Virus-Beziehungen.
Untersuchung molekularer Mechanismen der Erkennungs- und Transducersysteme der Zellmembran, die Regelprozesse in Normal- und Tumorzellen beeinflussen.
Bearbeitung theoretisch-physikalischer Grundlagen der Molekularbiologie, insbesondere der Quantenbiologie und der Thermodynamik irreversibler Prozesse.
Aufklärung von Struktur und Funktion sowie von Wirkungsmechanismen von Enzymen, des Einflusses von Milieu- und Strukturveränderungen wie Trägerbindung auf die katalytische Aktivität; Präparation von Synzymen und Aufklärung ihres Wirkungsmechanismus.
Nutzung und Weiterentwicklung vorhandener bzw. bekannter physikalisch-chemischer Methoden zum rationellen Einsatz für die biologische Forschung sowie Entwicklung neuer bzw. Applikation bislang gebräuchlicher physikalischer, physikalisch-chemischer und mathematischer Methoden in der Biologie.
Erarbeitung wissenschaftlichen Vorlaufs für die Bekämpfung von Krebs- und Viruskrankheiten und Beiträge zur Entwicklung neuer Pharmaka sowie strahlentherapeutischer Methoden.
Vorarbeiten zum technischen Einsatz biokatalytischer Wirkprinzipien, insbesondere der Nutzung von Enzymen und Enzymreaktoren.
Entwicklung von Forschungshilfsmitteln wie Biochemikalien und neuen apparativen Techniken speziell zum Studium von Biopolymeren.

Abb. 97.
Struktur und Aufgaben des Zentralinstituts für Molekularbiologie. Aus: Jahrbuch der Akademie der Wissenschaften der DDR, 1980.

1. *Genetik* (Leiter Prof. Dr. Sinaida Rosenthal; nach ihrem Tod am 21. November 1988 übernahm Prof. Dr. Charles Coutelle die Leitung) mit den Abteilungen Molekulare Humangenetik (Prof. Dr. Charles Coutelle), Molekulare Zellgenetik (Dr. Michael Strauss; gest. am 29. April 1999), Molekulare Zellforschung (Prof. Dr. Tom Rapoport)
2. *Zellbiologie* (Leiter Prof. Dr. Heinz Bielka) mit den Abteilungen Zellkinetik (Prof. Dr. Peter Langen), Zellbiochemie (Prof. Dr. Richard Grosse), Zellphysiologie (Prof. Dr. Heinz Bielka), Immunchemie (Prof. Dr. Franz Noll), Elektronenmikroskopie (Dr. Frank Vogel)

Abb. 98.
Besuch von Bundesforschungsminister Dr. Heinz Riesenhuber am 25. Mai 1989 im Zentralinstitut für Molekularbiologie.

3. *Experimentelle und Klinische Immunologie* (Leiter Prof. Dr. Günter Pasternak) mit den Abteilungen Tumorimmunologie (Prof. Dr. Günter Pasternak), Immundiagnostik (Prof. Dr. Burkhardt Micheel), Zelluläre Immunologie (Prof. Dr. Walter Malz), Virologie (Dr. Udo Kiessling)
4. *Enzymologie* (Leiter Prof. Dr. Hans-Georg Müller, im Ergebnis einer Vertrauensabstimmung durch die Mitarbeiter 1990 abberufen, danach Prof. Dr. Frieder Scheller) mit den Abteilungen Enzymregulation (Prof. Dr. Hans-Georg Müller), Enzymchemie (Prof. Dr. Horst Will), Enzymelektrochemie (Prof. Dr. Frieder Scheller) und der Arbeitsgruppe Bioelektronik (Prof. Dr. Gert Wangermann)
5. *Molekularbiophysik* (Leiter Prof. Dr. Ernst Höhne, ab 1990 Prof. Dr. Klaus Ruckpaul) mit den Abteilungen Biokatalyse (Prof. Dr. Klaus Ruckpaul), Hämkatalyse (Prof. Dr. Horst Rein), Röntgenkleinwinkelstreuung (Prof. Dr. Gregor Damaschun), Röntgenkristallstrukturanalyse (Prof. Dr. Ernst Höhne), Spektroskopie (Prof. Dr. Heinz Welfle), Proteinkristallisation (Prof. Dr. Joachim Behlke), Thermodynamik (Prof. Dr. Wolfgang Pfeil)
6. *Theoretische Molekularbiologie* (Leiter Dr. Heinz Sklenar) mit den Abteilungen Bioinformatik (Prof. Dr. Jens Reich), Theoretische Biophysik (Dr. Heinz Sklenar), Rechentechnik (Dipl.-Ing. Gerhard Rosche) und der Arbeitsgruppe Mathematische Methoden (Dr. Jürgen Kleffe)
7. *Chemie* (Leiter Dr. Martin Holtzhauer, vordem Prof. Dr. Bodo Teichmann) mit den Abteilungen Chemische Analytik (Prof. Dr. Gerhard Etzold), Chemische Synthese (Dr. Martin Holtzhauer), Biochemie (Dr. Peter Westermann)
8. *Forschungstechnik* (Leiter Dr. Wolf Skalweit) mit den Abteilungen Physikalisch-Experimentelle Technik (Dr. Wolf Skalweit), Automatisierung und Entwicklung (Dr. Hans Lucius), Wissenschaftlicher Gerätebau (Ing. Horst Kagelmaker).

Das Informationszentrum mit Bibliothek wurde bis zur altersbedingten Emeritierung 1990 von Dr. Gerhard Blankenstein geleitet, danach von Dr. Frank Dittrich.
In den wissenschaftlichen Bereichen waren ca. 560 Wissenschaftler und technische Mitarbeiter (einschließlich Sekretariats- und Reinigungspersonal) beschäftigt, im Verwaltungs- und Dienstleistungsbereich (Direktorbereich, Ökonomie und Finanzen, Planung und Berichterstattung, Auslandsbeziehungen, Patentwesen, Justitiar, Kraftfahrer, Haustechnik, Geräteservice, Handwerker) etwa 60 Mitarbeiter.
Noch 1990 wurde das ZIM als „Member Institution" in das „UNESCO Global Network for Molecular and Cell Biology" aufgenommen.

Das Zentralinstitut für Molekularbiologie pflegte enge Beziehungen zur Humboldt-Universität Berlin, insbesondere zur Sektion Biologie der Mathematisch-Naturwissenschaftlichen Fakultät mit Spezialausbildungen auf den Gebieten Biochemie (Ausbildung von Studenten als Diplom-Biochemiker) und Biophysik (Ausbildung von Diplom-Biophysikern). Diese Ausbildungstätigkeiten umfaßten Vorlesungen und Seminare in den Einrichtungen der Universität vor allem über Biochemie, Zell- und Molekularbiologie, Immunologie und Biopolymerphysik sowie Groß- und Spezialpraktika in den Labors des Instituts, wodurch gezielt Zugänge von ausgewählten Studenten und Diplomanden sowie Doktoranden für das Institut erreicht werden konnten.

4.2.2. Das Zentralinstitut für Krebsforschung (ZIK)

Mit den 1971 eingeleiteten Maßnahmen zur Neuorganisation der Bucher Institute wurde das 1963 gebildete Institut für Krebsforschung zum 1. Januar 1972 Zentralinstitut für Krebsforschung (ZIK) unter der Leitung von Prof. Dr. Hans Gummel. Zu stellvertretenden Direktoren wurden Prof. Dr. Arnold Graffi für den experimentellen Bereich und der Chirurg Prof. Dr. Theodor Matthes für den klinischen Bereich (Robert-Rössle-Klinik) berufen.

Abb. 99.
Poliklinik der Robert-Rössle-Klinik am Lindenberger Weg, fertiggestellt 1980. Aufnahme 1996.

Die Aufgaben des Instituts gehen aus folgenden Bereichsstrukturen hervor (in Klammern die Leiter der Bereiche) (s. auch Abb. 100):
1. *Diagnostik* (Prof. Dr. Karl-Heinz Jacobasch, vorher Prof. Dr. Wilhelm Widow und Prof. Dr. Ulrich Schneeweiß)
2. *Chirurgie und Komplexbehandlung* (Prof. Dr. Gerhard Marx, ab 1977 gleichzeitig Stellvertreter des Direktors für klinische Bereiche)

3. *Experimentelle und Klinische Chemotherapie* (Prof. Dr. Dr. Stephan Tanneberger, ab 1975 Direktor des ZIK)
4. *Experimentelle und Klinische Strahlentherapie* (Prof. Dr. Hans-Jürgen Eichhorn, nach dessen Emeritierung von 1984-1990 von dem Physiker Prof. Dr. Karl-Heinz Merkle geleitet)
5. *Experimentelle und Klinische Immunologie* (Prof. Dr. Günter Pasternak, bis 1985; s. S. 97)
6. *Experimentelle und Klinische Endokrinologie* (Dr. Eberhard Heise)
7. *Chemische Kanzerogenese* (Prof. Dr. Tilo Schramm, ab 1988 Prof. Dr. Volker Wunderlich, vorher Bereich Virologie)
8. *Virologie* (Prof. Dr. Arnold Graffi bis zu seiner Emeritierung 1975, danach Prof. Dr. Dieter Bierwolf, ab 1977 gleichzeitig Stellvertreter des Direktors für experimentelle Bereiche)
9. *Organisation und Methodik der Geschwulstbekämpfung* (Prof. Dr. Klaus Ebeling)
10. *Nationales Krebsregister* (Dr. Wolf-Heiger Mehnert) (s. hierzu S. 107)
11. *Versuchstierzucht und -haltung* (für alle Bucher Zentralinstitute zuständig: Dr. Wolfgang Arnold).

Als Behandlungs- und Betreuungszentrum für Geschwulstkranke in der DDR verfügte die Robert-Rössle-Klinik des ZIK über stationäre Einrichtungen mit 220 Betten, eine Poliklinik und verschiedene diagnostische und therapeutische Abteilungen. Im Zeitraum von 1975 bis 1987 erfolgten etwa 2200 bis 2500 Operationen pro Jahr, die Anzahl ambulanter Betreuungen stieg im gleichen Zeitraum von etwa 40 000 pro Jahr auf ca. 67 000, die Anzahl stationärer Behandlungen von etwa 57 000 auf ebenfalls ca. 67 000. Über die Anwendung von Neutronenstrahlen zur Geschwulsttherapie s. S. 108. Mit Investitionen für neue Operationssäle einschließlich Intensivpflegestation 1968, eine Batatronanlage 1977, Erweiterung der Poliklinik 1980 (Abb. 99), Anlagen für Computertomographie 1981 und Linearbeschleuniger 1983 konnten in der Klinik die diagnostischen und therapeutischen Arbeiten auf Teilgebieten internationalen Standards angepaßt werden.

Den Zentralinstituten der Akademie der Wissenschaften der DDR oblagen u.a. wissenschaftsorganisatorische Leitfunktionen für ihre Gebiete sowohl in der DDR als auch für internationale Beziehungen. So wurde das Zentralinstitut für Krebsforschung in Buch „Nationales Leitinstitut für Krebsforschung und Krebsbekämpfung". Daher wurde 1976 auch das „Nationale Krebsregister der DDR" dem ZIK angegliedert (s. hierzu S. 107). Weiterhin war dem ZIK auch die Leitung der Hauptforschungsrichtung „Geschwulsterkrankungen" zugeordnet. (Wissenschaftliche und medizinische Schwerpunktprogramme waren in der DDR, unabhängig von ihren staatlichen Zuordnungen - Universitäten, Akademie, Industrie, Ministerium für Gesundheitswesen - zum Zwecke der Koordinierung der Aufgaben in derartigen Hauptforschungsrichtungen zusammengefaßt). International (was in der DDR im wesentlichen Ostblock- bzw. sozialistische Staaten bedeutete) war das ZIK im Rahmen des Programms „Prognose für die Krebsforschung und Krebsbekämpfung" des sog. Komplexprogramms „Bösartige Tumoren" des „Rates für Gegenseitige Wirtschaftshilfe" (RGW) der sozialistischen Länder für die Themen „Tumorätiologie und Pathogenese" sowie „Therapie" verantwortlich. Auch die Koordinierung der Themen der Krebsforschung im Rahmen des am 8. September 1987 zwischen der Bundesrepublik Deutschland und der DDR abgeschlossenen WTZ-Abkommens (Abkommen über Wissenschaftlich-Technische Zusammenarbeit) lag in der DDR beim Zentralinstitut für Krebsforschung. Über Anfänge der Zusammenarbeit von Bucher Gruppen in den Zentralinstituten für Krebsforschung (ZIK) und für Molekularbiologie (ZIM) mit dem Deutschen Krebsforschungszentrum (DKFZ) in Heidelberg und dem Institut für Zellbiologie (Tumorforschung) in Essen ist das Programm wegen der Veränderungen in der DDR 1989/90 kaum hinausgekommen, zumal es in der DDR auch Abstimmungs- und Kompetenzprobleme zwischen dem damaligen Direktor des ZIK und anderen, an der Zusammenarbeit interessierten Einrichtungen gab.

Abb. 100.
Struktur des Zentralinstituts für Krebsforschung 1988/89.

Am 15. April 1985 wurde das ZIK von der Weltgesundheitsorganisation (WHO) zum „Collaborating Center" benannt und mit einer Studie zum Thema „Einschätzung von Vor- und Nachteilen der EDV-gestützten Strahlentherapie", dem Aufbau einer Datenbank „Health Technology Assessment in Cancer Control" und einer Untersuchung mit dem Titel „Vergleich von Therapieergebnissen zwischen spezialisierten und nichtspezialisierten Kliniken" beauftragt.

Am 27. Mai 1973 starb Prof. Dr. Hans Gummel. Die Leitung des ZIK übernahmen danach Prof. Dr. Arnold Graffi und Prof. Dr. Theodor Matthes bis 1975. Das Direktorat wurde dann von der Akademieleitung an Prof. Dr. Dr. Stephan Tanneberger übertragen. Nach seiner Abberufung 1990 (s. S. 121) wurde das ZIK zunächst von dem Anästhesisten Prof. Dr. Manfred Lüder geleitet, der dieses Amt jedoch 1991 auch wieder zur Verfügung stellen mußte. Danach übernahm bis zum 31. Dezember 1991, d.h. bis zur Abwicklung der Akademieinstitute, Prof. Dr. Dieter Bierwolf amtierend die Leitung des Instituts. Als amtierender Stellvertreter und zugleich Ärztlicher Direktor der Klinik führte der Strahlentherapeut Dr. Jürgen Hüttner die Geschäfte.

4.2.3. Das Zentralinstitut für Herz-Kreislaufforschung (ZIHK)

Analog zu den beiden anderen Zentralinstituten (ZIM und ZIK) wurde 1972 das Zentralinstitut für Herz-Kreislauf-Regulationsforschung (ZIHKR), wie es zunächst genannt wurde, gegründet, und zwar durch Zusammenführung des Instituts für Kreislaufforschung unter Leitung von Prof. Dr. Albert Wollenberger und des Instituts für Kortiko-Viscerale Pathologie und Therapie unter Leitung von Prof. Dr. Rudolf Baumann, der zum Direktor des Zentralinstituts und zugleich zum Ärztlicher Direktor der Klinik ernannt wurde. Mit Wirkung vom 1. Juli 1980 wurde das Zentralinstitut für Herz-Kreislauf-Regulationsforschung in Zentralinstitut für Herz-Kreislauf-Forschung (ZIHK) umbenannt. Das Institut gliederte sich in eine Klinik mit ca. 80 Betten mit Poliklinik und Forschungslaboratorien sowie den Bereich experimentelle Kreislaufforschung.

Nach der Emeritierung von Professor Baumann übernahm 1976 Prof. Dr. Horst Heine von der Berliner Charité die Leitung des Zentralinstituts einschließlich Klinik. 1977 schied altersbedingt Professor Wollenberger als Bereichsleiter aus seinem Amt. Nachfolger wurde zunächst Frau Prof. Dr. Liane Will-Shahab, nach ihrer Abberufung 1991 Prof. Dr. Ernst-Georg Krause. Beide waren bereits vorher in diesem Bereich der Herz-Kreislaufforschung tätig.

1984 wurde das ZIHK von der WHO zum „Collaborating Center for Research and Training in Cardiovascular and other Non-Communicable Diseases" benannt (Wiederberufung 1988).

Mitte der 80er Jahre hatte das Institut folgende Bereichsstruktur (in Klammern die Namen der Leiter):

1. *Infarktforschung und Kardiologische Akutmedizin* (Prof. Dr. Hermann Fiehring)
2. *Radiologische Diagnostik* (Prof. Dr. Karlheinz Richter)
3. *Hypertonieforschung* (Prof. Dr. Horst Heine)
4. *Molekulare und Zelluläre Kardiologie* (Prof. Dr. Liane Will-Shahab)
5. *Poliklinik* (Prof. Dr. Hans-Dieter Faulhaber).

Neben den o.g. Forschungsbereichen und der Klinik gab es die selbständigen Abteilungen Klinische Pharmakologie, Nuklearmedizin, Psychophysiologie, Präventive Kardiologie, Angiologie, Neuroregulation.

Infolge der Veränderungen der politischen Verhältnisse in der DDR wurde Prof. Dr. Heine im Frühjahr 1990 von seiner Funktion als Institutsdirektor abberufen (s. auch S. 121). Danach konstituierte sich ein durch die Mitarbeiter gewähltes Direktorium, dem Prof. Dr. Faulhaber, Prof. Dr. Fiehring, Prof. Dr. Richter, Prof. Dr. Krause und zunächst auch noch Frau Prof. Dr. Will-Shahab angehörten. Zum Direktor wurde Prof. Dr. Richter ernannt.

Die Veränderungen in der Leitung führten auch zu Veränderungen in der Organisation und Struktur des Instituts. Danach gliederte sich der klinische Teil in folgende Bereiche:

1. *Hypertonieforschung* (Prof. Dr. Hans-Dieter Faulhaber) mit den Abteilungen Klinische Hypertonieforschung, Psychophysiologie, Klinische Pharmakologie, Molekulare Pharmakologie und Pathologie, Kreislaufregulation, Neuroelektrische Regulationsforschung
2. *Infarktforschung und Kardiologische Akutmedizin* (Prof. Dr. Her-

mann Fiehring) mit den Abteilungen Elektrokardiologie, Klinische Herzinfarktforschung, Magnetokardiographie
3. *Bildgebende Diagnostik und Interventionsradiologie* (Prof. Dr. Karlheinz Richter) mit den Abteilungen Invasive und Interventionelle Radiologie, Nichtinvasive und Experimentelle Radiologie, Echokardiographie, Nuklearmedizin.

Daneben gab es die selbständigen Abteilungen für Angiologie und Hämostaseforschung sowie für Epidemiologie und Präventive Kardiologie. Der Bereich Zelluläre und Molekulare Kardiologie unter der Leitung von Prof. Dr. Ernst-Georg Krause umfaßte die Abteilungen für Metabolische Regulation (Prof. Dr. E.-G. Krause) sowie für Zellbiologie mit Elektronenmikroskopie und Physiologie (Dr. Wolfgang Schulze).

4.2.4. Das Zentrum der Medizinischen Wissenschaften

Am 24. November 1988 wurde durch den Ministerrat der DDR die Bildung eines „Zentrums für Medizinische Wissenschaften (ZMW) an der Akademie der Wissenschaften der DDR im Territorium Berlin-Buch" beschlossen. Mit der Ausführung dieses Beschlusses wurde vom Präsidenten der Akademie der Wissenschaften der Direktor des Zentralinstituts für Krebsforschung und Leiter des Wissenschaftsgebietes Medizin der Akademie, Prof. Dr. Dr. Stephan Tanneberger, beauftragt. Ziel dieses Projektes war es, medizinische Forschungseinrichtungen und Kliniken der Akademie der Wissenschaften, des Städtischen Klinikums Berlin-Buch und des Bucher Forschungsinstituts für Lungenkrankheiten und Tuberkulose des Ministeriums für Gesundheitswesen der DDR zur Bearbeitung gesundheitspolitisch wichtiger Aufgaben zusammenzufassen. Von der Akademie der Wissenschaften wurden die Zentralinstitute für Krebsforschung und für Herz-Kreislaufforschung sowie einige Bereiche bzw. Abteilungen des Zentralinstituts für Molekularbiologie (Immunologie, Molekulare Humangenetik) in dieses Projekt einbezogen. Vorsitzender eines gemeinsamen Leitungsgremiums wurde der Leiter des Wissenschaftsgebietes Medizin der Akademie und Leiter des Zentralinstituts für Krebsforschung, womit die in einer Person ohnehin schon konzentrierte Machtfülle noch mehr erweitert wurde. Wegen der politischen Ereignisse und Veränderungen in der DDR 1989/90 kam das Projekt ZMW in Berlin-Buch praktisch aber nicht mehr zur Realisierung.

4.3. Forschungsprogramme

Durch Befehl 161 der Sowjetischen Militäradministration in Deutschland war die Arbeitsrichtung des Bucher Instituts für Medizin und Biologie im wesentlichen auf Probleme der Krebsforschung und Krebsbekämpfung festgelegt worden. Weiterhin wurden die wissenschaftlichen Arbeiten durch die nach 1945 bereits im Institut tätigen Wissenschaftler sowie durch Berufungen nach Gründung des Instituts bestimmt (s. S. 68, 69, 73).

Mit dem Mediziner Doz. Dr. Arnold Graffi konnte 1948 für Buch ein bekannter experimenteller Krebsforscher gewonnen werden. Arbeiten in der von ihm geleiteten Abteilung für Biologische, später Experimentelle Krebsforschung, führten in den 50er Jahren zur Auffindung neuer Kanzerogene und Kanzerogenderivate (z. B. Urethane, Nitrosamine, Anthrazene), zur Analyse von Struktur-Wirkungs- und Dosis-Wirkungs-Beziehungen kanzerogener Substanzen, insbesondere von polyzyklischen Kohlenwasserstoffen und Azofarbstoffen. Damit wurden wesentliche Beiträge über chemische und biologische Gesetzmäßigkeiten der Kanzerogenese geliefert, vor allem auch im Hinblick auf den Mehrstadienprozeß der Krebsentstehung durch chemische Kanzerogene (Initialphase, Realisierungsphase). Im Modell der hämatogenen Ausbreitung von Tumorzellen wurden Fragen des Mechanismus und der Beeinflussung der Metastasierung untersucht.

Ein weiterer Schwerpunkt der Bucher Krebsforschung der frühen Jahre in den Abteilungen Experimentelle Krebsforschung, Biochemie und Zellphysiologie waren Untersuchungen über biochemische Veränderungen in Geweben nach Einwirkung von Kanzerogenen sowie über biochemische Eigenschaften von Geschwülsten. Mit dem Stoffwechsel von Geschwülsten beschäftigten sich in der Abteilung Biochemie Prof. Dr. Erwin Negelein, vordem Schüler und Mitarbeiter von Otto Warburg in Berlin-Dahlem, sowie Professor Arnold Graffi in der Abteilung für Experimentelle Krebsforschung, denn in den 50er und 60er Jahren des 20. Jahrhunderts stand die biochemisch orientierte Krebsforschung noch immer unter dem Einfluß der Hypothese von Otto Warburg aus den 20er und 30er Jahren über Atmungshemmung und aerobe Glykolyse als wesentliche Ursachen der Krebsentstehung und des Krebswachstums. Auch Prof. Dr. Friedrich Windisch in der Abteilung für Zellphysiologie befaßte sich mit Beziehungen zwischen glykolytischem Stoffwechsel und zellulären Wachstumsvorgängen. Weitere Arbeiten in der Abteilung für Biochemie unter Professor Karl Lohmann betrafen enzym- und eiweißchemische Untersuchungen zur Geschwulstdiagnostik (Serumdiagnostik) und Tumorcharakterisierung.

Professor Walter Friedrich, der nach seinen Arbeiten bei Max von Laue schon während des Ersten Weltkrieges an der Universitätsklinik Freiburg über die Anwendung von Röntgen- und Radiumstrahlen bei Geschwülsten gearbeitet hatte, orientierte die Arbeiten in der Abteilung Biophysik zunächst vor allem auf treffertheoretische und experimentelle Untersuchungen der Wirkung von Strahlen auf biologische Objekte und im Zusammenhang damit auf Fragen der Strahlen-Metronomik sowie apparativ-technische Entwicklungen hierzu. Damit fanden auch Timoféeffs strahlenbiologische Arbeiten in der genetischen Abteilung im Kaiser-Wilhelm-Institut für Hirnforschung ihre Fortführung (s. hierzu S. 55). Weitere Arbeiten zur Tumorthematik in der Abteilung Biophysik betrafen Unteruchungen über Genese und Eigenschaften von Pflanzentumoren im botanischen Laboratorium.

Frühere Arbeiten von Timoféeff-Ressovsky wurden im Institut für Medizin und Biologie von 1947 bis 1953 auch in der Abteilung für Genetik von seinem Schüler Prof. Dr. Herbert Lüers weitergeführt. Im Mittelpunkt standen Untersuchungen über die mutagene Wirkung chemischer Stoffe, insbesondere von chemischen Kanzerogenen („Wirkungen auf das Genom", wie hierzu bereits im Arbeitsbericht 1950 ausgeführt wurde) sowie von Kontaktinsektiziden und im Zusammenhang damit Arbeiten über genetische Grundlagen der Entwicklung von Insektizidresistenzen. Arbeiten über die mutagene Wirkung von Kanzerogenen sowie über Pseudotumoren bei Drosophila und über Farbgeschwülste bei Fischen standen in engem Zusammenhang mit dem Schwerpunktprogramm „Krebsforschung" des Instituts.

Neben der klinischen Betreuung von Krebspatienten widmeten sich in den ersten Jahren nach der Gründung der Geschwulstklinik 1949 viele Ärzte auch der experimentellen Forschung. Als Beispiele dafür seien genannt Arbeiten zur Chemotherapie und Immunologie, zur Frühdiagnostik, über die biologische Wertigkeit und damit zur Prognostik von Geschwülsten, zur Wiederherstellungschirurgie nach Tumorbehandlungen, zur Strahlentherapie sowie zur Entwicklung moderner Narkosetechniken. In Gemeinschaftsarbeit von Klinik (M. Hoffmann) mit der Abteilung Biologische Krebsforschung (A. Graffi) wurden bereits ab 1953 Untersuchungen zur Therapie von Geschwülsten sowie zur Beeinflussung der Initialphase der chemischen Kanzerogenese und der Metastasierung von Tumoren mittels Hyperthermie durchgeführt, und zwar bezüglich der Beeinflussung des Wachstums von Tumoren mit positiven Ergebnissen. Die experimentellen Arbeiten in der Geschwulstklinik wurden insbesondere durch Professor Hans Gummel gefördert, der in Breslau als Schüler und Mitarbeiter von Professor Karl Heinrich Bauer, Gründer des Deutschen Krebsforschungszentrums Heidelberg, als klinisch tätiger Chirurg selbst wissenschaftlich auf dem Krebsgebiet gearbeitet hatte.

Bereits ab 1948 hatte sich Professor Graffi neben Fragen der chemischen Kanzerogenese auch mit Experimenten zur Virusätiologie von Geschwülsten beschäftigt. Dieses Arbeitsgebiet wurde ab 1953/54 zum Schwerpunkt in der Abteilung Biologische Krebsforschung ausgebaut. 1954 führten diese Arbeiten zur Entdeckung eines neuen onkogenen Virus, nämlich des Virus der murinen myeloischen Leukämie (Abb. 101). In der Folgezeit wurde dieses Virus hinsichtlich der Abhängigkeit der leukämogenen Wirkung von biologischen Faktoren (W. Krischke, F. Fey), biochemisch (H. Bielka), immunologisch (G. Pasternak) sowie ultrastrukturell (U. Heine, D. Bierwolf, J.-G. Helmcke) charakterisiert und erhielt international bald die Bezeichnung Graffi-Virus. 1959 gelang es erstmals, mit RNA aus leukämischen Leukozyten Leukämien zu induzieren, d.h. den Nachweis einer onkogen wirksamen RNA zu erbringen (H. Bielka, A. Graffi). Das Virus konnte als Typ C-Retrovirus charakterisiert werden. Auch von Dr. Ferdinand Schmidt konnte zu dieser Zeit in Berlin-Buch ein „leukämieerzeugender Induktor" nachgewiesen werden, der später von ihm auch als Myelose-Virus bezeichnet wurde. Graffis Arbeiten haben, zusammen mit den Arbeiten von Ludwik Gross in den USA in der ersten Hälfte der 50er Jahre, wesentlich zur Wiederaufnahme von Experimenten zur Virusätiologie von Tumoren im großen Stil geführt, in deren Ergebnis international weitere onkogene Viren entdeckt wurden. Letztlich trugen diese Arbeiten zur Verallgemeinerung der Virustheorie der Geschwulstentstehung und deren Bestätigung sowie zur Entdeckung der viralen Onkogene bei. Auch in Buch wurden weitere onkogene Viren entdeckt, so 1959 von Graffi und Mitarbeitern neue Unterstämme des Polyomavirus, die sich durch Besonderheiten in ihren tumorinduzierenden Wirkungen (Tumorart, Tierart und Organspezifität) auszeichneten und die Benennungen BB (für Berlin-Buch) erhielten. Aus dem Virus konnte eine onkogen wirksame DNA isoliert werden. 1967 gelang die Entdeckung eines onkogenen DNA-Virus aus der Gruppe der Papova-Viren (Abb. 102), das über viele Jahre auch international Gegenstand der Forschung war bis hin zur Aufklärung der Genomstruktur (S. Scherneck) in der Abteilung Virologie des Zentralinstituts für Molekularbiologie in Berlin-Buch.

Im Ergebnis eines umfangreichen Forschungsprogramms zur Virusätiologie menschlicher Tumoren wurde von Graffi und Mitarbeitern 1973 aus menschlichen Fibroblasten ein D-Typ-Virus (PMF-Virus) isoliert. Die biochemischen und morphologischen Analysen dieses Virus haben zur Charakterisierung der Gruppe der D-Typ-Retroviren beigetragen. Bemerkenswert sind auch Arbeiten des in der Geschwulstklinik tätigen Gynäkologen Professor Walter Eschbach aus den 60er Jahren. In Untersuchungen zur Klinik und Genese des Carcinoma colli uteri konnte er in Tumoren und ihren Entstehungsterrains „Nukleoproteine" nachweisen, die sich in vitro zellfrei unter Ausbildung zytopathischer Effekte übertragen ließen und daher als „onkogen-infektiöse Nukleoproteine" bezeichnet wurden. Aus heutiger Sicht könnte es sich um onkogene DNA-Viren gehandelt haben, d.h. um Papillom-Viren, deren Rolle bei der Entstehung von Cervix-Karzinomen nunmehr gesichert ist.

Virologische Arbeiten bestimmten auch weiterhin bis in die 80er Jahre das Forschungsprofil der Onkologie in Buch.

Die Arbeiten über Wechselwirkungen chemischer Kanzerogene mit Desoxyribonukleinsäuren und insbesondere über onkogene Viren veranlaßten Professor Graffi bereits 1961 zu einer für diese Zeit visionären Vorstellung über weitere Perspektiven der Krebforschung und andere medizinische Aufgaben. In einer Zeit, da „Gentherapie" praktisch noch kein Thema war, führte er in einer 1962 publizierten Arbeit „Zu einigen Fragen der experimentellen Erforschung der Krebsätiologie" in der Zeitschrift „Medicamentum"

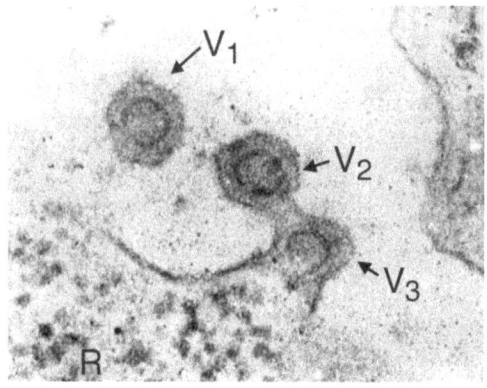

Abb. 101.
Virus der murinen myeloischen Leukämie (Graffi-Virus) in verschiedenen Stadien (V1-V3) des Bildungsprozesses („budding") an der Zellmembran. R: Ribosomen. Aufnahme Dr. D. Bierwolf, 1962.

(Heft 12, 1962, S. 358-365) u.a. aus: *„Die begründete Annahme, daß der malignen Entartung eine in den Nukleinsäuren verankerte, durch Virusinfektion oder Mutation bedingte abnorme genetische Information zugrunde liegt, läßt daran denken, daß in fernerer Zukunft eine kausale Therapie des Krebses sowie von Virus- und Erbkrankheiten evtl. mittels natürlicher oder synthetischer Polynukleotide mit gelenktem Informationsgehalt (Basensequenz) im Sinne einer Substitution, Interferenz oder Gegeninformation (Code- oder Matrizentherapie; Antivirus) möglich werden könnte. Wichtigste Voraussetzung ist allerdings eine genaue Analyse der abnormen genetischen Informationen in den Nukleinsäuren bei den genannten Erkrankungen".*

Zu einem weiteren Schwerpunkt der onkologischen Forschung in Berlin-Buch entwickelte ab 1963 Dr. Günter Pasternak die Tumorimmunologie. Der Nachweis tumorassoziierter Transplantationsantigene in chemisch induzierten Hautkarzinomen und UV-induzierten Sarkomen sowie die Charakterisierung antigener Eigenschaften virusinduzierter

Leukämien gehören zu international anerkannten Forschungsergebnissen dieser Gruppe.

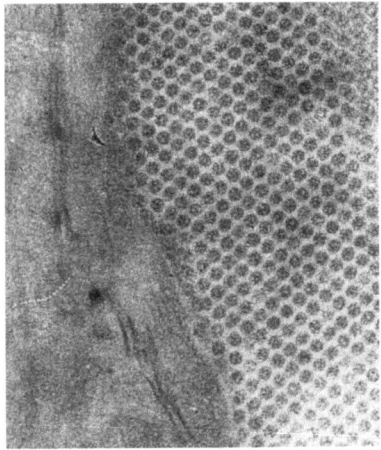
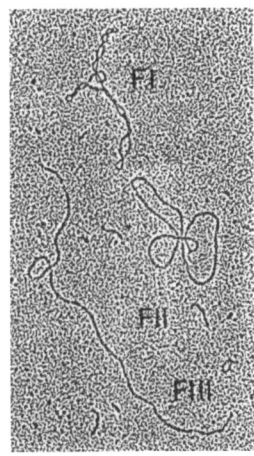
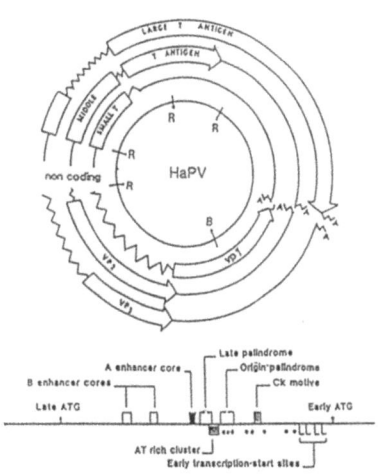

Abb. 102.
*Graffi-Hamster-PaPoVa-Virus.
Links: Elektronenmikroskopische Abbildung kristallartiger Anordnungen des Virus in einer Tumorzelle (Aufnahme Dr. Inge Graffi, 1967); Mitte: Verschiedene Konformere isolierter Virus-DNA (Aufnahme Dr. F. Vogel, 1982); rechts: Genetische Karte (oben) und Schema der nichtkodierenden Region (unten) der Virus-DNA (nach Dr. S. Scherneck, 1985).*

Wie bereits erwähnt, oblagen Instituten in der DDR sog. Leitfunktionen für wissenschaftliche und wissenschaftsorganisatorische Aufgaben (s. S. 100). Daher wurde 1976 auch das „Krebsregister der DDR" an das Zentralinstitut für Krebsforschung angegliedert. Dieses Krebsregister geht auf die 1952 in der DDR erlassene „Verordnung zur gesetzlichen Meldepflicht" im Zusammenhang mit der „Verordnung zur Behandlung von Geschwulstkrankheiten" zurück. Dafür wurde 1953 zunächst in der Geschwulstklinik der Berliner Charité eine Abteilung für Statistik der Geschwulstkrankheiten eingerichtet. Aufbau und Leitung dieser Dokumentation als Krebsregister, vorerst noch als „Zentralabteilung für die Statistik der Geschwulstkrankheiten" bezeichnet, lag in der Hand von Dr. Gustav Wildner von der Geschwulstklinik des Bucher Instituts für Medizin und Biologie. Später wurde das Register dem „Institut für Planung und Organisation des Gesundheitsschutzes" des Ministeriums für Gesundheitswesen (MfG) angegliedert und am 1. Januar 1965 als selbständige Abteilung direkt dem MfG unterstellt. Am 17. Mai 1965 veröffentlichte der Ministerrat der DDR eine überarbeitete „Verordnung zur Verbesserung der Behandlung von Geschwulstkranken", die auch die Meldepflicht von Krebserkrankungen beinhaltete. Bereits im ersten Jahr wurden mehr als 40 000 Fälle erfaßt. Am 1. Januar 1976 wurde, wie erwähnt, das Krebsregister an das Zentralinstitut für Krebsforschung in Buch überführt. Zu diesem Zeitpunkt waren 1,4 Millionen Fälle an Neuerkrankungen erfaßt. Das Register stand auch der klinischen und experimentellen Krebsforschung zur Verfügung, woraus sich u.a. auch die epidemiologische Krebsforschung entwickelte. Leider wurde das Krebsregister im Rahmen der Abwicklungen im Einigungsprozeß 1990/91 zunächst geschlossen.

Ein weiterer, bereits durch die Arbeiten von Timoféff-Ressovsky in Buch (s. S. 55) und durch Aufgaben der Geschwulsttherapie vor allem von Professor Walter Friedrich begründeter Forschungsschwerpunkt im Institut für Medizin und Biologie, insbesondere in der Geschwulstklinik und der Abteilung Biophysik, war die Strahlenbiologie. (Über die frühen Arbeiten in der biophysikalischen Abteilung s. S. 74). 1957 wurde in der Geschwulstklinik eine Abteilung für Strahlenbiologie gegründet, um, gemeinsam mit der Abteilung für Biophysik, die Arbeiten zur Strahlentherapie von Tumoren einschließlich der theoretischen Grundlagen weiter zu entwickeln. 1961 wurde sodann in der Klinik eine Arbeitsgruppe Klinische Strahlenphysik aufgebaut, die Programme zur individuellen Bestrahlungsplanung entwickelte. Unter Leitung des Radiologen Prof. Dr. Hans-Jürgen Eichhorn von der Robert-Rössle-Klinik wurden in Zusammenarbeit mit dem Bereich Strahlenbiophysik des Zentralinstituts für Molekularbiologie in Buch und dem Akademie-Zentralinstitut für Kernforschung in Rossendorf bei Dresden ab 1972 erstmals in Deutschland schnelle Neutronen in das Strahlentherapieprogramm von Geschwülsten einbezogen, nachdem erste Versuche von R. S. Stone bereits 1932 in England wegen noch fehlender Kenntnisse über die biologische Wirkung von Neutronen und mangelhafter Dosimetrie fehlgeschlagen waren. In diesem Zusammenhang sei hier nochmals auf die Arbeiten von Karl Günter Zimmer mit Neutronen 1939 in der genetischen Abteilung im Kaiser-Wilhelm-Institut für Hirnforschung in Berlin-Buch hingewiesen, aus denen er schon damals physikalisch begründete Konzepte für die Anwendung von Neutronenstrahlen in der Krebstherapie abgeleitet hatte (s. S. 58). Im Zeitraum von April 1972 bis Mai 1995 wurden 1035 Patienten der Robert-Rössle-Klinik in Rossendorf mit Neutronenstrahlen behandelt und aus den Ergebnissen klinisch wichtige Schlußfolgerungen für den Einsatz von Neutronen bei Bronchial-, Ösophagus-, Parotis-, Magen- und verschiedenen Weichteiltumoren abgeleitet.

Strahlenbiologische Arbeiten wurden weiterhin im Bereich Strahlenbiophysik des Bucher Instituts für Biophysik (s. hierzu S. 88), ab 1972 im Zentralinstitut für Molekularbiologie durchgeführt, und zwar über strahleninduzierte DNA-Schäden und deren intrazelluläre Reparatur nach Einwirkung energiereicher Photonen (mit Hilfe des Kaskadengenerators in Berlin-Buch), leichter Atomkerne und schneller Neutronen (mit Hilfe des Zyklotrons in Rossendorf) sowie schwerer Atomkerne (mit Hilfe des Schwerionenbeschleunigers in Dubna).

Die Arbeiten in der Abteilung Pharmakologie unter Leitung von Professor Friedrich Jung, der sich kaum Aufgaben der Krebsforschung widmete, waren seit Beginn der 50er Jahre hauptsächlich auf Untersuchungen an Erythrozyten und Hämoglobinen orientiert, und zwar zunächst im wesentlichen mit seinem Mitarbeiter Dr. Werner Scheler, ab 1979 Präsident der Akademie der Wissenschaften der DDR. Die Ergebnisse der Studien am roten Blutfarbstoff führten u.a. zu Strukturvergleichen der Hämoglobine verschiedener Tierarten und insbesondere zur Ableitung von Modellen über molekulare Grundlagen der Wechselwirkung von Proteinen mit Liganden. Diese Untersuchungen waren Ausgangspunkt für enzymologische Arbeiten, insbesondere über das Monooxygenasesystem hinsichtlich der Organisation seiner Komponenten in Membranen des endoplasmatischen Retikulums sowie der Aufklärung molekularer Regulationsmechanismen für Biotransformationsprozesse durch Professor Klaus Ruckpaul und Mitarbeiter. Mit Beginn der 60er Jahre wurde durch Friedrich Jung im Institut für Pharmakologie die Peptid-Wirkstoffchemie (insbesondere von Peptiden mit Heterobestandteilen) eingeführt, die dann vor allem von seinen Schülern Dr. Peter Oehme und Dr. Hartmut Niedrich ausgebaut wurde.

Durch Professor Kurt Repke wurde ab 1958 die Herzglykosidforschung zu einem weiteren Schwerpunkt pharmakologisch-enzymologischer Arbeiten. Untersuchungen über Stoffwechsel und Struktur-Wirkungs-Beziehungen von Herzglykosiden führten zu einem synthetisch abgewandelten, klinisch genutzten Herzglykosid und zum Nachweis, daß alle

Angew. Chemie. Int. Ed. Engl. **1995**, *34*, 282-294

REVIEWS

Digitalis Research in Berlin–Buch—Retrospective and Perspective Views**

Kurt R. H. Repke,* Rudolf Megges, Jürgen Weiland, and Rudolf Schön

aktiven Herzglykoside durch Hemmung der Na,K-Membran-ATPase therapeutisch wirken. Weiterhin wurden Modellvorstellungen über den Mechanismus der ATP-Synthase hinsichtlich der Energiegewinnung bei der zellulären Atmung entwickelt.

Aufbauend auf Arbeiten über Proteinelektrochemie, Enzymmodelle sowie Enzymimmobilisierungen wurden von Professor Frieder Scheller und Mitarbeitern seit 1975 Arbeiten zur Entwicklung von Biosensoren durchgeführt, in deren Verlauf Systeme für die Bestimmung verschiedener Stoffe entwickelt wurden (u.a. für Glukose, Laktat und Harnsäure). Mit der Abteilung Wissenschaftlicher Gerätebau des Zentralinstituts für Molekularbiologie wurden Prototypen von Laboranalysatoren zur Blutzuckerbestimmung konstruiert und gebaut, die in die industrielle Produktion überführt wurden und u.a. von der Fa. Eppendorf Hamburg vertrieben werden.

Besondere Aufmerksamkeit verdienen theoretische Arbeiten von Professor Jens Reich über die mathematische Analyse und Beschreibung gekoppelter Enzymreaktionen im Energiestoffwechsel der Zelle, die zu neuen Erkenntnissen über Zeithierarchien und zur Rolle chaotischer Zustände in Systemen biochemischer Reaktionen führten.

Mit Beginn der 60er Jahre differenzierten sich aus der klassischen biochemischen Forschung zunehmend zell- und molekularbiologische Themen heraus. Es war international die Zeit, in der Fragen der DNA-Replikation und der Transkription sowie Probleme der biologischen Eiweißsynthese mit Ribosomen, Transfer-RNA und Messenger-RNA einschließlich Entschlüsselung des genetischen Codes auf der Tagesordnung standen und die ersten Wachstumsfaktoren entdeckt wurden, Themen also, die auch in verschiedenen Gruppen in Buch bearbeitet wurden. Genannt seien die Arbeiten über onkogene Viren und Virusnukleinsäuren (A. Graffi), über Phagen und Mutagenese (E. Geißler), über Antimetabolite des DNA-Stoffwechsels, die zur Entwicklung neuer Kanzerostatika und Virostatika führten (P. Langen), sowie über die Ribosomenbiogenese (R. Lindigkeit). Mit der Bildung einer interdisziplinär orientierten und interinstitutionell organisierten „Problemkommission Nukleinsäuren und Viren" 1962 durch P. Langen, R. Lindigkeit, E. Geißler, E. Bender und H. Bielka wurden diese Entwicklungen in Buch in Richtung Molekularbiologie wesentlich gefördert. In den 70er und 80er Jahren waren Untersuchungen über wachstumsregulierende Faktoren, die zur Entdeckung eines MDGI genannten Wachstumshemmstoffs führten (P. Langen, R. Grosse; später von anderen Gruppen als Induktor von Differenzierungsprozessen und Produkt eines Tumorsuppressor-Gens beschrieben), über Gene onkogener Viren (S. Scherneck, V. Wunderlich), über die Struktur und funktionelle Organisation des Eukaryontenribosoms (H. Bielka und Mitarbeiter), über den intrazellulären Proteintransport (T. Rapoport), über die Struktur des Chromatins (R. Lindigkeit), über Streßproteine (H. Bielka und Mitarbeiter), über die pränatale Diagnostik genetisch bedingter Krankheiten (z. B. Phenylketonurie [PKU], Cystische Fibrose [CF], Duchenne/Beckersche Muskeldystrophien [DMD/BMD]) (Ch. Coutelle, A. Speer) sowie über den vektorvermittelten Gentransfer und Studien zur Gentherapie (M. Strauss) beherrschende Themen der molekular- und zellbiologischen Forschung in Buch. Diese Arbeiten führten in den 80er Jahren auch zum Einsatz neuer Techniken der Nukleinsäureforschung sowie der Gentechnologie. Von H. Sklenar wurden neue theoretische Ansätze zur Beschreibung und Modellierung von Biopolymerstrukturen entwickelt, aus denen in Zusammenarbeit mit Dr. R. Lavery (Paris) international eingeführte Programmsysteme entstanden, die es ermöglichten, sequenzabhängige Feinstrukturmodelle für Nukleinsäuren abzuleiten und in Computerexperimenten die Dynamik und erkennungsspezifische Mechanismen der Wechselwirkungen von Molekülen zu simulieren.

Ab 1956 wurden unter der Leitung von Professor Wollenberger biochemische und zellbiologische Arbeiten auf dem Gebiet der experimentellen Kardiologie zu einer weiteren profilbestimmenden Forschungsrichtung. Entscheidend für biochemische Untersuchungen des Herzstoffwechsels war die von ihm und Mitarbeitern Ende der 50er Jahre eingeführte ultraschnelle Frier-Stopp-Technik („Wollenberger-Clamp"-Verfahren; s. Abb. 103), mit deren Hilfe die augenblickliche Kryofixierung von Geweben, d.h. eine artefaktfreie Erfassung von

Abb. 103.
Würdigung der 1960 von A. Wollenberger, O. Ristau und G. Schoffa entwickelten „Clamp-Technik".

Metaboliten und damit der Zugang zur Analyse des Energiestoffwechsels des schlagenden Herzens ermöglicht wurde. Mitte der 60er Jahre gelang der Nachweis der Freisetzung von Neurotransmittern sowie der Aktivierung der Katecholaminkaskade im Herzen bei akuter Ischämie. Die Entdeckung von Oszillationen im cAMP- und cGMP-Gehalt während eines einzelnen Kontraktions-Erschlaffungs-Zyklus war für das Verständnis der Regulation der Pumpfunktion des Herzens durch Phosphorylierung/Dephosphorylierung regulatorischer Proteine von Bedeutung. Daneben leistete die Bucher Herzforschungsgruppe wichtige Beiträge zu Fragen des Energiestoffwechsels bei Sauerstoffmangel (Modell für den Herzinfarkt), des Herzwachstums und der Herzhypertrophie sowie zur neurohumoralen und hormonalen Steuerung von Kontraktion und Erschlaffung des Herzens. Für zellbiologische, pharmakologische und biochemische Untersuchungen war die Entwicklung von Verfahren zur Isolierung und Kultivierung spontan pulsierender Herzmuskelzellen wichtig, wodurch u.a. Autoantikörper gegen ß-Adrenozeptoren nachgewiesen werden konnten, ein Befund, der für die Funktionsdiagnostik bzw. Bewertung von Kardiomyopathien von klinischer Bedeutung ist. Mit in vitro kultivierbaren pulsierenden Herzmuskelzellen wurden auch Testprinzipien entwickelt, durch deren Nutzung Tierexperimente abgelöst werden können. Durch Nachweis der herztypischen Isoform BB der Muskelglykogenphosphorylase im Serum nach Herzinfarkt mit Hilfe monoklonaler Antikörper wurde ein neues Prinzip der Infarktdiagnostik in die medizinische Praxis eingeführt.

Schwerpunkt der wissenschaftlichen Arbeiten in der Klinik des Zentralinstituts für Herz-Kreislaufforschung waren Untersuchungen über die Ätiologie und Pathogenese der Hypertonie, insbesondere über Beziehungen zum Diabetes mellitus, über Stoffwechselverhalten und Hämodynamik unter Stress bei Hypertonikern, über die Rolle des Zentralnervensystems bei der Hypertonieentstehung sowie über nichtmedikamentöse Behandlungsverfahren. Studien zur Epidemiologie sowie zur juvenilen Hypertonie und über andere kardiovaskuläre Risikofaktoren im Kindes- und Jugendalter führten zu einem Hypertonie-Bekämpfungsprogramm, das zu Beginn der 80er Jahre in der DDR eingeführt wurde. Das Zentralinstitut für Herz-Kreislaufforschung beteiligte sich damit auch an internationalen Projekten, u.a. auch der Weltgesundheitsorganisation (WHO) (s. S. 102).

4.4. Wissenschaftspolitischer Exkurs

Nach dem Zweiten Weltkrieg wurde in der damaligen Sowjetischen Besatzungszone (SBZ), ab 1949 DDR, der Aufbau der naturwissenschaftlichen und medizinischen Wissenschaften im wesentlichen durch sog. bürgerliche Wissenschaftler geprägt, so auch in der 1946 gegründeten Deutschen Akademie der Wissenschaften zu Berlin sowie im 1946 geplanten und 1947 in Berlin-Buch gegründeten Institut für Medizin und Biologie. Für Buch stehen dafür Namen wie Karl Lohmann, Robert Rössle, Pascual Jordan, Theodor Brugsch, Otto Warburg, Karl Friedrich Bonhoeffer, Hans Nachtsheim, Ernst und Helmut Ruska und Walter Friedrich. Sie gestalteten die Wissenschaft nach ihrem Selbstverständnis als Wissenschaftler und Ärzte. Die wissenschaftlichen Arbeiten wurden frei, d.h. allein nach wissenschaftlichen Kriterien, Erkenntnissen und Zielen bestimmt. Formales Planungs- und Berichtswesen waren minimal, Eingriffe von Staat, Politik und Wirtschaft gab es zunächst kaum, es galt vielmehr das Prinzip des Vertrauens in die Wissenschaft und Wissenschaftler. Politik, etwa gar Parteipolitik, spielte vorerst keine Rolle, und Parteigruppen der Sozialistischen Einheitspartei Deutschlands (SED) gab es Ende der 40er Jahre im Institut noch nicht. Nach Gründung solcher Gruppen anfangs der 50er Jahre traten diese jedoch zunächst kaum in Erscheinung und spielten praktisch keine Rolle. Mitgliedschaft in der SED war kein Kriterium für die Einstellung von Mitarbeitern. Noch in der ersten Hälfte der 50er Jahre traten viele Mitarbeiter, vor allem Wissenschaftler, aus der SED aus, und zwar zunächst ohne Folgen für ihre Tätigkeiten im Institut und weitere akademische Entwicklungen. Von den leitenden Mitarbeitern des Instituts für Medizin und Biologie war in den frühen 50er Jahren keiner in der SED, einer gehörte sogar zu den „Ausgetretenen" bzw. „Ausgeschlossenen". In einem Dokument zur Bewertung der Parteiarbeit (gemeint ist die SED) in der Akademie vom 27. Oktober 1953 stellten die Autoren, u.a. der Direktor der Akademie Dr. Hans Wittbrodt fest, daß es *„die Parteiorganisation an der Akademie bisher noch nicht verstanden hat, die führende Rolle der Partei zu verwirklichen".* Und noch am 27. Dezember 1957 beurteilte die Abteilung Wissenschaft des Zentralkomitees (ZK) der SED, *„daß der Einfluß der Partei auf die Leitung der Akademie und in den Instituten noch unzureichend ist, daß verschiedene Wissenschaftler - darunter leitende Genossen - sich gegen die Vermischung von wissenschaftlicher Tätigkeit und parteipolitischer Einwirkung verwahren ...".* Weiter hieß es: *„Es werden Überlegungen angestellt, wie diese Sachlage über die Personalpolitik und wissenschaftsorganisatorische Maßnahmen geändert werden sollte".*

So erlangte die SED Ende der 50er Jahre mit einem hauptamtlichen Parteisekretär zunehmend Einfluß im Institut für Medizin und Biologie. Aber noch 1960 war im Bucher Institut keiner der sechs Leiter der wissenschaftlichen Bereiche des Instituts in der SED, und von den acht Direktoren der zur Forschungsgemeinschaft der Naturwissenschaftlichen, Technischen und Medizinischen Institute der Akademie gehörenden Institute waren 1960 lediglich zwei Mitglied der SED, nämlich die ärztlichen Direktoren der beiden Bucher Akademiekliniken. Nach der Akademiereform, d.h. 1972/73, waren von sieben Direktoren der Institute des Forschungszentrums für Molekularbiologie und Medizin der nunmehr „Akademie der Wissenschaften der DDR" vier Mitglied in der SED, darunter die drei Direktoren der Zentralinstitute in Berlin-Buch.

Das wissenschaftliche Klima in dem 1953/54 mit etwa 380 Mitarbeitern (einschließlich technischem sowie Verwaltungs- und Versorgungspersonal in der Klinik) relativ kleinen Institut unter Leitung eines Direktors für alle Bereiche, bestimmt auch noch durch viele verbindende Schwierigkeiten der Nachkriegszeit, war insgesamt liberal sowie durch menschliche Gemeinsamkeiten und konstrukives wissenschaftliches Miteinander gekennzeichnet, am besten mit dem Begriff „Gemeinschaftssinn" zu charakterisieren. Mit dem Wachstum des Instituts vor allem in der zweiten Hälfte der 50er Jahre, in der auch weitere wissenschaftliche Einrichtungen hinzukamen (s. S. 80, 83), traten jedoch zunehmend Probleme in der Zusammenarbeit auf, die insbesondere auch im Direktorium deutlich wurden. Wesentliche Ursachen waren sehr unterschiedliche Meinungen über grundsätzliche Fragen von Forschungsstrategien, wobei vor allem die Bewertung der Bedeutung von klinischer und experimenteller Forschung und daraus abgeleitete Forderungen für Investitionen eine zentrale Rolle spielten. Auch sich unterschiedlich entwickelnde Persönlichkeitscharaktere sowie Versuche der Einflußnahme von außen auf Forschungsprogramme und Strukturen wirkten sich negativ aus. Etwa 1960 hatte das Institut für Medizin und Biologie eine überschaubare und leitbare kritische Masse überschritten. Mit der Gründung der Institute 1961 aus den bis dahin bestehenden Abteilungen bzw. Bereichen entwickelte sich dann mehr und mehr subjektiv bestimmtes institutspartikularistisch ausgeprägtes Denken und Handeln im Kampf um Forschungsinhalte, Mittel und Stellen. Mangel an Kooperations- und Integrationsbereitschaft machte sich breit. Die auf Seite 88 beschriebene Ausgliederung des Instituts für Biophysik aus dem Institutsverband des Fachbereichs Medizin der Akademie 1964 steht als ein Beispiel dafür.

Am 16. Mai 1957 beschloß das Plenum der Akademie die Gründung der Forschungsgemeinschaft der Deutschen Akademie der Wissenschaften zu Berlin als Vereinigung der naturwissenschaftlichen, medizinischen und technischen Institute, die sich am 1. Juli 1957 konstituierte. Durch diese Maßnahme wurde die Akademie in eine Institutsvereinigung und eine Gelehrtengemeinschaft gespalten und die wissenschaftlichen Klassen der Akademie hinsichtlich ihrer Verantwortung für die Institute entmachtet. Dadurch wurde auch die Rolle und Bedeutung vieler älterer Akademiemitglieder der bürgerlichen Generation geschwächt, so z. B. der Bucher Mitglieder Karl Lohmann und Walter Friedrich als Institutsdirektoren. Mit Professor Hans Gummel hatten die Bucher Institute jedoch einen Vertreter im Vorstand der Forschungsgemeinschaft, der, obwohl Mitglied der SED, Wissenschaft vor Parteidirektiven stellte.

Ein in vielerlei Hinsicht einschneidendes Ereignis war der Bau der Mauer 1961 zwischen der DDR und der Bundesrepublik, zwischen Ostberlin und Westberlin. Wie aus allen Bereichen der DDR-Bevölkerung verließen durch Flucht ständig auch Mitarbeiter des Bucher Akademieinstituts die DDR. Die Quote stieg von ca. 2% 1957 bis auf ca. 3% 1960 (bei zu dieser Zeit etwa 700 bis 800 Mitarbeitern), ein Wert, der der sog. Republikflucht in anderen medizinisch-biologischen Akademieinstituten entsprach. 1962 verließen noch 64 Mitarbeiter (etwa 6%) das Institut, darunter 15 Wissenschaftler und Ärzte. Durch den weiteren Ausbau der „Sicherungsmaßnahmen" an der deutsch-deutschen Grenze wurde die Flucht zunehmend nahezu unmöglich gemacht. Da Staat und Partei nunmehr auf politisch und ökonomisch bedingte Abwanderungen von Menschen aus der DDR durch Flucht kaum noch Rücksicht nehmen mußten, wurden auch Kongreßbesuche in der Bundesrepublik Deutschland (kurz BRD im DDR-Sprachgebrauch) und im kapitalistischen Ausland, KA wie es hieß, eingeschränkt. Auch Besuche von Wissenschaftlern aus der BRD, insbesondere aus Westberlin (offizielle Bezeichnung in der DDR Berlin-West), und dem KA wurden mehr und mehr erschwert bzw. sogar unmöglich gemacht.

In der zweiten Hälfte der 60er Jahre wurden in allen wissenschaftlichen Bereichen der DDR, so auch in den Bucher Instituten, Kampagnen eingeleitet, Wissenschaftler und Ärzte zum Austritt aus wissenschaftlichen Gesellschaften zu veranlassen, die als gesamtdeutsch galten bzw. historisch bedingt in der Bunderepublik angesiedelt waren. Dazu gehörten beispielsweise die bekannte „Gesellschaft Deutscher Naturforscher und Ärzte", die „Gesellschaft für Physiologische Chemie", die „Gesellschaft für Krebsforschung" sowie zahlreiche andere medizinische und naturwissenschaftliche Fachgesellschaften. Obwohl von verschiedenen Institutsleitungen versucht wurde, diese Aktionen mit Druck durchzusetzen, gab es noch gewisse Freiräume, die Mitgliedschaften zu erhalten. Insgesamt kam es aber doch zu einem weiteren Bruch in den Wissenschaftsbeziehungen zwischen der Bundesrepublik Deutschland und der DDR. Die Folgen waren weiter zunehmende Isolierungen der DDR-Wissenschaft von der westdeutschen und der internationalen „Scientific community".

Die Situation verschärfte sich weiter, als mit Beginn der 70er Jahre der sog. „Reisekaderstatus" eingeführt wurde, ein Klassifizierung von Wissenschaftlern in solche, die ohne größere Schwierigkeiten und solche, die nur mit Sondergenehmigungen oder gar nicht in das „westliche Ausland" bzw. KA reisen durften. Diese Regelung, die für alle staatlichen Bereiche in der DDR galt, war eine weitere Ursache für politischen Unmut und förderte gleichermaßen opportunistische wie oppositionelle Haltungen.

Die Abgrenzung der DDR insbesondere von der Bundesrepublik durch den Mauerbau führte auch zu einer verstärkten Einflußnahme der SED-Politik in den Instituten. So kam auch die SED-gelenkte sog. Kaderpolitik mehr und mehr zur Wirkung. 1965 mahnte die Parteileitung der Akademie der Wissenschaften eine systematische Kaderplanung an. Mitgliedschaft in der SED wurde nunmehr zu einem wesentlichen Kriterium für Förderungen und Besetzung von Leitungsfunktionen. Immerhin war es aber ausgewiesenen Wissenschaftlern der „Gründerzeit" nach 1945 zunächst noch möglich, einige ihrer parteilosen Schüler in leitende Positionen überführen zu können. So wurden in Buch 1964 zwei der durch das Ausscheiden der Professoren Lohmann (Biochemie), Negelein (Zellphysiologie) und Lange (Biophysik) freigewordenen drei Direktorenpositionen durch parteilose Wissenschaftler besetzt, von denen einer 1955 sogar aus der SED ausgetreten war. Später wurden Direktorenstellen in Buch allerdings nur noch mit SED-Mitgliedern besetzt.

In den 60er Jahren wuchs die Anzahl der SED-Mitglieder in den Bucher Instituten und dementsprechend auch die Machtstellung der Parteigruppen, zumal der Druck durch die am 16. April 1969 gegründete zentrale Parteileitung der Akademie im Status einer SED-Kreisleitung auf die Institute größer wurde. Der 1. Sekretär der SED-Kreisleitung wurde sogar Mitglied im Präsidium der Akademie. 10 Jahre nach dem Mauerbau waren bereits 115 der damals etwa 1520 Mitarbeiter der Bucher Institute und technischen Einrichtungen Mitglied der SED (ca. 7,5%). Zwischen 1975 und 1980 betrug der Anteil an SED-Mitgliedern etwa gleichbleibend 11 bis 12%. In den 80er Jahren war in einigen Einrichtungen jedoch nochmals eine Zunahme von SED-Mitgliedschaften zu

verzeichnen. So verdoppelte sich z. B. im Zentralinstitut für Krebsforschung im Zeitraum von 1978 bis 1987 durch entsprechende Neueinstellungspolitik von Seiten der Institutsleitung die Zahl der Mitglieder der SED auf etwa 70. In der Akademie insgesamt betrug 1984 der Anteil der etwa 4430 SED-Mitglieder 20%.
Die zunehmende Abgrenzung der DDR nach dem Mauerbau 1961 führte zu Autarkiebestrebungen auch in der Wissenschaft, zur sog. „Störfreimachung", was für die experimentellen naturwissenschaftlich-medizinischen Wissenschaften u.a. bedeutete, selbst auch Forschungshilfsmittel (Chemikalien, Kleingeräte) für den Eigenbedarf herzustellen. Dieses Programm wurde später, d.h. in den 80er Jahren, sogar noch mit der Auflage verbunden, auch für den Export zu produzieren, um Devisen (Valutamark) zu erwirtschaften. So waren 1985 allein im Bucher Zentralinstitut für Molekularbiologie ca. 60 Mitarbeiter damit beschäftigt, Fein- und Biochemikalien für den Institutsbedarf sowie für den Verkauf herzustellen. Dadurch wurden zahlreiche Wissenschaftler und qualifizierte technische Kräfte unter dem Niveau ihrer fachlichen Ausbildung mit Routine- und Produktionsaufgaben beschäftigt, und das teilweise auch noch unter schlechten Bedingungen, so daß nur begrenzt für die Forschung geeignete Produkte gewonnen werden konnten. Der Erwirtschaftung von Devisen diente auch ein Programm, dessen Abkürzung IMEX für *Im*materiellen *Ex*port steht. Dazu gehörten z.B. die klinische Erprobung neuer Arzneimittel von Pharmafirmen, Gerätetestungen und die „hochspezialisierte" Betreuung von Patienten in den Kliniken für Valuta-Mark.
In der Akademieleitung, in der in Buch angesiedelten Leitung des 1972 gegründeten Forschungszentrums für Molekularbiologie und Medizin (FZMM) (Nachfolgeeinrichtung des 1968 gegründeten Forschungsbereichs Medizin und Biologie der Akademie; s. S. 117) und den Bucher Zentralinstituten wurden in den 70er Jahren hauptamtlich sog. „Beauftragte für Auswertung und Kontrolle" eingesetzt. Hierbei handelte es sich um Mitarbeiter, die formal zwar der Akademie bzw. den Instituten angehörten, funktionell und operativ jedoch Aufgaben des Ministeriums für Staatssicherheit (Stasi) wahrnahmen. Ihre Tätigkeit bestand darin, ihre Auftraggeber über Situationen und Probleme in den Instituten, über politische Meinungen der Mitarbeiter und ihre Kontakte zu Wissenschaftlern und Instituten in der Bundesrepublik Deutschland und im westlichen Ausland sowie über ausländische Institutsbesucher zu unterrichten.
Das zunehmende Machtbestreben der SED wird auch dadurch dokumentiert, daß auf allen Leitungsebenen, vom Akademiepräsidium über Forschungsbereiche bis hinein in die Institute Sekretäre der SED Mitglieder in den entsprechenden staatlichen Leitungen wurden. Somit konnte die SED Einfluß auf Institutsangelegenheiten nehmen und damit Parteibeschlüsse durchsetzen. Durch Verlangen von Parteileitungen wurden wissenschaftliche Themen, insbesondere der angewandten industriebezogenen Forschung, unter „Parteikontrolle" gestellt, d. h., Leiter wissenschaftlicher Einrichtungen waren gehalten, Parteifunktionären, die zum Teil fachlich dafür gar nicht geeignet waren, über Forschungspläne und Ergebnisse zu berichten.
Mit den in den 60er Jahren sich zunehmend entwickelnden systembe-

dingten politischen und ökonomischen Schwierigkeiten übten Regierung und SED auch zunehmend Druck auf die Akademie der Wissenschaften aus, durch organisatorische und inhaltliche Neuorientierungen an der Lösung wirtschaftlicher Probleme mitzuwirken. Nachdem es schon 1953 von Seiten der Staatsführung erste Orientierungen für die Akademie zum Wirksamwerden ihrer Einrichtungen in der volkswirtschaftlichen Praxis gegeben hatte, wurde in einem Ministerratsbeschluß vom 18. Mai 1955 für die zukünftigen Aufgaben der Akademie u.a. folgendes gefordert: *„Die Klassen, Sektionen und Institute der Akademie sollen unter Teilnahme von Vertretern der Ministerien neue Formen und Methoden der wissenschaftlichen Zusammenarbeit finden, die in speziellen Arbeitsplänen zwischen den wissenschaftlichen Institutionen und denen der Praxis festgelegt werden. Hierdurch soll die Anwendung wissenschaftlicher Ergebnisse in der Praxis sicherer und schneller gewährleistet werden".* Damit wurde auch darauf orientiert, das internationale wissenschaftliche Niveau zu erreichen und den Stand der westdeutschen Wissenschaft zu überflügeln. Zur Realisierung dieser Pläne hinsichtlich Steuerung der Wissenschaft und Überführung von Forschungsergebnissen in die praktische Nutzung wurden sog. Staatsaufträge eingeführt. Mit der Gründung der Forschungsgemeinschaft der naturwissenschaftlichen, technischen und medizinischen Institute der Akademie 1957 (s. auch S. 113) wurden die Orientierungen der Akademie auf Bedürfnisse volkswirtschaftlicher Entwicklungen weiter unterstrichen. Dem Kuratorium der Forschungsgemeinschaft gehörten auch Vertreter der Staatsorgane und der Wirtschaft an.

Der weiteren Anbindung der Akademie an die Industrie dienten die vom Ministerrat der DDR am 19. Dezember 1957 erlassenen Richtlinien über die Einführung der Vertragsforschung. Nach dieser Regelung sollten von den Akademieinstituten industriefinanzierte Forschungsaufträge übernommen werden. Nachdem im Juni 1963 der Ministerrat der DDR das „Neue Ökonomische System der Planung und Leitung der Volkswirtschaft" (NÖSPL) verfügt hatte, erließ er am 27. Juni 1963 einen Beschluß über „Rolle, Aufgaben und die weitere Entwicklung der Deutschen Akademie der Wissenschaften zu Berlin". Damit erhielt die Akademie den Auftrag, langfristige Planungen der naturwissenschaftlich-technischen Forschung in Zusammenarbeit mit der Industrie zu übernehmen. Die Akademieinstitute wurden veranlaßt, durch die Industrie aus einem Fonds „Wissenschaft und Technik" finanziert praxisorientierte Themen zu bearbeiten.

Mitte der 60er Jahre wurde von verschiedenen staatlichen und politischen Stellen der DDR der gesellschaftliche Nutzen der biologischen Forschung in Frage gestellt. Durch Ausarbeitung einer „Biologieprognose" in den Jahren 1965/66 durch führende, auch international ausgewiesene Biowissenschaftler und Mediziner verschiedener Einrichtungen der DDR, in der praktische Nutzanwendungen biologischer Erkenntnisse und Methoden vor allem auch für die Medizin begründet wurden, konnten wesentliche Gebiete der biologisch-medizinischen Forschung in der DDR gerettet werden. In Frage gestellt wurde auch bald die Bedeutung der 1946 gegründeten „Deutschen Akademie der Wissenschaften zu Berlin" im Gesellschaftssystem der DDR. Immerhin war es die Zeit, in der „bürgerliche Wissenschaftler", die nicht der SED angehörten, in der Akademie noch wichtige Funktionen ausüben konnten, beispielsweise als Institutsdirektoren oder Klassensekretare. Aus dem medizinisch-biologischen Bereich stehen dafür Karl Lohmann, Kurt Mothes, Hans Stubbe und Hans Knöll.

Mit Anordnung vom 30. September 1968 wurde die „Auftragsgebundene Finanzierung der Forschung" eingeführt. Verbunden damit war das Ziel, *„die Tätigkeit der naturwissenschaftlich-technischen Einrichtungen der Deutschen Demokratischen Republik organisch in den volkswirtschaftlichen Reproduktionsprozeß einzubeziehen und die Forschungskapazitäten auf Ergebnisse zu orientieren, die [...] echten wissenschaftlichen Vorlauf für die Volkswirtschaft darstellen"*. Verbunden damit waren Neustrukturierungen in der Akademie: Die Institute wurden zu Forschungsbereichen zusammengefaßt. Die Bucher Institute wurden mit Akademieinstituten in Potsdam-Rehbrücke, Halle, Gatersleben und Jena im Forschungsbereich (FB) Medizin und Biologie unter Leitung von Professor Hans Gummel organisiert.

Eine Reform der Akademie stand also aus mehrfachen Gründen auf der Tagesordnung. In seiner Rede zum Leibniztag 1968 führte der Präsident der damals noch „Deutschen Akademie der Wissenschaften zu Berlin", Prof. Dr. Werner Hartke, u.a. aus: *„Diese drei hauptsächlichen Aspekte der Führungstätigkeit im Berichtszeitraum - Durchsetzung der auftragsgebundenen Forschung und der aufgabenbezogenen Finanzierung, Veränderungen des Leitungssystems sowie Organisierung des sozialistischen Wettbewerbs - haben in der Forschungsarbeit zu bemerkenswerten Fortschritten geführt"*. Der Vizepräsident, später Präsident der Akademie, Prof. Dr. Hermann Klare, erläuterte auf der gleichen Veranstaltung eine Akademiereform u. a. mit *„der Notwendigkeit, echte ökonomische Partnerbeziehungen vor allem mit der Industrie herzustellen"*. Weiterhin wurde von ihm ausgeführt: *„Die Deutsche Akademie der Wissenschaften arbeitet auf der Grundlage der von Partei und Regierung gefaßten Beschlüsse..."*. Und weiter: *„Das bedeutet erstens, daß Forschungsarbeiten künftig nur noch im gesellschaftlichen Auftrag durchgeführt werden dürfen, und zweitens, daß als Auftraggeber die Staats- und Wirtschaftsorgane ... fungieren werden"*.

In einem Beschluß des Staatsrates der DDR vom 12. März 1970 zur Durchführung der Akademiereform wurde u. a. gefordert, wissenschaftliche „Pionier- und Spitzenleistungen" zu erbringen, womit das Prinzip des Staatsratsvorsitzenden Walter Ulbricht „Überholen ohne einzuholen" verwirklicht werden sollte. Weiter wurde in dem o.g. Beschluß ausgeführt: *„...ist das Forschungspotential der Akademie komplex und mit hoher Effektivität in den gesellschaftlichen Reproduktionsprozeß einzubeziehen"*.

Am 14. Oktober 1969 wurde vom Politbüro der SED und am 5. November 1969 vom Ministerrat der DDR der Beschluß zum Aufbau der Großforschung in der DDR gefaßt. Für die biowissenschaftliche Forschung wurde 1970 das „Sozialistische Großforschungsvorhaben MOGEVUS" (*Mo*lekulare *G*rundlagen von *E*ntwicklungs-, *V*ererbungs- und *St*euerungsprozessen) gegründet (zunächst noch bescheiden Forschungsverband genannt) und bei der Akademie der Wissenschaften zur Erfüllung dieses Großprojektes das „Forschungszentrum für Molekularbiologie und Medizin" (FZMM) als Vereinigung der medizinisch-biologischen

Akademieinstitute gebildet (s. auch S. 94). Die Verantwortung für MOGEVUS, dem auch Einrichtungen der Universitäten und des Ministeriums für Gesundheitswesen zugeordnet wurden, oblag dem Leiter des FZMM der Akademie der Wissenschaften, Prof. Dr. Werner Scheler. Dieser erklärte am 3. Februar 1972, daß mit der Bildung des Forschungszentrums das gesamte biomedizinische Forschungspotential der Akademie durch eine einheitliche Leitung und Planung zu einer geschlossenen Forschungseinheit zu entwickeln sei. Für die Organisation der Bearbeitung komplexer Themen des Programms MOGEVUS wurden sog. Hauptforschungsrichtungen (HFR) gebildet, deren Leitung in der Verantwortung verschiedener Institute lag. Durch das Bucher Zentralinstitut für Molekularbiologie wurde die Hauptforschungsrichtung „Membranbiologie" koordiniert.

Die medizinischen Forschungsthemen wurden ab 1970/71 zunächst in „medizinischen Forschungsverbänden" zusammengefaßt. Auf Grund eines Beschlusses des Politbüros des Zentralkomitees (ZK) der SED vom 16. Januar und des Ministerrates vom 24. Januar 1980 zur „Analyse der medizinischen Forschung und ihrer Entwicklung bis 1990" wurden medizinische „Hauptforschungsrichtungen" gebildet, die dem Ministerium für Gesundheitswesen (MfG) zugeordnet und vom „Rat für Medizinische Wissenschaften" (Nachfolger des am 2. November 1962 gegründeten „Rates für Planung und Koordinierung der medizinischen Wissenschaften") beraten und ausgearbeitet wurden. Die HFR „Geschwulsterkrankungen" wurde durch den Direktor des Bucher Zentralinstituts für Krebsforschung geleitet (s. S. 100), während die Leitung für die HFR „Kreislaufforschung" nicht beim Bucher Zentralinstitut für Herz-Kreislaufforschung, sondern bei der Charité der Humboldt-Universität lag.

Die Hauptforschungsrichtungen der biomedizinischen Forschungsthemen wurden in der Nach-MOGEVUS-Ära, d.h. ab 1975, in dem bereits 1973 ausgearbeiteten Programm „Biowissenschaften einschließlich naturwissenschaftliche Grundlagen der Medizin" in der Verantwortung der Akademie der Wissenschaften zusammengefaßt. Drei Hauptforschungsrichtungen dieses Programms wurden durch Bereichsleiter des Zentralinstituts für Molekularbiologie koordiniert, und zwar „Struktur und Selbstorganisation von Polymeren" (HFR 1), „Membrantechnologie" (HFR 3) und „Realisierung genetischer Informationsbestände" (HFR 7). Weiterhin wurden Teilaufgaben der HFR „Enzymologie" und der HFR „Genetik" durch das ZIM betreut. Die Bucher Institute unterlagen also wechselnd mehrfacher Beaufsichtigungen und Koordinierungen, nämlich durch das Präsidium der Akademie der Wissenschaften, die Forschungsgemeinschaft, ab 1968 Forschungsbereich bzw. 1972 dem Forschungszentrum der Akademie, sowie durch verschiedene Räte wissenschaftlicher bzw. medizinischer Programme verschiedener Ministerien.

1972 fand die Reform der Deutschen Akademie der Wissenschaften zu Berlin formal ihren Abschluß mit der Umbenennung in „Akademie der Wissenschaften der DDR" zum 7. Oktober 1972, dem 23. Gründungstag der DDR. Mit der Akademiereform sollten neue, der Zusammenarbeit der Akademie mit der Industrie angepaßte Strukturen und Leitungskompetenzen geschaffen werden. Die Akademie, vertreten durch ihren Präsidenten, erhielt den Status eines Ministeriums, die Forschungsbereiche erhielten den Status von Industriekombinaten und die Zentralinstitute den von Industriebetrieben. Mit der Bildung der großen Zentralinstitute erhofften sich Staatsführung und Partei, für die Industrie attraktivere und juristisch gleichgestellte Partner geschaffen zu haben. Außerdem wurden in den meisten Fällen Mitglieder der SED als Direktoren eingesetzt. Im Zentralinstitut für Molekularbiologie wurde eine Arbeitsgruppe aus dem Institut für Biologische und Physiologische Chemie der Humboldt-Universität angesiedelt, deren Wissenschaftler zum größten Teil der SED angehörten, die in der Folgezeit auch SED-Parteisekretäre des Instituts stellten.

Der wachsende Einfluß und der Anspruch der führenden Rolle der SED in der Akademie und ihren Instituten wurde schließlich auch offiziell dokumentiert. Im „Statut der Akademie der Wissenschaften der DDR" wurde auf Beschluß des Ministerrates vom 28. Juni 1984 als Zusatz zum 1969er Statut u.a. ausgeführt: *„Die Akademie der Wissenschaften der DDR gestaltet ihre Tätigkeit auf der Grundlage der Beschlüsse der Sozialistischen Einheitspartei Deutschlands und der Regierung der Deutschen Demokratischen Republik".* Im Statut der Akademie von 1954, bestätigt vom Ministerrat der DDR am 17. Juni 1954, hieß es lediglich: *„Die Deutsche Akademie der Wissenschaften zu Berlin wird dem Ministerrat direkt unterstellt".*

Nachdem mit Verordnung des Ministerrates vom 23. August 1972 „Über die Leitung, Planung und Finanzierung der Forschung an der Akademie der Wissenschaften und an Universitäten und Hochschulen" das vorausgehend bereits erwähnte Prinzip der auftragsgebundenen Forschung und aufgabenbezogenen Finanzierung der Zusammenarbeit mit der Industrie von 1968 wieder aufgehoben worden war, da die damit verbundenen Ziele nicht erreicht wurden, gab es in den 80er Jahren wegen fortschreitender ökonomischer Schwierigkeiten erneut Auflagen, Akademie- und Universitätsinstitute verstärkt in die Bearbeitung von Industrieaufgaben einzubeziehen. Am 12. September 1985 erließ der Ministerrat der DDR dafür „Grundsätze für die Gestaltung ökonomischer Beziehungen der Kombinate der Industrie mit den Einrichtungen der Akademie der Wissenschaften und des Hochschulwesens". Am 12. Dezember 1985 folgte ein Regierungsbeschluß „Verordnung über die Leitung, Planung und Finanzierung der Forschung an der Akademie der Wissenschaften der DDR und an Universitäten und Hochschulen, insbesondere der Forschungskooperation mit den Kombinaten", die im Februar 1986 in Kraft trat. Es war die in dieser Hinsicht letzte Regelung und Verordnung von Seiten der DDR-Regierung der Vorwendezeit 1989/90. Die wiederum zunehmende Einbeziehung von Instituten der Akademie und Universitäten in die Bearbeitung wissenschaftlich kaum innovativer Aufgaben der Industrie, - 50 bis 60% der Kapazitäten der Institute sollten für praxisrelevante Aufgaben zur Verfügung gestellt werden - , führte in vielen Bereichen zu Zweckentfremdungen, Verlusten in der Grundlagenforschung und auch zu Demotivationen, zumal viele Industriebereiche für die Verwertung neuer Entwicklungen (Produkte, Verfahren) gar nicht aufnahmebereit oder -fähig waren, da sie mit Produktionsaufgaben ausgelastet waren sowie Wissenschaftler und Labors für Produktionseinführungen kaum zur Verfügung standen.

Trotz zahlreicher Versuche politischer Einflußnahmen und Steuerung der Wissenschaften durch SED und Ministerrat durch häufig wechselnde Forschungs- und Finanzierungsverordnungen sowie Umstrukturierungen im Bereich der Akademie konnte sich die medizinisch-biologische Forschung in den Bucher Akademieeinrichtungen bemerkenswert frei vor Zugriffen bevorzugt industriebezogener Arbeiten halten. Bestimmt und legitimiert durch das Ziel „im Mittelpunkt der kranke Mensch" wurden der medizinischen Forschung in ihren theoretischen, experimentellen und gesundheitspolitischen Entwicklungen beträchtliche Freiräume gewährt. So gab es durchaus individuelle und institutionelle Freiheiten für die Gestaltung von Forschungsprogrammen, und durch Wahrnehmung von wissenschaftlicher Eigenverantwortung war es immer wieder auch möglich, allein und kurzfristig vor allem auf industrielle Anwendungen orientierte Weisungen und Praktizismen zu unterlaufen. Abgesehen von der Genetik der Lyssenko-Ära in den 50er Jahren gab es in der DDR, im Gegensatz zu verschiedenen geisteswissenschaftlichen Disziplinen, in der biologisch-medizinischen Forschung auch keine durch sozialistische Wissenschaftstheorien bestimmte Politisierungen und dadurch bedingte Beeinträchtigungen der Forschung.

Obwohl durch zahlreiche Schwierigkeiten limitiert, die vor allem die materielle Versorgung und internationalen Kontakte betrafen, konnten die wissenschaftlichen Arbeiten in den Bucher Akademieinstituten auf der Basis weitgehender Forschungsautonomie frei von „von oben" gelenkten politisch-ideologischen Interessen und Direktiven gestaltet werden.

In der zusammenfassenden Stellungnahme des Wissenschaftsrates 1991 über die Bucher Institute wurde u.a. ausgeführt: *„In der ehemaligen DDR gehörten sie zu den renommiertesten Einrichtungen in ihrem jeweiligen Fachgebiet und nahmen im osteuropäischen Raum für Forschung und Ausbildung eine Leitfunktion wahr. Das wird auch erkennbar an der vergleichsweise guten Ausstattung der Institute, die bis auf das Zentralinstitut für Herz-Kreislauf-Forschung in einem weitläufigen campusähnlichen Parkgelände in Berlin-Buch angesiedelt sind".* *„Der Wissenschaftsrat ist der Auffassung, daß die günstigen lokalen Voraussetzungen in Berlin-Buch genutzt werden sollten, hier eine für die Bundesrepublik Deutschland neue Struktur zu schaffen, die es erlaubt, moderne klinische Forschung im Verband von molekularbiologischen, zellbiologischen und physiologischen Methoden zu betreiben".*

4.5. ENTWICKLUNGEN 1990-1991

Durch die im Herbst 1989 in der DDR eingeleiteten politischen Entwicklungen kam es auch zu Veränderungen in den Wissenschaftsbereichen und Instituten. Wie in vielen anderen Institutionen erkannte jedoch auch die Leitung der Akademie der Wissenschaften der DDR noch Anfang 1990, von einigen formalen Erklärungen abgesehen, nicht die Zeichen dieser Entwicklungen. Daher gingen Reformbewegungen in der Akademie vor allem von Mitarbeitern in den Instituten aus, so auch in Berlin-Buch. Vertrauensabstimmungen und z.T. massive Proteste von Mitarbeitern führten dazu, daß die Direktoren der Zentralinstitute für Krebsforschung (ZIK) und für Herz-Kreislauf-Forschung (ZIHK) von ihren Ämtern abberufen werden mußten.

Bereits im November 1989 gab es Versammlungen von Mitarbeitern des Zentralinstituts für Krebsforschung. In einer entsprechenden Erklärung entzogen 92 Mitarbeiter Professor Dr. Dr. Tanneberger das Vertrauen als Leiter des Instituts. Nachdem eine vom Präsidenten der Akademie der Wissenschaften zur Klärung des Mißtrauensvotums eingesetzte Untersuchungskommission das gestörte Verhältnis zwischen ihm und Mitarbeitern bestätigt hatte, wurde er am 9. Januar 1990 als Direktor des Instituts beurlaubt. Als amtierender Direktor des ZIK und zugleich ärztlicher Direktor wurde Prof. Dr. Manfred Lüder eingesetzt, der allerdings zum 31. Oktober 1991 wieder zum Rücktritt veranlaßt wurde und sein Amt niederlegte. Danach übernahm der stellvertretende Direktor, Prof. Dr. Dieter Bierwolf, bis zum 31. Dezember 1991 amtierend die Leitung des ZIK. Amtierender Stellvertreter und ärztlicher Direktor wurde Dr. Jürgen Hüttner. Entgegen Forderungen von Mitarbeitern verblieb Professor Tanneberger zunächst aber noch in der Klinik. Auch seine Funktion als Leiter des Wissenschaftsgebietes Medizin der Akademie nahm er noch wahr. Dagegen richtete sich eine Demonstration am 6. April 1990 (s. Abb. 104). Schließlich verließ Professor Tanneberger im Oktober 1990 die Robert-Rössle-Klinik und Berlin-Buch.

Abb. 104.
Protestaktion von Mitarbeitern der Bucher Institute gegen die Leiter der Wissenschaftsgebiete Medizin, Professor Stephan Tanneberger, und Biowissenschaften, Professor Manfred Ringpfeil, am 6. April 1990 vor dem Gebäude der Feuerwache im Institutsgelände. Unteres Bild: Vorn links (im weißen Kittel): Professor Tanneberger, rechts daneben: Professor Ringpfeil.

Auch im Zentralinstitut für Herz-Kreislaufforschung verliefen die Entwicklungen mit einigen Turbulenzen. Bereits im Dezember 1989 gab es ein Begehren der Mitarbeiter nach Veränderungen in der Institutsleitung. Am 19. März 1990 forderte der Wissenschaftliche Rat des Instituts die Übernahme der Leitung des Instituts durch ein Vorstandskollegium. In einer Vertrauensabstimmung am 18. und 19. April 1990 sprachen sich 75% der Mitarbeiter gegen die Fortführung der Leitung des Instituts durch Prof. Dr. H. Heine aus. Darufhin wurde am 25. April 1990 durch den Wissenschaftlichen Rat und den Institutsrat ein Direktorium mit Prof. Dr. H.-D. Faulhaber, Prof. Dr. H. Fiehring, Prof. Dr. E.-G. Krause und Prof. Dr. Kh. Richter gebildet. Am 14. Juni

1990 wurde Professor Richter durch den Akademiepräsidenten zum geschäftsführenden Direktor berufen, einen Tag später Professor Heine durch den Akademiepräsidenten von seinem Amt als Institutsdirektor abberufen.

Im Zentralinstitut für Molekularbiologie hingegen wurde dem Direktor, Prof. Dr. G. Pasternak, durch die Mitarbeiter in geheimer Abstimmung am 18. April 1990 das Vertrauen mit über Zweidrittel-Mehrheit ausgesprochen, so daß er auch weiterhin die Amtsgeschäfte bis zum 31. Dezember 1991 wahrnehmen konnte.

Bei den Mitarbeitern der Institute und Kliniken gab es zu dieser Zeit viele Unsicherheiten und Unzufriedenheiten, z.T. auch sehr skurrile Vorstellungen und Aktivitäten über weitere Entwicklungen. In dieser Situation, die insbesondere auch durch Unklarheiten über den Fortbestand der Akademie gekennzeichnet war, berieten am 30. März 1990 die Leitungen der drei Bucher Akademieinstitute Möglichkeiten der Zusammenarbeit durch Zusammenschluß in einer Forschungseinrichtung. Am 25. April 1990 beschlossen die Leitungen mit Zustimmung der Wissenschaftlichen Räte der Institute die Bildung einer Großforschungseinrichtung „Gesundheitsforschung" zu beantragen. In weiterer Verfolgung dieses Vorhabens entwickelte im Zeitraum April bis August 1990 eine Initiativgruppe von Wissenschaftlern und Ärzten der Bucher Akademieinstitute mit Unterstützung vieler Mitarbeiter eine Konzeption für die Bildung einer Großforschungseinrichtung „Biomedizinische Forschung" e.V. (s. S. 227). Dieses Programm war im Verbund von Institut und Klinik inhaltlich, organisatorisch und strategisch auf die Einheit von Grundlagenforschung und klinischer Forschung unter Nutzung von Erkenntnissen und Methoden der Zell- und Molekularbiologie, Genetik, Biochemie und Immunologie auf Prävention, Diagnostik und Therapie insbesondere von Krebs- sowie Herz-Kreislauf-Erkrankungen orientiert. Im Dokument wurde hierzu u.a. ausgeführt: *„Die Aufgaben werden in der Einheit von Grundlagenforschung, klinisch-experimenteller und klinischer Forschung und Betreuung bearbeitet. Durch Bildung und Weiterentwicklung experimenteller, klinisch-experimenteller und epidemiologisch-präventiv orientierter Abteilungen und unter Einbeziehung der Forschungskliniken werden die unmittelbare Überführung von Ergebnissen in die klinische Praxis und eine optimale Lösung klinischer Fragestellungen durch Grundlagen- und praxisorientierte Forschung angestrebt".* Die Konzeption baute auf bewährten Bucher Traditionen und internationalen Trends auf, wie sie schließlich auch im Max-Delbrück-Centrum in Zusammenarbeit mit der Robert-Rössle- und der Franz-Volhard-Klinik realisiert werden, und hatte auch zum Ziel, möglichst vielen Mitarbeitern der Akademieinstitute Arbeitsmöglichkeiten zu erhalten.

Orientierungen und maßgebliche Unterstützungen erhielten die Bucher Einrichtungen in dieser Zeit von Mitarbeitern des Deutschen Krebsforschungszentrums Heidelberg (DKFZ), insbesondere dem Wissenschaftlichen Direktor, Prof. Dr. Harald zur Hausen, und dem Administrativen Direktor, Dr. Reinhard Grunwald, sowie dem emeritierten Administrativen Direktor der Großforschungseinrichtung „Institut für Plasmaphysik" der Max-Planck-Gesellschaft in Garching, Herrn Adolf Ilse.

Das Programm „Zentrum für Biomedizinische Forschung" wurde einer

Kommission international ausgewiesener Wissenschaftler vorgelegt, der die Professoren J. Einhorn (Stockholm) als Chairman, P. Harris (London) und H. zur Hausen (Heidelberg), die die Institute besuchten, sowie Sir W. Bodmer (London) und H. Koprowski (USA) angehörten. Nachfolgend sind einige Passagen aus dem Gutachten im Originaltext wiedergegeben:
Site Visit of the Biomedical Institutions in Berlin-Buch, 21.-23.09. 1990. „During the course of our visit we have had the opportunity to visit most but not all of the scientific and clinical components of the proposed „Centre for Biomedical Research". In evaluating the level of research, we have taken into account the political constraints which have in the past determined the activities in some areas and the clinical service requirements which have to be met by certain sections. Much of the research which we have been shown is of high or good quality. When it has not reached this level it will be apparent from the reports on individual divisions which follow. Our general conclusion is that the proposal for a Centre of Biomedical Research out of the existing clinical and reserach teams is worthy of support. The proposed Centre provides an unique opportunity to support and establish a focus of clinical research combined with the basic science within Germany. Links with the Berlin Universities would, nevertheless, be important for future". Jerzy Einhorn, Peter Harris und Harald zur Hausen kommetierten ihre Stellungnahme so: *„Es wäre ein Jammer, dieses einzigartige Ensemble gutausgerüsteter Labors und eingespielter Forschungsteams zu zerstören".*
Durch Festlegungen im Artikel 38 über „Wissenschaft und Forschung" des Einigungsvertrages zwischen beiden deutschen Staaten vom 20. September 1990 wurden die Forschungsinstitute von der Gelehrtensozietät der Akademie der Wissenschaften der DDR abgetrennt und die Arbeitsrechtsverhältnisse der Mitarbeiter der Institute bis zum 31. Dezember 1991 befristet (s. S. 228). Den Empfehlungen des Wissenschaftsrates und von Gründungskomitees folgend wurde „für die Überführung der Kompetenz der Akademie für ihre Institute in die Kompetenz der Länder" und die „Abwicklung" der Institute eine Koordinierungs- und Abwicklungsstelle (KAI-AdW) unter Leitung von MR. Hartmut Grübel als Geschäftsführer geschaffen, der in einem „Abwicklungsleitfaden" am 12. September 1991 den Direktoren der Institute mitteilte: *„Alle Forschungsinstitute und sonstigen Einrichtungen der ehemaligen Akademie der Wissenschaften (AdW) werden spätestens bis zum 31. 12. 1991 geschlossen und sind abzuwickeln"* (s. S. 228). Am 21. Dezember 1991 schrieb sodann Herr Grübel in der „Frankfurter Allgemeinen Zeitung" über diesen Vorgang: *„Sie werden niemals vergessen, wie wir sie in diesen entscheidenden Monaten behandelt haben".*
Im Juli 1990 wurden die außeruniversitären Institute in der DDR durch den Wissenschaftsrat angewiesen, 23 Fragen zu den Komplexen „Gegenwärtige Aufgaben und Tätigkeiten", „Organisation, Planung und Bewertung der Tätigkeiten", „Personal", „Ausstattung und Finanzierung", „Zusammenarbeit" sowie „Weitere Entwicklung" schriftlich zu beantworten, womit der Evaluierungsprozeß der Institute durch den Wissenschaftsrat der Bundesrepublik eingeleitet wurde. Eine dafür berufene Arbeitsgruppe „Biowissenschaften und Medizin" unter dem Vorsitz von Prof. Dr. H. F. Kern (Marburg), der 12 Wissenschaftler aus den

„Altbundesländern" der Bundesrepublik Deutschland und der Schweiz sowie drei Gelehrte aus der ehemaligen DDR (u.a. der Vizepräsident der Leopoldina, Prof. Dr. A. Schellenberger, Halle) angehörten, besuchte vom 8. bis 11. Oktober 1990 die Bucher Institute. Die im Ergebnis dieser Evaluierung durch den Wissenschaftsrat erarbeitete Stellungnahme zu den drei Bucher Zentralinstituten, die im Evaluierungsausschuß des Wissenschaftsrates Ende November 1990 beraten und am 25. Januar 1991 durch den Wissenschaftsrat verabschiedet wurde, wurde noch am gleichen Tag (25. Januar 1991) der Presse vorgestellt, ohne sie den Bucher Einrichtungen, den Betroffenen also, vordem zur Kenntnis zu bringen.

Diese „Stellungnahme zu den Zentralinstituten für Molekularbiologie, Krebsforschung und Herz-Kreislaufforschung in Berlin-Buch" führte wegen fragwürdiger Aussagen zu Kontroversen und Einsprüchen durch Bucher Mitarbeiter, die jedoch ohne merkliche Resonanz blieben - es wurde einfach von der „Wissenschaftswüste DDR" ausgegangen. Sicher war dieser Evaluierungsprozeß eine schwierige Angelegenheit, schwierig für beide Seiten: Evaluierer und Evaluierte. Ein Mitglied der Arbeitsgruppe Biowissenschaften und Medizin des Wissenschaftsrates zur Evaluierung der Bucher Institute notierte dazu: *„Die Aufgabe an den Wissenschaftsrat, das Wissenschaftssystem eines ganzen Landes in kürzester Zeit zu evaluieren und in das System der Bundesrepublik nach internationalen Kriterien einzugliedern, war in weiten Bereichen eine Überforderung, sowohl für das System des Wissenschaftsrates als auch für die Einzelpersonen. Eine solche Aufgabe hat es in der deutschen Wissenschaftsgeschichte noch nie gegeben. Dieser Position waren sich die selbstkritischen Mitglieder der Arbeitsgruppe Biomedizin täglich bewußt und litten darunter".* Auch andere prominente Wissenschaftler äußerten sich durchaus kritisch zu den Evaluierungen und ihren Folgen. So formulierte z.B. der Geschichtswissenschaftler Professor Jürgen Kocka von der Freien Universität Berlin 1994 u.a., daß *„... die deutsche Wiedervereinigung auch im Bereich der Wissenschaften im wesentlichen als Übertragung der westdeutschen Ordnung auf die ostdeutschen Länder vor sich ging, ein Transfer von Institutionen, Personen, Wissen und Präferenzen"* (Arbeitsgruppe „Wissenschaft und Wiedervereinigung" der Berlin-Brandenburgischen Akademie der Wissenschaften). Prof. Dr. Dieter Simon, zur Zeit der Evaluierungen Vorsitzender des Wissenschaftsrates, führte in seinem Beitrag „Die Quintessenz" in dem 1994 erschienenen „Jahrbuch 1990/91 der Akademie der Wissenschaften" u.a. aus: *„Die Wissenschaft der DDR kann sicher nicht zu den Gewinnern des Verfahrens gerechnet werden"*, und sodann: *„Das gewollte und öffentlich propagierte Gemeinschaftswerk wurde im Kern ein Westwerk, unter überwiegend symbolischer Beteiligung ostdeutscher Wissenschaftler".* Bereits 1991 hatte er sich in den „Mitteilungen der Koordinierungs- und Abwicklungsstelle der AdW" (KAI-Info, Nr. 10, S. 2) zur Evaluierung der DDR-Institute so geäußert: *„Die Taktlosigkeit, die unsere Wissenschaftler zum Teil dort begangen haben, die haben bestimmt zurecht unsere Kollegen aus dem Osten empört".* Und Professor Detlev Ganten, Mitglied der Arbeitsgruppe des Wissenschaftsrates, die die Bucher Institute evaluierte, sagte 1992 dazu: *„Die faktischen Fehler waren nicht so gravierend, und sie sind korrigierbar. Aber es war ein* *schwerer psychologischer Fehler, hier mit einer Heerschar unwissender Wessis in Konquistadorenpose einzufallen".* Auch Jürgen Mittelstraß, Professor für Philosophie und Wissenschaftstheorie an der Universität Konstanz, hat sich unter dem Titel „Unfähig zur Reform" kritisch über das Wissenschaftsgeschehen im deutschen Vereinigungsprozeß geäußert. So schrieb er u.a.: *„Diese Prüfung* (gemeint sind die Bildungs- und Forschungssysteme in der (alten) Bundesrepublik; H. B.) *ist nicht erfolgt, geschweige denn, daß Elemente einer Neuordnung erkennbar sind. Gegebene Strukturen des (westdeutschen) Systems wurden durch Transfer in die neuen Länder zusätzlich gestärkt beziehungsweise konserviert".*

Nachfolgend werden einige Auszüge aus dem Gutachten des Wissenschaftsrates über die Bucher Institute von 1990 wiedergegeben:
„*Der Wissenschaftsrat ist der Auffassung, daß die günstigen lokalen Voraussetzungen in Berlin-Buch genutzt werden sollten, hier eine für die Bundesrepublik Deutschland neue Struktur zu schaffen, die es erlaubt, moderne klinische Forschung im Verband von molekularbiologischen, zellbiologischen und physiologischen Methoden zu betreiben. Der Wissenschaftsrat empfiehlt die Gründung eines Zentrums für biologisch-medizinische Forschung auf dem Campus in Berlin-Buch".* „*Die biomedizinischen Forschungsgebiete sollten nicht von vornherein zu sehr eingeengt und festgelegt werden, jedoch sollten die traditionellen und erfolgreich an den bisherigen Instituten im Bereich der Molekularbiologie, Krebsforschung, Herz-Kreislaufforschung und Hypertonieforschung bearbeiteten Projekte durch das Gründungskomitee, ggf. nach einer detaillierten Begutachtung, im Hinblick auf eine Fortführung geprüft werden".* „*Das künftige Zentrum soll aus Einrichtungen experimenteller Grundlagenforschung, der Forschungsklinik und den angeschlossenen Ambulanzen bestehen".* „*Das von vielen Seiten geschätzte Potential der Nähe von theoretischer und klinischer Forschung in Buch sollte genutzt werden, um ein neuartiges biomedizinisches Forschungszentrum von internationalem Rang zu schaffen".* „*Ein Gründungskomitee für das biomedizinische Forschungszentrum sollte möglichst umgehend vom Land Berlin und vom Bund berufen werden".* „*Das von den Bucher Instituten vorgelegte Konzept zur Gründung einer Großforschungseinrichtung für biomedizinische Forschung wird nicht befürwortet"* (eine Begründung hierzu wurde den Betroffenen nicht gegeben, obwohl es wesentliche Elemente enthält, wie sie auch in den Empfehlungen des Wissenschaftsrates für Berlin-Buch enthalten sind, bis hin zur Gründung als Großforschungseinrichtung). „*Besonderer Wert ist auf die Möglichkeit der Ausbildung des wissenschaftlichen Nachwuchses am biomedizinischen Forschungszentrum und auf die Beteiligung an der Lehre und Ausbildung von Studenten zu legen".*
Zur Verwirklichung der Empfehlungen des Wissenschaftsrates vom 25. Januar 1991, in Berlin-Buch ein Zentrum für Molekulare Medizin zu gründen, wurde durch Bund und Land ein Gründungskomitee unter Vorsitz des Mediziners Prof. Dr. Wolfgang Gerok (Freiburg) berufen, dem die Professoren Fritz Melchers (Basel) und Roland Mertelsmann (Freiburg) als Stellvertreter und Professor Ernst-Ludwig Winnacker (München), die Mitglieder der Arbeitsgruppe des Wissenschaftsrates zur

Evaluierung der Bucher Institute waren, sowie die Professoren Walter Bodmer (London; s. auch S. 123), Herrmann Bujard (Heidelberg), Max Burger (Basel), Wolf-Dieter Heiss (Köln), Stefan Meuer (Heidelberg) und Gottfried Geiler (Leipzig, Vizepräsident der Leopoldina; einziger Vertreter aus der ehemaligen DDR) angehörten.

Das Gründungskomitee hat mit Datum vom 6. Juni 1991 ein Konzept für die weitere Ausgestaltung des geplanten Forschungszentrums für Molekulare Medizin in Berlin-Buch vorgelegt, mit dem *„die vom Wissenschaftsrat skizzierten wissenschaftlichen Zielstellungen in allen wesentlichen Punkten aufgegriffen und konkretisiert"* wurden (aus der „Tischvorlage Nr. 8" der Geschäftsstelle des Wissenschaftsrates; Düsseldorf den 03.07.1991). Aus dem Konzept des Gründungskomitees vom 6. Juni 1991 seien nachfolgend einige Passagen wiedergegeben (s. auch Abb. 105):

„Die thematische Auswahl der Schwerpunkte ist nicht Aufgabe des Gründungskomitees, sondern muß vom wissenschaftlichen Direktor in Absprache mit dem wissenschaftlichen Komitee und den einzelnen Forschern festgelegt und koordiniert werden". „Dabei kann davon ausgegangen werden, daß einige Forschergruppen aus Berlin-Buch aufgrund ihrer Forschungsthematik und der Qualität ihrer Arbeit in das neue Zentrum integriert werden". „Dabei darf das Arbeitsspektrum des Forschungszentrums in der Grundlagenforschung durch die derzeitige klinische Ausrichtung nicht von vorneherein eingeengt werden. Vielmehr ist eine breit angelegte Grundlagenforschung mit den zentralen Paradigmen der Zell-, Molekular- und Immunbiologie der Nährboden für die Entfaltung innovativer Fragestellungen für die klinische Forschung". „Das Gründungskomitee hält es für wichtig, daß zwischen jedem der Forschungsbereiche in der Klinik und einem oder mehreren Forschungsbereichen der Grundlagenforschung eine enge Verbindung hinsichtlich der Fragestellungen und Methoden entwickelt wird". „Das neue Zentrum wird etwa 350 Mitarbeiter auf Planstellen beschäftigen. Bei einem zu erwartenden gleichgewichtigen Verhältnis von Grundausstattung und Drittmitteln für Personal- und Sachausgaben kann somit insgesamt mit etwa 550-600 Mitarbeitern des Forschungszentrums für Molekulare Medizin gerechnet werden". „Das Forschungszentrum muß gut in die Berliner Universitätslandschaft eingebunden werden". „Die Berufung des/der wissenschaftlichen Gründungsdirektors/in und des/der administrativen Direktors/in (künftig Geschäftsführung) muß noch 1991 erfolgen".

In der vorausgehend erwähnten Tischvorlage Nr. 8 wurde abschließend im „Entwurf einer Stellungnahme des Wissenschaftsrates zum Konzept des Gründungskomitees für das geplante Forschungszentrum für Molekulare Medizin in Berlin-Buch ausgeführt: *„Nach Maßgabe der dargelegten Empfehlungen und Ergänzungen stimmt der Wissenschaftsrat dem Konzept des Gründungskomitees für das geplante Forschungszentrum für Molekulare Medizin in Berlin-Buch zu. Er bittet den Bund und das Land Berlin die notwendigen Schritte einzuleiten, um noch in der zweiten Jahreshälfte 1991 die Gründung als Großforschungseinrichtung auf den Weg zu bringen".*

Als Gründungsdirektor wurde der Pharmakologe und Hypertonieforscher Prof. Dr. Detlev Ganten aus Heidelberg, Mitglied der Arbeitsgruppe des Wissenschaftsrates für die Evaluierung der Bucher Institute, berufen. In Vorbereitung zur Gründung des Zentrums für Molekulare Medizin (CMM) zum 1. Januar 1992 nahm er seine Tätigkeit in Berlin-Buch bereits am 1. September 1991 auf. Zur Verständigung über wesentliche Schwerpunkte im CMM wurden von ihm in Berlin-Buch bereits im November 1991 eine Reihe „Bucher Symposien zur Molekularen Medizin" eingeführt (s. S. 232), und für die Besetzung der Wissenschaftlerstellen erfolgten entsprechende Ausschreibungen (s. S. 233).

Der Prozeß der Vereinigung Deutschlands verlief auch in den Bucher Instituten nicht ohne Probleme. Die Freude über die von den meisten ersehnte und mit der Vereinigung der beiden deutschen Staaten gewonnenen Freiheit, die Bereitschaft und der Mut zum Neubeginn vieler Mitarbeiter wurden recht bald durch die neuen gesellschaftlichen Verhältnisse ernüchternd und enttäuschend zurechtgerückt. Die Anpassungserfordernisse gingen einher mit Verunsicherungen über Erhalt des Arbeitsplatzes und sozialer Stellung. Euphorie schlug bald in Identitätsverlust und Opferhaltung um. Die aus Sicht vieler Betroffener ungerechte Abwertung wissenschaftlicher Leistungen zur Zweitklassigkeit oder gar Wertlosigkeit, die oft ohne Rücksichtnahme auf die konkreten Leistungsmöglichkeiten in den Instituten der DDR geschah, resultierten in Enttäuschungen und Verzagen. Rechtfertigungsdruck, dem sich viele nicht erwehren konnten oder wollten bzw. keine Gelegenheit dazu erhielten, führten zu Resignation und Frustration. Das durch den Zwang zu schnellen Erfolgen bestimmte, neu einziehende Konkurrenzdenken war den meisten fremd. Viele waren desorientiert und fühlten sich als Emigranten im eigenen Land. Hoffnungen und Bereitschaft zum Mitgestalten wurden

Ein Forschungszentrum für Berlin-Buch
Schrumpfung der alten Zentralinstitute / Anbindung an Universität

Aus den ehemaligen Zentralinstituten für Molekularbiologie, Krebsforschung sowie Herz- und Kreislaufforschung der Akademie der Wissenschaften der DDR in Berlin-Buch soll ein Zentrum für Biomedizinische Forschung mit Laboratorien, einer Forschungsklinik und ihnen angeschlossenen Ambulanzen entstehen. Eine entsprechende Stellungnahme hat der Wissenschaftsrat abgegeben. Mit dieser Empfehlung hat er den Vorschlag der alten Zentralinstitute, eine Großforschungseinrichtung zu gründen, verworfen. Anzustreben sei vielmehr, wie es in der Stellungnahme heißt, eine wissenschaftlich und verwaltungstechnisch möglichst unabhängige und flexible Einrichtung, die fest in die Berliner Universitätslandschaft eingebunden sein sollte. Das neue Zentrum wäre an der Ausbildung des wissenschaftlichen Nachwuchses ebenso zu beteiligen wie an der Lehre. Die leitenden Wissenschaftler sollten in die Fakultäten einer Berliner Hochschule eingebunden werden.

Da im Gebäude des früheren Zentralinstitus für Molekularbiologie genügend Platz vorhanden sei, wird sogar die Verlegung des noch traditionell ausgerichteten biologischen Fachbereichs der Humboldt-Universität nach Berlin-Buch erörtert. Dadurch könne dort ein Campus für biologische und medizinische Forschung entstehen. Außerdem hat der Wissenschaftsrat empfohlen, das Campusgelände für die Ansiedlung einschlägiger industrieller Forschungsaktivitäten zu nutzen. Das Land Berlin und der Bund sollten möglichst umgehend ein Gründungskomitee für das Zentrum berufen. Dessen Aufgabe wäre es, umgehend einen „geschäftsführenden wissenschaftlichen Direktor" zu suchen. Weitere Details müßten vom Gründungskomitee in gemeinsamen Beratungen mit den beteiligten Einrichtungen erörtert werden.

Der Wissenschaftsrat begründet seine Entscheidung mit den günstigen lokalen Voraussetzungen in Berlin-Buch. Sie sollten genutzt werden, eine für die Bundesrepublik Deutschland neue Struktur zu schaffen, die es erlaubt, moderne klinische Forschung im Verbund von molekularbiologischen, zellbiologischen und physiologischen Methoden zu betreiben. Das von vielen Seiten geschätzte Potential der Nähe von theoretischer und klinischer Forschung in Berlin-Buch sollte genutzt werden, um ein neuartiges biomedizinisches Forschungszentrum von internationalem Rang zu schaffen. Wichtig sei dabei auch die Zusammenarbeit mit den anderen Kliniken in Berlin-Buch. Dort befindet sich auf einem weitläufigen Gelände einer der größten Klinik-Komplexe der Welt (siehe F.A.Z. vom 6.10.1990).

Das neue Forschungszentrum wird sich vor allem auf die Molekular- und Zellbiologie konzentrieren. In diesem Bereich sind in den drei alten Institutionen insgesamt die besten Leistungen erzielt worden. Wenngleich der Wissenschaftsrat einzelnen Abteilungen und Arbeitsgruppen hohe Reputation bescheinigt, wird ebenso deutlich, daß die Mehrzahl der Projekte kaum Chancen hat, im internationalen Wettbewerb mitzuhalten. Da das neue Zentrum nach den Vorstellungen des Wissenschaftsrates 550 bis 600 Mitarbeiter haben sollte, können rund zwei Drittel der bisher 1600 Mitarbeiter nicht übernommen werden. Gleichzeitig soll die Zahl der Betten der Krebsklinik verringert werden, und zwar von 223 auf 100. Da die Krankenversorgung die Wissenschaftler von der Forschung abhalte, müßten alle Routinearbeiten abgegeben werden. Die Herz- und Kreislaufklinik verfügt über 68 Betten. Auch hier müsse die routinemäßige Krankenversorgung zugunsten zukunftsträchtiger klinischer Forschung eingeschränkt werden.

Die Empfehlungen sind in Berlin-Buch zwiespältig aufgenommen worden. Einerseits war man mit der günstigen Einschätzung der Leistung der Institute, die in der DDR und im osteuropäischen Raum zu den renommiertesten Einrichtungen ihrer Fachgebiete gehörten, zufrieden. Andererseits reagierten viele Mitarbeiter mit Entsetzen auf die Stellungnahme, hält man doch den zu befürchtenden Abbau des Personals für unberechtigt und nicht vertretbar. R.F.

Abb. 105.
Über die Gründung eines Forschungszentrums in Berlin-Buch. Mitteilung in der Frankfurter Allgemeinen Zeitung vom 13. Februar 1991.

Zum Schluß und Neubeginn...

Liebe Kolleginnen und Kollegen!

Wenigstens dies: Quälende Ungewißheiten sind inzwischen weitgehend in Gewißheiten verwandelt - halbwegs beruhigende für die einen, eher beunruhigende für die anderen. Die wenigsten sind richtig glücklich.

Vielleicht sind die am zufriedensten, die bleiben können und sich an der DDR-Misere gänzlich unbeteiligt fühlen. Die Nachdenklicheren plagt das Gewissen, ob es nicht an ihrer Stelle andere genauso verdient haben könnten, bleiben zu dürfen. Und sie fragen sich nach ihrem persönlichen Anteil am Ganzen. - Wirkliche "Gerechtigkeit" war wohl kaum machbar - trotz vorausgesetzt besten Willens.

Besonderen Frust hat jetzt zu erleiden, wer sich als "unbelastet" oder "karrierebehindert" sieht und trotzdem gehen muß. - Wer in den Augen anderer als "belastet" gilt, fühlt sich wie zwischen "Spießruten" - gleich, ob er bleiben darf oder gehen soll, ob er "überdurchschnittlich schuldig" ist an irgendetwas oder nicht.

Und zu allem kommt noch die Schwierigkeit, ein würdevolles Ende zu finden. Schließlich glaubt jeder, sein bestes getan zu haben. Kein Dank von irgendwoher für die ganzen 40 Jahre Nachkriegslast? Die ihn aussprechen könnten und sollten und vielleicht sogar möchten scheuen sich davor aus Furcht, er könnte nicht angenommen werden. Wir stehen vor einem psychologischen Trümmerhaufen. Und darauf wollen wir aufbauen??

Wir Deutschen haben Talent, uns unbewältigte Vergangenheiten zu schaffen. Zur Zeit haben wir die "Wende/Anschluß-Vergangenheit""in Arbeit". Aber es muß nicht so kommen.

Dr. Hans-Volker Pürschel

Abb. 106.
Gedanken „Zum Schluß und Neubeginn" der Bucher Institute 1991/92 von Dr. V. Pürschel vom Zentralinstitut für Molekularbiologie.

schnell gedämpft oder gar unmöglich gemacht und so auch daraus resultierende mögliche Chancen ungenutzt gelassen. So fühlten sich viele Mitarbeiter in der Wahrung ihrer geistigen und moralischen Unabhängigkeit und Selbstwertgefühle verletzt, viele gedemütigt und an das Toleranzedikt des buddhistischen Kaisers Ashoka (273-238 v. Chr.) erinnert: „*Es ehrt seine Religion schlecht, wer sie dazu benutzt, die eines anderen herabzuwürdigen*".

Aus diesen Nöten heraus vollzogen sich im Bewußtsein und Handeln vieler Mitarbeiter der ehemaligen Akademieinstitute in der Wendezeit 1989/90 neuartige, teilweise konfuse und bezüglich der Forderungen unrealistische Denkweisen und Reaktionen, die aus jahrelanger Entbehrung demokratischer Rechte und Handlungsmöglichkeiten in der DDR zu verstehen waren. Die gerade in dieser schwierigen Zeit des Umbruchs notwendigen Symbiosen zwischen Gefühl und Vernunft, Wunsch und Realität, eigenem Streben und Miteinander, zwischen Ost und West konnten kaum erreicht werden - Einsicht, Befähigung und Bereitschaft dazu fehlten bei vielen (s. hierzu auch Abb. 106). Verunsicherungen und Enttäuschungen kamen in der Folge auch dadurch zustande, daß in den neuen Einrichtungen leitende Positionen bevorzugt oder gar ausschließlich durch Berufungen aus den sog. alten Bundesländern (Bundesrepublik vor der deutsch-deutschen Vereinigung 1990) besetzt wurden (s. hierzu S. 129).

5. Der Biomedizinische Forschungscampus ab 1992

5.1. Das Max-Delbrück-Centrum für Molekulare Medizin

Den Empfehlungen des Wissenschaftsrates (s. S. 125) und des Gründungskomitees (s. S. 126) folgend wurde am 1. Januar 1992 in Berlin-Buch das „Centrum für Molekulare Medizin" gegründet. Als Direktor (Wissenschaftlicher Stiftungsvorstand) wurde Prof. Dr. Detlev Ganten (s. Abb. 109) von der Universität Heidelberg, als Administratives Mitglied des Stiftungsvorstandes Dr. Erwin Jost (s. Abb. 109) vom Wissenschaftszentrum Berlin (WZB) berufen.

In der Aufbauphase nach Gründung des Centrums für Molekulare Medizin wurden für die Bearbeitung wissenschaftlicher Aufgaben und die Aufrechterhaltung der Arbeitsfähigkeit der Anlagen im wesentlichen auf der Basis ehemaliger Bereiche und Abteilungen der Akademieinstitute zunächst die thematisch orientierten Koordinationsbereiche Onkologie, Kardiologie, Genetik, Zellbiologie, Enzymologie, Strukturforschung und Immunologie sowie technische Kommissionen gebildet. Dafür wurden zahlreiche Mitarbeiter wissenschaftlicher und technischer Bereiche sowie Räte der vormaligen Akademieinstitute in das Centrum übernommen. Im ersten Jahr, d.h. 1992, stammten noch 87% der im Centrum für Molekulare Medizin tätigen Wissenschaftler aus ehemaligen Bucher Akademieinstituten. 1994 waren es bei einer Zunahme des wissenschaftlichen Personals um etwa 40% noch 58%, der Anteil von Wissenschaftlern aus den sog. alten Bundesländern stieg dementsprechend von 1992 bis 1994 von 13% auf 42%. Von sieben C4-Professoren-Stellen wurden fünf durch Neuzugänge aus den alten Bundesländern besetzt, lediglich zwei durch Wissenschaftler aus der ehemaligen DDR (s. S. 123 f). Im Personalbereich der Nichtwissenschaftler blieb bei insgesamt geringer Stellenzunahme in diesem Tätigkeitsbereich der Anteil von Mitarbeitern aus der DDR mit 98% 1992 und 95% im Jahr 1994 etwa konstant.

Anläßlich eines wissenschaftlichen Symposiums am 23. Januar 1992 erfolgte in Würdigung der wissenschaftlichen Leistungen und seiner Beziehungen zum Bucher Kaiser-Wilhelm-Institut für Hirnforschung in den 30er Jahren (s. S. 52 ff) die Benennung des Zentrums für Molekulare Medizin nach dem deutsch-amerikanischen Nobelpreisträger Max Delbrück als Max-Delbrück-Centrum für Molekulare Medizin (MDC) Berlin-Buch. Das Gesetz über die Errichtung der Stiftung „Max-Delbrück-Centrum für molekulare Medizin" wurde, wie es im Dokument hierzu heißt, „von dem Abgeordnetenhaus - 12. Wahlperiode - in der 20. Sitzung am 5. Dezember 1991 gemäß der Verfassung von Berlin beschlossen". Die Ausfertigungsurkunde trägt das Datum 18. Dezember 1991 (Abb. 107).

Professor Detlev Ganten kennzeichnete 1992 Funktion, Aufgaben, Ziele und Forschungsprogramme des Max-Delbrück-Centrums (MDC) folgendermaßen: *„Den Empfehlungen des Wissenschaftsrates und des Grün-*

dungskomitees folgend besteht die Hautaufgabe des MDC darin, moderne medizinische und klinische Forschung im Verband von molekularbiologischen, zellbiologischen und physiologischen Methoden zu betreiben. Ohne das Themenspektrum in der Grundlagenforschung von vornherein einzuengen, ist doch eine Orientierung auf medizinische Probleme im Zusammenwirken mit den klinischen Einrichtungen, der Onkologischen Klinik „Robert Rössle" und der Herz-Kreislauf-Klinik „Franz Volhard" erforderlich. Diese Kliniken verfügen über insgesamt 280 Betten für die Betreuung von Patienten mit Formen der Diagnostik und Therapie auf der Grundlage neuer Forschungsergebnisse. Wegweisend für die Grundlagenforschung sind Themen, die von prinzipieller Bedeutung für die Analyse von Krankheitsphänomenen sind, aus denen sich naturwissenschaftlich begründet neue Methoden für Diagnostik, Therapie und Prävention ableiten lassen. Neben der Bearbeitung krankheitsspezifisch und gesundheitspolitisch bestimmter Aufgaben wird der Schwerpunkt der Forschung auf der molekular- und zellbiologischen Analyse grundsätzlicher Mechanismen der Entstehung von Krankheiten liegen, um in diesem Sinne allgemeingültige Zusammenhänge zwischen verschiedenen Krankheitsgruppen herstellen zu können. Dazu gehören z.B. Herz- und Kreislauferkrankungen, Autoimmunerkrankungen, neurologische Krankheiten, chronische Erkrankungen und Krebs sowie spezifische genetisch bedingte Krankheiten".

Abschrift

Ges. Nr. 91/20/3B

Ausfertigungsurkunde

Gesetz
über die Errichtung der Stiftung „Max-Delbrück-Centrum für molekulare Medizin"

Vom 18. Dezember 1991

Das Abgeordnetenhaus hat das folgende Gesetz beschlossen:

§ 1
Rechtsstellung

(1) Unter dem Namen „Max-Delbrück-Centrum für molekulare Medizin" wird eine rechtsfähige Stiftung des öffentlichen Rechts mit Sitz in Berlin errichtet. Die Stiftung entsteht mit Wirkung vom 1. Januar 1992. Sie unterliegt dem Recht des Landes Berlin.

(2) Die Stiftung führt ein eigenes Dienstsiegel.

§ 2
Stiftungszweck

(1) Zweck der Stiftung ist es, als Großforschungseinrichtung medizinische Forschung insbesondere auf molekularer und zellulärer Ebene und ihre klinische Anwendung und praktische Umsetzung zu betreiben.

(2) Die Stiftung kann weitere damit im Zusammenhang stehende Aufgaben übernehmen, u. a. solche der Fort- und Weiterbildung, insbesondere die Förderung des wissenschaftlichen Nachwuchses.

(3) Zur Erfüllung ihrer Aufgaben arbeitet die Stiftung mit Einrichtungen der Krankenversorgung und Hochschulen zusammen und schließt dazu Kooperationsverträge ab.

(4) Die Stiftung verfolgt ausschließlich und unmittelbar gemeinnützige Zwecke im Sinne des Abschnittes „Steuerbegünstigte Zwecke" der Abgabenordnung.

§ 3
Vermögen

(1) Die Stiftung kann eigenes Vermögen erwerben. Sie ist berechtigt, Zuwendungen von dritter Seite anzunehmen.

(2) Die Stiftung verwaltet ihr Vermögen selbst. Es ist nur für die in § 2 genannten Zwecke zu verwenden.

§ 4
Zuwendungen, Haftung

(1) Der Bund und das Land Berlin gewähren der Stiftung zur Erfüllung ihrer Aufgaben Zuwendungen gemäß den nach Artikel 2 Abs. 3 der Rahmenvereinbarung zwischen Bund und Ländern über die gemeinsame Förderung der Forschung nach Artikel 91 b des Grundgesetzes (Rahmenvereinbarung Forschungsförderung) zu Artikel 2 Abs. 1 Nr. 2 dieser Rahmenvereinbarung geltenden Ausführungsvereinbarungen, soweit die Ausgaben nicht durch andere Einnahmen oder durch eigene oder fremde Mittel - ausgenommen Spenden und deren Erträge - gedeckt werden.

(2) Die Mittel werden ihr im Rahmen ihres genehmigten Haushaltsplanes und nach Maßgabe der Haushaltspläne des Bundes und des Landes Berlin bereitgestellt.

(3) Das Land Berlin haftet für Verbindlichkeiten der Stiftung als Gewährträger unbeschränkt.

§ 5
Satzung

Die Stiftung gibt sich eine Satzung, die der Bestätigung durch die zuständige Senatsverwaltung bedarf.

§ 6
Organe

Organe der Stiftung sind
1. das Kuratorium
2. der Stiftungsvorstand.

Abb. 107.
Auszug aus dem Gesetz über die Errichtung der Stiftung „Max-Delbrück-Centrum für molekulare Medizin" in Berlin Buch.

Am 16. Oktober 1992 wurde im Zusammenhang mit der Gründung des MDC ein Symposium über „Wissenschaftsgeschichte und Molekulare Medizin in Berlin-Buch" und am 17. Oktober ein „Tag der Offenen Tür Verständliche Wissenschaft" veranstaltet. Die offizielle Eröffnungsfeier des MDC fand am 7. Dezember 1992 in Berlin-Buch in Gegenwart des Bundespräsidenten Dr. Richard von Weizsäcker, des Bundesministers für Forschung und Technologie Dr. Heinz Riesenhuber, des Berliner Senators für Wissenschaft und Forschung Prof. Dr. Manfred Erhardt, des Präsidenten der Deutschen Akademie der Naturforscher Leopoldina Prof. Dr. Benno Parthier und weiterer prominenter Persönlichkeiten statt (Abb. 108, 109).

Organe des Max-Delbrück-Centrums für Molekulare Medizin als Stiftung des öffentlichen Rechts des Landes Berlin sind ein Kuratorium als Aufsichtsorgan, der Stiftungsvorstand und ein Wissenschaftlicher Rat.

Das *Kuratorium* überwacht die Rechtmäßigkeit, Zweckmäßigkeit und Wirtschaftlichkeit der Führung der Stiftungsgeschäfte. Es besteht aus Vertretern des Bundes, des Landes Berlin, der Berliner Universitäten, des Trägers der kooperierenden Kliniken, Mitarbeitern der Stiftung sowie auswärtigen Wissenschaftlern. Diese bilden den Wissenschaftlichen Ausschuß, der die Entscheidungen für das Kuratorium in allen wissenschaftlichen Angelegenheiten vorbereitet und die Verantwortung für die fortlaufende Ergebnisbewertung der Forschungsschwerpunkte durch wissenschaftliche Begutachtungen trägt.

Dem ersten Kuratorium des MDC gehörten als Vertreter der Zuwendungsgeber, der Wissenschaft und der Medizin an: Ministerialdirektor Dr. Josef Rembser (Bundesministerium für Forschung und Technologie; Vorsitzender), Frau Steffi Schnoor, Prof. Dr. Erich Thies (Senatsverwaltung für Wissenschaft und Forschung, Berlin; stelltvertretender Vorsitzender), Dietmar Bürgener (Bundesministerium für Finanzen), Dr. Konrad Buschbeck (Bundesministerium für Forschung und Technologie), Dr. Peter Luther (Senator für Gesundheit, Berlin), Prof. Dr. Manfred Stein-

Festakt im Grünen Saal des MDC

Beginn	10.30 Uhr
Musikalische Eröffnung	Brandenburgisches Konzert Nr. 3 G-Dur, BWV 1048 Johann Sebastian Bach
Begrüßung	**Prof. Dr. Detlev Ganten,** Gründungsdirektor des MDC, Berlin-Buch
Ansprachen	**Dr. Heinz Riesenhuber,** Bundesminister für Forschung und Technologie, Bonn
	Prof. Dr. Manfred Erhardt, Senator für Wissenschaft und Forschung, Berlin
	Prof. Dr. Joachim Treusch, Arbeitsgemeinschaft der Großforschungseinrichtungen, Bonn
	Prof. Dr. Benno Parthier, Deutsche Akademie der Naturforscher "Leopoldina", Halle
	Prof. Dr. Wolf Gerok, Gründungskomitee des MDC, Universität Freiburg
	Prof. Dr. Detlev Ganten, Max-Delbrück-Centrum für Molekulare Medizin, Berlin-Buch
Musikalischer Ausklang	Concerto Nr. 3 C-Dur für Flöte und Streichorchester Friedrich II. von Preußen allegro - andante - allegro

Es spielt die "Music-übende Compagnie der Charité" 'Musici Medici', Kammerorchester der Medizinischen Fakultät der Humboldt-Universität zu Berlin.

Dirigent: Jürgen Bruns; Solist: Christoph Schwarz

Abb. 108.
Programm der Feier zur Eröffnung des Max-Delbrück-Centrums für Molekulare Medizin am 7. Dezember 1992.

bach (Bundesministerium für Gesundheit), Prof. Dr. Kjell Fuxe (Stockholm), Prof. Dr. Gottfried Geiler (Leipzig), Prof. Dr. Wolfgang Gerok (Freiburg), Prof. Dr. Fritz Melchers (Basel), Prof. Dr. Bert Sakmann (Heidelberg), Prof. Dr. Thomas A. Trautner (Berlin), Prof. Dr. Ernst-Ludwig Winnacker (München).

Der *Stiftungsvorstand* leitet die Stiftung. Er besteht aus einem wissenschaftlichen Mitglied (Vorsitz), einem administrativen Mitglied und einem Stellvertreter des wissenschaftlichen Mitglieds. Der Stiftungsvorstand berät sich mit dem Geschäftsführenden und dem Erweiterten Leitungskollegium, in denen führende Wissenschaftler des Zentrums vertreten sind (s. S. 136).

Der *Wissenschaftliche Rat* berät den Stiftungsvorstand in allen bedeutsamen wissenschaftlichen Angelegenheiten. Er wird von Wissenschaftlerinnen und Wissenschaftlern des MDC gewählt.

Für die Beratung und Klärung von Personalangelegenheiten wird der Stiftungsvorstand durch einen von den Mitarbeitern gewählten *Personalrat* unterstützt.

Das MDC ist Mitglied der 1995 gegründeten Hermann von Helmholtz-Gemeinschaft Deutscher Forschungszentren (HGF). Als Stiftung des öffentlichen Rechts wird das MDC finanziell zu 90% vom Bundesministerium für Bildung und Forschung (BMBF) und zu 10% vom Land Berlin getragen.

Abb. 109.
Eröffnung des Max-Delbrück-Centrums für Molekulare Medizin am 7. Dezember 1992 im Vortragssaal des Kasinos. Von links nach rechts (vordere Reihe): Dr. Heinz Riesenhuber, Minister für Forschung und Technologie; Bundespräsident Dr. Richard v. Weizsäcker; Prof. Dr. Detlev Ganten, Frau Dr. Ursula Ganten; Dr. Erwin Jost; Dr. Peter Luther, Senator für Gesundheit Berlin; Prof. Dr. Harald zur Hausen, Direktor des Deutschen Krebsforschungszentrums Heidelberg.

Im Ergebnis wissenschaftlicher Entwicklungen und personeller Veränderungen im Zeitraum 1992 bis 1995 gab es 1996 im MDC folgende fachübergreifende Koordinationsbereiche (s. auch Abb. 113; in Klammern die Namen der Koordinatoren):

1. *Kardiologie* (Prof. Dr. Ernst-Georg Krause)
2. *Hypertonie* (Prof. Dr. Hermann Haller)
3. *Onkologie* (Prof. Dr. Friedhelm Herrmann; ab 1996 Dr. Achim Leutz)
4. *Medizinische Genetik* (Prof. Dr. Jens Reich)
5. *Zellbiologie* (Prof. Dr. Walter Birchmeier)
6. *Neurowissenschaften* (Dr. Helmut Kettenmann).

Als Leiter von Forschungsgruppen (längerfristig konzipierte Forschungsprogramme; entsprechen der C4-Professur einer deutschen Universität) und Arbeitsgruppen (einige davon mit zeitlich befristeten Arbeitsrichtungen; entsprechen einer C3-Professur) wurden dafür bis 1995 berufen:

Forschungsgruppenleiter: Prof. Dr. Walter Birchmeier (Essen), Zellbiologie; Prof. Dr. Detlev Ganten (Heidelberg), Hypertonieforschung; Prof.

Dr. Udo Heinemann (Berlin-Dahlem), Zellbiologie; Dr. Helmut Kettenmann (Heidelberg), Neurowissenschaften; Prof. Dr. Ernst-Georg Krause (Berlin-Buch), Kardiologie; Dr. Fritz Rathjen (Hamburg), Neurowissenschaften; Prof. Dr. Jens Reich (Berlin-Buch), Medizinische Genetik.

Arbeitsgruppenleiter: Dr. Carmen Birchmeier-Kohler (Köln), Medizinische Genetik; Dr. Thomas Blankenstein (Berlin-Steglitz), Onkologie; Dr. Achim Leutz (Heidelberg), Onkologie; Dr. Martin Lipp (München), Onkologie; Dr. Ingo Morano (Heidelberg), Kardiologie; Dr. Claus Scheidereit (Berlin-Dahlem), Onkologie; Dr. Siegfried Scherneck (Berlin-Buch), Onkologie; Dr. Heinz Sklenar (Berlin-Buch), Zellbiologie; Dr. Martin Zenke (Wien), Onkologie; Dr. Gary Lewin (Martinsried), Neurowissenschaften; Dr. Ludwig Thierfelder (Boston), Kardiologie; Dr. André Reis (Berlin), Medizinische Genetik, Dr. Frank Pfrieger (Stanford), Neurowissenschaften; Dr. Andreas Schedl (Edinburgh), Hypertonie.

Abb. 110.
Biochemisches Labor im Max-Delbrück-Haus nach Rekonstruktion 1995.

Die Arbeiten in den sechs Koordinationsbereichen, später Forschungsschwerpunkte genannt, beinhalteten im Zeitraum 1992 bis 1996 in enger Zusammenarbeit mit den Universitätskliniken Robert Rössle und Franz Volhard folgende Aufgaben (auszugsweise aus „Programmbudget 1997" des MDC):

1. Kardiologie: Molekulare und zelluläre sowie genetische Grundlagen gestörter Herzfunktionen, insbesondere Gene, Genprodukte und Mechanismen hypertropher und dilatativer Kardiomyopathien; Rolle von Autoimmunprozessen; Bedeutung des Blutgerinnungssystems für die Pathogenese der Arteriosklerose; Signalsysteme humoraler und hormonaler Regulationen normaler und gestörter Herzfunktionen; Expression und Regulation membranständiger Ca^{++}-Transportsysteme und kontraktiler Herzmuskelproteine. Forschungs- und Arbeitsgruppen: Klinische Kardiologie/Myokardhypertrophie; Kardiomyopathie und Herzinsuffizienz; Genetik von Kardiomyopathien; Arteriosklerose und Thrombose; Intrazelluläre Signalumsetzung; Molekulare Muskelphysiologie; Membranregulation und Ionentransport.

Abb. 111.
Elektrophysiologisches Labor im Max-Delbrück-Haus nach Rekonstruktion 1995.

2. *Hypertonie:* Genetik und molekulare Mechanismen der Entstehung des Bluthochdrucks; Zellbiologie der Gefäßwand sowie Mechanismen der Differenzierung von Blutgefäßzellen; Funktion von Endothelzellen hinsichtlich Zelladhäsion und Zellpermeabilität sowie Differenzierung und Proliferation von glatten Gefäßmuskelzellen; Wirkung von Matrixproteinen; hypertone transgene Tiermodelle und deren Analyse (Ratten mit genetisch bedingter Hypertonie und kongene hypertone Rattenstämme). Forschungs- und Arbeitsgruppen: Molekularbiologie und Genetik; Genetik, Pathophysiologie, Signaltransduktion; Molekularbiologie von Peptidhormonen; Experimentelle Gentherapie und Lipidstoffwechsel, RNA-Chemie.

Abb. 112.
Bibliothek im N. W. Timoféeff-Ressovsky-Haus 1994.

3. *Onkologie:* Entwicklung von Gen- und Immuntherapiestrategien; Optimierung chirurgischer und chemotherapeutischer Behandlungsverfahren; Diagnostik und Therapie von Mikrometastasen; Onkogene und deren Bedeutung für die Pathogenese von Leukämien und soliden Tumoren; Gene, Genexpression und Signaltransduktionssysteme der Regulation von Wachstum, Differenzierung und Apoptose; Glykokonjugate als Tumormarker. Forschungs- und Arbeitsgruppen: Medizinische Onkologie und Tumorimmunologie; Chirurgie und chirurgische Onkologie; Molekulare Immunologie und Gentherapie; Molekulare Krebstherapie; Molekulare Tumorgenetik; Tumorentwicklung und Differenzierung; Transkriptionsregulation; Experimentelle Tumortherapie; Liposomenforschung; Phospholipide; Glykokonjugate.

4. *Medizinische Genetik:* Bedeutung individueller genetischer Variationen für Ätiologie und Pathogenese monogen und multifaktoriell bedingter genetischer Krankheiten (Tumoren, Bluthochdruck, hypertrophe Kardiomyopathien) mittels molekulargenetischer Methoden der Genomforschung und der genetischen Epidemiologie; Identifizierung und Charakterisierung krankheitsrelevanter Gene; Programmentwicklungen für genomische Datenbanken. Forschungs- und Arbeitsgruppen: Bioinformatik; Molekulare Genetik und Mikrosatellitenzentrum; Tumorgenetik; Zellzyklusregulation; Klinische Molekulargenetik; Entwicklungsbiologie; Signaltransduktionsprozesse; Bioethik.

5. *Zellbiologie:* Differenzierungsvorgänge und deren Störungen bei der Tumorentstehung und Metastasierung; intrazellulärer Proteintransport; Biogenese des endoplasmatischen Retikulums; Streßproteine und Signaltransduktionssysteme zellulärer Streßreaktionen; dreidimensionale Strukturen von Proteinen und Nukleinsäuren und deren Interaktionen. Forschungs- und Arbeitsgruppen: Differenzierung, Invasivität und Metastasierung; intrazellulärer Proteintransport; Proteinsortierung; Vesikeltransport; Funktion des Ubiquitinsystems im endoplasmatischen

Retikulum; Cytochrom P450 und endoplasmatisches Retikulum; zelluläre Streßreaktionen; Kristallographie; Theoretische Biophysik; Elektronenmikroskopie.

6. *Neurowissenschaften:* Funktion von Gliazellen für Prozesse der Informationsübertragung in normalen Geweben und deren Störungen bei Krankheiten des Zentralnervensystems; axonales Wachstums während der Embryonalentwicklung; Bedeutung neurotropher Faktoren für Entwicklung und Regeneration des Nervensystems. Arbeitsgruppen: Zelluläre Neurowissenschaften; Entwicklungsneurobiologie; Wachstumsfaktoren und Regeneration.

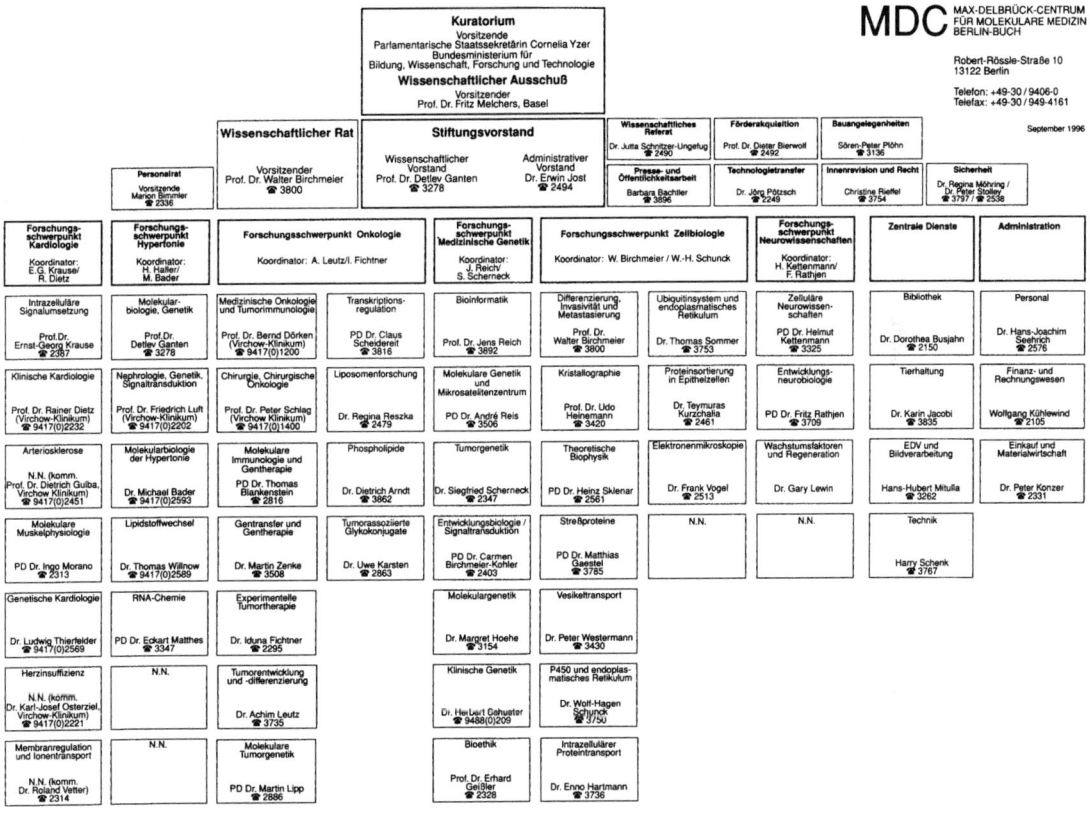

Abb. 113.
Übersicht über die Struktur des MDC 1996.

Auf der Grundlage von Empfehlungen international besetzter Gutachtergremien, die in den Jahren 1996 bis 1998 die wissenschaftlichen Arbeiten des MDC evaluierten, und nach Hinweisen des wissenschaftlichen Ausschusses des Kuratoriums wurden 1998 die Koordinierungsbereiche (Forschungsschwerpunkte) neu gegliedert. Neben den beiden klinischen Forschungsschwerpunkten *Herz-Kreislaufforschung* (unter Prof. Dr. Friedrich Luft) und *Krebsforschung* (unter Prof. Dr. Peter Schlag) (Forschungsprogramm I) wurden vier, an klinischen Fragestellungen orientierte wissenschaftliche Forschungsschwerpunkte gebildet (Forschungsprogramm II), und zwar:

1. *„Genetik, Bioinformatik und Strukturbiologie"* (Leiter: Prof. Dr. Udo Heinemann). Bereich Genetik: Klinische, experimentelle und genetische Untersuchungen zur Identifizierung und Charakterisierung von Genen,

die Krankheiten verursachen oder zu ihrer Entstehung beitragen einschließlich Charakterisierung der durch Mutationen oder Genvariationen auf verschiedenen Struktur- und Funktionsebenen hervorgerufenen Veränderungen. Insbesondere werden Genetik und Pathophysiologie kardiovaskulärer und maligner Erkrankungen sowie genetische und molekularbiologische Grundlagen von Entwicklungsprozessen unter Einbeziehung der funktionellen und medizinischen Genomforschung untersucht.

Bereich Bioinformatik: Statistische Analysen über Beziehungen zwischen Genotyp und Phänotyp bei Herz-Kreislauf- und Tumorerkrankungen sowie Genotyp-Phänotyp-Interaktionen bei multifaktoriellen Störungen und informatorische Analysen der chromosomalen Lokalisation von Krankheitsgenen.

Bereich Strukturbiologie: Analyse von Strukturen und Strukturbildungsprozessen von Proteinen und Nukleinsäuren sowie von Biopolymerwechselwirkungen als Grundlage der Bildung supramolekular organisierter Strukturen und Prozesse mittels hydrodynamischer, kalorimetrischer und spektroskopischer Methoden, der Licht- und Röntgenstreuung sowie mittels Röntgenkristallstrukturanalyse.

2. *„Zellwachstum und -differenzierung"* (Leiter: Prof. Dr. Walter Birchmeier). Genetische und molekularbiologische Grundlagen der Entstehung und Eigenschaften maligner und kardiovaskulärer Krankheiten mit dem Ziel der Erarbeitung neuer diagnostischer und therapeutischer Verfahren. Untersucht werden ausgewählte Gene und Genprodukte, die an Zellkommunikationen, der Regulation der Zellteilung und von Differenzierungsvorgängen, am programmierten Zelltod (Apoptose), der malignen Zellentartung und Metastasierung, an trans- und intrazellulären Signaltransduktionsprozessen sowie der Regulation von Genfunktionen auf der Transkriptionsebene beteiligt sind. Die Bearbeitung der Fragestellungen erfolgt im Zusammenhang mit biologischen Problemen an Epithelzellen, glatten Muskelzellen, Kardiomyozyten, Zellen hämatopoetischer und lymphoider Systeme sowie Tumorzellen.

3. *„Molekulare Therapie"* (Leiter: Prof. Dr. Thomas Blankenstein). Entwicklung neuer Therapieverfahren von Krankheiten, die mit herkömmlichen Verfahren nicht oder nur beschränkt heilbar sind. Gentherapeutische Arbeiten betreffen insbesondere Gene, deren Produkte an der Regulation der Zellteilung (Zellzyklusregulation), der Induktion des programmierten Zelltodes (Apoptose) und genregulatorischen Signalsystemen beteiligt sind oder immunstimulatorische Aktivitäten besitzen. Im Zusammenhang damit werden neue Vektor- und Gentransfersysteme entwickelt. Im Bereich der molekularen Immuntherapie werden Arbeiten über tumorspezifische T-Lymphozyten, zur Entwicklung rekombinanter bispezifischer „single-chain"-Antikörper sowie über immuntherapeutische Strategien gegen Tumoren mit spezifischen Antigenen (z.B. Nierenzellkarzinome, kolorektale Karzinome) durchgeführt. Weitere Arbeiten betreffen die Optimierung von Chemo- und Strahlentherapiemaßnahmen durch individuelle Anpassung an genetische Resistenzeigenschaften von Tumoren.

4. *„Neurowissenschaften"* (Leiter: Prof. Dr. Helmut Kettenmann). Analyse der Funktion von Gliazellen für normale Gehirnfunktionen sowie bei neuropathologischen Prozessen, der Regulation des gerichteten Wachs-

tums von Axonen, der Bedeutung neurotropher Faktoren für Wachstums- und Regenerationsvorgänge von Nervenzellen sowie der Rolle von Stammzellen für die Neurogenese im Zentralnervensystem.

Im Ergebnis der Begutachtungen wurden auch Veränderungen in Leitungsangelegenheiten des Instituts vorgenommen. Zur Beratung des Vorstandes wurden zwei Gremien geschaffen, nämlich ein „Geschäftsführendes Leitungskollegium" und ein „Erweitertes Leitungskollegium". Dem ersteren gehören neben dem Stiftungsvorstand, also Prof. Dr. Detlev Ganten und Dr. Erwin Jost, und den geschäftsführenden Direktoren der Robert-Rössle-Klinik (Prof. Dr. Bernd Dörken) und der Franz-Volhard-Klinik (Prof. Dr. Rainer Dietz) die sechs Koordinatoren sowie Wissenschaftler an, die im MDC bestimmte Aufgaben wahrzunehmen haben (z.B. für klinische Kooperationsprojekte, Ombudsmann für Studenten, Baukoordination). Das „Erweiterte Leitungskollegium", dem alle „Senior Scientists" angehören, berät den Vorstand in Angelegenheiten zur Resourcenvergabe (Personal, Sachmittel, Raum, Berufungen). Zum Stellvertreter des Wissenschaftlichen Vorstandes wurde im Mai 1998 Prof. Dr. Walter Birchmeier berufen.

1999 haben sich die Forschungszentren der Helmholtz-Gemeinschaft, die sich mit medizinisch-biologischer Forschung beschäftigen, zum Helmholtz-Verbund Gesundheitsforschung zusammengeschlossen. Damit sollen gemeinsam forschungspolitische Strategien entwickelt und Schwerpunkte künftiger Forschungsgebiete definiert und koordiniert werden. Die im Helmholtz-Gesundheitsverbund beteiligten Zentren haben ihre Forschungsbereiche in die drei Sektionen „Biomedizinische Forschung", „Medizintechnik" und „Bevölkerungsorientierte Gesundheitsforschung" gegliedert. Das MDC ist im Forschungsbereich „Gesundheit" angesiedelt. Schwerpunkt der Arbeiten in der Sektion „Biomedizinische Forschung" ist die krankheitsbezogene Genomforschung, der sich künftig auch das MDC verstärkt widmen wird. Im Zusammenhang damit ist ein Neubau für „Medizinische Genomforschung" vorgesehen (Baubeginn 2002). Inhaltliche Schwerpunkte wurden in Klausurtagungen mit internationalen Experten und mit dem Wissenschaftlichen Ausschuß des Direktoriums festgelegt. Die Arbeiten sollen der systematischen genomischen Analyse komplexer genetischer Krankheiten im Bereich der Herz-Kreislauf- und Krebserkrankungen sowie Krankheiten des Zentralnervensystems gewidmet sein. Dafür sind folgende Abteilungen geplant: Genetische Epidemiologie, Tiermodelle für menschliche Krankheiten, Bioinformatik, Expression genetischer Information, Strukturforschung sowie Pharmakogenomik.

Für die Zusammenarbeit von Max-Delbrück-Centrum für Molekulare Medizin und den beiden Universitätskliniken Robert Rössle und Franz Volhard gibt es neben der Bearbeitung gemeinsamer Forschungsthemen verschiedene Projekte bzw. Organisationsformen. So werden Forschungsschwerpunkte durch *„Klinische Kooperationsprojekte"* (KKP) (Clinical Collaborative Projects) ergänzt, in denen Gruppen verschiedener Forschungsschwerpunkte aus dem MDC und den beiden Kliniken mit grundsätzlich gleichen biologischen Fragestellungen und Methodenanwendungen zusammenarbeiteten. Dazu gehören die Querschnittsprojektbereiche *Gentherapie* (Zusammenfassung der gentherapeutischen Programme für monogen bedingte Erkrankungen sowie für Krebs- und kardiovaskuläre Erkrankungen), *Genetik* (Analyse, Kartierung sowie Klonierung und Expression von Genen) und *Zellproliferation* (Faktoren und Signalsysteme der Zellproliferation und Zelldifferenzierung und deren Störungen insbesondere in Tumoren und im kardiovaskulären System).

„*Clinical Research Units*" (CRU) sind Kooperationsprojekte für klinische Forschungen zur besonderen diagnostischen und therapeutischen Betreuung von Patienten und Probanden auf der Grundlage neuester wissenschaftlicher Erkenntnisse.

Im Rahmen eines „*Klinischen Ausbildungsprogramms*" (KAP) (Clinical Training Program) haben Ärzte nach absolvierter klinischer Ausbildung im Rahmen mehrjähriger Stipendien Gelegenheit zu wissenschaftlicher Tätigkeit in der Grundlagenforschung.

Die Absicherung gemeinsamer Forschungsprojekte und Ausbildungsprogramme von MDC und den beiden Universitätskliniken wird leitungsmäßig dadurch abgesichert, daß die leitenden Professoren der Kliniken zugleich Leiter von Forschungsgruppen am MDC sind, womit auch eine institutionelle Verbindung zwischen Klinik, klinischer Forschung und Grundlagenforschung hergestellt wird.

Als Stiftung des öffentlichen Rechts wird das MDC zu 90% vom Bund und zu 10% vom Land Berlin finanziert. Weitere Mittel werden über wissenschaftliche Forschungsprojekte eingeworben (Drittmittel), insbesondere von der Deutschen Forschungsgemeinschaft (DFG), dem Bundesministerium für Bildung und Forschung (BMBF) sowie von verschiedenen Stiftungen.

Der Zuwendungsbedarf (Grundhaushalt) des MDC betrug im Gründungsjahr 1992 ca. 63 Millionen, 1996 ca. 98,5 Millionen und im Jahr 2000 ca. 98,7 Millionen Mark. Durch den sog. Verstärkungsfonds, durch den bis 1996 als Regelung für Einrichtungen in den neuen Bundesländern über den Stellenplan hinaus Mittel zur Verfügung gestellt wurden, erhielt das MDC weitere 12,25 Millionen Mark pro Jahr. Zusätzlich konnten über begutachtete wissenschaftliche Forschungsprojekte bereits 1992 Drittmittel in Höhe von 6,6 Millionen und 1996 von 16,8 Millionen Mark ausgegeben werden. Im Jahr 2000 betrugen die Drittmitteleinwerbungen 24,85 Millionen Mark, davon 9,63 Millionen Mark vom Bundesministerium für Bildung und Forschung (BMBF) und 7,27 Millionen Mark von der Deutschen Forschungsgemeinschaft (DFG). Weitere Drittmittelförderung erhielten Forschungsaufgaben des MDC von Stiftungen, der Industrie und der Europäischen Union (EU).

Am Ende des Gründungsjahres, d.h. 1992, verfügte das MDC über insgesamt 382 budgetierte Stellen (davon 130 Wissenschaftler). 1996 waren es 669 Stellen (davon 315 Wissenschaftler, darunter wiederum 174 aus dem MDC-Haushalt finanziert). Im Jahr 2000 wurden am MDC über institutionelle Mittel ca. 340, über Drittmittel ca. 155 sowie über Annex-Mittel ca. 75 Personen, insgesamt mit diesen Mitteln finanziert also ca. 570 (VbE) Personen beschäftigt. Hinzu kamen 95 (VbE) Stellen im Rahmen der klinischen Projekte, insgesamt also 665 Stellen. Bei der

Gründung des MDC war der drittmittelgestützte Ausbau auf etwa 600 Mitarbeiter (einschließlich Annexpersonal) bezogen auf Vollbeschäftigteneinheiten (VbE) vorgesehen. Diese Zielgröße wurde damit erreicht. Seit der Gründung 1992 sind beträchtliche Mittel in die Rekonstruktion, den Ausbau und die Modernisierung der Bauten und Anlagen des MDC geflossen (s. hierzu Kap. 5.7, „Investive Entwicklungen). Größtes, z. Z. noch laufendes Bauvorhaben des MDC ist die Errichtung des Kommunikationszentrums mit Hörsälen, Seminarräumen und Laborkursräumen und des Hermann v. Helmholtz-Hauses in einem Gebäudekomplex zwischen Walter-Friedrich-Haus und Max-Delbrück-Haus (Abb. 114).

1997 wurde das MDC in den „Fälschungsfall Herrmann/Brach" einbezogen. Marco Finetti und Armin Himmelrath bezeichneten in dem Buch „Der Sündenfall. Betrug und Fälschungen in der deutschen Wissenschaft" (Raabe Fachverlag für Wissenschaftsinformation, 1999) diesen Fall als den größten Betrugs- und Forschungsskandal in der Geschichte der deutschen Wissenschaft. Professor Friedhelm Herrmann war 1992 von der Universität Freiburg nach Berlin-Buch berufen worden und arbeitete hier bis 1996. Als C4-Professor war er Leiter einer Forschungsgruppe am MDC sowie Leiter einer klinischen Abteilung in der Robert-Rössle-Klinik. Frau Dr. Marion Brach arbeitete zusammen mit Professor Herrmann in dessen Forschungsgruppe im MDC. 1996 wurde Professor Herrmann an die Universität Ulm und Frau Dr. Brach an die Universität Kiel berufen. Beide galten, wie Finetti und Himmelrath schrieben, als „Hoffnungsträger der deutschen Wissenschaft auf einem der bedeutendsten und zukunftsträchtigsten Forschungsfelder: der Krebsforschung". Unmittelbar nach Bekanntwerden des Betrugsverdachts wurde am MDC eine Arbeitsgruppe zur Untersuchung der Arbeiten von Herrmann und Brach gebildet, die etwa 40 Publikationen mit gefälschten Daten identifizierte, die zum großen Teil schon aus der Freiburger Zeit von Herrmann und Brach stammten. Daher wurde unter Beteiligung der Deutschen Forschungsgemeinschaft (DFG) eine Nationale Untersuchungskommission unter Leitung des Freiburger Mediziners Professor Wolfgang Gerok gebildet. Die Analyse aller von Herrmann und Brach in ihren Publikationen dargestellten „Forschungsergebnisse" ergab Dutzende vorsätzlich frei erfundener, geschönter und gefälschter Daten sowie Plagiat und Betrug, womit sie auf verwerfliche Weise gegen Ethik in der Wissenschaft verstoßen haben. In der Folge dieses Skandals haben Herrmann und Brach ihre Tätigkeiten an den Universitäten Ulm bzw. Kiel aufgegeben.

Abb. 114.
Model des Gebäudekomplexes Kommunikationszentrum (1) und Hermann v. Helmholtz-Haus (2) des Max-Delbrück-Centrums zwischen Walter-Friedrich-Haus (links) und Max-Delbrück-Haus (rechts).

5.2. Die Universitätskliniken Robert Rössle und Franz Volhard

In den Empfehlungen des Wissenschaftsrates zur Gründung eines biomedizinischen Forschungszentrums in Berlin-Buch (s. S. 125) wurde u.a. ausgeführt: *„Das künftige Zentrum soll aus Einrichtungen experimenteller Grundlagenforschung, der Forschungsklinik und den angeschlossenen Ambulanzen bestehen".* Eine Zusammenführung der ehemaligen Kliniken der Zentralinstitute für Krebsforschung (Robert-Rössle-Klinik) und für Herz-Kreislaufforschung (ab 1992 Franz-Volhard-Klinik) in organisatorischer Einheit mit dem Max-Delbrück-Centrum ließ sich jedoch wegen Schwierigkeiten hinsichtlich der Finanzierung der ambulanten und stationären Patientenbetreuungen nicht realisieren. Daher wurden beide Kliniken 1992 mit zunächst insgesamt 280 Betten und 515 Mitarbeitern, darunter 86 Ärzten, Einrichtungen des Rudolf-Virchow-Klinikums der Freien Universität. Seit der Neustrukturierung der Hochschulmedizin in Berlin im April 1995 gehörte das Virchow-Klinikum zunächst als eigene Fakultät zur Humboldt-Universität. Am 1. April 1997 wurde es mit der Charité zu einer medizinischen Fakultät der Humboldt-Universität zusammengeführt.

Beide Kliniken sind wesentliche Säulen des Max-Delbrück-Centrums für Molekulare Medizin. Ohne sie wäre die Gründung des MDC 1992 nicht möglich gewesen. Als nunmehr universitäre Einrichtungen sind sie über einen Kooperationsvertrag eng mit dem MDC verbunden. In diesem wird u.a. ausgeführt: *„... die Kooperation zwischen experimenteller Grundlagenforschung und der klinischen Forschung und Krankenversorgung auf dem Gebiet der molekularbiologisch orientierten Tumor- und Herz-Kreislauf-Forschung zu verbessern, die wissenschaftlichen Erkenntnisse unmittelbar zum Wohle der Patienten unter Wahrung der ärztlichen ethischen Standards in die Krankenversorgung umzusetzen und Fragestellungen aus der Krankenversorgung an die Forschung heranzutragen ..."*.

Die Robert-Rössle-Klinik und die Franz-Volhard-Klinik wurden vorerst als Standort Berlin-Buch des Virchow-Klinikums der Humboldt-Universität mit eigenem Budget und Wirtschaftsplan für 200 „universitäre Betten" festgeschrieben. Darüber hinaus wurden zunächst noch 80 weitere Betten nach dem Krankenhausfinanzierungsgesetz geführt. Zu Beginn des Jahres 1994 übernahmen die Robert-Rössle- und die Franz-Volhard-Klinik die stationäre Versorgung der Hämatologie/ Onkologie bzw. der Kardiologie des Klinikums Buch, was zu einer Erhöhung der Bettenzahl in der Robert-Rössle-Klinik um 35 auf 115 und zur Anerkennung von 65 „Landesbetten" in der Kardiologie führte. Anfang 1998 verfügten beide Kliniken mit 288 Betten über insgesamt 887 Mitarbeiter, darunter 169 Ärzte, einschließlich Ambulanzen, Polikliniken und Forschung.

Eine 1998/99 wegen finanzieller Schwierigkeiten von Krankenkassen einsetzende Krise im Berliner Krankenhauswesen ging auch an den beiden Bucher Universitätskliniken nicht vorbei. Die vom Berliner Senat propagierten Sparmaßnahmen führten zu teilweise skurrilen Vorstellungen über das weitere Schicksal der zur Charité gehörenden Bucher Universitätskliniken Robert Rössle und Franz Volhard. Diese reichten von einer Überführung der Kliniken an das Städtische Klinikum Buch über Rückgabe an das Land Berlin bis zur Schließung, Pläne, die in der Presse mit Schlagzeilen wie „Irrwitziger Plan im Berliner Senat" oder „Vor einer internationalen Blamage" kommentiert wurden. Das Personal der beiden Kliniken und des Max-Delbrück-Centrums für Molekulare Medizin wie auch viele Patienten beteiligten sich daraufhin am 12. Januar 2000 an einer großen Protestdemonstration vor dem „Roten Rathaus", Sitz des Berliner Senats, gegen diese Vorhaben. Schließlich wurde der universitäre Status beider Kliniken erhalten, jedoch mußte die Anzahl der Betten in beiden Einrichtungen zum 1. Juli 2000 reduziert werden. Sie verfügen jetzt über insgesamt noch 165 Betten für die Betreuung von Patienten. Darüber hinaus betreut der Leiter der Nephrologie der Franz-Volhard-Klinik, Professor Friedrich Luft, 65 „nephrologische Betten" des Klinikums Buch und 10 Dialyseplätze.

Die Leiter der Abteilungen der beiden mit dem MDC kooperierenden Kliniken sind C4-Universitätsprofessoren. Mit ihrem Universitätsstatus nehmen beide Kliniken an der universitären Ausbildung von Studenten sowie der akademischen Betreuung und Weiterbildung von Ärzten und Wissenschaftlern bis hin zur Promotion und Habilitation teil.

Der Förderung junger Ärzte dient auch ein *Klinisches Ausbildungsprogramm* (KAP), womit durch gezielte Nachwuchsunterstützung für Mediziner der Grundstein für eine wissenschaftliche Laufbahn gelegt werden soll (s. auch S. 138).

Eine weitere Besonderheit sind sog. *Clinical Research Units* (CRU). Diese bilden die Grundlage dafür, daß Kooperationsprojekte unter Einbeziehung von Probanden und Patienten für besondere diagnostische und therapeutische Maßnahmen im Rahmen von *Querschnittsprojektbereichen* (QPB) bearbeitet werden können und sind damit eine wichtige Basis für die klinische Forschung (s. S. 138).

Zum 1. Juni 2001 wurden die Robert-Rössle-Klinik und die Franz-Volhard-Klinik im Status von Universitätskliniken der Charité der Humboldt-Universität zusammen mit dem Klinikum Buch als bisher städtisches Krankenhaus von der „Helios Kliniken GmbH" übernommen.

DIE ROBERT-RÖSSLE-KLINIK

Die Robert-Rössle-Klinik ist eine Spezialeinrichtung zur Behandlung von Krebskrankheiten mit modernsten Methoden der Diagnostik und Therapie. Sie gliederte sich nach ihrer Gründung zunächst in folgende bettenführende Abteilungen und Funktionsbereiche:
Medizinische Onkologie und Angewandte Molekularbiologie
Medizinische Onkologie und Tumorimmunologie
Chirurgie und Chirurgische Onkologie
Nuklearmedizin
Strahlentherapie.
1992 wurden als C4-Universitätsprofessoren in die Robert-Rössle-Klinik Prof. Dr. Bernd Dörken von der Universität Heidelberg für Medizinische Onkologie und Tumorimmunologie, Prof. Dr. Peter Schlag von der Universität Heidelberg für Chirurgie und Chirurgische Onkologie sowie Prof. Dr. Friedhelm Herrmann von der Universität Freiburg für Medizi-

nische Onkologie und Angewandte Molekularbiologie berufen (bis 1996; s. hierzu S. 139).

Am 1. Juli 1991, d.h. vor der Abwicklung zum 31. Dezember 1991, verfügte die Robert-Rössle Klinik über 200 Betten und 350 Mitarbeiterstellen. Nach der Neugründung gab es am 1. September 1992 weiterhin 200 Betten, der Personalbestand umfaßte 358 Mitarbeiter. 1998 waren in der Klinik mit 173 Betten 134 Ärzte und wissenschaftliche Mitarbeiter tätig. Im Ergebnis der vom Senat verfügten Sparmaßnahmen im Berliner Krankenhauswesen wurde im Sommer 2000 die Bettenzahl auf 115 reduziert (s. S. 140).

Abb. 115.
Besuch von Bundespräsident Dr. Richard v. Weizsäcker und Bundesminister für Forschung und Technologie Dr. Heinz Riesenhuber (links) am 7. Dezember 1992 in der Robert-Rössle-Klinik. Rechts: Prof. Dr. Detlev Ganten; zweiter von links: Prof. Dr. Peter M. Schlag, Direktor der Klinik für Chirurgie und Chirurgische Onkologie.

Für die Diagnostik und Therapie von Geschwülsten werden in der Robert-Rössle-Klinik neben konventionellen Maßnahmen neueste klinische, genetische sowie zell- und molekularbiologische Erkenntnisse und Methoden genutzt. Dies gilt insbesondere für die Erfassung genetisch bedingter Anlageträger von Geschwülsten, d.h. die frühzeitige Erkennung erblich bedingter Tumorformen, sowie für die Charakterisierung von Tumorzellen mit dem Ziel der Früherfassung und Anwendung spezifischer Therapiemaßnahmen. Für moderne Therapieformen werden mit genetisch veränderten Immunzellen, „Suicid"-Gentherapie sowie Genmodifikationen blutbildender Stammzellen neue immunologische und gentherapeutische Strategien entwickelt.

In der chirurgischen Abteilung wurde zur Verbesserung der Diagnose und Therapie von Geschwülsten durch die Forschungsgruppe „OP 2000" zusammen mit medizinischen Einrichtungen in Köln, Heidelberg und München sowie dem Technologiezentrum der Deutschen Telekom AG in Darmstadt das erste funktionsfähige transeuropäische Kompetenznetzwerk für Telemedizin errichtet. Damit konnten bisher über Satellit Datenübermittlungen zwischen 14 Kliniken in sechs Ländern hergestellt werden (Abb. 116, 117).

Ein weiterer Schwerpunkt auf dem Gebiet der Tumortherapie ist die Anwendung der Hyperthermie zur Verbesserung der Strahlen- und Chemotherapie, worüber in der Klinik zusammen mit der Abteilung biologische Krebsforschung des Bucher Instituts für Medizin und Biologie bereits in den 50er Jahren gearbeitet worden war (s. S. 105). Für die klinische Anwendung wurde dafür 2000/2001 eine entsprechende Anlage errichtet.

Neben den stationären Einrichtungen gibt es eine vom Bundessozialgericht bestätigte Fachambulanz mit Dispensaireauftrag. Die ambulante Betreuung von Patienten mit Tumorerkrankungen oder vermuteten Tumoren umfaßt alle diagnostischen Maßnahmen sowie chemotherapeutische Verfahren. Die ambulanten Einrichtungen umfassen eine hämatologisch-onkologische Ambulanz der Inneren Medizin, eine operative Ambulanz der Chirurgie sowie Ambulanzen der Radiodiagnostik, der Strahlentherapie, der Nuklearmedizin, der Labormedizin sowie der Pathologie, in denen pro Quartal insgesamt etwa 10 000 Patienten untersucht und behandelt werden.

Seit 1992 hat sich in der Robert-Rössle-Klinik insbesondere auch der Bereich der experimentellen Forschungen zur Entwicklung neuer Diagnose- und Therapiemethoden sowie der Erforschung molekularer Grundlagen der Krebsentstehung und des malignen Wachstums stark entwickelt. So erhöhte sich die Zahl der in der Forschung tätigen Mitarbeiter von 10 („Vollkräfte") im Jahr 1992 auf 87 im Jahr 2000. Über wissenschaftliche Forschungsprojekte wurden 1993 Drittmittel in Höhe von 7,77 Millionen Mark eingeworben, 1997 waren es 6,32 Millionen und im Jahr 2000 7,26 Millionen Mark.

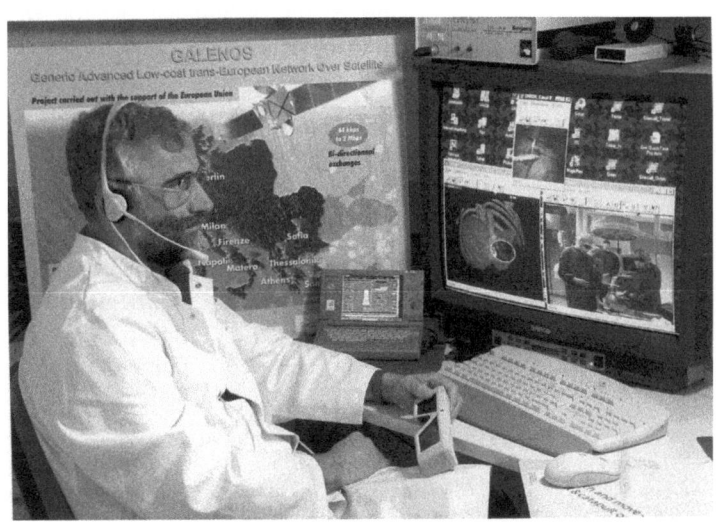

Abb. 116.
Interaktive Telemedizin im OP2000 (Operationssaal der Zukunft) der Robert-Rössle-Klinik.
Auf dem großen Monitor ist die stereotaktische Betrachtung verschiedener 3-D-Bildquellen (z.B. von OP-Mikroskopen, Laparoskopen und computergenerierten 3-D-Rekonstruktionen radiologischer Patientendaten) möglich. Die Fernsteuerung verschiedener medizinischer Geräte, wie z.B. Mikroskopen für pathologische Untersuchungen, OP-Mikroskopen und VR-(Virtual Reality)-Simulationen, ist Bestandteil der satellitengestützten Kommunikation im System GALENOS (Generic Advanced Low-Cost trans-European Network Over Satellite).

DIE FRANZ-VOLHARD-KLINIK

Die Franz-Volhard-Kinik (1992 nach dem deutschen Internisten und Bluthochdruckforscher Franz Volhard (1872-1950) benannt) ist aus der Klinik des ehemaligen Akademie-Zentralinstituts für Herz-Kreislaufforschung hervorgegangen (s. S. 102). Sie steht seit 1992 unter Leitung des von der Universität Heidelberg berufenen C4-Professors Rainer Dietz und gliedert sich in Abteilungen für Kardiologie, Angiologie und Pulmonologie (Prof. Dr. Rainer Dietz) sowie für Hypertonie und Nephrologie unter Leitung des von der Universität Nürnberg/Erlangen berufenen Prof. Dr. Friedrich Luft, ebenfalls C4-Universitätsprofessor (Lehrstuhl für Hypertensiologie und ihre Genetik).

Am 1. Juli 1991, d.h. vor der Abwicklung zum 31. Dezember, verfügte die Klinik über 80 Betten und ca. 150 Mitarbeiterstellen. Nach der Neugründung gab es am 1. September 1992 zunächst weiterhin 80 Betten, der Personalbestand umfaßte 165 Mitarbeiter. 1998 waren in der Klinik mit 115 Betten 109 Ärzte und wissenschaftliche Mitarbeiter tätig. Im Ergebnis der vom Senat verfügten Sparmaßnahmen im Berliner Krankenhauswesen (s. S. 141) wurde im Sommer 2000 die Bettenzahl von 115 auf 50 reduziert. Die Abteilung Nephrologie der Franz-Volhard-Klinik betreut außerdem im Medizinischen Bereich Teil I des Klinikums Buch 65 Betten sowie 10 weitere Plätze für Dialysepatienten.

Die Franz-Volhard-Klinik ist eine Spezialklinik zur Erforschung, Diagnostik und Therapie akuter und chronischer Herz-Kreislauf-Erkrankungen unter Nutzung neuester klinischer und molekularbiologischer Erkenntnisse und Methoden. Sie verfügt über modernste Möglichkeiten der nichtinvasiven kardiologischen Diagnostik (einschließlich Magnetokardiographie, Magnetresonanztomographie) sowie der invasiven

Diagnostik und Therapie (einschließlich Links- und Rechtsherzkatheter, Echokardiographien, elektrophysiologische Methoden, Ballondilatation, Einbringen von Gefäßstützen („Stents"), Laser-, Ultraschall- und Strahlenanwendungen).

Die Patientenbetreuung erfolgt in drei verschiedenen Stationen mit insgesamt 50 Betten sowie einer kardiologischen Intensivstation mit 10 Betten. Dieser ist eine Notaufnahme angegliedert, in der Patienten zunächst für 24 Stunden versorgt werden. Durch ein netzwerkbasiertes Datensystem stehen für eine schnelle Behandlung und kontinuierliche Weiterbetreuung jederzeit alle Patientendaten einschließlich früherer Untersuchungsergebnisse zur Verfügung.

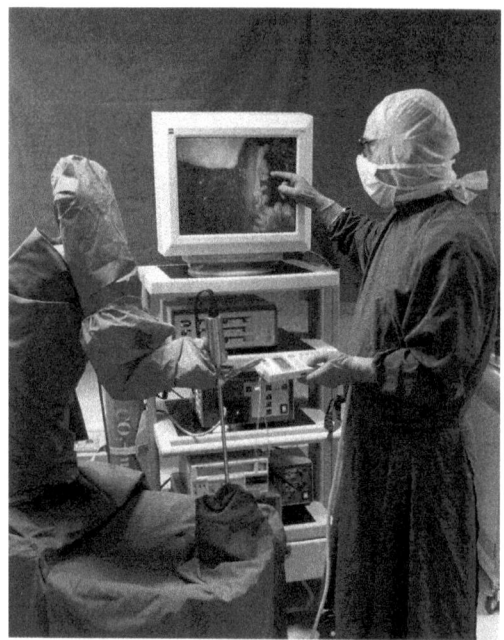

Abb. 117.
*Stereoskopisches Laparoskop und „dritte Hand" im OP2000 in der Robert-Rössle-Klinik.
Ein stereoskopisches Laparoskop der Fa. Zeiss wird von einer ferngesteuerten Halterung mit sechs Freiheitsgraden („dritte Hand") gehalten und über eine „Teaching Box" zur Ausführung von zitterfreien Bewegungsabläufen programmiert. Die von dem Laparoskop-Kamerasystem erzeugten Bilder werden auf einem Spezialmonitor dargestellt und können mit Polarisationsbrillen stereoskopisch betrachtet werden.*

Weiterhin besitzt die Franz-Volhard-Klinik in einer Poliklinik, die nach §311 SGB V der Krankenversorgung zuzuordnen ist, Fachambulanzen für die Betreuung von Patienten mit Herzrhythmusstörungen, Bluthochdruck, Kardiomyopathien und Herzinsuffizienz, Stoffwechselstörungen sowie nephrologischen Erkrankungen. Pro Quartal werden in den Einrichtungen der Poliklinik etwa 10 000 Patienten betreut.

Als universitäre Einrichtung mit vertraglich geregelter Anbindung an das Max-Delbrück-Centrum für Molekulare Medizin werden in der Franz-Volhard-Klinik wissenschaftliche Arbeiten auf verschiedenen Gebieten der Herz-Kreislaufforschung durchgeführt. Forschungsschwerpunkte sind Untersuchungen über molekulare Ursachen von Restenosen nach Balondilatation einschließlich Erarbeitung zellbiologischer und gentechnischer Verfahren zur Hemmung des Zellwachstums bei Restenosen sowie die Analyse genetischer Ursachen des Bluthochdrucks und monogen bedingter erblicher Herzerkrankungen, beispielsweise der familiären hypertrophen Kardiomyopathie. Weiterhin werden Fragen über Ursachen und Entstehungsmechanismen von Herzmuskelschwächen unterschiedlicher Genese bearbeitet. Neben Untersuchungen über molekulare Ursachen verschiedener Herz-Kreislauferkrankungen werden Arbeiten zur Verbesserung diagnostischer Verfahren und Techniken insbesondere im Hinblick auf Risikostratefizierungen und die Früherkennung verschiedener Krankheiten vor allem mittels Magnetresonanztomographie und Magnetokardiographie durchgeführt.

Seit 1992 hat sich die Forschung bemerkenswert entwickelt, was u.a. durch folgende Zahlen belegt wird. 1992 waren 5 „Vollkräfte" in der Forschung tätig, 1995 waren es bereits 32 und 94 im Jahr 2000. Beeindruckend sind auch die Einnahmen an Drittmitteln für wissenschaftliche Forschungsprojekte gestiegen: 1993 waren es 3,43 Millionen Mark, 1997 7,45 Millionen und 9,6 Millionen Mark im Jahr 2000.

5.3. Das Forschungsinstitut für Molekulare Pharmakologie

1976 ging aus dem Bereich Molekular- und zellbiologische Wirkstoffforschung des Zentralinstituts für Molekularbiologie das Institut für Wirkstofforschung in Berlin-Friedrichsfelde hervor (s. S. 96). Im Ergebnis der Evaluierung der Akademieinstitute und der Empfehlungen des Wissenschaftsrates „*aus dem Kernbestand des Instituts für Wirkstofforschung eine Einrichtung für Molekulare Pharmakologie zu gründen*", entstand im Rahmen der „Blauen Liste" zum 1. Januar 1992 das Forschungsinstitut für Molekulare Pharmakologie (FMP) im Forschungsverbund Berlin e. V.. Der Forschungsverbund ist ein Zusammenschluß von acht wissenschaftlich unabhängigen Instituten im Ostteil von Berlin mit gemeinsamer Rechtsträgerschaft und Verwaltung. Das FMP ist Mitglied der 1995 gegründeten Wissenschaftsgemeinschaft Gottfried Wilhelm Leibniz (WGL, vormals Wissenschaftsgemeinschaft Blaue Liste). Es erhält seine Grundförderung zu gleichen Teilen vom Land Berlin und vom Bundesministerium für Bildung und Forschung.

1996 wurde Prof. Dr. Walter Rosenthal von der Universität Gleßen als Direktor an das FMP berufen.

Im Gründungsjahr, d.h. 1992, waren im Forschungsinstitut für Molekulare Pharmakologie etwa 145 Mitarbeiter tätig, darunter 73 Wissenschaftler, am Ende des Jahres 2000 waren es insgesamt etwa 180 Mitarbeiter, davon etwa 100 Wissenschaftler.

Abb. 118.
Forschungsinstitut für Molekulare Pharmakologie (Nordfassade), erbaut 1998 - 2000.
Aufnahme 2001.

Abb. 119.
Gebäude für Kernspinresonanz-Spektroskopie des Forschungsinstituts für Molekulare Pharmkologie.
Aufnahme 2001.

Das FMP ist damit die größte pharmakologische Forschungseinrichtung Deutschlands.

Ausdruck der anerkannten Leistungsstärke des Instituts sind auch die Drittmitteleinwerbungen: 1992 erhielt das FMP über begutachtete Forschungsanträge Drittmittel in Höhe von 942 TDM. 1996 waren es bereits 2,08 Millionen Mark und im Jahr 2000 4,22 Millionen Mark, also eine reichliche Vervierfachung in weniger als 10 Jahren.

In den Jahren 1998 bis 2000 wurde für das Forschungsinstitut für Molekulare Pharmakologie auf dem Biomedizinischen Forschungscampus in Berlin-Buch ein neues Laborgebäude errichtet. Der Grundstein für den dreietagigen Neubau (Abb. 118, 119) wurde am 13. Juli 1998 gelegt. Im Oktober 2000 wurde das Institut in Betrieb genommen, die offizielle Einweihung des Institutsneubaus erfolgte im Rahmen eines Festaktes am 5. Juli 2001 (Abb. 120). Damit ist die aus dem Zentralinstitut für Molekularbiologie hervorgegangene Wirkstofforschung, die letztlich auf die 1949 von Professor Friedrich Jung gegründete Abteilung für Pharmakologie im Bucher Akademieinstitut für Medizin und Biologie zurückgeht (s. S. 74), wieder an ihren Ausgangsort nach Berlin-Buch zurückgekehrt. In diesem Zusammenhang ist anzumerken, daß bereits in den „Thesen zur Entwicklung des biologisch-medizinischen Forschungspotentials der AdW" (Akademie der Wissenschaften) vom Mai 1973 eine Rückverlegung der Wirkstofforschung von Friedrichsfelde nach Buch gefordert wurde, um sie wieder in die biologisch-medizinische Forschung in Buch zu integrieren.

Das Forschungsinstitut für
Molekulare Pharmakologie

lädt ein zur

Einweihung des Institutsneubaus

Festakt am
Donnerstag, 5. Juli 2001, 11:00 Uhr
Festsaal des Klinikums Buch, Haus 214
ÖB C.W.Hufeland
Lindenberger Weg, 13125 Berlin

Schlüsselübergabe und Empfang
13:30 Uhr im Neubau des FMP,
Campus Berlin-Buch
Robert-Rössle-Str. 10, 13125 Berlin

anschließend Besichtigung des Neubaus

Professor Dr. Walter Rosenthal,
Direktor des Forschungsinstituts für
Molekulare Pharmakologie (FMP)

Dr. Christoph Stölzl,
Senator für Wissenschaft, Forschung
und Kultur des Landes Berlin

Professor Dr. Hans-Olaf Henkel,
Präsident der Wissenschaftsgemeinschaft
Gottfried Wilhelm Leibniz

Professor Dr. Detlev Ganten,
Wissenschaftlicher Vorstand des Max-Delbrück-Centrums
für Molekulare Medizin (MDC) Berlin-Buch

Professor Dr. Florian Holsboer,
Vorsitzender des Gründungskomitees und langjähriger
Vorsitzender des Wissenschaftlichen Beirats des FMP

Festvortrag:

Professor Dr. Robert Huber, Nobelpreisträger für Chemie,
Martinsried

Abb. 120.
Programm des Festaktes zur Einweihung des Neubaus des Forschungsinstituts für Molekulare Pharmakologie am 5. Juli 2001. (Anmerkung: Anstelle von Dr. Christoph Stölz sprach Dr. Bernd Köppl).

Ziel der Arbeiten des FMP ist es, neue Konzepte für pharmakologische Beeinflussungen des Organismus zu entwickeln. Dazu betreibt es, dem Gründungsauftrag entsprechend, Grundlagenforschung auf dem Gebiet der molekularen Pharmakologie, und zwar in der Einheit von struktur- und funktionsbezogenen Arbeiten. Schwerpunkte sind Untersuchungen über die Identifizierung, Charakterisierung und Nutzbarmachung biologischer Makromoleküle als potentielle Zielstrukturen von Pharmaka („drug targets"), insbesondere solcher Strukturen, die an zellulären Signaltransduktionsketten beteiligt sind.

Die verschiedenen Arbeitsschwerpunkte des FMP spiegeln sich in vier Abteilungen und mehreren unabhängigen Nachwuchsgruppen wieder (s. Abb. 121).
Abteilung *Peptidchemie* (Leiter: Prof. Dr. Michael Bienert). Molekulare und biochemische Grundlagen der Wirkung von Peptiden mit bzw. über Rezeptoren; Mechanismen peptidinduzierter Membranstörungen und des Transmembrantransportes von Peptiden; methodische Weiterentwicklungen der Peptidsynthese; massenspektroskopische Analyse von

Peptiden und Proteinen; Schaffung von Voraussetzungen für die Entwicklung neuartiger pharmakologischer Interventionen durch neue Kenntnisse über Peptid- und Peptid-Lipid-Interaktionen.

Abteilung *NMR-unterstützte Strukturforschung* (Leiter: Prof. Dr. Hartmut Oschkinat). NMR-spektroskopische Untersuchungen der Raumstruktur von Proteinen, die an inter- und intrazellulären Signalauslösungs- und -übertragungsprozessen beteiligt sind, insbesondere G-Protein-gekoppelter Rezeptoren und Proteindomänen; Berechnung von Modellen ausgewählter G-Protein-gekoppelter Rezeptoren auf der Basis vorhandener Strukturinformationen („molecular modelling") als Grundlage für die Entwicklung neuer Rezeptoragonisten und -antagonisten; methodische Weiterentwicklung der Festkörper-NMR-Spektroskopie.

Abteilung *Signaltransduktion/Molekulare Medizin* (Leiter: Prof. Dr. Walter Rosenthal). Funktionelle Charakterisierung G-Protein-gekoppelter Rezeptoren und nachgeschalteter Signalketten sowie Identifizierung pharmakologischer Zielstrukturen; Bedeutung peptidabbauender Enzyme für die Alkoholaufnahme; pharmakologische Beeinflussung der Blut-Hirn-Schranke; Entwicklung neuer „caged compounds".

Abteilung *Molekulare Genetik* (Leiter: Prof. Dr. Ivan Horak). Identifizierung und Charakterisierung von Genen, die Entwicklung und Funktion von Blutzellen steuern; Etablierung von „knock-out"-Mäusen mit definierten Gendefekten zur Untersuchung der Funktion derartiger Gene im Gesamtorganismus; Bereitstellung von „Tiermodellen" zur Erforschung molekularer Ursachen menschlicher Krankheiten und zur Entwicklung neuer diagnostischer und therapeutischer Verfahren.

Zur Zeit arbeiten folgende *Nachwuchsgruppen* im FMP: Zelluläre Signalverarbeitung, Festkörper-NMR und Membranbiophysik, Protein-"Engineering", Biophysik (s. Abb. 121).

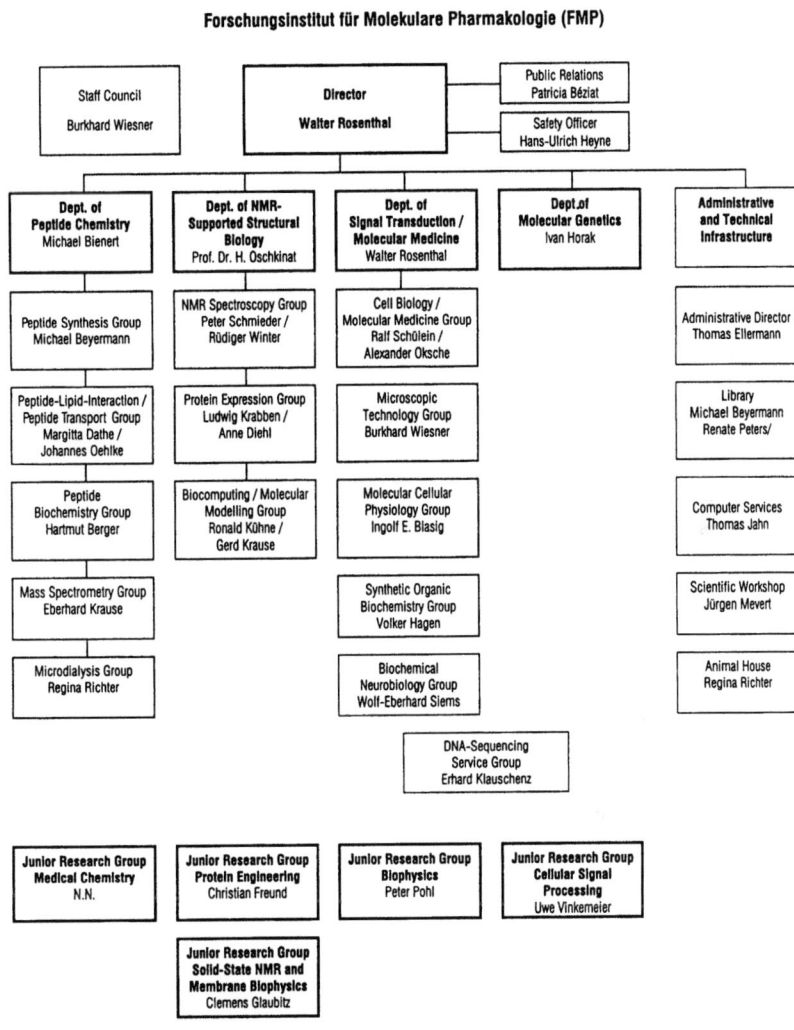

Abb. 121.
Strukturplan des Forschungsinstituts für Molekulare Pharmakologie (Organigramm aus dem Annual Report 1999/2000 des FMP).

5.4. Die BBB Biomedizinischer Forschungscampus Berlin-Buch GmbH/BBB Management GmbH Campus Berlin-Buch

In den Empfehlungen des Wissenschaftsrates der Bundesrepublik Deutschland aus dem Jahr 1991 zur weiteren Entwicklung der ehemaligen Bucher Akademieeinrichtungen (s. S. 125) hieß es u.a., *„... das Campusgelände in Berlin-Buch auch für die Ansiedlung einschlägiger*

Abb. 122.
Oskar- und Cécile-Vogt-Haus nach Rekonstruktion 1998 (vergl. hierzu Abb. 11 u. 62).

industrieller Forschungsaktivitäten zu nutzen. Hierzu bieten insbesondere die bisherigen pharmazeutisch-biotechnologischen Arbeitsbereiche und die auf diesem Gelände bereits betriebene Isotopenproduktion vielversprechende Ansätze. Solche Aktivitäten könnten sich auch stimulierend auf die Grundlagenforschung des neuen biomedizinischen Forschungszentrums auswirken".

Bereits 1991 hatten Mitarbeiter Bucher Institute der Akademie der Wissenschaften auf dem Gelände erste Firmen gegründet, beispielsweise die EZAG (Eckert und Ziegler-AG; s. S. 152). In der Folgezeit bekundeten zahlreiche weitere Firmengründer Interesse, sich in Buch in Nähe zum Max-Delbrück-Centrum für Molekulare Medizin und den Kliniken anzusiedeln. Um dafür Möglichkeiten zu schaffen, gründete im Auftrag der Senatsverwaltung Berlin für Wissenschaft, Forschung und Kultur das Max-Delbrück-Centrum für Molekulare Medizin, notariell mit Datum 8. Juni 1995 beurkundet, als Tochterunternehmen die BBB Biomedizinischer Forschungscampus Berlin-Buch GmbH, am 1. Juli 2000 in „BBB Management GmbH Campus Berlin-Buch" umbenannt. Geschäftsführerin ist Dr. Gudrun Erzgräber, Aufsichtsratsvorsitzender Prof. Dr. Detlev Ganten. Gesellschafter der BBB Management GmbH sind das Max-Delbrück-Centrum für Molekulare Medizin mit 60% sowie seit 1996 die Schering AG und seit 1998 das Forschungsinstitut für Molekulare Pharmakologie mit je 20%.

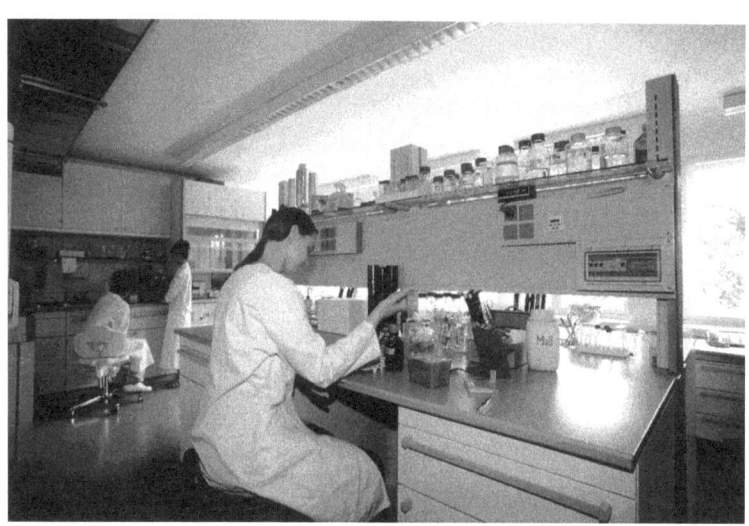

Abb. 123.
Chemisches Labor im rekonstruierten Oskar- und Cécile-Vogt-Haus 1999.

Oben links: Histologisches Labor aus der Zeit des Kaiser-Wilhelm-Instituts für Hirnforschung u.a. mit Lichtmikroskopen und Schlittenmikrotomen (s. auch Abb. 17).

Oben rechts: Zur Geschichte der Elektronenmikroskopie.

Unten rechts: Sammlung optischer Geräte (Optische Bank zur Bestimmung der Kinetik NAD$^+$/NADH-abhängiger Enzymreaktionen mit Spiegelgalvanometer; Lange-Kolorimeter; Pulfrich-Refraktometer; Michelson-Aktinometer).

Als Campus-Managementgesellschaft nimmt die BBB GmbH vor allem folgende Aufgaben wahr: Verwaltung des Campus im Auftrag des Landes Berlin, Entwicklung und Management des Biotechnologieparks mit Innovations- und Gründerzentrum, Akquisition und Betreuung neuer Firmen auf dem Campus, Unterstützung neu gegründeter und junger Biotechnologieunternehmen, Mitarbeit in nationalen und internationalen Biotechnologie-Netzwerken sowie Betreibung des „Gläsernen Labors".
Für den Aufbau ihrer Einrichtungen und die Wahrnehmung ihrer Aufgaben erhielt die BBB GmbH zunächst Fördermittel in Höhe von ca. 50 Millionen Mark der „Gemeinschaftsaufgabe zur Verbesserung der regionalen Wirtschaftsstruktur" (GA-Mittel) und des „Europäischen Fonds für Regionalentwicklung" (EFRE). Der Berliner Senat stellte darüber hinaus einen Eigenanteil von 3,6 Millionen Mark zur Verfügung. Mit Hilfe dieser Mittel wurde im ersten Bauabschnitt im Zeitraum von 1997 bis 1998 zunächst das Gebäude des ehemaligen Kaiser-Wilhelm-Instituts für Hirnforschung (ab 1992 Oskar- und Cécile-Vogt-Haus) rekonstruiert und modernisiert (Abb. 122, 123). Gegenwärtig sind in diesem Gebäude 14 Biotechnologieunternehmen sowie Büroräume angesiedelt. Außerdem befindet sich im Oskar- und Céci-

Abb. 124.
Museum zur Wissenschaftsgeschichte im Oskar- und Cécile-Vogt-Haus.

Abb. 125.
Nach dem Biochemiker Erwin Negelein (s. auch Abb. 49 u. 137) benanntes Laborgebäude des Innovations- und Gründerzentrums.

Eröffnung des Innovations- und Gründerzentrums
Biomedizinischer Forschungscampus Berlin-Buch
Dienstag, den 8. September 1998,
9.30 - 12.30 Uhr

Otto-Warburg-Saal

9.30 - 9.35 Uhr	Musikalische Eröffnung
9.35 - 9.40 Uhr	Begrüßung **Prof. Dr. Detlev Ganten** Aufsichtsratsvorsitzender der BBB Biomedizinischer Forschungscampus Berlin-Buch GmbH
9.40 - 9.55 Uhr	**Dr. Jürgen Rüttgers** Bundesminister für Bildung, Wissenschaft, Forschung und Technologie, Bonn
9.55 - 10.10 Uhr	**Eberhard Diepgen** Regierender Bürgermeister von Berlin
10.10 - 10.20 Uhr	Musikalischer Ausklang

Innovations- und Gründerzentrum

10.20 - 10.30 Uhr	Gang zum Erwin-Negelein-Haus (Laborneubau des Innovations- und Gründerzentrums)
10.30 - 10.35 Uhr	**Schlüsselübergabe an Dr. Gudrun Erzgräber** Geschäftsführerin der BBB Biomedizinischer Forschungscampus Berlin-Buch GmbH
10.35 - 10.45 Uhr	Enthüllung der Büste von Prof. Dr. Erwin Negelein **Prof. Dr. Heinz Bielka** (Würdigung)
10.45 - 11.45 Uhr	**Pressekonferenz** I. Stock, Erwin-Negelein-Haus
11.45 - 12.30 Uhr	Empfang im Erwin-Negelein-Haus

Abb. 126.
Zur Eröffnung des Innovations- und Gründerzentrums 1998.

Abb. 127.
Experimentieren im „Gläsernen Labor".

Vogt-Haus, und zwar in ehemaligen Laboratorien der genetischen Abteilung von Timoféeff-Ressovsky aus der Zeit von 1930 bis 1945, ein Museum, in dem mit Geräten sowie Bild- und Schriftdokumenten ein Teil der Wissenschaftsgeschichte des Instituts gezeigt wird (Abb. 124).

Von 1997 bis 1998 wurde nach Plänen der Braunschweiger Architekten Dieter Husemann und Dr. Claus Wiechmann das erste neue Laborgebäude des Innovations- und Gründerzentrums der BBB Biomedizinischer Forschungscampus GmbH errichtet, das nach dem Biochemiker Erwin Negelein (s. S. 63 f) benannt wurde (Abb. 125). Die Einweihung erfolgte am 8. September 1998 (Abb. 126). Im gleichen Zeitraum wurde mit Mitteln der „Gemeinschaftsaufgabe zur Verbesserung der regionalen Wirtschaftsstruktur" und des „Europäischen Fonds für Regionalentwicklung" das denkmalgeschützte Wirtschaftsgebäude (s. Abb. 4) renoviert und als „Gläsernes Labor" (Life Science Learning Lab) gestaltet. Das am 19. April 1999 eingeweihte Gebäude beherbergt Seminar-, Videokonferenz- und Ausstellungsräume zur allgemeinverständlichen Wissensvermittlung über Gen- und Biotechnologie sowie ein Labor mit Arbeitsplätzen für experimentelle Arbeiten für Schüler, Lehrer und Interessenten auch anderer Bereiche des öffentlichen Lebens, um insbesondere Gentechnik praktisch zu vermitteln und erlebbar zu machen (Abb. 127, 128). Allein im Jahr 2000 besuchten etwa 4500 Interessenten das „Gläserne Labor".

Die drei Gebäude - Oskar- und Cécile-Vogt-Haus, Erwin-Negelein-Haus und „Gläsernes Labor" - gehören zur 1. Baustufe des „Innovations- und Gründerzentrums" (IGZ), dessen offizielle Eröffnung mit der Einweihung des Erwin-Negelein-Hauses am 8. September 1998 in Gegenwart des Bundesministers für Bildung, Wissenschaft, Forschung und Technologie sowie des Regierenden Bürgermeisters von Berlin erfolgte (Abb. 126). Damit wurden auf zunächst ca. 8500m² Labor- und Bürofläche für Existenzgründer und innovative kleine Unternehmer aus den Bereichen Biomedizin und

Biotechnologie für Forschungs- und Entwicklungsarbeiten im Umfeld von Forschungsinstituten und Kliniken ideale Arbeitsmöglichkeiten geschaffen. Diese enge Vernetzung von Biotechnologie mit Wissenschaft und Medizin ist bislang einmalig in Deutschland.

1999 wurde der Grundstein für die 2. Baustufe des Innovations- und Gründerzentrums gelegt, und zwar am 17. Dezember 1999 für ein weiteres Laborgebäude und am 13. Juli 2000 für das Biotechnologische Produktionsgebäude. Ersteres wurde nach dem Biochemiker Otto Warburg benannt, letzteres nach dem Biochemiker Karl Lohmann. Die Einweihungen erfolgten am 12. Oktober 2001 (s. Abb. 129). Mit dieser Baustufe des Innovations- und Gründerzentrums konnte die für Biotechnologieunternehmen zur Verfügung stehende Fläche auf 14500 m² erhöht werden.

Abb. 128.
Ausstellungs- und Demonstrationsraum im „Gläsernen Labor" mit gläsernem Modell einer Zelle.

Wegen der nach wie vor großen Nachfrage von Biotechnologieunternehmen nach Ansiedlung in Berlin-Buch förderte der Senat von Berlin auch noch eine 3. Baustufe des Innovations- und Gründerzentrums mit einem Bauvolumen von ca. 42 Millionen Mark für 9000 m² Nutzfläche. Der Grundstein dafür wurde ebenfalls am 12. Oktober 2001 gelegt. Das Gebäude soll Anfang 2003 in Betrieb genommen werden. Geplant ist weiterhin die Übernahme des ehemaligen Medizinischen Bereichs V in Berlin-Buch (Dr. Heim-Krankenhaus; s. S. 13) durch die BBB GmbH zum Ausbau für biotechnologische Unternehmen.

5.5. Die Biotechnologieunternehmen

Bereits 1991 gründeten im Campus Berlin-Buch Mitarbeiter der ehemaligen Akademieinstitute eigene kleine Firmen. Durch weitere Ausgründungen aus Forschungsinstituten und Kliniken sowie Niederlassung externer Firmen stieg die Zahl der Unternehmen im Innovations- und Gründerzentrum sowie dem Technologiepark schnell an. Zur Zeit (Herbst 2001) befinden sich 42 Unternehmen auf dem Campus, und zwar 29 im Innovations- und Gründerzentrum und 13 im Biotechnologiepark. Die Zahl der Mitarbeiter in diesen Unternehmen stieg von etwa 50 im Jahr 1992 auf etwa 565 im September 2001 an. Die Größe der Firmen ist sehr unterschiedlich; sie bewegt sich zwischen solchen mit bis zu fünf Mitarbeitern und Unternehmen mit mehr als 20 Mitarbeitern.

Die im Campus angesiedelten Firmen beschäftigen sich mit der Entwicklung anwendungs- und marktfähiger Programme, Methoden, Tech-

Abb. 129.
Biotechnologiestraße. Rechts: Erwin-Negelein-Haus (s. Abb. 125) und Gebäude der Eckert u. Ziegler AG (s. Abb. 131); links: Otto-Warburg-Haus (vorn) und Karl-Lohmann-Haus (hinten).

nologien und Produkte aus den Bereichen Chemie, Biologie und Medizin. Schwerpunkte sind: DNA- und Genomanalysen, Vektortechnologien für Genübertragungen und Therapieverfahren, Protein- sowie RNA-Analysen und -technologien, Immuntechniken und Herstellung von Immunpräparaten, präklinische Substanztestungen sowie Analyse pharmarelevanter molekularer Zielstrukturen, molekularbiologische Diagnose- und Therapieverfahren, Entwicklung und Herstellung spezifischer Strahlenquellen für Anwendung in Medizin und Technik, Isotopenrecycling, Entwicklung und Herstellung von Trenn- und Trägermaterialien für Chemie und Medizin.

Gegenwärtig befinden sich u.a. folgende Firmen auf dem Campus: Affina Immuntechnik GmbH, Arimedes Biotechnology GmbH, atugen AG, BEBIG Isotopen- und Medizintechnik GmbH, Biosyntan Bioorganic Synthesis mbH, BioTez Biochemical Technology Center Berlin-Buch GmbH, Combinature Biopharm AG, CONGEN Biotechnology GmbH, DeveloGen AG, emp Biotech GmbH, Eckert u. Ziegler Strahlen- und Medizintechnik AG, Eurotope Entwicklungsgesellschaft für Isotopentechnologien mbH, EPO experimental pharmacology u. oncology Berlin-Buch GmbH, FILT GmbH, Genethor GmbH, GenPat77 Pharmacogenetics AG, GenProfile AG, Glycotope GmbH, G.O.T. Therapeutics GmbH, IMTEC Immunodiagnostika GmbH, InViTek Gesellschaft für Biotechnik u. Biodesdign mbH, NEMOD GmbH Biomedizinische Diagnostik und Therapie, Theragen AG.

Abb. 130.
Altes Laborgebäude der Eckert u. Ziegler Strahlen- und Medizintechnik AG, errichtet 1955 als Isotopenverteilerstelle der DDR, dann bis 1991 Gebäude der „Isocommerz". Das Gebäude wurde 1999/2000 abgerissen und an dieser Stelle das neue Gebäude der Eckert u. Ziegler AG errichtet (s. Abb. 131).

Die „Eckert u. Ziegler Strahlen und Medizintechnik AG": Bereits 1991 erarbeiteten Mitarbeiter des Bereichs „Angewandte Isotopenforschung" des Akademieinstituts für Isotopen- und Strahlenforschung (s. S. 90) unter Leitung von Jürgen Ziegler gemeinsam mit der KAI-AdW (Koordinierungs- und Abwicklungsstelle für die Institute und Einrichtungen der ehemaligen Akademie der Wissenschaften der DDR; s. S. 123 u.

228) und der Fa. Roland u. Berger ein Konzept für die Überführung der „Isotopenproduktion" in eine selbständige GmbH, um in der Umbruchphase 1990/91 von der DDR in die Marktwirtschaft hinüber zu retten, was überhaupt noch zu retten war. Immerhin erreichte die Isotopenproduktion dieses Bereichs eines Akademieinstituts 1989 einen Umsatz von etwa 14 Millionen MDN (Mark der Deutschen Notenbank), davon einen Exportanteil von 2 Millionen DM in das „kapitalistische Ausland".

In einer Zeit gewaltiger Umbrüche im deutsch-deutschen Vereinigungsprozeß konnte also im Bereich der Isotopenforschung und -produktion ein erfolgreicher Übergang von DDR-"know-how" in die Deutsche Marktwirtschaft und die Europäische Union erreicht werden. Zunächst wurde dafür ein ABM-Konzept erarbeitet und mit 46 Mitarbeitern realisiert. Parallel dazu wurde von Jürgen Ziegler und Dr. Andreas Eckert 1992 die Firma „BEBIG Isotopentechnik und Umweltdiagnostik GmbH" gegründet. Im Herbst 1993 kam ein „Joint Venture" mit dem russischen Partner „Ritvers" und 1994 eine Beteiligung an einer tschechischen Firma hinzu, die heute vollständig zur Eckert u. Ziegler AG gehört. Im Herbst 1994 folgte auf der Basis eines amerikanischen „Start-up" die Gründung einer Vertriebsfirma für die USA in Chicago. Veranlaßt durch eine amerikanische Firma, Strahlenquellen für die Prävention von Restenosen von Herzgefäßen nach Dilatationen zu entwickeln und herzustellen, wurde 1995 eine neue Firma ins Leben gerufen, die „Eurotope Entwicklungsgesellschaft für Isotopentechnologien mbH", die als Tochtergesellschaft der Eckert u. Ziegler AG ebenfalls im Bucher Campus angesiedelt ist. Zur Zeit werden mit Hilfe eines automatisierten Verfahrens pro Jahr 30000 Stück dieser Strahlenquellen hergestellt.

Abb. 131.
Neues Labor- und Verwaltungsgebäude der Eckert u. Ziegler Strahlen- und Medizintechnik AG, erbaut 1999/2000 (s. auch Abb. 129).

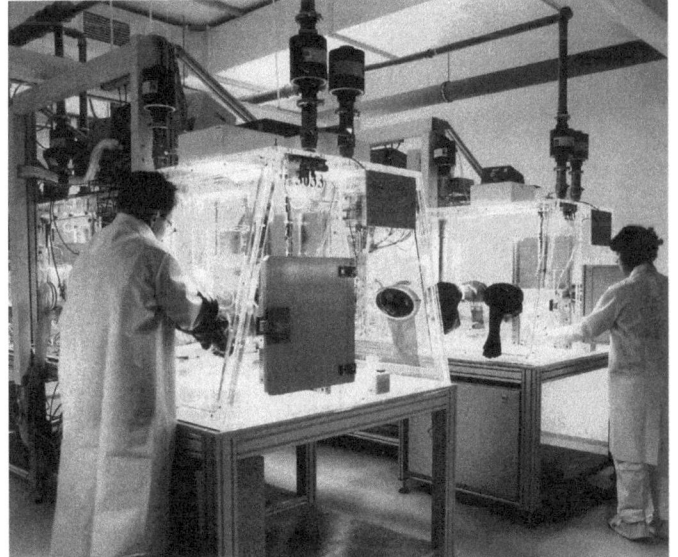

Abb. 132.
Produktionsanlage zur Herstellung radioaktiver Ballonkatheter der Eckert u. Ziegler Strahlen- und Medizintechnik AG.

1997 erfolgte als „Holding" für die Tochtergesellschaften die Gründung der „Eckert u. Ziegler Strahlen- und Medizintechnik AG".
1999 wurde die kalifornische Firma „Isotope Products Laboratories Inc." (IPL) in Burbank, CA, erworben, so daß das Bilanzvolumen der Eckert u. Ziegler AG auf 11 Millionen Euro stieg und weitere Geschäftsfelder im Bereich wissenschaftlich und medizinisch einsetzbarer Strah-

lenquellen hinzukamen. Die aus dem Börsengang 1999 erzielten Gewinne wurden für weitere Entwicklungen auf dem Gebiet der Krebstherapie, z.B. gegen Prostatakarzinome eingesetzt. Im Jahr 2000 wurde auf der Grundlage einer Kapitalerhöhung die gesamte Produktion radioaktiver Quellen von DuPont Pharmaceuticals Corp. in Boston/USA übernommen, wodurch die Eckert u. Ziegler AG auf dem Sektor ausgewählter Medizintechnikquellen zum Marktführer weltweit aufstieg.

Die Eckert u. Ziegler AG entwickelt, produziert und vertreibt schwach radioaktive Strahlenquellen für medizinische, industrielle und wissenschaftliche Anwendungen. Für die Anwendung in der Kardiologie werden miniaturisierte Strahlenquellen zur Bestrahlung von Gefäßinnenwänden zur Prävention von Restenosen nach Ballondilatation von Herzgefäßen hergestellt (s. Abb. 132). Für die Onkologie werden Strahlenquellen zur Behandlung von Prostata- und Augentumoren produziert. In Wissenschaft und Industrie finden die von der Eckert u. Ziegler AG produzierten Strahlenquellen verschiedenartige Anwendungen, insbesondere in der Stahl-, Chemie- und Erdölindustrie, für wissenschaftliche Forschungen in Medizin und Biologie sowie für die Medizintechnik (Gammakamerakalibrierung, PET usw.).

Derzeit beschäftigt die Eckert u. Ziegler Strahlen- und Medizintechnik AG weltweit 230 Mitarbeiter, die Bilanzsumme betrug im 2. Quartal 2001 57 Millionen Euro.

5.6. Kunst auf dem Campus

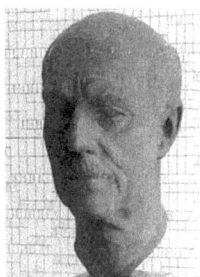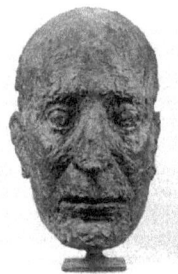

Abb. 133.
Walter Friedrich von Maria Schockel-Rostowskaja

Abb. 134.
Robert Rössle von Gerhard Thieme

Abb. 135.
Hans Gummel von Rosemarie u. Otto Schack

Abb. 136.
Karl Lohmann von Sabina Grzimek

Abb. 137.
Erwin Negelein von Sabina Grzimek

(von links nach rechts)

Als Bereiche menschlicher Kultur dienen Wissenschaft und Kunst der Bildung, dem Wohle sowie der Befriedigung ästhetischer und ethischer Bedürfnisse des Menschen. Und schließlich entspringen wissenschaftliches und künstlerisches Schaffen auch den menschlichen Herausforderungen und Erkenntnissen, Leben zu gestalten und zu interpretieren. Die griechische Antike sowie die Renaissance in ihrer Verbindung von Humanismus und neuer Kunst stehen als Beispiele für fruchtbare Symbiosen von Wissenschaft und Kunst.

In Buch hat der Berliner Stadtbaurat Ludwig Hoffmann am Beginn des 20. Jahrhunderts mit seinen Krankenhausbauten das Ortsbild von Buch wesentlich geprägt (s. S. 12). Neben Bezügen zu ihren medizinischen Zwecken strebte er auch eine Einheit von Architektur und bildender Kunst an. Ihm zur Seite standen vor allem die Architekturbildhauer Ignatius Taschner (1871-1913), August Vogel (1859-1932) und Georg Wrba (1872-1932), die entscheidend dazu beitrugen, den Bucher Krankenanstalten ein unverwechselbares künstlerisches Gepräge zu geben.

Der Biomedizinische Forschungscampus ab 1992

Zweckmäßigkeit und Schönheit wurden so zu überzeugender Harmonie miteinander verbunden.

Auf dem Gelände des heutigen Biomedizinischen Forschungscampus finden sich aus der Zeit des Kaiser-Wilhelm-Instituts für Hirnforschung (1930-1945) keine künstlerischen Nachlässe. Aus der Zeit der Akademieinstitute (1947-1991) sind nur wenige Objekte künstlerischen Schaffens vorhanden. Zu erwähnen sind die Büsten von Walter Friedrich (Abb. 133) von Maria Schockel-Rostowskaja, von Robert Rössle (Abb. 134) von Gerhard Thieme und von Hans Gummel (Abb. 135) von Rosemarie und Otto Schack, eine Gedenktafel für Oskar und Cécilie Vogt (Abb. 138) von Axel Schulz am Hörsaal des ehemaligen Instituts für Hirnforschung, die Statue eines jungen Mädchens („Erntehelferin"; Abb. 139) von Gerhard Rommel sowie die Statue „Geschwister" von

Abb. 138.
Gedenktafel am ehemaligen Kaiser-Wilhelm-Institut für Hirnforschung mit der Aufschrift: Oskar und Cécile Vogt den humanistischen Gelehrten und Begründern des Instituts für Hirnforschung Berlin-Buch.

Waldemar Grzimek im Innenhof der Franz-Volhard-Klinik (s. Abb. 85; stand zunächst auch im Gelände des jetzigen Forschungscampus).

Nach der Gründung des Max-Delbrück-Centrums 1992 wurden Werke der bildenden Kunst mehr und mehr zu gestaltenden Elementen in Gebäuden und auf dem Campus. Anläßlich seines 100. Geburtstages wur-

Abb. 139. (links)
Junges Mädchen („Erntehelferin") von Gerhard Rommel

Abb. 140. (rechts)
„Großes Sonnenzeichen I" von Rainer Kriester, 1995

de 1998 von Sabina Grzimek eine Büste von Karl Lohmann (Abb. 136) geschaffen und die Eröffnung des Innovations- und Gründerzentrums 1998 mit der Enthüllung einer Büste des Biochemikers Erwin Negelein (Abb. 137) vor dem nach ihm benannten Laborgebäude verbunden. Damit soll, wie früher schon mit den Büsten von Walter Friedrich und Hans Gummel, an Wissenschaftler und Ärzte erinnert werden, denen wir den Wiederaufbau der medizinisch-biologischen Wissenschaften und klinischen Medizin auf dem Campus in Berlin-Buch nach dem Zweiten Weltkrieg zu verdanken haben.

Abb. 141. (links)
„Hoffnung" von Jörg Steinert (gestiftet von der Aktionsgruppe Berlin der Deutschen Welthungerhilfe e.V.)

Abb. 142. (rechts)
„wenn ich groß bin, dann ... ," von Anna Franziska Schwarzbach, 2000

Am 16. September 2000 wurde im Rahmen eines Tages der „Offenen Tür" auf dem Campus ein Skulpturenpark eröffnet. Dazu gehören Plastiken (z. B. Abb. 140, 143, 144), Gemälde (z.B. Abb. 145) und Klanginstallationen von 24 Künstlern aus dem In- und Ausland, wofür bei der Stiftung Deutsche Klassenlotterie 1,5 Millionen Mark eingeworben wurden. Zu dem Skulpturenpark gehört auch das von Anna Franziska Schwarzbach geschaffene Mahnmal zur Erinnerung an Euthanasieopfer (Abb. 142; s. hierzu S. 49). Vor der Robert-Rössle-Klinik steht die von der Aktionsgruppe Berlin der Deutschen Welthungerhilfe gestiftete Skulptur „Hoffnung" von Jörg Steinert (Abb. 141).

Zahlreiche Gemälde und Plastiken stammen von Jeanne Mammen (1890-1976), die seit den 30er Jahren des 20. Jahrhunderts eng mit Max Delbrück befreundet war (ein Teil des Briefwechsels zwischen beiden wurde in dem Buch: „Jeanne Mammen", herausgegeben von der Jeanne-Mammen-Gesellschaft in Verbindung mit der Berliner Galerie 1978 von der Edition Cantz veröffentlicht). Mammens künstlerische Werke

auf dem Campus befinden sich hauptsächlich in dem nach ihr benannten Jeanne-Mammen-Saal im Torhaus sowie im Max-Delbrück-Haus des MDC.

Professor Detlev Ganten schrieb in dem Buch „Wissenschaft und Kunst auf dem Campus Berlin-Buch" (2001) u.a.: *„Der Skulpturenpark des MDC enthält über seinen unmittelbar erlebbaren ästhetischen Reiz auch eine weitergehende Absicht. Wissenschaft in Verbindung mit Kunst kann nicht inhuman werden. Viele große Forscher haben das gewußt und sich auf Kunst und Künstler eingelassen".* Und mit Bezug auf Alexander von Humboldt, der *„in der Verbindung aus Wissenschaft und Kunst den Weg des Menschen in die Humanität sah und stolz auf den Dreiklang war, den es dabei zu hören gab",* schrieb er weiter: *„Wissenschaft, Kunst, Humanität: In Berlin-Buch, am Max-Delbrück-Centrum für Molekulare Medizin (MDC), wollen wir auf diesen Dreiklang hören".*

Abb. 143. (links)
„Anabase" von Rolf Szymanski, 1983

Abb. 144. (rechts)
„L'Homme" von Jean Ipoustéguy, 1963

Abb. 145.
„Junger Mann mit Schal" (Portrait Max Delbrück) von Jeanne Mammen, um 1935-40

5.7. INVESTIVE ENTWICKLUNGEN

Seit 1992 wurden mit Hilfe beträchtlicher Mittel vom Bund und dem Land Berlin, des Europäischen Fonds für Regionalentwicklung (EFRE) und der Gemeinschaftsaufgabe „Verbesserung der regionalen Wirtschaftsstruktur" des Landes Berlin umfangreiche bauliche Maßnahmen zur Erhaltung, Renovierung und Modernisierung von Forschungseinrichtungen und der Infrastruktur des Campus vorgenommen. Nachfolgend werden wichtige Bauvorhaben beschrieben.

1993-1998: Innenrekonstruktion des Max-Delbrück-Hauses (vormals Gebäude des 1974-1980 errichteten Akademie-Zentralinstituts für Molekularbiologie (Abb. 94) für 42,5 Millionen Mark.

1993-1994: Rekonstruktion der Gebäude des 1970-1972 errichteten Rechenzentrums der ehemaligen Akademieinstitute Berlin-Buch (Abb. 91, 112) für 1,9 Millionen Mark; Umwandlung zur Bibliothek mit Informationszentrum (N. W. Timoféeff-Ressovsky-Haus); Eröffnung am 28. März 1994.

1994-1995: Innenrekonstruktion des Tierhauses am Lindenberger Weg (Abb. 89) für 4,3 Millionen Mark; Übergabe am 25. Januar 1995.

1994-1996: Sanierung des Franz Gross-Hauses im Territorium Medizinischer Bereich I, Wiltbergstraße (Abb. 86) für 1 Million Mark.

1994-1997: Rekonstruktion des Flachbaus des Max-Delbrück-Hauses für 3,9 Millionen Mark.

1994-1998: Bau der Hochgeschwindigkeitsdatenleitung mit 622 Mbits/sec für 14,8 Millionen Mark.

1996: Bau der Notaufnahmestation in der Franz-Volhard-Klinik (Abb. 87) für 2,1 Millionen Mark.

1996-1997: Rekonstruktion des Gebäudeteils C (Abb. 73) der Robert-Rössle-Klinik mit Mitteln der Deutschen Krebshilfe für 4 Millionen Mark; Einweihung am 28. November 1997.

1996-1998: Rekonstruktion des 1951-1954 erbauten Walter-Friedrich-Hauses (Abb. 69) für 18,5 Millionen Mark (Ostflügel von 1996-1997, offizielle Übergabe am 8. Dezember 1997; Westflügel von 1997-1998, offizielle Übergabe am 16. April 1999).

1997-1998: Sanierung des früheren Direktorenhauses, erbaut 1928-1929, jetzt Gästehaus (Abb. 10) für 1,8 Millionen Mark.

1997-1998: Rekonstruktion mit kompletter Innenmodernisierung des 1928-1929 erbauten Kaiser-Wilhelm-Instituts für Hirnforschung (ab 1992 Oskar- und Cécile-Vogt-Hauses; Abb. 11, 62, 122) als Laborgebäude des Innovations- und Gründerzentrums der BBB Biomedizinischer Forschungscampus Berlin-Buch GmbH für 14,5 Millionen Mark; Baubeginn Januar 1997, Abschluß der Bauarbeiten Mai 1998.

1997-1998: Rekonstruktion des 1914-1916 nach Plänen von Ludwig Hoffmann erbauten Wirtschaftsgebäudes (Abb. 4) des Zentralfriedhofs Buch-Karow mit Umbau zum „Gläsernen Labor" (Abb. 127, 128) für 3 Millionen Mark. Baubeginn September 1997, Einweihung am 19. April 1999.

1997-1998: Rekonstruktion des 1914-1916 nach Plänen von Ludwig Hoffmann erbauten Verwaltungsgebäudes (Torhaus; Abb. 3) des Zentralfriedhofs Buch-Karow mit Umbau zum Jeanne-Mammen-Saal (benannt nach der mit Max Delbrück befreundeten Berliner Malerin) und Café Max (benannt nach Max Delbrück) sowie Wiedereröffnung und Rekonstruktion des anfangs der 60er Jahre geschlossenen Tordurchganges für insgesamt 1,5 Millionen Mark.

1997-1998: Bau des ersten Laborgebäudes des Innovations- und Gründerzentrums der BBB Biomedizinischer Forschungscampus Berlin-Buch GmbH für 21 Millionen Mark; Baubeginn Januar 1997; Einweihung als Erwin-Negelein-Haus am 8. September 1998 (Abb. 125).

1998-2000: Bau des Instituts für Molekulare Pharmakologie für 56 Millionen Mark (Abb. 118, 119); Grundsteinlegung am 13. Juli 1998, Inbetriebnahme Oktober 2000, offizielle Einweihung am 5. Juli 2001.

1999-2000: Bau des neuen Gebäudes der Eckert u. Ziegler AG (Abb. 131).

1999-2001: Bau des zweiten, nach Otto Warburg benannten Laborgebäudes des Innovations- und Gründerzentrums der BBB Biomedizinischer Forschungscampus Berlin-Buch GmbH für 21 Millionen Mark; Baubeginn Oktober 1999: Einweihung am 12. Oktober 2001 (Abb. 129).

2000-2001: Bau des nach Karl Lohmann benannten Biotechnologischen Produktionsgebäudes der BBB Biomedizinischer Forschungscampus Berlin-Buch GmbH für 8,8 Millionen Mark; Baubeginn April 2000, Einweihung am 12. Oktober 2001 (Abb. 129).

2000-2001: Bau des Kommunikationszentrums des MDC mit zwei Hörsälen mit insgesamt 500 Plätzen, Laboren und Seminarräumen für 15,6 Millionen Mark; Eröffnung am 29. November 2001 (Abb. 114).

2001: Baubeginn für das Hermann v. Helmholtz Haus des MDC (Abb. 114).

2001: Grundsteinlegung für die 3. Baustufe des Innovations- und Gründerzentrums; Baukosten ca. 42,5 Millionen Mark; Grundsteinlegung am 12. Oktober 2001; voraussichtliche Inbetriebnahme 2003.

6. Wissenschaftliche Editionen

Zur Tradition der Bucher medizinisch-biologischen Institute über nunmehr drei verschiedene Generationen in mehr als 70 Jahren gehört auch die Heraugabe wissenschaftlicher Zeitschriften sowie von Fachbüchern, Handbüchern und Serienveröffentlichungen durch Wissenschaftler und Ärzte der Institute und Kliniken über ihre Fachgebiete, wovon nachfolgend die wichtigsten aufgeführt werden.

Zeitschriften und Fortsetzungswerke:
1902 gründeten der Schweizer Neurologe August Forel und Oskar Vogt das zunächst von Korbinian Brodmann redigierte „Journal für Psychologie und Neurologie", herausgegeben vom Verlag Johann Ambrosius Barth in Leipzig. Dieses Journal hatte einen Vorgänger, denn Band 1 des „Journal für Psychologie und Neurologie" war Band 11 der bereits 1892 u.a. von August Forel und Sigmund Freud gegründeten „Zeitschrift für Hypnotismus, Suggestionstherapie, Suggestionslehre und verwandte psychologische Forschungen". 1920 wurde Cécile Vogt in den Kreis der Mitherausgeber des „Journal für Psychologie und Neurologie" aufgenommen. Ab 1928 erhielt mit Band 36 die Zeitschrift den Untertitel „Mitteilungen aus dem Gesamtgebiet der Anatomie, Physiologie und Pathologie des Zentralnervensystems sowie der medizinischen Psychologie". Von 1928 (Band 36) bis 1934 (Band 46) war die Zeitschrift zugleich Organ des Instituts für Hirnforschung in Moskau, das Oskar Vogt im Zusammenhang mit seinen Arbeiten zur zytoarchitektonischen Analyse von Lenins Gehirn nebenamtlich leitete. Kriegsbedingt stellte mit Band 51 die Zeitschrift 1942 ihr Erscheinen ein. 1954 gründeten Cécile und Oskar Vogt das „Journal für Hirnforschung" mit dem Untertitel „Organ des Instituts für Hirnforschung und Allgemeine Biologie in Neustadt (Schwarzwald)", auch als Vogts Hauszeitschrift bezeichnet. 1962 erhielt das Journal für Hirnforschung den Untertitel „International Journal of Neurobiology", der 1984 in „International Journal of Brain Research and Neurobiology" mit dem Neuroanatomen Walter Kirsche von der Berliner Charité der Humboldt-Universität als Editor-in-Chief geändert wurde. Dieses Journal erscheint noch heute im Berliner Akademie-Verlag als „Journal of Brain Research/ Journal für Hirnforschung", Founded by Cécile and Oskar Vogt, herausgegeben von dem Anatomen Ernst Winkelmann von der Universität Leipzig. Das „Journal of Brain Research" trägt jetzt das Addendum „Under the patronage of the World Federation of Neurology and in collaboration with the Cécile and Oskar Vogt Institute of Brain Research of the University Düsseldorf, Paul Flechsig Institute of Brain Research of the University of Leipzig and the Institute of Anatomy, Medical Faculty (Charité), Humboldt University Berlin". Mit mehr als 100jähriger Tradition gehört diese Zeitschrift zu den ältesten in Deutschland, mit der noch heute das Wirken von Cécile und Oskar Vogt gewürdigt wird.

Nach dem Zweiten Weltkrieg gründeten der Bucher Medizinbiophysiker Walter Friedrich, Direktor des Instituts für Medizin und Biologie, und der Gynäkologe Richard Schröder von der Medizinischen Fakultät der Universität Leipzig eine Fachzeitschrift für Onkologie, betitelt „Archiv für Geschwulstforschung - Organ für Krebsforschung, Krebsbekämpfung und Krebsstatistik", herausgegeben vom Verlag Theodor Steinkopff in Dresden, u.a. mit Arnold Graffi, Hans Gummel und Karl Lohmann vom Bucher Institut für Medizin und Biologie im Mitherausgebergremium. Der Untertitel zeigt an, daß mit dieser Zeitschrift das Krebsproblem in seiner ganzen Breite von der Forschung über Klinik bis hin zur Epidemiologie erfaßt werden sollte. Die Schriftleitung lag u.a. beim Bucher Institut für Krebsforschung (Hans Berndt und Tilo Schramm). Das „Archiv für Geschwulstforschung" war nach der 1903 durch das „Deutsche Zentralkomitee für Erforschung und Bekämpfung der Krebskrankheiten Berlin" gegründeten „Zeitschrift für Krebsforschung" und der 1933 gegründeten „Monatsschrift für Krebsbekämpfung", die 1944 ihr Erscheinen einstellte, das dritte Fachjournal für Onkologie in Deutschland, das allerdings 1990 den Abwicklungsvorgängen bei der deutschen Vereinigung zum Opfer fiel.

Eine weitere Zeitschrift, die unter wesentlicher Beteiligung von Bucher Wissenschaftlern, nämlich Arnold Graffi, Hans Gummel und Friedrich Jung, 1958 gegründet wurde, redigiert in der Bucher Schriftleitung von Werner Scheler und Heinz Bielka, war die „Acta biologica et medica germanica", herausgegeben vom Akademie-Verlag Berlin. Weitere Heraus- und Mitherausgeber waren bekannte Wissenschaftler und Ärzte verschiedener Fachrichtungen der Bucher Institute, so Rudolf Baumann, Ernst-Georg Krause, Peter Oehme, Günter Pasternak, Albert Wollenberger und Wolfgang Zschiesche. 1983 erfolgte, den Entwicklungen in verschiedenen Grenzbereichen von Medizin und Biologie Rechnung tragend, die Umbenennung in „Biomedica et Biochimica Acta". Dieses Journal, in dem in entsprechenden Sektionen Ergebnisse der klinischen und experimentellen zell- und molekularbiologischen, physiologischen, pharmakologischen, immunologischen und medizinisch-genetischen Forschung publiziert wurden, war im deutschsprachigen Raum einmalig, mußte aber trotz internationaler Anerkennung im Ergebnis der deutsch-deutschen Vereinigung 1991 ihr Erscheinen einstellen.

1966 wurde von Professor Karlheinz Lohs, damals Direktor des Bucher Instituts für Biophysik, die Zeitschrift „Studia biophysica" gegründet, zunächst als Publikationsorgan der „Gesellschaft für Reine und Angewandte Biophysik" in der DDR. Ab 1971 erschien die Zeitschrift im Auftrag der „Gesellschaft für physikalische und mathematische Biologie der DDR" und des „Koordinierungszentrums für das RGW-Programm Biophysik" im Akademie-Verlag Berlin. Ab 1972 trug sie den Untertitel „Internationale Zeitschrift für ausgewählte Gebiete der Biophysik". Chefredakteure waren die Bucher Wissenschaftler Adalbert Rakow (bis 1981), Wolfgang Peil (1981-1985) und Heinz Welfle (1985-1991). 1991 stellte die „Studia biophysica" ihr Erscheinen im Akademie-Verlag ein. Die Verlagsrechte wurden zwar von Gordon and Breach Science Publishers (England) übernommen, die Zeitschrift aber nicht weitergeführt.

1992 rief Detlev Ganten, wissenschaftlicher Vorstand des im gleichen Jahr gegründeten Max-Delbrück-Centrums für Molekulare Medizin in Berlin-Buch, die Zeitschrift „The Clinical Investigators" ins Leben, und zwar als Fortsetzung der bereits 1922 gegründeten bekannten deutschen Zeitschrift „Klinische Wochenschrift", herausgegeben vom Springer-Verlag Heidelberg. 1995 wurde diese Zeitschrift sodann in „Journal of Molecular Medicine" (JMM) umbenannt und erhielt damit auch in dieser Hinsicht ihre Beziehung zum Max-Delbrück-Centrum für Molekulare Medizin. Editor-in-chief ist, gemeinsam mit Peter K. Vogt, Detlev Ganten, wissenschaftlicher Direktor des MDC.

1988 wurde die Zeitschrift „Glia" gegründet. Sie erscheint beim Verlag Wiley-Liss, New York. Editors-in chief sind Bruce Ransom von der University of Washington (Seattle, USA) und Helmut Kettenmann vom Max-Delbrück-Centrum für Molekulare Medizin.

1993 wurde die Redaktion (Editorial Office) des „WHL News Letter", dem Präsidenten der WHL (World Hypertension League) Prof. Dr. Detlev Ganten folgend, von Heidelberg nach Berlin-Buch verlegt. Der 1988 gegründete WHL Newsletter ist das Publikationsorgan der Welt-Hypertonie-Liga als internationale Vereinigung nationaler und regionaler Organisationen zur Diagnose, Bekämpfung und Prävention des Bluthochdrucks.

Als Publikationsorgan der Deutschen Neurowissenschaftlichen Gesellschaft wurde 1994 die Zeitschrift „Neuroforum" gegründet. Sie wird vom Spektrum Akademischer Verlag Heidelberg mit Helmut Kettenmann vom Max-Delbrück-Centrum als Edidor-in-chief herausgeben.

Fachbücher/Monographien:

Aus dem Kaiser-Wilhelm-Institut für Hirnforschung erschienen zwei Bücher, in denen zusammenfassend über Arbeiten aus dem Institut berichtet wurde. Noch vor ihrem Weggang von Berlin-Buch faßten Cécile und Oskar Vogt wesentliche Ergebnisse ihrer langjährigen Forschungsarbeiten in dem Buch „Sitz und Wesen der Krankheiten im Licht der topistischen Hirnforschung und des Variierens der Tiere" (mit 271 Abbildungen!) zusammen, das 1937 beim Verlag von Johann Amrosius Barth in Leipzig erschien (s. Abb. 26).

1944 haben N. W. Timoféeff-Ressovsky und K. G. Zimmer ihre Arbeiten zur Mutationserzeugung durch Röntgen- und Neutronenstrahlen in einem Buch mit dem Titel „Das Trefferprinzip in der Biologie" zusammengefaßt und zum Druck bei einer Leipziger Druckerei eingereicht. Kriegsbedingt war jedoch eine umgehende Veröffentlichung nicht mehr möglich. Erst nach dem Zweiten Weltkrieg konnte mit besonderer Genehmigung der sowjetischen Militäradministration das Buch 1947 beim Verlag S. Hirzel in Leipzig erscheinen (s. hierzu auch S. 215 sowie Abb. 43).

Zwischen 1959 und 1992 haben Wissenschaftler der Bucher Akademieinstitute in verschiedenen Büchern (Monographien, Handbüchern) über Ergebnisse ihrer Forschungsgebiete berichtet, womit die im Kapitel „Forschungsprogramme" der Akademieinstitute (s. S. 103) genannten Arbeiten auch in dieser Form dokumentiert wurden.

Rudolf Baumann: Coma diabeticum, seine Pathophysiologie, Pathogenese, Symptomatik und Therapie. Verlag Volk und Gesundheit, Berlin, 1959

Arnold Graffi und Heinz Bielka: Probleme der Experimentellen Krebsforschung. Akademische Verlagsgesellschaft Geest u. Portig K.-G.,

Leipzig, 1959. Französische Ausgabe 1963 bei Gauthier-Villars Editeur, Paris

Tilo Schramm, Heinz Bielka und Arnold Graffi: Geschwulsterzeugung durch chemische Substanzen. Handbuch der Experimentellen Pharmakologie. Springer Verlag, Berlin, Heidelberg, New York, 1966

Dieter Bierwolf, Heinz Bielka und Arnold Graffi: Geschwulsterzeugung durch Viren. Handbuch der Experimentellen Pharmakologie. Springer Verlag, Berlin, Heidelberg, New York, 1966

Peter Langen: Antimetabolites of Nucleic Acid Metabolism. Gordon and Breach, New York, London, Paris, 1968

Alfred Katzenstein (Hrsg.): Hypnose: Aktuelle Probleme in Theorie, Experiment und Klinik. Gustav Fischer Verlag, Jena, 1971

Günter Pasternak und Ulrich Schneeweiß (Hrsg.): Transplantations- und Tumorimmunologie. Gustav Fischer Verlag, Jena, 1973

Arnold Graffi (Ed.): Murine Virus Leukemias. Verlag Theodor Steinkopff, Dresden, 1974

Alfred Katzenstein: Suggestion und Hypnose in der psychotherapeutischen Praxis. Gustav Fischer Verlag, Jena, 1978

Ulrich Schneeweiß, Eva-Maria Fabricius und Willi Schmidt: Tumorforschung am biologischen Modell. Experimentelle und theoretische Grundlagen des Tumor-Tetanus-Phänomens. Gustav Fischer Verlag, Jena, 1980

Rudolf Baumann, Harald Dutz und Stefan Nitschkoff: Arterielle Hypertonie. I u. II. Akademie-Verlag, Berlin, 1981

Horst Heine und Lothar Heinemann: Angiologie in der ärztlichen Praxis. Gustav Fischer Verlag, Jena, 1981

Jens G. Reich and E. E. Sel'kov: Energy Metabolism of the Cell. Academic Press, London, New York, Toronto, Sydney, San Francisco, 1981

Heinz Bielka (Ed.): The Eukaryotic Ribosome. Springer-Verlag, Berlin, Heidelberg, New York, 1982

Hans-Dieter Faulhaber: Der hohe Blutdruck. 3. Auflage. Verlag Volk und Gesundheit, Berlin, 1982

Hans-Dieter Faulhaber: Therapie der arteriellen Hypertonie. Gustav Fischer Verlag, Jena, 1983

Klaus Günther und Wolfgang Schulz: Biophysical Theory of Radiation Action: A treatise on relative biological effectiveness. Akademie-Verlag, Berlin, 1983

Klaus Ruckpaul und Horst Rein (Ed.): Cytochrome P450. Akademie-Verlag, Berlin, 1984

Stephan Tanneberger (Hrsg.): Allgemeine Tumorchemotherapie. Akademie-Verlag, Berlin, 1986

Stephan Tanneberger (Hrsg.): Spezielle Chemotherapie. Akademie-Verlag, Berlin, 1986

Frieder Scheller and Florian Schubert: Biosensors. Elsevier Amsterdam, London, New York, Tokyo, 1992.

1995 erschien, herausgegeben von Helmut Kettenmann (MDC) und Bruce Ramson (Washington University, Seattle, USA) im Oxford University Press das Buch „Neuroglia".

Seit 1997 erscheint beim Springer-Verlag Berlin-Heidelberg als Fortsetzungswerk das „Handbuch der Molekularen Medizin", herausgegeben von Detlev Ganten und Klaus Ruckpaul vom Max-Delbrück-Centrum für Molekulare Medizin. In den bisher erschienenen Bänden wurden Themen wie „Molekular- und zellbiologische Grundlagen der molekularen Medizin", „Tumorerkrankungen", „Herz-Kreislauferkrankungen", „Immunsystem und Infektiologie", „Erkrankungen des Zentralnervensystems", „Monogen bedingte Erbkrankheiten", „Endokrinopathien" und „Rheumatische Erkrankungen" jeweils aus medizinischer, molekular- und zellbiologischer sowie genetischer Sicht behandelt.

7. Bucher Beziehungen zu Berliner Akademien

Am 1. Juli 1700 wurde nach Plänen von Gottfried Wilhelm Leibniz durch Kurfürst Friedrich III. in Berlin die „Kurfürstlich Brandenburgische Societät der Wissenschaften" gegründet. Ab 1701, d.h. nach der Krönung von Friedrich III. zum König von Preußen als Friedrich I., wurde die Akademie in „Königlich Preußische Societät der Wissenschaften" umbenannt und als solche 1711 offiziell eröffnet. Unter Friedrich II. (dem „Großen") wurde sie 1744 mit der 1743 gegründeten „Société Litteraire" zur „Königlichen Akademie der Wissenschaften" vereinigt und erhielt 1746 die Bezeichnung „Académie Royale des Sciences et Belles-Lettres". Mit dem Statut von 1812 wurde offiziell der Name „Königlich Preußische Akademie der Wissenschaften" eingeführt. Von 1918-1945 hieß sie „Preußische Akademie der Wissenschaften".
1946 wurde, entsprechend einer Gründungsanweisung der Sowjetischen Militäradministration in Deutschland, die „Deutsche Akademie der Wissenschaften zu Berlin" gegründet, die 1972 durch Verordnung des Ministerrats der DDR in „Akademie der Wissenschaften der DDR" umbenannt wurde.
Gemäß Artikel 38,2 des Einigungsvertrages der beiden Deutschen Staaten vom 31. August 1990 wurde die Akademie der Wissenschaften der DDR 1991 aufgelöst. Durch einen Staatsvertrag zwischen Berlin und dem Land Brandenburg wurde 1992 die „Berlin-Brandenburgische Akademie der Wissenschaften (vormals Preußische Akademie der Wissenschaften)" konstituiert.
Während dieser wechselvollen Geschichte gab es vielfältige Beziehungen Bucher Institutionen und Persönlichkeiten zu diesen Akademien.

1670 erwarb der brandenburgische Generalwachtmeister Gerhard Bernhard Reichsfreiherr von Pölnitz (1617-1679) das Gut Buch. Einer seiner Enkel, Karl Ludwig Freiherr von Pölnitz (1692-1775), galt als eine schillernde Persönlichkeit an den Höfen der preußischen Könige, bei denen er es aber immerhin zum Kammerherrn und Oberzeremonienmeister und, mehr noch, 1744 sogar zum Ehrenmitglied der Akademie brachte. Inwieweit dafür Beziehungen von Gottfried Wilhelm Leibniz zu Henriette Charlotte von Pölnitz, einer Cousine von Karl Ludwig Freiherr von Pölnitz, eine Rolle spielten, ist unklar.
1723 erwarb Adam Otto von Viereck (1684-1758), Wirklicher Geheimer Etatsrat und Dirigierender Minister im Generaldirektorium in preußischen Diensten, das Rittergut Buch. Von 1733 bis 1743 war er sog. Protektor und von 1744 bis 1747 Kurator der Akademie. 1747 wurde er Ehrenmitglied der Akademie. Adam Otto von Viereck war wesentlich an der Entwicklung und ersten Reorganisation der Akademie, 1733 an der Wahl des Mitbegründers dieser Societät, Daniel Ernst Jablonski (1660-1741), und 1746 an der Wahl von Pierre-Louis Moreau de Maupertuis (1698-1759) als Präsident der Akademie beteiligt.
Ein Ersuchen von Otto von Viereck an den Preußischen König Friedrich II. den „Großen" für Aufenthalte in Buch wurde von diesem am 14. November 1740 von Rheinsberg aus u.a. folgendermaßen beantwortet:
„Ich erteile euch zwar die erbetene Permission, alle 14 Tage nach Bucke

zu gehen, aber Ihr müsset alle Conferenztage das Direktorium besuchen um nichts in Euren Departements= und deren Generalsachen zu versäumen. Denn in Eurer Abwesenheit bei Eurer vorigen Reise ist nicht alles so prompt besorgt worden, wie es sein soll, weil es scheinet, daß andere sich gleichfalls bei der Abwesenheit dero Ministers im Dienst relachieren". Über die Tätigkeit Viereks in der Akademie finden wir in der Geschichte der Königlich Preussischen Akademie der Wissenschaften zu Berlin von Adolf Harnack aus dem Jahre 1900 (Erster Band, Erste Hälfte, S. 219) u.a. vermerkt: *„Im Gegensatz zu seinen Vorgängern besass von Viereck ein wirkliches Interesse für die Wissenschaft und ein warmes Herz für die Societät. Ihm verdanke sie es, dass den unwürdigen Zuständen in ihrer Präsidentschaft ein Ende gemacht wurde."*

In den folgenden Jahren des Bestehens der Preußischen Akademie gab es bis zum Ende des Zweiten Weltkrieges kaum noch Beziehungen zu Berlin-Buch. Sowohl Oskar und Cécile Vogt als auch Nikolai Wladimirovich Timoféeff-Ressovsky wurden 1932 bzw. 1940 zwar zu Mitgliedern der Leopoldina gewählt, nicht jedoch der Preußischen Akademie der Wissenschaften. Dies verwundert, was Oskar Vogt betrifft, da sich die in Berlin ansässige Preußische Akademie der Wissenschaften am Anfang des 20. Jahrhunderts an einem Vorhaben der internationalen „Organisation der Hirnforschung" beteiligte. Die einzige Beziehung der Preußischen Akademie der Wissenschaften zu Berlin-Buch betraf Robert Rössle, Pathologe an der Charité, der schon sehr früh dem Kuratorium des Kaiser-Wilhelm-Instituts für Hirnforschung angehörte und 1934 zum Mitglied der Akademie gewählt wurde.

Erst nach dem Zweiten Weltkrieg kam es wieder zu intensiven Beziehungen zwischen Buch und der Berliner Akademie, nämlich der 1946 gegründeten Deutschen Akademie der Wissenschaften zu Berlin. Diese Beziehungen entstanden jedoch nicht auf der Grundlage der Ernennung von Staatsbeamten als Bedienstete der Akademie, sondern betrafen die Mitwirkung und Mitgliedschaften Bucher Wissenschaftler in der Akademie zwischen 1947 und 1991. Bereits 1949 wurden Professor Walter Friedrich und Professor Karl Lohmann Ordentliche Mitglieder der Akademie. Am 7. Dezember 1949 übernahm Karl Lohmann als Sekretar die Leitung der Klasse für medizinische Wissenschaften, und zwar als Nachfolger von Robert Rössle. 1951 erfolgte in dieser Klasse die Gründung der Sektion für Geschwulstkrankheiten mit Walter Friedrich als Vorsitzenden, der u.a. Heinrich Cramer, Arnold Graffi und Hans Gummel als Mitglieder angehörten. Der ebenfalls in dieser Klasse gegründeten Sektion für Pharmakologie und Pharmazie stand Friedrich Jung, der Sektion für Chirurgie Hans Gummel als Referent vor.

1950 wurden Oskar und Cécile Vogt in Anerkennung ihrer hervorragenden wissenschaftlichen Leistungen auf dem Gebiet der Hirnforschung zu Ehrenmitgliedern der Deutschen Akademie der Wissenschaften zu Berlin gewählt.

Von 1951 bis 1955 war Professor Walter Friedrich Präsident der Deutschen Akademie der Wissenschaften zu Berlin. Von 1956 bis 1958 nahm er noch das Amt des Vizepräsidenten wahr.

Das 1947 gegründete Institut für Medizin und Biologie unterstand als

Einrichtung der Deutschen Akademie der Wissenschaften zu Berlin dem Direktor beim Präsidenten der Akademie, in dessen Büro Dr. Hans Gummel als wissenschaftlicher Referent für medizinische Wissenschaften tätig war. 1954 wurde die Klasse für medizinische Wissenschaften im Zusammenhang mit Veränderungen der Klassenstrukturen als Klasse für Medizin neu konstituiert. Diese wurde von 1954 bis 1961 erneut von Karl Lohmann, von 1975 bis 1988 von Rudolf Baumann und danach bis 1990 von Günter Pasternak geleitet.

Am 1. Juli 1957 wurde bei der Akademie die Forschungsgemeinschaft der Naturwissenschaftlichen, Technischen und Medizinischen Institute gegründet (s. S. 133). Vorstandsmitglied dieses Gremiums war Hans Gummel. Im Zusammenhang mit der Akademiereform wurden 1968 anstelle der Forschungsgemeinschaft zunächst Forschungsbereiche der Akademie gebildet (s. S. 117), 1972 das Forschungszentrum für Molekularbiologie und Medizin (s. S. 94). Leiter dieses Forschungszentrums war von 1972 bis 1979 der von der Universität Greifswald wieder nach Buch zurückgekehrte Professor Werner Scheler (bis 1959 Mitarbeiter von Professor Friedrich Jung in Berlin-Buch), anschließend bis 1990 Präsident der Akademie der Wissenschaften der DDR.

Von 1949 bis 1992 gehörten neben Walter Friedrich und Karl Lohmann folgende Bucher Wissenschaftler als Ordentliche Mitglieder der „Deutschen Akademie der Wissenschaften zu Berlin" (zum 7. Oktober 1972 durch Verordnung des Ministerrats der DDR trotz Widerspruchs durch Akademiemitglieder und Mitarbeiter der Akademieinstitute in „Akademie der Wissenschaften der DDR" umbenannt) an (in der Reihenfolge ihrer Zuwahl): Arnold Graffi und Hans Gummel (1961), Friedrich Jung (1964), Rudolf Baumann (1966), Werner Scheler (1973), Heinz Bielka (1978), Albert Wollenberger (1978), Günter Pasternak (1979), Hans Wolfgang Ocklitz (1980), Stephan Tanneberger (1989).

1991 wurde die Akademie der Wissenschaften der DDR im Ergebnis des Einigungsvertrages zwischen beiden deutschen Staaten vom 20. September 1990 aufgelöst.

In die 1992 neukonstituierte „Berlin-Brandenburgische Akademie der Wissenschaften (vormals Preußische Akademie der Wissenschaften)", wurden 1992 aus dem Max-Delbrück-Centrum für Molekulare Medizin Detlev Ganten und Heinz Bielka als Ordentliche Mitglieder gewählt, letzterer in der konstituierenden Sitzung der Akademie am 27. März 1993 auch zum Sekretar der Biowissenschaftlich-Medizinischen Klasse (hatte das Amt bis 1996 inne). Zu Ordentlichen Mitgliedern wurden weiter gewählt: Frieder Scheller (1994), Rainer Dietz (1995), Bernd Dörken (1997) und Jens Reich (1998).

8. Chronologische Übersicht

1930/31: Inbetriebnahme des 1928 bis 1929 errichteten Gebäudes des Kaiser-Wilhelm-Instituts (KWI) für Hirnforschung (Abb. 10, 11; ab 1992 Oskar- und Cécile-Vogt-Haus) unter Prof. Dr. Oskar Vogt (Abb. 6, 14) mit Direktorenhaus und Beamtenhaus (Mitarbeiterhaus) (Abb. 10).

1931: Offizielle Einweihung des KWI für Hirnforschung am 2. Juni 1931 in Gegenwart von Geheimrat Prof. Dr. Max Planck, Präsident der Kaiser-Wilhelm-Gesellschaft (Abb. 13).

1932: Inbetriebnahme der Forschungsklinik (Abb. 10, 12) des KWI für Hirnforschung.

1937: Prof. Dr. Hugo Spatz (Abb. 27) übernimmt am 1. April nach dem endgültigen Ausscheiden von Oskar Vogt die Leitung des KWI für Hirnforschung.

1944/45: Verlegung der meisten Abteilungen des KWI für Hirnforschung in westliche Teile Deutschlands; in Buch verblieb nur die genetische Abteilung mit N. W. Timoféeff-Ressovsky (Abb. 32, 45).

1945-1947: Beaufsichtigung des Instituts durch die Sowjetische Militäradministration und dem Magistrat von Berlin, „Deutsche Zentralverwaltung für Volksbildung".

1947: Die Sowjetische Militäradministration übergibt der 1946 gegründeten „Deutschen Akademie der Wissenschaften zu Berlin" die Bucher Forschungseinrichtung zur Gründung eines Instituts für Medizin und Biologie; Gründung des Instituts am 27. Juni 1947 (Abb. 51). Erster Direktor wird Prof. Dr. Dr. Karl Lohman (Abb. 46), ab 28. Januar 1948 Prof. Dr. Walter Friedrich (Abb. 55).

1949: Am 1. April wird die Geschwulstklinik des Instituts für Medizin und Biologie unter Prof. Dr. Heinrich Cramer (Abb. 57) eröffnet (Abb. 58).

1950/51: Erweiterungsbau Klinik B (Abb. 73).

1954/56: Erweiterungsbau Klinik C (Abb. 73) mit Wirtschaftsgebäude.

1954: Fertigstellung des Neutronenhauses (Abb 69; ab 1992 Walter-Friedrich-Haus); die zugehörige große Halle für die Hochvoltanlage (Abb. 70) wird 1960 in Betrieb genommen. Die ursprünglich an diesem Ort nach Plänen von Ludwig Hoffmann von 1913-1925 erbaute Kapelle (Abb. 5) wurde 1951 gesprengt. Die Hochspannungshalle des Neutronenhauses wurde 2000 abgerissen und an dieser Stelle das Kommunikationszentrum (Abb. 114) errichtet.

1955: Fertigstellung des Tierstalls „Warmtierhaus" am Lindenberger Weg (Abb. 89).

1956: Gründung der Arbeitsstelle für Kreislaufforschung zum 1. April 1956.

1958: Eingliederung des „Instituts für Kortiko-Viscerale Pathologie und Therapie" (Abb. 84; ab 1992 Franz-Volhard-Klinik) in das Akademieinstitut für Medizin und Biologie.

1959: Inbetriebnahme des Röntgenhauses der Geschwulstklinik (Abb. 76).

Chronologische Übersicht

1960:	Benennung der Geschwulstklinik am 1. Mai nach dem Pathologen Robert Rössle.
1961:	Aus den bisherigen Abteilungen bzw. Arbeitsbereichen des Instituts für Medizin und Biologie werden zum 1. Oktober 1961 die selbständigen Institute für Angewandte Isotopenforschung, Biochemie, Biophysik, Experimentelle Krebsforschung, Pharmakologie und Zellphysiologie sowie die einem Institut gleichgestellte Geschwulstklinik „Robert Rössle" gebildet.
1961:	Fertigstellung (1. Baustufe) des Pavillons für Gewebezüchtung und Virologie (Abb. 90); im November/Dezember 2000 abgerissen.
1965:	Fertigstellung des Laborgebäudes des Instituts für Herz-Kreislaufforschung (Abb. 78); ab 2000 Gebäude der „RCC Gen bio tec GmbH".
1968:	Fertigstellung des neuen Operationstraktes der Robert-Rössle-Klinik.
1972:	Fertigstellung des Gebäudes für das Rechenzentrum (Abb. 91); ab 1994 Bibliothek, N. W. Timoféeff-Ressovsky-Haus (Abb. 112).
1972:	Bildung der Zentralinstitute für Molekularbiologie, Krebsforschung und Herz-Kreislaufforschung durch Zusammenlegung der Bucher Institute und Kliniken der Akademie.
1977:	Inbetriebnahme der Betatronanlage der Robert-Rössle-Klinik.
1978:	Fertigstellung des Kasinos mit großem Vortrags- und Gesellschaftssaal.
1980:	Fertigstellung des Laborgebäudes für das Zentralinstitut für Molekularbiologie (Abb. 94; ab 1992 Max-Delbrück-Haus).
1980:	Fertigstellung des Gebäudeteils „Poliklinik" der Robert-Rössle-Klinik (Abb. 99).
1981:	Inbetriebnahme der Anlage für Computertomographie der Robert-Rössle-Klinik.
1982:	Fertigstellung des Gebäudes für den Bereich Herzinfarktforschung und Kardiologische Intensivmedizin der Klinik des Zentralinstituts für Herz-Kreislaufforschung (Abb. 87).
1982:	Fertigstellung der 2. Baustufe des Pavillons für Gewebezüchtung und Virologie (Abb. 90); im November/Dezember 2000 abgerissen.
1983:	Inbetriebnahme des Linearbeschleunigers in der Robert-Rössle-Klinik.
1991:	Evaluierung der Bucher Akademie-Zentralinstitute vom 8. bis 11. Oktober durch eine Arbeitsgruppe „Biowissenschaften und Medizin" des Wissenschaftsrates der Bundesrepublik Deutschland.
1991:	Abwicklung (Schließung) der Zentralinstitute der Akademie der Wissenschaften laut Einigungsvertrag der beiden deutschen Staaten zum 31. Dezember 1991. Die Arbeitsverträge aller Mitarbeiter werden beendet.

1992: Gründung des Centrums für molekulare Medizin am 1. Januar 1992 (Abb. 107, 108).

1992: Benennung des Centrums für molekulare Medizin nach dem deutsch-amerikanischen Nobelpreisträger Max Delbrück am 23. Januar.

1992: Die Onkologische Klinik Robert-Rössle (vormals Klinik des Zentralinstituts für Krebsforschung) und die Herz-Kreislaufklinik Franz Volhard (vormals Klinik des Zentralinstituts für Herz-Kreislaufforschung) werden Einrichtungen der Freien Universität Berlin, Klinikum Rudolf Virchow, ab 1. April 1997 der Medizinischen Fakultät, Charité, der Humboldt-Universität.

1994: Nach Rekonstruktion Inbetriebnahme des Franz-Gross-Hauses (Abb. 86) im Bereich der Franz-Volhard-Klinik (Medizinischer Bereich I an der Wiltbergstraße).

1995: Gründung der BBB Biomedizinischer Forschungscampus Berlin-Buch GmbH als Tochter des MDC am 8. Juni.

1997: Eröffnung der Aufnahmestelle für Herz- und Kreislaufnotfälle in der Franz-Volhard-Klinik (Abb. 87).

1998: Abschluß der Rekonstruktion des Torhauses (Abb. 3) mit Eintrittspforte, Jeanne-Mammen-Saal und Café Max.

1998: Einweihung des ersten Laborgebäudes (Erwin-Negelein-Haus; Abb. 125) des Innovations- und Gründerzentrums am 8. September (Grundsteinlegung am 17. April 1997).

1999: Eröffnung des „Gläsernen Labors" (Abb. 127, 128) am 19. April im ehemaligen Wirtschaftsgebäude (Abb. 4).

2000: Inbetriebnahme des Instituts für Molekulare Pharmakologie (Abb. 118) im Oktober 2000; Grundsteinlegung am 13. Juli 1998; offizielle Einweihung am 5. Juli 2001.

2001: Einweihung des zweiten Laborgebäudes des Innovations- und Gründerzentrums (Otto-Warburg-Haus) am 12. Oktober 2001.

2001: Einweihung des Biotechnologischen Produktionsgebäudes des Innovations- und Gründerzentrums (Karl-Lohmann-Haus) am 12. Oktober 2001.

2001: Einweihung des Kommunikationszentrums des MDC (Abb. 114) am 29. November 2001.

2001: Baubeginn für das Hermann v. Helmholtz-Haus (Abb. 114).

2001: Grundsteinlegung für ein Labor- und Bioinformatikgebäude der 3. Baustufe des Innovations- und Gründerzentrums am 12. Oktober 2001.

9. Biographien

Max Delbrück

Max Ludwig Henning Delbrück wurde am 4. September 1906 als Sohn des Geschichtsprofessors Hans Delbrück in Berlin geboren. Nach dem Studium der Astrophysik, Mathematik und theoretischen Physik von 1924 bis 1929 in Tübingen, Berlin, Bonn und Göttingen promovierte er 1930 bei Max Born in Göttingen über ein Thema der Quantenmechanik. Zwischen 1929 und 1932 war er an der Bristol-Universität und als Rockefeller-Stipendiat bei Niels Bohr in Kopenhagen sowie bei Wolfgang Pauli in Zürich tätig. Während seines Aufenthaltes bei Niels Bohr wandte er sich, beeinflußt durch Bohrs Idee der Komplementarität, zunehmend biologischen Fragen zu. 1932 wurde Max Delbrück Assistent von Lise Meitner am Kaiser-Wilhelm-Institut für Chemie in Berlin-Dahlem, wo er sich mit der Physik des Atomkerns beschäftigte, vor allem aber auch mit Fragen des genetischen Materials. Sein Interesse an der Genetik führte ihn zur Zusammenarbeit mit dem Genetiker N. W. Timoféeff-Ressovsky am Kaiser-Wilhelm-Institut für Hirnforschung in Berlin-Buch. Daraus entstand u.a. die damals bahnbrechende Veröffentlichung „Über die Natur der Genmutation und der Genstruktur". 1937 ging Max Delbrück, wiederum durch ein Rockefeller-Stipendium gefördert, in die USA, und zwar zunächst an das California Institute of Technology (Caltech) in Pasadena. Von 1940 bis 1947 war er zunächst als „Instructor in Physics", dann als Associate Professor für Physik an der Vanderbilt-Universität in Nashville tätig. 1947 kehrte Max Delbrück an das „Caltech" zurück, wo er Professor für Biologie wurde. Am Caltech in Pasadena führte er 1937 gemeinsam mit Emory Ellis seine ersten Arbeiten über Bakteriophagen durch, für ihn ein relativ einfaches biologisches „Material" für genetische Studien. Neben seiner Tätigkeit als Physikprofessor setzte Delbrück seine Phagenarbeiten auch an der Vanderbilt-Universität fort. Hier begannen die in der Folgezeit wissenschaftlich fruchtbaren Kontakte mit Salvadore Luria und Alfred Hershey, die den „Kern der Phagengruppe" bildeten, der sich schnell zu einer großen internationalen Phagenfamilie entwickelte. 1945 veranstaltete Max Delbrück den ersten mehrwöchigen Phagenkurs im Cold Spring Harbor Laboratory. Mit der Einführung von Bakteriophagen für genetische Untersuchungen begründete Max Delbrück die Mikrobengenetik, die auch als ein Meilenstein in der Entwicklung der Molekularbiologie gilt. Dadurch wurden entscheidende Prinzipien der Speicherung, Weitergabe, Realisierung und Veränderbarkeit genetischer Informationen entdeckt. Max Delbrück hat damit wesentlich zum Wandel im Erkennen wissenschaftlicher Probleme und Zielstellungen sowie experimenteller Techniken beigetragen.
1969 erhielt Max Delbrück gemeinsam mit A. D. Hershey und S. E. Luria für „Entdeckungen auf dem Gebiet der Replikationsmechanismen und der genetischen Struktur der Viren" den Nobelpreis für Physiologie und Medizin. Max Delbrück war Mitglied und Ehrenmitglied zahlreicher Akademien und wissenschaftlicher Gesellschaften, u.a. auch Mitglied der Deutschen Akademie der Naturforscher Leopoldina (1963), die ihm 1967 die Gregor Mendel-Medaille verlieh.

Immer wieder auf der Suche nach der Verwirklichung der Idee der Komplementarität in biologischen Systemen beschäftigte sich Max Delbrück in den letzten Jahren seines Lebens mit Fragen der Reaktion von Organismen auf Reize der Umwelt und wählte hierfür Phycomyces. Diesem Pilz und seinen Reaktionen auf Licht blieb er bis zu seinem Tod am 10. März 1981 in Pasadena treu.

Max Delbrück gehört zu den Wissenschaftlern, die mit Ideenreichtum, intellektuellen Fähigkeiten und der Überzeugungskraft ihrer Persönlichkeit, frei von hohen Ämtern, die Delbrück nie angestrebt hat, wesentlich zur Entwicklung der Biologie im 20. Jahrhundert beigetragen haben. (Gemeinsam mit Erhard Geißler).

WALTER FRIEDRICH

Walter Friedrich wurde am 25. Dezember 1883 in Magdeburg geboren. Bereits als Gymnasiast des Stephaneums in Aschersleben im Harz beschäftigte er sich mit einer Apparatur zur Erzeugung von Röntgenstrahlen, mit der er für das dortige Krankenhaus Röntgenaufnahmen anfertigte. Von 1905 bis 1911 studierte er in Genf und München Physik. 1911 promovierte Walter Friedrich als Schüler von Wilhelm Conrad Röntgen zum Dr. phil.. Von 1912 bis 1914 war er Assistent am Institut für Theoretische Physik der Universität München bei Arnold Sommerfeld. In von Max v. Laue angeregten Experimenten gelang es ihm zusammen mit Paul Knipping erstmals Interferenzerscheinungen von Röntgenstrahlen an Kristallen nachzuweisen. Diese Entdeckung erbrachte den Beweis der elektromagnetischen Natur der Röntgenstrahlen und daß Kristalle aus dreidimensional periodischen Anordnungen von Atomen bestehen. Max v. Laue erhielt dafür 1914 den Nobelpreis, in den er hinsichtlich der wissenschaftlichen Würdigung Walter Friedrich öffentlich einbezog und auch einen Teil der Nobelpreisdotation an ihn abtrat. Max v. Laue schrieb hierzu: *„Der erste, der beim Entwickeln in der Dunkelkammer Interferenzpunkte sah, war jedenfalls Friedrich!"*.

1914 folgte Walter Friedrich einem Ruf des Gynäkologen und Strahlentherapeuten Bernhard Kröning an die Universitätsklinik Freiburg, um sich der medizinischen Anwendung von Röntgen- und Radiumstrahlen zu widmen. Hier wurde er 1917 zum Privatdozenten und 1921 zum Professor ernannt. Damit wurde eine erste Forschungsstelle für Biophysik an einer deutschen Universität geschaffen und somit die Anerkennung der Physik als eine auch für die klinische Medizin wichtige Wissenschaft erreicht.

1922 folgt Walter Friedrich einem Ruf als Ordinarius auf den Lehrstuhl für Medizinische Physik und als Direktor des Instituts für Strahlenforschung der Universität Berlin. Hier widmete er sich vor allem Fragen der physikalischen Grundlagen der Radiumtherapie und Radiumdosimetrie, der Energieumsetzung von Röntgenstrahlen in Geweben, Fragen der Strahlenschädigung und des Strahlenschutzes bei Nutzung ionisierender Strahlen sowie der Wirkung des Lichts auf Gewebe und Organismen. 1928 wurde Walter Friedrich zum Präsidenten der Deutschen Röntgengesellschaft und 1930 zum Präsidenten der Deutschen Gesellschaft für Lichtforschung gewählt. Die Wahl von Walter Friedrich als

Nichtmediziner zum Dekan der Medizinischen Fakultät der Friedrich-Wilhelms-Universität zu Berlin 1929 kann ebenfalls als ein Meilenstein der Anerkennung einer nichtbiologischen naturwissenschaftlichen Disziplin in der Medizin bezeichnet werden.

Noch vor Beendigung des Zweiten Weltkrieges wurde das Friedrichsche Institut der Universität mit wichtigen Instrumentarien nach Affinghausen bei Bremen verlagert. Von dort kehrte er, einem Ruf der Deutschen Akademie der Wissenschaften zu Berlin folgend, nach Berlin zurück und übernahm am 28. Januar 1948 die Leitung des 1947 gegründeten Instituts für Medizin und Biologie der Deutschen Akademie der Wissenschaften zu Berlin in Berlin-Buch.

Die wissenschaftlichen Leistungen von Walter Friedrich fanden ihre Würdigung u.a. durch Wahl zum Rektor der Humboldt-Universität (1949-1952) sowie zum Präsidenten der Deutschen Akademie der Wissenschaften zu Berlin (1951-1956).

Walter Friedrich starb am 16. Oktober 1968 in Berlin. Sein Grab befindet sich auf dem Friedhof in Berlin-Friedrichsfelde.

Arnold Graffi

Arnold Graffi wurde am 19. Juni 1910 in Bistritz (Siebenbürgen) geboren. Von 1930 bis 1935 studierte er Medizin in Marburg, Leipzig und Tübingen. Seine wissenschaftlichen Interessen während des Studiums wurden vor allem durch den Zoologen Alverdes und den Histologen Jacobshagen in Marburg, die Biochemiker Thomas und Strack in Leipzig und den Pathologen Dietrich in Tübingen geprägt, durch letzteren vor allem sein Weg zur Krebsforschung. Nach dem Studium absolvierte er zunächst seine Ausbildung zur Approbation als Arzt durch klinische Tätigkeiten an der Berliner Charité in der Gynäkologischen Klinik bei Professor Wagner, wo er auch promovierte, sowie in der Chirurgischen Klinik bei Professor Sauerbruch von 1937 bis 1939. In den folgenden Jahren widmete sich Arnold Graffi der experimentellen Medizin, vor allem der Krebsforschung. Von 1939 bis 1940 arbeitete er bei Geheimrat Professor Otto am Paul-Ehrlich-Institut in Frankfurt/Main, 1941 bei dem Pathologen Professor Hamperl an der Karls-Universität in Prag, 1942 bei Professor Huzella am Histologischen Institut der Universität Budapest, 1943 bei Professor Junkmann bei der Schering-AG in Berlin und 1944 bei Professor Warburg im Kaiser-Wilhelm-Institut für Zellphysiologie. Nach dem Zweiten Weltkrieg war er u.a. wiederum bei der Schering-AG tätig und arbeitete dort mit Professor Henneberg über Penicillin. 1948 folgte Arnold Graffi einem Ruf von Professor Friedrich nach Berlin-Buch an das Institut für Medizin und Biologie.

Graffis Arbeiten auf dem Gebiet der experimentellen Krebsforschung sind vielfältig. Seine Untersuchungen über die intrazelluläre Lokalisation kanzerogener polyzyklischer Kohlenwasserstoffe führten zur Weiterentwicklung der Mitochondrien-Mutations-Hypothese der Krebsentstehung. Die gemeinsam mit Professor Junkmann bei der Schering-AG durchgeführten Arbeiten über die Isolierung von Zellorganellen mittels fraktionierter Zentrifugation von Gewebehomogenisaten sowie seine Untersuchungen über Atmungsfermente bei Professor Warburg in

Berlin-Dahlem veranlaßten ihn zu umfangreichen biochemischen Arbeiten über Tumormitochondrien sowie über Beziehungen zwischen Stoffwechsel und Wachstum von Tumoren. Ein weiteres Gebiet betraf Untersuchungen über chemische Kanzerogene, die zur Entdeckung neuer kanzerogen wirksamer Verbindungen sowie zu Erkenntnissen über Struktur-Wirkungs-Beziehungen und Dosis-Wirkungs-Beziehungen führten, die wichtige Beiträge zum Konzept des Mehrstadienprozesses der chemischen Kanzerogenese lieferten.

Von besonderer Bedeutung sind seine Arbeiten über die Virusätiologie von Tumoren, die er bereits 1938/39 in der Sauerbruchschen Klinik an der Berliner Charité begonnen hatte. In Berlin-Buch gelang ihm dann mit seinen Mitarbeitern die Entdeckung und Charakterisierung verschiedener onkogener Viren, die z.T. als Graffi-Viren in die Literatur eingegangen sind. Damit hat Arnold Graffi in der ersten Hälfte der 50er Jahre wesentlich zur Wiederbelebung der Onkovirologie im internationalen Rahmen und damit auch entscheidend zur weltweiten Anerkennung der Bucher Krebsforschung beigetragen.

Seine wissenschaftlichen Leistungen wurden mehrfach gewürdigt, u.a. mit dem Paul-Ehrlich-Preis (1979), der Helmholtz-Medaille der Akademie der Wissenschaften (1984) und der Cothenius-Medaille der Deutschen Akademie der Naturforscher Leopoldina (1977), deren Mitglied er seit 1964 ist. Die Universität Leipzig verlieh ihm 1990 die Ehrendoktorwürde, 1995 wurde er mit dem Großen Verdienstkreuz der Bundesrepublik Deutschland ausgezeichnet.

Graffis Leben ist neben seinen wissenschaftlichen Arbeiten vor allem auch durch künstlerisches Schaffen geprägt. Die Malerei sowie seine Kompositionen, die mehrfach als „Stücke für Klavier" zusammengefaßt herausgegeben wurden, waren für ihn stets gleichermaßen notwendige wie bereichernde Ergänzungen und Motivationen für seine wissenschaftlichen Arbeiten.

HANS GUMMEL

Hans Gummel wurde am 3. August 1908 in Berlin geboren. Von 1928 bis 1933 studierte er Medizin an den Universitäten in Rostock, Innsbruck und Berlin, wo er 1935 promovierte. Von 1934 bis 1937 war er Assistenzarzt an der Berliner Charité, danach bis 1939 in Breslau und Graz sowie von 1939 bis 1945 Oberarzt an der Universitätsklinik in Breslau bei dem bekannten Krebsforscher und Chirurgen Prof. Dr. Karl-Heinrich Bauer. Neben seiner klinischen Tätigkeit war Hans Gummel als Leiter der Abteilung für Experimentelle Geschwulstforschung tätig. Nach dem Zweiten Weltkrieg war er von 1945 bis 1946 Leiter des Hilfskrankenhauses in Schwandorf (Opf.) und betrieb eine ärztliche Praxis in Kemnath (Opf.). Von 1947 bis 1948 leitete er in Dresden einen Betrieb zum Aufbau der Penicillinproduktion in der damaligen sowjetischen Besatzungszone Deutschlands. 1949 kam Hans Gummel als Chirurg an die Geschwulstklinik des Instituts für Medizin und Biologie der Deutschen Akademie der Wissenschaften zu Berlin. 1953 wurde er zum Professor ernannt. 1954 wurde er als Nachfolger von Prof. Dr. Heinrich Cramer Ärztlicher Direktor der Geschwulstklinik, die er bis zu seinem

Tod kurz vor seinem 65. Geburtstag leitete. Hans Gummel hat sich vor allem um den Aufbau der Robert-Rössle-Geschwulstklinik, die Weiterentwicklung krebschirurgischer Verfahren, klinische und organisatorische Maßnahmen zur Früherkennung von Geschwülsten sowie die Förderung kombinierter Behandlungsmethoden fortgeschrittener Tumoren der Stadien III und IV verdient gemacht. Nach ihm erfolgte die Gummel-Risikogruppeneinteilung der Ösophagus- und Mammakarzinome. 1964 wurde er zum Mitglied der Deutschen Akademie der Naturforscher Leopoldina gewählt.
Hans Gummel starb am 27. Mai 1973 in Berlin-Buch. Sein Grab befindet sich auf dem Dorotheenstädtischen Friedhof.

FRIEDRICH JUNG

Friedrich Jung wurde am 21. April 1915 in Friedrichshagen am Bodensee geboren. Von 1934 bis 1939 studierte er Medizin in Tübingen, Königsberg und Berlin. 1939 legte er in Berlin sein Staatsexamen ab und promovierte 1940 als wissenschaftlicher Assistent von Professor Wolfgang Heubner am Institut für Pharmakologie der Berliner Universität. Von 1941 bis 1945 war Friedrich Jung als Truppenarzt im militärmedizinischen Dienst tätig und konnte noch 1944 an der Berliner Universität habilitieren. Von 1945 bis 1946 war er Dozent am Pharmakologischen Institut der Universität Tübingen und von 1946 bis 1949 kommissarischer Leiter des Instituts für Pharmakologie der Universität Würzburg. 1949 wurde er als Nachfolger seines akademischen Lehrers Wolfgang Heubner auf den Lehrstuhl für Pharmakologie und als Direktor des Instituts für Pharmakologie der Berliner Humboldt-Universität berufen, gleichzeitig auch als Leiter der Abteilung für Pharmakologie und experimentelle Pathologie im Akademieinstitut für Medizin und Biologie in Berlin-Buch. Von 1972 bis zu seiner Emeritierung 1980 leitete er das Zentralinstitut für Molekularbiologie in Berlin-Buch. Friedrich Jung ist insbesondere durch seine Arbeiten über die Biochemie und Physiologie sowie Pathophysiologie von Hämoglobinen, über die Pharmakologie und Toxikologie von Blutgiften sowie über entzündungshemmende Wirkstoffe und biologisch aktive Peptide bekannt geworden. Bereits ab 1941 hat er sich mit der Ultrastruktur roter Blutzellen beschäftigt und dabei als einer der ersten die Zellmembran von Erythrozyten elektronenmikroskopisch abgebildet.
Friedrich Jung starb am 5. August 1997 in Berlin. Sein Grab befindet sich auf dem Bucher Friedhof an der Schwanebecker Chaussee.

KARL LOHMANN

Karl Lohmann wurde am 10. April 1898 in Bielefeld geboren. Von 1919 bis 1923 studierte er Chemie in Münster und Göttingen. Danach war er wissenschaftlicher Assistent von Professor Otto Meyerhof am Kaiser-Wilhelm-Institut für Biologie in Berlin-Dahlem und anschließend am Kaiser-Wilhelm-Institut für Medizinische Forschung in Heidelberg. Von 1931 bis 1935 studierte er Medizin in Heidelberg. 1937 folgte er einem

Ruf auf den Lehrstuhl für Physiologische Chemie der Universität Berlin, den er bis 1952 innehatte. Von 1945 bis zu seiner Emeritierung 1964 war er Leiter der Abteilung und später Direktor des Instituts für Biochemie in Berlin-Buch. 1949 wurde er zum Ordentlichen Mitglied der Deutschen Akademie der Wissenschaften zu Berlin gewählt, in der er von 1954 bis 1961 die Funktion des Sekretars der Klasse für Medizin ausübte.

Professor Karl Lohmann gehörte zu den Wissenschaftlern, die im Zeitalter der klassischen Stoffwechselbiochemie den Boden für die modernen biologischen Wissenschaften bereiteten, auf dem sich insbesondere auch die Molekularbiologie entwickeln konnte. Lohmanns größter wissenschaftlicher Erfolg seiner Arbeiten bei Otto Meyerhof in Berlin-Dahlem war die Entdeckung des ATP, des wichtigsten Energiespeichers und Energieüberträgers der Zelle, eine zweifelsfrei Nobelpreis-würdige Leistung. Karl Lohmann erkannte die Pyrophosphatbindung im ATP und deren hohen Energieinhalt. Diese Befunde stellten eine wesentliche Grundlage auch für die Erkenntnis der Rolle von ATP als Energiequelle der Muskelkontraktion dar. Die Beschreibung der Reihenfolge der energieliefernden Prozese bei der Muskelkontraktion fand als „Lohmannsche Reaktion" Eingang in die Lehre der Physiologie und der Physiologischen Chemie. Karl Lohmann gehörte auch zu den Entdeckern des Kreatinphosphats und fand, daß die Funktion des Kreatinphosphats im Zellstoffwechsel bei Avertebraten durch Argininphosphat wahrgenommen wird. Mit der Entdeckung der Aldolase hat er auch wesentlich zur Aufklärung des glykolytischen Abbauweges der Glukose beigetragen. Mit dem Nachweis, daß die Kokarboxylase identisch mit dem Pyrophosphatester des Vitamin B1 ist, leistete er erste wichtige Beiträge zur Erklärung der Wirkung von Vitaminen auf molekularer Ebene.

In seiner Bucher Zeit beteiligte sich Lohmann, wenn immer bei seinen vielen administrativen Arbeiten Zeit verblieb, an der Laborarbeit, die er mit großer Neugier und Freude betrieb. Typisch für seine Experimentierkunst war die Ausgeglichenheit zwischen Großzügigkeit, wo immer sie möglich war, und strenger Genauigkeit, wo immer sie notwendig war. Er liebte einfache Methoden (typisch dafür ist das von ihm entwickelte „7-Minuten-Phosphat"-Verfahren), interessierte sich aber gleichzeitig auch für neue Techniken.

Karl Lohmann beurteilte seine Mitarbeiter danach, was ihnen Wissenschaft bedeutet, wie sie sich für die Wissenschaft einsetzen, weniger nach Publikationen. Von letzteren verlangte er experimentell-methodisch stets äußerste Genauigkeiten sowie Reproduzierbarkeit der Befunde, überzeugende Beweisführungen sowie unverschwommene Klarheiten in den Aussagen. Dabei verharrte er nicht in konservativen Bahnen. Er hatte stets ein ausgewogenes, überzeugendes Gefühl für Tradition und Fortschritt.

Karl Lohmann genoß international hohes wissenschaftliches Ansehen. Auch in der DDR wurde er mehrfach hoch ausgezeichnet. Trotzdem stand er in all' seinen Funkionen, an der Universität, in der Berliner Akademie, im Bucher Institut sowie in zahlreichen anderen wissenschaftlichen Institutionen der DDR (Forschungsrat, Biochemische Gesellschaft), immer skeptisch den DDR-Machtorganen gegenüber. Mit taktischer Schläue hat er stets seine Möglichkeiten erfolgreich genutzt, die biochemische Forschung in der DDR zu fördern und damit auch zur internationalen Anerkennung beigetragen.

Als Mensch war Karl Lohmann schlicht und geradlinig und überzeugte durch seine Bescheidenheit. Jeder Pomp, in der Form des Auftretens oder seines Namens wegen, haßte er geradezu. Allerdings konnte er als gebürtiger Westfale auch stur sein, fühlte sich aber seinen Mitarbeitern immer eng verbunden. Wichtig für ihn war, wie schon erwähnt, ihr Interesse und ihr Engagement für die wissenschaftliche Arbeit, nicht erst der schnelle Erfolg. So war die intensive Arbeit unter seiner Leitung in einer heute fast unvorstellbaren Weise „streßfrei". Von seinen früheren Entdeckungen und ihren Reflexionen in seinen späteren Arbeiten her gesehen hat Karl Lohmann entscheidend zur Entwicklung molekular-medizinischen Denkens und Forschens in den Bucher Instituten beigetragen.

Karl Lohmann wurde zahlreich wissenschaftlich geehrt, u.a. durch die Wahl zum Mitglied der Deutschen Akademie der Naturforscher Leopoldina (1955) sowie durch die Auszeichnung mit der Helmholtz-Medaille (1978) der Deutschen Akademie der Wissenschaften zu Berlin und der Cothenius-Medaille (1967) der Deutschen Akademie der Naturforscher Leopoldina.

Professor Lohmann starb am 22. April 1978. Sein Grab befindet sich auf dem Friedhof in Altbuch unmittelbar hinter der Schloßkirche. (Text gemeinsam mit Peter Langen).

ERWIN NEGELEIN

Erwin Negelein wurde am 15. Mai 1897 in Berlin geboren. Seine wissenschaftliche Laufbahn begann 1919 im Kaiser-Wilhelm-Institut für Zellphysiologie in Berlin-Dahlem als Mitarbeiter und Schüler von Otto Warburg. Zunächst war er dort als Labormechaniker tätig und in wissenschaftliche Arbeiten einbezogen, studierte dann noch Chemie und promovierte 1932 an der Berliner Universität mit einer Arbeit „Über das Hämin des sauerstoffübertragenden Fermentes der Atmung und über einige künstliche Hämoglobine". Zu den bedeutenden Leistungen von Erwin Negelein im Warburgschen Institut gehören die erstmalige Kristallisation der Alkoholdehydrogenase und der Pyruvatkinase sowie die Entdeckung der 1,3-Diphosphoglyzerinsäure, die als Negelein-Ester in die biochemische Literatur eingegangen ist. Mit dieser Entdeckung wurde die bis dahin bestehende Lücke im glykolytischen Kohlehydratabbau erkenntnismäßig geschlossen. Damit konnte auch die noch ungeklärte Frage der Kopplung zwischen Dehydrierung des Triosephosphats und Veresterung des anorganischen Phosphats beantwortet werden, womit die Frage der gekoppelten Phosphorylierung, später als Substratphosphorylierung bezeichnet, einen konkreten Inhalt bekam. Weiterhin befaßte sich Erwin Negelein mit Fragen des Energiestoffwechsels von Tumoren und Embryonalgeweben, die zur Entwicklung von Warburgs Vorstellungen der Bedeutung der aeroben Glykolyse für Tumorentstehung und Tumorwachstum beigetragen haben.

Nach dem Zweiten Weltkrieg siedelte Erwin Negelein nach Berlin-Buch über und war hier an der Seite von Karl Lohmann wesentlich an der

Entwicklung der Biochemie im Institut für Medizin und Biologie beteiligt. Negelein und Lohmann kannten sich bereits aus gemeinsamen Dahlemer Zeiten in den zwanziger Jahren des 20. Jahrhunderts. 1955 wurde Erwin Negelein zum Professor für Physiologische Chemie an der Berliner Humboldt-Universität ernannt. 1961 übernahm er die Leitung des Instituts für Zellphysiologie in Berlin-Buch. Die Bucher Arbeiten von Professor Negelein sind vor allem durch weitere Untersuchungen über den Stoffwechsel von Tumorzellen gekennzeichnet, in deren Verlauf er ein Verfahren zur Kultivierung von Aszitestumorzellen in Submerskultur entwickelte, das es gestattete, den Stoffwechsel von Tumorzellen nicht nur unter Stationärbedingungen, sondern auch in der Vermehrungsphase kontinuierlich zu messen, womit insbesondere der Einfluß von Kanzerostatika auf den Stoffwechsel von Tumoren untersucht wurde. Negeleins Arbeitsstil zeichnete sich durch genaue Planung von Experimenten aus, bestach durch größte Exaktheit in der Versuchsdurchführung sowie äußerst kritisches Herangehen bei der Auswertung und Interpretation von Versuchsdaten.

Als Mensch überzeugte Erwin Negelein durch seine Schlichtheit, Bescheidenheit und Güte, stets kollegial-freundschaftliche Hilfsbereitschaft, seine Aufrichtigkeit und humanitäre Gesinnung, wodurch er große Wertschätzung genoß.

Erwin Negelein starb am 7. Februar 1979. Seine letzte Ruhestätte befindet sich auf dem Friedhof an der Bucher Schloßkirche.

Hugo Spatz

Hugo Spatz wurde am 2. September 1888 in München als Sohn des Arztes Bernhard Spatz, Herausgeber der „Münchner Medizinischen Wochenschrift", geboren. Angeregt durch Arbeiten von Ernst Haeckel interessierte er sich bereits als Gymnasiast für die Gehirnforschung. Nach dem Abitur studierte er Medizin in München und Heidelberg. Hier arbeitete er schon als Student im histologischen Labor bei Franz Nissl, der zu dieser Zeit Ordinarius für Psychiatrie an der Heidelberger Universität war. 1914 schloß Hugo Spatz in Heidelberg sein Studium mit dem medizinischen Staatsexamen ab und rückte unmittelbar danach zum Militärdienst ein. 1918 ging er zu Franz Nissl in die histopathologische Abteilung der Deutschen Forschungsanstalt für Psychiatrie nach München, wohin Nissl inzwischen übersiedelt war. Nach Nissls Tod 1919 wechselte Hugo Spatz für kurze Zeit nach Freiburg an das von Eugen Fischer geleitete Institut für Anatomie, ging jedoch noch im gleichen Jahr zurück nach München zu Walter Spielmeyer, der dort die Nachfolge von Franz Nissl angetreten hatte. 1927 wurde er zum außerordentlichen Professor berufen und übernahm 1928 die Leitung des anatomischen Laboratoriums in der unter Leitung von Oswald Bumke stehenden Psychiatrischen Universitätsklinik. In der Münchener Zeit zwischen 1919 und 1936 begründete Hugo Spatz seinen weltweit anerkannten Ruf als Neuropathologe. 1921 begann auch seine wissenschaftlich fruchtbare Zusammenarbeit mit Julius Hallervorden, die gleichzeitig eine lebenslange Freundschaft wurde. 1922 beschrieben beide die nach ihnen benannte Hallervorden-Spatzsche Krankheit, eine bis dahin unbekannte, genetisch bedingte Erkrankung, die durch neuroaxonale Dystrophien und Pigmentansammlungen im Zentralnervensystem gekennzeichnet ist. Hugo Spatz arbeitete insbesondere über die Entwicklung und Reaktionen des unreifen Zentralnervensystems, über die Evolution des menschlichen Gehirns, die Entwicklungsgeschichte der basalen Ganglien, über die pathologische Anatomie zerebraler Kreislaufstörungen, über die Picksche Krankheit, über Eisenpigmentablagerungen im Gehirn sowie über die Steuerung von Sexualfunktionen durch das Hypophysen-Hypothalamus-System.

1937 folgte Hugo Spatz einem Ruf der Kaiser-Wilhelm-Gesellschaft auf das Direktorat des Instituts für Hirnforschung in Berlin-Buch als Nachfolger von Oskar Vogt, zugleich als Leiter der anatomischen Abteilung. Mit Beginn des Zweiten Weltkrieges wurde er hier auch Leiter der in der Klinik der Instituts für Hirnforschung eingerichteten „Außenabteilung für Gehirnforschung" des Luftfahrtmedizinischen Forschungsinstituts des Reichsluftfahrtministeriums. Außerdem hatte Hugo Spatz im Rang eines Oberfeldarztes im Krieg häufig Felddienste bei der Luftwaffe zu versehen. 1939/40 war er an Untersuchungen von Gehirnen von Euthanasieopfern beteiligt. Noch vor Beendigung des Zweiten Weltkrieges ging Hugo Spatz zunächst zurück nach München an die Deutsche Forschungsanstalt für Psychiatrie. Dort wurde er nach dem Einmarsch amerikanischer Truppen verhaftet, nach Interventionen von Max Planck und Otto Hahn aber 1946 mit dem Vermerk „automatic arrest by error" wieder freigelassen.

Anfang 1947 ging Hugo Spatz mit Resten seiner Sammlungen und Instrumentarien zunächst nach Dillenburg in Hessen, wo ab 1944 unter Leitung von Julius Hallervorden die pathologische Abteilung des Bucher Kaiser-Wilhelm-Instituts für Hirnforschung Zuflucht gefunden hatte. 1949 erfolgte der Umzug des neugegründeten Instituts für Hirnforschung nach Gießen, wo Hugo Spatz bis zu seiner Emeritierung 1959 arbeitete und seine neuroanatomische Arbeitsgruppe bis zur Verlegung des Max-Planck-Instituts für Hirnforschung 1962 nach Frankfurt noch kommissarisch leitete.

Das wissenschaftliche Werk von Hugo Spatz wurde mehrfach geehrt, so mit der Verleihung von Ehrenpromotionen der Universitäten Granada (1957), München (1962) und Frankfurt/M. (1963). Er wurde Ehrenmitglied mehrerer medizinischer und wissenschaftlicher Gesellschaften, Mitglied der Deutschen Akademie der Naturforscher Leopoldina und der Mainzer Akademie für Wissenschaften und Literatur sowie Ehrensenator der Universität Gießen.

Hugo Spatz starb am 27. Januar 1969.

Elena Aleksandrovna Timoféeff-Ressovsky

Elena A. Timoféeff-Ressovsky wurde am 21. Juni 1898 als Elena (auch Helena) Fidler (auch Fiedler) in Moskau als Tochter eines Gymnasialleiters geboren. Ihre höhere Schulausbildung beendete sie 1917 am Moskauer Al'ferovskij-Gymnasium. Anschließend studierte sie an der Moskauer Universität Biologie und Zoologie. Zu ihren akademischen Lehrern gehörte u.a. der bekannte russische Genetiker und Zytologe Nikolai Konstantinowitsch Koltzoff, bei dem auch Nikolai Wladimirovich Timoféeff-Ressovsky arbeitete. Elena Fidler und N. W. Timoféeff-Ressovsky heirateten im Mai 1922 in Moskau. 1925 ging sie mit ihrem Mann nach Berlin an das von Oskar Vogt geleitete Kaiser-Wilhelm-Institut für Hirnforschung. Hier arbeitete sie von 1925 bis 1940 zusammen mit ihrem Ehemann vor allem an Drosophila über Phänogenetik und Populationsgenetik, ab 1940 mit Säugetieren über die Anwendung radioaktiver Isotope in Medizin und Biologie. Nachdem N. W. Timoféeff-Ressovsky im September 1945 von sowjetischen Behörden verhaftet und deportiert worden war, blieb sie vorerst in Berlin-Buch, da sie über das Schicksal ihres Mannes nichts wußte. Von 1946 bis 1947 arbeitete sie als wissenschaftliche Assistentin bei dem Genetiker Hans Nachtsheim an der Berliner Universität. Nachdem Elena Timoféeff 1947 erste Lebenszeichen ihres Mannes aus Sungul erhalten hatte, folgte sie ihm in die Sowjetunion, wo sie wieder mit ihm arbeitete.

Elena Timoféeff-Ressovsky starb am 29. April 1973 in Obninsk bei Moskau.

NIKOLAI WLADIMIROVICH TIMOFÉEFF-RESSOVSKY

N. W. Timoféeff wurde am 7. September 1900 in der Provinz Kaluga in Rußland geboren. Er entstammte einer noblen russischen Familie. Einer alten Tradition solcher Herkunft folgend durfte er sich als ältester Sohn einen zusätzlichen Namen zulegen, der den Geburtsort kennzeichnet. So entstand sein Doppelname Timoféeff-Ressovsky.

1917, d.h. zur Zeit der Oktoberrevolution in Rußland, studierte Timoféeff-Ressovsky an der Universität Moskau. 1922 begann er seine genetischen Arbeiten bei dem bekannten Populationsgenetiker S. S. Tschetwerikoff im genetischen Institut der Moskauer Universität sowie seine Arbeiten mit Drosophila im Institut für Experimentelle Biologie bei dem Zytologen und Genetiker N. K. Koltzoff. Hier lernte er Elena Fidler kennen, die ihm als Ehefrau Elena Alexandrovna Timoféeff-Ressovsky und wissenschaftlich bis zu ihrem Tode am 29. April 1973 in Obninsk begleitete.

Im Rahmen eines 1924 geschlossenen Austauschprogramms zwischen Deutschland und der sowjetischen Regierung gelang es Oskar Vogt während seiner Tätigkeit in Moskau, Timoféef-Ressovsky mit seiner Frau 1925 nach Berlin an das Institut für Hirnforschung zum Aufbau einer genetischen Abteilung zu holen. Hier beschäftigte sich Timoféeff-Ressovsky mit Populations- und Phänogenetik und vor allem mit Arbeiten über die Erzeugung von Mutationen durch Röntgenstrahlen. Die Ergebnisse der Arbeiten von Timoféeff-Ressovsky sind in mehr als 100 Publikationen in deutscher, englischer, französischer und russischer Sprache dokumentiert. Die gemeinsam mit K. G. Zimmer und M. Delbrück verfaßten Schrift „Über die Natur der Genmutation und der Genstruktur" (1935) gehört noch heute zu den Klassikern der Genetik.

1937 sollte N. W. Timoféeff-Ressovsky nach Moskau zurückkehren, jedoch blieb er, Warnungen seiner russischen Freunde folgend, in Berlin-Buch, denn es war die Zeit der Verfolgung russischer Gelehrter, vor allem auch von Genetikern, in der Sowjetunion unter J. W. Stalin. So verlor sein Lehrer N. K. Koltzoff seine Position an der Universität, sein Lehrer S. S. Tschetwerikoff wurde verhaftet, und der bekannte Genetiker N. I. Vavilov, der ebenfalls eingesperrt wurde, starb 1943 in der Verbannung in Saratov. Timoféeffs jüngere Brüder wurden gleichfalls eingesperrt, einer von ihnen in Leningrad sogar hingerichtet. Auch Verwandte von Frau Elena wurden verfolgt und sind umgekommen.

Daß Timoféeff nicht in die Sowjetunion zurückkehrte, brachte ihm 1945 Schwierigkeiten wegen des Vorwurfs besonderer Sympathien für Nazi-Deutschland ein. Zur politischen Bewertung von Timoféeff muß jedoch gesagt werden, daß er stets die russische Staatsbürgerschaft beibehalten und sich auch immer dazu bekannt hat. Wiederholte Angebote, die deutsche Staatsbürgerschaft anzunehmen und in die NSDAP einzutreten, hat er immer abgelehnt. Sein ältester Sohn Dmitrij war Mitglied einer antifaschistischen Untergrundbewegung und wurde deswegen 1943 verhaftet und noch am 1. Mai 1945 im KZ Mauthausen hingerichtet. Während der Nazizeit gewährten die Timoféeffs in Buch ausländischen und politisch andersdenkenden Menschen Unterstützung.

Beim Einmarsch der Sowjetischen Armee im April 1945 in Berlin blieb Timoféeff-Ressovky, im Gegensatz zu den meisten anderen Mitarbeitern des Kaiser-Wilhelm-Instituts für Hirnforschung in Buch, nunmehr trotz der Warnungen vieler Freunde und Kollegen. Zunächst konnte er seine Arbeiten auf dem Gebiet der Radiobiologie und der Genetik unter dem besonderen Schutz des Kommissars für Innere Angelegenheiten der Sowjetunion, A. P. Zavenyagin, in Buch fortführen. Am 14. September 1945 wurde er jedoch in Buch durch sowjetische Behörden verhaftet und nach Rußland deportiert, wo er noch 1945 durch den Obersten Militärgerichtshof zu 10 Jahren Lagerhaft verurteilt wurde. Zunächst wurde er in einem geheim gehaltenen Lager in Nordkazachstan gefangen gehalten, so daß er als verschollen galt. 1947 wurde er in das Lager Sungul im Südural überführt, in das im gleichen Jahr mit ihrer Zustimmung auch Frau Elena Alexandrovna Timoféeff-Ressovsky gelangte. Dieses Lager hatte als „Institut" die Code-Bezeichnung Objekt 0215, Laboratorium B. In diesem konnte Timoféeff-Ressovsky im Rahmen militärischer Kernwaffenprogramme der Sowjetunion, wiederum durch A. P. Zavenyagin gefördert, radiobiologische und radioökologische Arbeiten durchführen und Seminare abhalten. Nach der Entlassung aus der Haft 1955, d.h. zwei Jahre nach Stalins Tod und der dadurch ermöglichten ersten Entmachtung von T. D. Lyssenko, gründete Timoféeff in Sverdlovsk ein Biophysikalisches Laboratorium der Sibirischen Abteilung der Akademie der Wissenschaften der UdSSR, das zur wichtigsten Keimzelle der Wiederbelebung und Stabilisierung der wissenschaftlich begründeten Genetik nach dem Zweiten Weltkrieg in der Sowjetunion wurde, insbesondere auch während der zweiten Lyssenko-Periode in den frühen 60er Jahren. Im Zuge der Rehabilitierung der Genetik in der Sowjetunion wurde Timoféeff 1964 mit dem Aufbau der Abteilung für Genetik und Radiobiologie des neuen Instituts für Medizinische Radiologie in Obninsk beauftragt. Nach seiner Emeritierung 1970 war Timoféeff-Ressovsky noch in verschiedensten Funktionen wissenschaftlich tätig und half wirksam, den großen Nachholebedarf in der Genetikausbildung zu stillen. 1964 erhielt er den Titel „Doktor der Biologischen Wissenschaften" (entspricht etwa der Habilitation an einer deutschen Universität)

und 1966 den Titel „Professor" für Genetik. Sein letztes großes wissenschaftliches Werk war das 1981 gemeinsam mit A. V. Savich und M. I. Shal'nov verfaßte Buch „Introduction to Molecular Radiobiology".
Timoféef-Ressovsyk wurde 1940 zum Mitglied der Deutschen Akademie der Naturforscher Leopoldina gewählt. 1959 erhielt er die Darwin-Plakette sowie 1970 die Mendel-Medaille der Leopoldina.
Mit Datum vom 22. Juni 1992, 11 Jahre nach seinem Tod, wurde Timoféeff-Ressovsky von zuständigen russischen Organen, vertreten durch die russische Akademie, vom Vorwurf möglicher politischer Beziehungen zum Nazi-Regime während seiner Bucher Tätigkeit freigesprochen und damit politisch rehabilitiert.
Nikolai Wladimirovich Timoféeff-Ressovsky starb am 28. März 1981 in Obninsk bei Moskau.

Cécile Vogt

Cécile Vogt, geborene Mugnier, wurde am 27. März 1875 in Annécy im französischen Hochsavoyen geboren. Ab 1893 studierte sie in Paris Medizin, wo sie 1899, inzwischen als Cécile Vogt, mit einer Arbeit über die Myelinisierung des Großhirns promovierte und ihre Approbation als Ärztin erhielt. 1898 lernte die Medizinstudentin Cécile Mugnier, die bei dem Neurologen Pierre Marie studierte, den jungen deutschen Arzt und Neuroanatomen Oskar Vogt kennen, der zu dieser Zeit im neuroanatomischen Laboratorium des bekannten Forscherehepaares J. J. Déjérine und Augusta Déjérine-Klumpke in Paris arbeitete. 1899 folgte Cécile Mugnier ihrem Verlobten Oskar Vogt nach Berlin, wo sie im März des gleichen Jahres heirateten. In der von Oskar Vogt neugegründeten Berliner Neurobiologischen Zentralstation begann eine lebenslange fruchtbare wissenschaftliche Partnerschaft, wodurch das Ehepaar Cécile und Oskar Vogt zu einem festen Begriff in der Hirnforschung wurde. Hier und später im Kaiser-Wilhelm-Institut für Hirnforschung arbeitete Cécile Vogt insbesondere über die Markreifung des Kindergehirns, die strukturelle Gliederung des Thalamus, die Pathologie des striären Systems (das von den beiden Vogts seinen Namen erhielt) und striäre Bewegungsstörungen, über frühkindliche Hirnschäden und erbliche Grundlagen des Veitstanzes sowie über die Architektur, Pathoarchitektur und Reizphysiologie der Großhirnrinde. Auch die mit dem Begriff Pathoklise bezeichnete Forschung ist engstens mit dem Namen von Oskar und Cécile Vogt verbunden. Im höheren Lebensalter betreute Cécile Vogt vor allem die riesigen Sammlungen histologischer Präparate, Untersuchungsbefunde und Krankengeschichten sowie weitere wissenschaftliche Archivmaterialien.
Cécile Vogt wurde vielfach geehrt, so durch Verleihungen der Ehrendoktorwürde der Universitäten Freiburg (1950), Jena (1955) und der Berliner Humboldt-Universität (1960), Mitgliedschaft in der Deutschen Akademie der Naturforscher Leopoldina (1931) und Ehrenmitgliedschaft in der Deutschen Akademie der Wissenschaften zu Berlin (1950). Nach dem Tode ihres Mannes 1959 ging Cécile Vogt von Neustadt/Schwarzwald zu ihrer Tochter Marthe nach Cambridge, wo sie am 4. Mai 1962 starb. Aus der Ehe von Cécile und Oskar Vogt gingen

zwei Töchter hervor. Marthe Vogt wurde eine bekannte Neuropharmakologin. Marguerite Vogt wurde durch Arbeiten über Insektenhormone und insbesondere auf dem Gebiet der Virologie bekannt.
Der bekannte amerikanische Neurologe Webb Heymaker schrieb über Cécile Vogt: *„Sie hatte den savoir-vivre, die angemessene Veranlagung, die geschwinde Auffassungsgabe und den schnellen Witz, die Logik und das Lächeln, das keinen wirklichen Widerstand gegen ihren Willen zuließ, eine seltene Liebenswürdigkeit, die alle in ihren Bann zog".*

OSKAR VOGT

Oskar Vogt wurde am 6. April 1870 in Husum geboren. Bereits als Gymnasiast seiner Heimatstadt beschäftigte er sich mit Hilfe eines Schülerstipendiums mit Fragen der Variation von Tieren und mit Vererbungsprozessen. 1888 begann er sein Studium, zunächst der Psychologie an der Universität Kiel, wechselte jedoch bald zum Medizinstudium, das er 1890 an der Universität Jena fortsetzte, wo ihn der Zoologe Ernst Haeckel zu phylogenetischen und morphologischen Studien anregte, die maßgebend für seine späteren Arbeiten waren. Die „Gestaltkunde" wurde für ihn zu einer wesentlichen Grundlage der Naturforschung, die ihn schließlich auch zur Analyse der Hirnarchitektur führte. Oskar Vogt war übrigens auch, angeregt durch genetische Forschungen, einer der bedeutensten Hummelforscher mit der zu dieser Zeit weltweit umfangreichsten Hummelsammlung.
1893 legte Oskar Vogt in Jena sein medizinisches Examen ab, arbeitete danach bei Otto Biswanger an der Psychiatrischen Universitätsklinik in Jena und promovierte daselbst 1894. Noch im gleichen Jahr ging Oskar Vogt zu dem Psychiater und Neurologen August Forel (der auch ein bekannter Ameisenforscher war) nach Zürich-Burghölzli in der Schweiz, um dort seine psychologischen und neuroanatomischen Kenntnisse zu vervollständigen, danach zu Paul Flechsig nach Leipzig und anschließend nach Paris in das neuroanatomische Laboratorium des Forscherehepaars Déjérine und Déjérine-Klumpke. In Paris lernte Oskar Vogt 1898 die junge Medizinstudentin Cécile Mugnier kennen, die bei dem Neurologen Pierre Marie arbeitete. 1899 folgte Cécile Mugnier Oskar Vogt nach Berlin, wo sie 1899 heirateten. Die Darstellung und Würdigung der Arbeiten von Oskar Vogt schließt seine Ehefrau Cécile aufs engste ein, denn es war zeitlebens auch eine fruchtbare wissenschaftliche Partnerschaft. Das Forscherehepaar hat stets gemeinsam gearbeitet und publiziert und wurde häufig auch gemeinsam geehrt.
Am 18. Mai 1898 gründete Oskar Vogt aus Mitteln seiner nervenärztlichen Tätigkeit in der Magdeburger Straße 16 in Berlin eine Neurobiologische Zentralstation, die 1902 in das Neurobiologische Laboratorium der Berliner Universität umgewandelt wurde. 1914 beschloß der Senat der Kaiser-Wilhelm-Gesellschaft die Gründung eines Instituts für Hirnforschung, deren Realisierung in Form eines Neubaus in Berlin-Buch unter Leitung von Oskar Vogt jedoch erst 1930 abgeschlossen wurde. Bereits 1935 wurde Oskar Vogt aus politischen Gründen vertragswidrig von seinem Amt als Direktor abberufen, leitete das Institut allerdings noch kommissarisch bis zum 31. März 1937 weiter. Danach verließ er

Berlin-Buch mit seiner Frau und ging an das mit Hilfe der Firma Krupp gebaute private Institut der Deutschen Hirnforschungsgesellschaft m.b.H. in Neustadt (Schwarzwald).

Oskar Vogt gehört zu den Begründern der architektonischen Hirnforschung (die Bezeichnung Architektonik wurde bereits 1903 von ihm eingeführt) und der modernen funktionsbezogenen Neurobiologie. Im Vordergrund seiner Arbeiten standen histologische Untersuchungen über den vertikalen Aufbau der verschiedenen Schichten der Hirnrinde, die horizontale Gliederung derselben in verschiedene „Felder" auf Grund unterschiedlicher Strukturen der Rindenschichten und die Zuordnung solcher Felder zu physischen und mentalen Leistungen, die er als topistische Einheiten bezeichnete, sowie Veränderungen bei pathologischen Prozessen (topistische Krankheiten). Oskar Vogt selbst schrieb über das Anliegen seiner topistischen Hirnforschung: *„Die Arbeiten sollen in möglichst exacter Weise solche neurobiologischen Beiträge liefern, welche geeignet sind, das Problem vom Zusammenhang der somatischen und psychischen Erscheinungen wenigstens in ferner Zukunft zu fördern. Dabei wollen wir diese Förderung speciell durch seine innige Vereinigung psychologischer, physiologischer und anatomischer Studien erstreben."*

Oskar und Cécile Vogt haben wesentliche Ergebnisse ihrer Arbeiten in zahlreichen Publikationen veröffentlicht und zusammengefaßt. Von letzteren seien vor allem „Allgemeine Ergebnisse unserer Hirnforschung", „Zur Lehre der Erkrankungen des striären Systems", „Erkrankungen der Großhirnrinde im Lichte der Topistik, Pathoklise und Pathoarchitektonik" sowie „Sitz und Wesen der Krankheiten im Lichte der topistischen Hirnforschung und des Variierens der Tiere" genannt. Mit Arbeiten auf diesen Gebieten wurde von ihnen auch die Pathoklisenlehre eingeführt.

In den letzten Jahren seines Lebens hat sich Oskar Vogt zunehmend mit Fragen von Alternsprozessen beschäftigt. Geistige Tätigkeiten waren für ihn eine wesentliche Grundlage, das Altern von Nervenzellen „hinauszuschieben", wofür er selbst mit schließlich nahezu 90 Jahren in guter Verfassung ein überzeugendes Beispiel war. Mit Blick auf die Tragweite seiner Erkenntnisse regte er immer wieder an, die Pensionierungen geistig schöpferisch aktiver Menschen zu verlegen.

Als Hirnforscher hatte sich Oskar Vogt einer der schwierigsten Aufgaben seiner Zeit zugewandt. Arbeiten auf diesem Gebiet verlangten wissenschaftlich wie auch im Hinblick auf ethische Aspekte ein Höchstmaß an selbstlos bestimmter Beharrlichkeit, an Verantwortungsbewußtsein wie auch Entsagungen, da pulikationswerte Resultate wegen der Komplexität des Objektes und der Fragestellungen nicht immer schnell zu erzielen waren.

Oskar Vogt wurde wissenschaftlich vielfach geehrt. Er war achtfacher Ehrendoktor in- und ausländischer Universitäten sowie Mitglied und Ehrenmitglied verschiedener Akademien und wissenschaftlicher Gesellschaften. 1932 wurden er und seine Ehefrau Cécile zu Mitgliedern der Deutschen Akademie der Naturforscher Leopoldina und 1950 zu Ehrenmitgliedern der Deutschen Akademie der Wissenschaften zu Berlin gewählt.

Oskar Vogt starb am 31. Juli 1959 in Freiburg/Breisgau.

Albert Wollenberger

Albert Wollenberger wurde am 21. Mai 1912 in Freiburg im Breisgau geboren. 1931 begann er mit dem Studium an der Medizinischen Fakultät der Berliner Universität. 1933 mußte er Deutschland verlassen. Nach Aufenthalten in der Schweiz, in Frankreich und in Dänemark ging er in die USA. Von 1940 bis 1945 studierte er Biologie und Medizinwissenschaften an der Harvarduniversität in Boston. 1946 wurde er zum Ph. D. promoviert. Zu seinen Lehrern gehörten die Nobelpreisträger George Wald und Fritz Lipmann. Sein Weg zur kardiologischen Forschung begann bereits mit seiner Diplomarbeit über den Phosphatstoffwechsel des Herzmuskels. Später arbeitete er unter Otto Krayer am Institut für Pharmakologie der Harvarduniversität. 1949 publizierte er eine vielzitierte Arbeit in „Pharmacological Review" über Beziehungen zwischen der Wirkung von Herzglykosiden und Energiestoffwechsel des geschädigten Herzens. Später gelang Albert Wollenberger der Nachweis, daß ein durch Erhöhung des systemischen arteriellen Blutdruck belastetes Herz mehr energiereiche Phosphate verbraucht als das volumenbelastete Herz. Anfang der 50er Jahre mußte Albert Wollenberger im Zusammenhang mit Aktivitäten des MacCarthy-Ausschusses die USA verlassen. Über Aufenthalte in Laboratorien bei Linderström-Lang, Tiselius und Buchthal in Schweden bzw. Dänemark kam Albert Wollenberger 1956 nach Berlin-Buch an das Institut für Medizin und Biologie und baute hier eine Arbeitsstelle, später Institut für Kreislaufforschung auf. Albert Wollenberger orientierte stets auf interdisziplinäre Arbeiten. Dementsprechend organisierte er auch seine Arbeitsstelle bzw. das Institut für Kreislaufforschung in Berlin-Buch, das biochemische, physiologische, pharmakologische, immunologische und zytologische Arbeiten umfaßte. Er wandte sich gegen einseitige Betrachtungen und Arbeitsweisen der experimentellen und klinisch orientierten Herz-Kreislaufforschung. Sein Bemühen um methodisch-technische Fortschritte als Grundlage für die Erarbeitung neuer wissenschaftlicher Erkenntnisse führte 1960 zur Entwicklung des ultraschnellen Frier-Stopp-Verfahrens von Geweben, eine Technik, die seitdem als „Wollenberger-Clamp" weltweit genutzt wird. Zu den wesentlichen Ergebnissen seiner Arbeiten in Berlin-Buch gehören Beiträge zum Energiestoffwechsel des normalen und insuffizienten Herzens, zur Aufklärung des Mechanismus der Umstellung des Herzens auf anaerobe Energiegewinnung bei akuter Ischämie, über phasisch verlaufende chemische Veränderungen im Verlauf eines Herzzyklus, zur Lokalisation und Differenzierung membrangebundener ATPase und Nukleotidzyklasen sowie zur Rolle des cAMP-Systems für die Funktion von Herzmuskelzellen. Hierfür wie auch für andere Untersuchungen, z.B. über das Auftreten von Autoantikörpern gegen ß1-adrenerge Rezeptoren bei dilatativer Kardiomyopathie, war die Erarbeitung von Verfahren zur in vitro-Kultivierung spontan pulsierender Herzmuskelzellen eine entscheidende Voraussetzung. Mit dem Nachweis der herztypischen Isoform BB der Muskelglykogenphosphorylase im Serum nach akutem Herzinfarkt wurde ein neues Prinzip der modernen Infarktdiagnostik eingeführt.

Albert Wollenberger war Mitbegründer der Internationalen Gesellschaft für Herzforschung, deren Präsident er von 1973-1976 war. Er war Mitglied der Royal Society of Medicine, Ehrenmitglied der Cardiac Muscle Society (USA) und Mitglied der Deutschen Akademie der Naturforscher Leopoldina.

Albert Wollenberger starb am 15. September 2000 in Berlin-Buch. Sein Grab befindet sich auf dem Friedhof an der Schwanebecker Chaussee.

(Text Ernst-Georg Krause).

10. Archivalien: Geschichte in Dokumenten

Das Institut W.I.LENIN in MOSKAU, vertreten durch den Vizedirektor I.P.Towstucha, einerseits und der Direktor des Neuro-Biologischen Instituts der Universität Berlin, Professor Dr. Oskar Vogt, andererseits haben folgenden Vertrag geschlossen.

§ 1.

Das Institut W.I.Lenin acceptiert folge- ihm von der Kommission für die wissenschaftl] andererbeitung des Gehirns Lenins Vertrag geschlossen. stellt eine Wohnung und freie Kost zur Verfügung und zahlt ausserdem 1.000,- (eintausend) amerikanische Dollars an das Konto "Hirnanatomie" für jedes Kommen Das Institut Lenin kann durch das Institut die Einla- Dollars an das sor Vogt nach Moskau.

§ 9.

Das Institut Lenin übernimmt die Spesen der Reisen des Professor Vogt aus Berlin nach Moskau und zurück, stellt eine Wohnung und freie Kost zur Verfügung und zahlt ausserdem 1.000,- (eintausend) amerikanische Dollars an das Konto "Hirnanatomie" für jedes Kommen aus.
Berlin, den 16. April 1925.

Fragment des Vertrages zwischen dem Lenin-Institut Moskau und Oskar Vogt über die „wissenschaftliche Bearbeitung" des Gehirns von Lenin. Sammlung H. Bielka.

Präsident pp.   Berlin, den   . Mai 1925

Herren:
Franz v. Mendelssohn
Staatssekretär Schubert, Auswärtiges Amt
Min.-Dir. Heilborn, Auswärtiges Amt
 "   " Wallroth   "
Staatsminister Dr. Becker, Kultusministerium
Min.-Dir. Krüß   "
Min.-Rat Donnevert, Reichsinnenministerium
Staatsminister Schmidt-Ott
Botschafter Graf Brockdorff-Rantzau.

> Der Direktor des K.W.J.f.Hirnforschung,
> Herr Prof.Dr. V o g t, ist nach einem
> längeren 4 wissenschaftlichen Aufenthalt
> in Russland mit Plänen für ein praktisches
> Zusammenarbeiten mit russischen Gelehrten
> auf dem Gebiete der Hirnforschung und der
> Erforschung des Kaukasusses zurückgekehrt.
> Ich habe Herrn Prof.Vogt gebeten, in einem
> kleineren Kreise über seine Pläne vorzu-
> tragen und beehre mich, Euere Hochwohlgeb or
> (bei Schmidt-Ott und Brockdorff-Rantzau:
> Exzellenz) hierzu ergebenst auf
> <u>Sonnabend, den 23. Mai d.J.</u> 12 Uhr
> in die Räume der K.W.G., Schloß, Portal·2
> (Eingang gegenüber der Breiten Strasse am
> Neptunsbrunnen) einzuladen.
>   Name Sr. Exzellenz.

T. 12.5.25

Einladung zu einem Vortrag von Oskar Vogt über seinen Arbeitsaufenthalt in Rußland 1925. Archiv MPG, I. Abt., Rep. 1A.

Abschrift.
　　　　　　　　　　　　　　Auf dem Hügel, Essen - Hügel,
　　　　　　　　　　　　　　　　den 25. Oktober 1927.

Hochzuverehrender Herr Ministerpräsident, (Braun)

    Wie ich von Excellenz von Harnack höre, ist er dieser Tage bei Ihnen gewesen, um in Angelegenheiten des Kaiser-Wilhelm-Instituts für Hirnforschung den Antrag der Kaiser-Wilhelm-Gesellschaft um die Bewilligung eines besonderen Zuschusses für den Neubau des genannten Instituts als ausserplanmässige Ausgabe des kommenden Etatsjahres zu befürworten. Darf ich mir gestatten, diese Bitte aufs Dringendste zu unterstützen und meine Berechtigung hierzu damit zu begründen, dass schon mein Schwiegervater und späterhin meine Frau und ich uns für das Neurobiologische Institut der Universität Berlin, wie für das späterhin angeschlossene Hirnforschungsinstitut besonders interessiert und für dasselbe wesentliche Stiftungen gemacht hatten. Auf Grund der letzteren war der Neubau bereits im Jahre vor dem Kriege so gut wie gesichert; nur unglückliche Zufälligkeiten hatten die Ausführung damals verhindert und dadurch verursacht, dass die damals vorhandenen Geldmittel späterhin durch die Geldentwertung verloren gingen.

    Nach langen Verhandlungen hat die Stadt Berlin ein Grundstück für den Neubau kostenfrei zur Verfügung gestellt und auch gleichzeitig die Möglichkeit einer seit vielen Jahren erstrebten Verbindung des Instituts mit den städtischen Krankenanstalten gewährleistet, wodurch die künftige Forschung auf sicheren Boden gestellt werden würde.

    Das Reich hat seinerseits bereits die Bewilligung eines Zuschusses in Aussicht gestellt.

    Mit der Bitte, meine Belästigung gütigst zu entschuldigen, und mit dem Ausdruck vorzüglicher Hochachtung verbleibe ich

　　　　　　　　　　　Ihr sehr ergebener
　　　　　　　　　　　gez. Krupp Bohlen Halbach.

<u>Persönlich !</u>
Seiner Hochwohlgeboren
　Herrn Ministerpräsident Braun
　　　<u>Berlin W 8</u>
　　Wilhelmstrasse 63/4

Auszüge aus dem Schreiben des Vorsitzenden des Kuratoriums des Kaiser-Wilhelm-Instituts für Hirnforschung, Dr. Krupp v. Bohlen und Halbach, an Ministerpräsident Braun, den Neubau des Instituts für Hirnforschung betreffend. Archiv MPG, I. Abt., Rep. 1A.

Generaldirektor pp.   Tgb.Nr.1463   16.Dezember 1927

1.

                                              geschr. am
                                              abges. am

           Hochverehrter Herr v. B o h l e n !

            Das Protokoll der Plenarsitzung des Staatsrats, das Sie mir
       freundlichst in Aussicht gestellt haben, ist für unsere Ver-
       handlungen natürlich sehr wichtig. Wir haben den Vortrag von
       Herrn Prof. Vogt benutzt, um in Abgeordnetenkreisen Interesse
       für den Institutsneubau zu gewinnen, insbesondere war es sehr
       erfreulich, daß vom Reichszentrum unter Führung von Prälat
       Schreiber etwa 10 Abgeordnete trotz der starken Inanspruchnahme
       durch die Verabschiedung des Besoldungsgesetzes sowohl zu dem
       Vortrag wie dem anschliessenden Bierabend erschienen waren.
       Auch deutschnationale und sozialdemokratische Abgeordnete des
       Reichstages und Landtages waren zugegen und sind von uns für
       unsere Pläne bearbeitet worden. Insbesondere haben dem Reichstags-
       zentrum nahestehende Herren sich angeboten, auch das preussische
       Zentrum für unsere Pläne zu gewinnen. Wir werden daher bei Beginn
   Seiner Hochwohlgeboren   der
   Herrn Dr.Dr.Krupp v.Bohlen und Halbach
           Essen-Hügel.

Auszüge aus dem Schreiben des Generaldirektors der Kaiser-Wilhelm-Gesellschaft, Dr. F. Glum, an den Vorsitzenden des Kuratoriums des Kaiser-Wilhelm-Instituts für Hirnforschung, Dr. Krupp v. Bohlen und Halbach, den Neubau des Instituts für Hirnforschung betreffend. Archiv MPG, I. Abt., Rep. 1A.

THE ROCKEFELLER FOUNDATION
61 BROADWAY, NEW YORK

OFFICE OF THE SECRETARY

May 24, 1929

My dear Dr. von Harnack:

    I have the honor to inform you that at a meeting of the Rockefeller Foundation held May 22, 1929, the following action was taken:

    RESOLVED that the sum of Three hundred seventeen thousand dollars ($317,000) be, and it is hereby, appropriated, of which so much as may be necessary shall be used to purchase 1,323,000 marks for the Kaiser Wilhelm Gesellschaft of Germany for its building program in connection with removal of the Kaiser Wilhelm Institute for Brain Research to Buch.

    Very truly yours,

Dr. Adolf von Harnack, Chairman
Kaiser Wilhelm Gesellschaft of Germany
Berlin, Germany

NST:HLJ

Schreiben der Rockefeller Foundation an den Präsidenten der Kaiser-Wilhelm-Gesellschaft, Prof. Dr. A. von Harnack, zur finanziellen Unterstützung des Neubaus des Instituts für Hirnforschung. Archiv MPG, I. Abt., Rep. 1A.

Finanzierung

Rockefeller-Foundation	1 323 000,- Mark
Deutsches Reich	50 000,- "
Preussen (Ministerium für Wissenschaft, Erziehung und Ausbildung)	250 000,- "
Kaiser-Wilhelm-Gesellschaft	150 000,- "

Baukosten (ca.)

Hauptgebäude	1 398 000,- Mark
Klinik	540 000,- "
Genetisches Vivarium	53 000,- "
Röntgenpavillon	19 000,- "
Beamtenwohnhaus und Torhaus (Umbau)	240 000,- "
Direktorenwohnhaus	107 000,- "
Tierställe und Verbindungsgang	60 000,- "
Diverses*	76 000,- "
Gesamt	2 493 341,22 Mark

* u. a. Kopf der Pallas Athene (Minerva)   3 745,80 Mark

Weiterhin 30 000,- Mark für bauliche Veränderungen des Männer-Landhauses V der Heil- und Pflegeanstalten für Zwecke des Hirnforschungsinstituts, bezahlt von der Stadt Berlin.

Finanzierung und Baukosten des Kaiser-Wilhelm-Instituts für Hirnforschung in Berlin-Buch.

Kaiser Wilhelm-Institut für Hirnforschung
und
Neuro-Biologisches Institut der Universität

Berlin ~~NW~~-Buch, 24.2.30
~~XXXXXXXXXX~~
~~XXXXXXXXXX~~
Fernspr. E 7 Buch 8138

Aktenzeichen: N./S.
(Bitte in der Antwort anzugeben)

An die

Kaiser Wilhelm -Gesellschaft zur Förderung
der Wissenschaften,

B e r l i n C.

Betr. Adressen - Änderung

Wir teilen Ihnen höflichst mit, dass wir unseren Betrieb mit dem heutigen Tage in das neue Institut verlegt haben. Unsere Adresse lautet: Kaiser Wilhelm - Institut für Hirnforschung, Berlin - Buch, Lindenberger Weg. Die telephonische Adresse ist : E 7 Buch, Sammel - Nr. 8138.

Mit vorzüglicher Hochachtung

Kaiser Wilhelm -Institut für Hirnforschung
Der Direktor :

Information über die Verlegung des Kaiser-Wilhelm-Instituts für Hirnforschung von der Magdeburger Straße in Berlin nach Berlin-Buch. Archiv MPG, I. Abt., Rep. 1A.

Kaiser Wilhelm-Gesellschaft zur Förderung der Wissenschaften.

Berlin C.2, den 3. Dezember 193 0
Schloß Portal III
Telefon: B1.Berolina 5931

Einladung

zur Besichtigung des Kaiser Wilhelm-Instituts für

HIRNFORSCHUNG

in Berlin-Buch, Lindenberger Weg,

durch die Herren Vertreter der PRESSE

am Mittwoch, den 17. Dezember 1930,

pünktlich um 10.30 Uhr vormittags.

Um Antwort über die Teilnahme wird auf beiliegender Karte
bis spätestens zum 14. Dezember gebeten.

Präsident.

Im Anschluss an die Besichtigung, gegen 1 Uhr mittags,
ist Gelegenheit zu einem einfachen Imbiss gegeben.

Um 9 Uhr vormittags steht ein bestellter Personenomnibus
in Berlin C 2, Schloss, Portal 2, zur Fahrt nach Buch bereit

Einladung zu einer Besichtigung des Kaiser-Wilhelm-Instituts für Hirnforschung nach Fertigstellung 1930. Archiv MPG, I. Abt., Rep. 1A.

Programmentwurf von Oskar Vogt für eine Besichtigung des Kaiser-Wilhelm-Instituts für Hirnforschung am 17.12.1930 durch Pressevertreter, der Einblick auch in die innere Struktur (Laboratorien) des Instituts gibt. Sammlung Erhard Geißler.

Gruppe II.

1. Rundgang um das Institut (Richtung Hörsaal dabei auf Klinik hinweisen, 48 Betten für Kranke, die genau untersucht werden; Südfront, normale Fenster, keine Laboratoriumsräume; Treibhaus für Futterpflanzen für genetische Studien; Werkstatt-Anbau zur Vermeidung der Geräusch-Uebertragung; Nordfront, keine Fenster im schalldichten Raum, alle Fenster sind breiter, Mikroskopierräume nur in Nordzimmern, damit gleichmässige Temperatur und Beleuchtung erzielt wird; Druckerei im Anbau, zur Geräusch-Vermeidung; dann zum Haupteingang.

2. Durch die Telephon-Zentrale in die Operationsräume 5,6, 7: Baderaum für Versuchstiere, Raum 6 Narkotisierungsraum (Versuche werden nur in tiefer Narkose gemacht) Raum 7: Versuchszimmer (Hirnrinde-Reizversuche).

3. Druckerei- Schnellpresse (Raum 4). Genauigkeit der Industrie-Drucke ungenügend genau; Erklärung durch Herrn Heyse.

4. Verbindungstreppe hinauf zum Handpressenraum für besonders exakte Mikrophotographien.

5. Makrophotographie (117). Erklärung durch Herrn Lucke.

6. Simplex- Copier-Raum (116) Erklärung durch Herrn Schumann.

7. Mikrophotographie (108) Erklärung durch Herrn Fischer.

8. Verbindungstreppe aufwärts zum Vorführungsraum (204) gleichzeitige Projektion zweier Filme zum Vergleich gesunder und kranker Bewegungen.

9. Direktor-Zimmer (218) Sammlung der Mikrophotographien.

10. Auswahl-Sammlung (216) Zeigen von Gehirnschnitten; Verteilung der Sammlung auf 2 Räume wegen Feuersicherheit.

11. Haupt-Sammlungsraum (217) Demonstration von Schlaganfällen; die nicht gefärbten Schnitte sind in den oberen Stockwerken, die ungeschnittenen Teile im Alkohol-Raum.

12. Durchgang zur Genetischen Abteilung (Verbindungstür) Raum 219) Vererbungstudien an Fliegen. Erklärung Frau Timoféeff,   13.

13. Verbindungstreppe abwärts zur Käfersammlung (124) Aufbewahrung der untersuchten Insekten; dann zum Raum 120: Erklärung durch Herrn Zimmermann.

14. Zurück die Verbindungstreppe abwärts zum Thermostatenraum (22); links Thermostat durch Wasser gekühlt, etwa 14°C, rechts Polythermostat, welcher links mit elektrischer Heizung geheizt und rechts elektrisch gekühlt wird, sodass in den 8 Abteilen Uebergangstemperaturen von 4°C bis 40°C entstehen. Einfluss der Temperatur auf die Ausbildung der Merkmale.

15. Treibhaus; Erklärung durch Frl. Kromm und Frl. Tenenbaum; Herrn Zarapkin. Rassenkreuzungen der Käfer, um nach Analogie die erbliche Zusammensetzung der menschlichen Bevölkerung beurteilen zu können, auch die Frage der Rassenmischungen.

16. Zurück zum Alkohol-Raum (21). Reagenzienvorrat; Aufbewahrung der nicht geschnittenen Gehirne. Feuerfest abgeschlossen.

17. Zur Physikalisch-techn.Abtlg. Werkstatt (20); 17 Laboratorium; Erkl. durch Herrn Tönnies; Werkstatt zur eigenen Herstellung von Spezial-Apparaten für die Versuche; Verteilung der elektrischen Ströme aufs Gebäude.

18. Zurück durch den Korridor zur Physiologischen Abtlg (Raum 9, — 11). Raum 10 erschütterungsfreies Fundament; Raum 11 schalldicht für Gehörs-Untersuchungen.

19. Haupttreppe aufwärts bis III. Stock.

20. Essraum (Mittagessen von den Heilanstalten).

21. Quergang durch die Mikrotom-Räume, beginnend in Raum 311. Erklärung durch Kalewey bis Zimmer 314 (Zelloidin-Mikrotome).

22. Bibliothek (vollständige Fachbibliothek) (317).

23. Holmgren-Zimmer (322); Holmgren war schwedischer Hirnanatom; kleiner Konferenz-Saal; Lesezimmer; Bibliothekarin und Katalog.

24. Haupttreppe aufwärts bis 4. Stock.

25. Chemische Abteilung; Untersuchung spezifischer Hirn-Heil-Mittel und Gifte.

26. Mikroskopierraum (413) Erklärung durch Frau Popoff.

27. Nebentreppe herauf.

28. Elektrisch isolierter Raum, (513) schalldicht für elektro-physiologische Versuche.

29. Psychologische Räume. Erklärung durch Herrn Zwirner.

30. Histologische Abteilung, Prof. Bielschowsky.

31. Zu einem "kleinen Frühstück" einladen. - (604) Filmaufnahmeraum, in der Ecke Ventilatorenraum für Entlüftung der Chem. Abtlg.

geschr. am
abges. am

K.W.G.   15. Mai   13

Sehr verehrter Herr v. Bohlen !

    Herr Glum dankt Ihnen verbindlichst für Ihre Zeilen vom 11.d.Mts.

    Herr Prof. Vogt schlägt folgende Reihenfolge der Redner bei der Einweihung des Instituts vor :

1.) Geheimrat Planck, der nur einige ganz kurze Worte der Begrüssung sagen wird;

2.) Sie , sehr verehrter Herr v. Bohlen, als Vorsitzender des Kuratoriums;

3.) ein Vertreter der Ministerien; vielleicht nimmt einer der Herren Minister persönlich daran teil;

4.) ein Vertreter der Stadt Berlin ;

5.) weitere Redner, unter ihnen Professor Plaut-München; ich habe Herrn Prof. Vogt vorgeschlagen, die Reihe dieser Redner möglichst zu beschränken ;

6.) Professor Vogt selbst.

    Wenn die Kuratoriumssitzung möglichst pünktlich um 9 Uhr beginnt, so kann sie doch wohl um 11 Uhr beendet sein. Zur Einweihung ist um 11,15 Uhr eingeladen worden, sodass man wohl spätestens um 11,30 Uhr beginnen kann. Es ist zu hoffen , dass die Einweihung selbst spätestens um 1 Uhr beendet ist.

                                                 Für

1.) Herrn
    a.o.Gesandten u.bevollm. Minister
      Dr.Dr. Krupp v. Bohlen und Halbach
  Badgastein.
2.) Abschrift an Prof. Vogt
3.) Herrn Dr. Telschow z.K.
4.) Z.d.A.

Zur Vorbereitung der Einweihung des Kaiser-Wilhelm-Instituts für Hirnforschung in Berlin-Buch (s. auch Abb. 13). Archiv MPG, I. Abt., Rep. 1A.

Leningrad
24. V. 1931

Herrn Professor Planck
Präsident der Kaiser Wilhelm-
Gesellschaft zur Förderung
der Wissenschaften

Hochverehrter Herr Präsident,

Besten Dank für die Ehre der Einladung zur
Einweihung des Kaiser Wilhelm-Instituts für
Hirnforschung. Gegenwärtig ist es für mich unmöglich dabei anwesend zu sein. Herzlich wünsche
ich und fest glaube ich in die glänzende Erfolge
des neuen Instituts in der Lösung der höchsten
Aufgabe, welche vor der Menschheit steht.

Mit vorzüglichster Hochachtung
Ihr ergebenst
J. Pawlow

MOJ Nr. 243 Beiblatt

Schwarzes Brett

Zeichnung: H. v. Falkenhausen

Zur Weihe des Instituts für Hirnforschung
Am 2. Juni wird in Buch bei Berlin der in der „DAZ"
bereits vor einigen Monaten ausführlich beschriebene
Neubau des Instituts für Hirnforschung der Kaiser
Wilhelm-Gesellschaft geweiht. Unsere Bilder zeigen den
Direktor dieses Instituts, Prof. Dr. Dr. Oskar Vogt
und seine Gattin und wissenschaftliche Mitarbeiterin

Zur „Weihe" des Instituts für Hirnforschung. Archiv BBAW.

Oskar Vogt über „Struktur und Ziele des Instituts für Hirnforschung".
Aus: Ludolph Brauer, F. Mendelssohn-Bartholdy u. Adolf Meyer
(Hrsg.): „Forschungsinstitute, ihre Geschichte, Organisation und Ziele".
Paul Hartung Verlag, Hamburg, 1931.

DAS KAISER WILHELM-INSTITUT FÜR HIRNFORSCHUNG

Von

PROFESSOR DR. OSKAR VOGT

Direktor des Kaiser Wilhelm-Instituts für Hirnforschung in Berlin

GESCHICHTE

AM 15. Mai 1898 gründete Verfasser in Berlin eine „Neurologische Zentralstation". Diese Gründung ging von folgenden Ideen aus: die Vertiefung der Anatomie und Physiologie des Gehirns sei eine der wichtigsten Aufgaben des neuen Jahrhunderts. Sie sei aber so schwierig, daß sie neben einer besonderen technischen Organisation die ganze Kraft einer Reihe von Forschern in Anspruch nehmen müsse. Sie könne deshalb nicht im Rahmen der bestehenden Universitäts-*Lehrinstitute* durchgeführt werden, sondern erfordere besondere Forschungsinstitute. Ein solches wollte der Verfasser durch seine Gründung schaffen.

1902 wurde dieses Institut in das „Neuro-Biologische Laboratorium der Universität" umgewandelt. Es behielt dabei den Charakter eines reinen Forschungsinstituts.

1915 wurde dann das Kaiser Wilhelm-Institut für Hirnforschung gegründet. Es wurde räumlich mit dem Neuro-Biologischen Institut verbunden und auch der gleichen Leitung unterstellt.

1928 wurde nach Abschluß einer Arbeitsgemeinschaft mit den zentral verwalteten städtischen Heil- und Pflegeanstalten Groß-Berlins der Bau des Gebäudekomplexes, der zukünftig in Berlin-Buch dem Kaiser Wilhelm-Institut für Hirnforschung und dem Neuro-Biologischen Institut der Universität zu dienen hat, begonnen. Bisher (August 1930) konnten im theoretischen Hirnforschungsinstitut die Abteilungen 1, 2, 8, 9 und 10 in Betrieb genommen werden. Die anderen Abteilungen werden noch im Laufe dieses Jahres eröffnet werden. Dasselbe gilt von der Forschungsklinik.

Das Institut erhielt früher sehr umfangreiche, aber leider während der Inflationszeit verlorengegangene Zuwendungen von der Familie KRUPP, Essen. In jüngster Zeit ist ihm eine solche von der Rockefeller-Foundation zuteil geworden.

AUFGABEN

Das Hirnforschungs-Institut wird nach seiner Vollendung folgende Abteilungen umfassen:

1. Die anatomische Abteilung. Diese soll nach wie vor dem Berliner Hirnforschungs-Institut seinen Charakter geben. Sie hat auf Grund mikroskopischer Untersuchungen von Schnittserien (diese kommen nur für die unter e erwähnte Aufgabe nicht in Betracht):

a) das normale Gehirn des Menschen architektonisch, d. h. in seine besonders gebauten Unterabschnitte (Elementarorgane) zu gliedern;

b) die besondere Gestaltung dieser bei α) Ausnahmemenschen, β) Rechtsbrechern, γ) Schwachsinnigen und δ) Hirnkranken aufzudecken, wie auch in der Folgezeit bei ε) den Geschlechtern, ξ) Verwandten, besonders Zwillingen, η) Rassen, Konstitutionstypen zu prüfen;

c) die architektonische Gliederung des normalen menschlichen Gehirns durch eine entsprechende von Tieren zu ergänzen;

d) die Faserverbindungen zwischen den verschiedenen Elementarorganen auf Grund von sekundären Degenerationen bei Mensch und Tier zu klären;

e) über die grobe architektonische Charakterisierung der Elementarorgane hinaus den feineren Bau ihrer Elemente und die intragrisealen Leitungswege zu studieren.

f) bei hämorrhagischen und Erweichungsherden unter Zugrundelegung der architektonischen Gliederung den Sitz der Herde genau zu umgrenzen und gleichzeitig zum Zwecke des Verständnisses der individuellen Gestaltung des Krankheitsbildes den individuellen Bau und derzeitigen Zustand des übrigen Gehirns festzustellen.

Diese Abteilung unterhält eine innige Arbeitsgemeinschaft mit dem auch vom Verfasser geleiteten Staatsinstitut für Hirnforschung in Moskau. Eine weitere Ausdehnung dieser Arbeitsgemeinschaft wäre dringend nötig.

Ziele dieser, lange von manchen mehr oder weniger forschungsfremden Universitäts*lehrern* in ihrer Bedeutung verkannten und leider durch diese Schädlinge des wissenschaftlichen Fortschritts gehemmten Arbeiten sind die folgenden. Die normal-anatomischen Arbeiten wollen in erster Linie Vorarbeit für die Physiologie, in zweiter eine Basis für die Erkennung pathologischer Abweichungen liefern. Untersuchungen von Ausnahmegehirnen sollen nun nicht nur über ihr Wesen, sondern auch über ihre Beziehung zur Pathologie aufklären. Rechtsbrecherstudien bezwecken nicht etwa nur die Aufdeckung der Verbreitung des Konstitutionsfaktors sowie der syphilitischen, alkoholischen und anderer Hirnschädigungen, sondern die Förderung der Typenbildung durch spezifische anatomische Befunde. Die pathologisch-anatomischen Forschungen sollen die Lokalisationslehre fördern und Einblicke in das Wesen pathologischer Prozesse, den klassifikatorisch wichtigen Verbreitungsgrad ihrer identischen Lokalisationen sowie deren Verursachung gewähren. Vergleiche zwischen Gehirnen von Männern und Frauen würden bei positiven Befunden neben ihrer sozialen Bedeutung auf den Einfluß des Geschlechts auf die Hirnentwicklung hinweisen. Studien an Gehirnen Verwandter sollen zur Trennung der Erb- und Umweltfaktoren führen und in Verbindung mit der chemischen Abteilung die Basis für die materielle Pflege und die Höherzüchtung des Gehirns bilden. Studien an Rassengehirnen sollen die Frage klären, wie weit es faßbare Rassenhirndifferenzen gibt und diese auch Art und Höhe der Kulturfähigkeit einzelner Rassen bedingen. Endlich wird zu prüfen sein, ob sich bestimmte Korrelationen zwischen Besonderheiten des Gehirns und bestimmten Körperkonstitutionen nachweisen lassen.

2. *Die histologische Abteilung*. Sie soll auch weiterhin *feinste* anatomische Untersuchungen des Hirngewebes Normaler und Kranker durchführen, und zwar zur Ermöglichung von:

1. Rückschlüssen auf biologische Vorgänge und ihre Lokalisation;
2. Erhebung normaler Befunde für die Erkennung pathologischer Prozesse;
3. Einblicken in das Wesen pathologischer Prozesse;
4. Aufdeckung von Korrelationen zwischen diesen und Krankheitsvorgängen in anderen Organen, und
5. allgemein pathologischen Einsichten auf Grund von am Nervensystem besonders prägnanten Befunden.

Zugleich ist diese Abteilung bemüht, die histologischen Darstellungsmethoden zu verbessern.

Alle diese Ziele gehen aus den zahlreichen Veröffentlichungen BIELSCHOWSKYS hervor.

3. *Die psychologische Abteilung*. Sie hat speziell individual-psychologische Untersuchungen an den Insassen der Klinik und notwendige Vergleichsuntersuchungen an normalen Menschen vorzunehmen. Sie hat dann aber daneben vor allem auch außergewöhnliche Menschen zu untersuchen, die bereit sind, später ihr Gehirn dem Institut zur Verfügung zu stellen. Zunächst ist eine Analyse der Musikalität beabsichtigt. Dazu kommt als äußerst wichtige Aufgabe, neben der Verwendung bisher vorhandener Messungsmethoden vor allem die Ausarbeitung neuer.

4. *Die human-physiologische Abteilung*. Sie hat die Leistung der Sinnesorgane und der Motorik der Kranken der Klinik zu studieren. Auch sie hat Vergleichsversuche an normalen Menschen vorzunehmen und den bisher existierenden Untersuchungsmethoden neue hinzuzufügen.

5. *Die experimentell-physiologische Abteilung*. Sie soll auch künftig an Tieren — teils durch Reizungen, teils durch Zerstörungen — die funktionelle Rolle der einzelnen Elementarorgane des Gehirns klären, und zwar in enger Anlehnung an die durch die anatomische Abteilung geschaffene Gliederung und unter nachfolgender anatomischer Kontrolle jedes einzelnen physiologischen Versuchs.

6. *Die chemische Abteilung*. Für diese Abteilung sind drei Sektionen vorgesehen: die rein chemische, die physikalisch-chemische und die experimentell-pharmakologische. Alle drei Sektionen sollen laufend die Arbeiten der Klinik unterstützen. Daneben sollen sie aber vor allem tiefer in die Natur der einzelnen Abschnitte des

Zentralnervensystems eindringen. Ganz speziell ist dabei an Experimente mit Substanzen gedacht, die nur einzelne Teile des Zentralnervensystems kräftigen oder schädigen. Diese Untersuchungen sollen unter enger Anlehnung an die architektonischen Gliederungsergebnisse der anatomischen Abteilung erfolgen. Das hat fortgesetzt eigene normal-anatomische Kontrollen der einschlägigen Gehirne zur Voraussetzung. Gleichzeitig sind diese Gehirne innerhalb dieser Abteilung auf eventuelle anatomische Veränderungen zu untersuchen. Die Aufdeckung des besonderen Verhaltens einzelner Teile des Gehirns gegenüber bestimmten Pharmaka oder Organpräparaten soll chemo-therapeutische Maßnahmen anbahnen. Gleichzeitig soll die durch lokal angreifende Gifte erzielte Ausschaltung bestimmter Hirnabschnitte die ausfallsphysiologische Forschungsmethode präziser gestalten und auf sonst schwer zugängliche Gebiete ausdehnen. Ferner ist auch der Versuch von Keimesschädigungen bestimmter Teile des Nervensystems ins Auge gefaßt zur Klärung der Ätiologie mancher angeborener Mißbildungen oder späteren vorzeitigen Absterbens einzelner Teile des Nervensystems beim Menschen. Bei lokalisierten Schädigungen des erwachsenen Nervensystems soll ferner die Verursachung dieser Lokalisation, bei lokalisierten Keimesschädigungen im Rahmen dieser Frage auch noch die spezielle geklärt werden, ob bestimmte Reifestadien des sich entwickelnden Zentralnervensystems besonders anfällig sind.

7. *Die klinische Abteilung.* Dieser Abteilung werden in der neu zu errichtenden Forschungsklinik 48 Betten und in dem Landhaus 5 der Heil- und Pflegeanstalt Buch noch 40 Betten zur Verfügung stehen. Diese können unter beliebig häufigem Wechsel mit dazu bereiten Kranken der Stadt Berlin belegt werden. Jeder Kranke soll während seines Aufenthalts in der Klinik im Interesse der Vertiefung der Diagnose und daraus sich ergebender therapeutischer Indikationen von einer ganzen Reihe von Spezialisten eingehend untersucht werden. Neben der selbstverständlichen speziellen psychiatrischen, neurologischen und internen Untersuchung soll das Studium der allgemeinen Konstitution und der Erbbiologie eingehend gepflegt werden. Ferner soll den Denkstörungen der psychisch Kranken besondere Aufmerksamkeit gewidmet werden, um so tiefer in die abwegige Denkungsweise derselben einzudringen. Auf diese Weise sollen auch neue klassifikatorische Gesichtspunkte gewonnen werden. Die Untersuchungen selbst werden mit einem neuesten Sprechaufnahmeapparat durchgeführt, wobei durch ergänzende neue Apparate auch der Sprechmechanismus selbst einer eingehenden Analyse unterworfen wird.

8. *Die genetische Abteilung.* Die genetische Abteilung unterscheidet sich in ihrer Problemstellung und teilweise auch in ihren Objekten durchaus von anderen genetischen Instituten.

An *Drosophila melanogaster* hat sie die von anderen Genetikern mit Recht zunächst vernachlässigten, sich unregelmäßig manifestierenden Gene studiert und ist weiterhin teilweise zum Studium dieser bei der an solchen reicheren *Drosophila funebris* übergegangen. Sie hat die unregelmäßige Manifestierung auf eine ungleiche *Penetranz,* topische oder morphologische (eventuell polare) *Spezifität* und *Expressivität* zurückgeführt.

Ferner wird die künstliche Hervorrufung von Genovariationen eifrig betrieben.

Daneben werden eingehende „Phänoanalysen" einiger stark variierenden Insektengattungen systematisch gepflegt. Sie sollen unter Berücksichtigung der geographischen Verbreitung und nach einer experimentellen Prüfung des selektiven Wertes der Besonderheiten der einzelnen Formen klären, welche durch die experimentelle Variationslehre aufgedeckten Evolutionsmechanismen im Einzelfall wirksam gewesen sind. Die Phänoanalyse hat dann noch die weite Verbreitung einer Erscheinung aufgedeckt: eine charakteristische Ausbreitung eines sich ausdehnenden Merkmals.

Alle diese Studien haben nun aber noch besondere, durch die Bedürfnisse der Hirnforschung gegebene Zwecke, und damit hängt gerade ihre Auswahl zusammen. Die genetische Abteilung geht davon aus, daß die Krankheiten nach Verursachung und Manifestierungsart von zoologischen Sippen nicht verschieden sind. Es können also alle allgemeinen genetischen Befunde auf die Krankheiten übertragen werden.

Zunächst muß bei der Erblichkeitsanalyse von normalen (typischen), atypyisch und pathologischen Eigenschaften mit der Möglichkeit sich unregelmäßig manifestierender Gene gerechnet werden und ihre Manifestierungsverschiedenheiten müssen deshalb bekannt sein.

Dann dürfen wir aus der Existenz sich deutlich abhebender Geno- und Somavariationen auf die — bisher öfter bestrittene — allgemeine Verbreitung von *Krankheitseinheiten* schließen. Die Tatsache, daß die Ursachen für Entstehung von Variationen viel zahlreicher sind als die durch die Konstitution festgelegten Reaktionsarten der Organismen macht die Existenz ätiologisch differenter Variationen und Krankheitsbilder verständlich. Der Nachweis, daß bei derartigen *idiosomatischen Variationsgruppen* die einzelnen Ätiologien zu kleinen, für die einzelne Ätiologie charakteristischen Besonderheiten führen können, muß zu ähnlichen Untersuchungen bei den „Krankheitsgruppen" anregen. Endlich hat uns die aufgedeckte „gerichtete Variabilität" *(Eunomie)* zu erfolgreichem Suchen nach identischen Erscheinungen bei den Krankheiten geführt und hier — sogar über die bisherigen Befunde bei Tiervariationen hinaus — eine *ungleiche Vulnerabilität* der nacheinander erkrankenden Hirnstellen als Ursache der Eunomie ansprechen lassen.

Die bei allen genetischen Fragen dem Verfasser so fruchtbar erscheinende Unterordnung der Pathologie unter die Biologie ist eine schon von manchen früheren Autoren mehr oder weniger klar vertretene Auffassung. Es scheint dem Verfasser geboten, der Entwicklung dieser für die gesamte medizinische Ideologie so wichtigen Anschauung auch historisch nachzugehen. So ist jüngst der *experimentellen* und der *phänoanalytischen Sektion* unserer genetischen Abteilung eine *historische* hinzugefügt worden. Ziel derartiger Untersuchungen wird es sein, allmählich eine Ontologie und Methodologie der Medizin auf historischer Basis zu entwickeln und damit auch eine Lücke in der Erziehung der Mediziner auszufüllen.

9. *Die physikalisch-technische Abteilung*. Dieselbe hat die Aufgabe, unter der Leitung eines speziell für Neuschöpfungen sich interessierenden Diplom-Ingenieurs neue Instrumente zu konstruieren und insbesondere die neuesten Errungenschaften der Elektrizität speziell als Kraftquelle für Reize bei sinnesphysiologischen Apparaten und zur Verstärkung von Registrierapparaten auszunutzen.

10. *Die Reproduktionsabteilung*. Diese hat — wie bisher — die für die wissenschaftliche Forschung unentbehrliche Mikrophotographie und in der Zukunft die erforderlichen Krankenaufnahmen und Kinematographien auszuführen. Außerdem hat sie in ihrer Druckerei — die nunmehr um eine Schnellpresse vermehrt werden wird — für bessere Reproduktionen zu sorgen, als sie in der Industrie hergestellt werden.

LITERATUR

Verf. erörterte die Notwendigkeit derartiger Forschungsinstitute an folgenden Stellen: 1900: Sur la nécessité de fonder des instituts centraux pour l'anatomie du cerveau (13ième Congrès international de médecine, Section de Neurologie); 1901: Über die Errichtung neurologischer Zentralstationen (Zeitschr. f. Hypnotismus); Über zentrales hirnanatomisches Arbeiten (Verhandl. d. Kongresses für innere Medizin); 1904: Die hirnanatomische Abteilung des Berliner Neuro-Biologischen Universitäts-Laboratoriums usw. (Verhandl. d. Anat. Ges.); 1913: Über Forscher und Organisation der Forschung (Nord u. Süd).

Verf. veröffentlichte — meist zusammen mit C. Vogt — seine Hauptergebnisse in folgenden Arbeiten: 1919: Allgemeine Ergebnisse unserer Hirnforschung, 1.—4. Mitteilg. (Journ. f. Psychol. u. Neurol.); 1920: Zur Lehre der Erkrankungen des striären Systems (Journ. f. Psychol. u. Neurol.); 1922: Erkrankungen der Großhirnrinde im Lichte der Topistik, Pathoklise und Pathoarchitektonik (Journ. f. Psychol. u. Neurol.); 1927: Architektonik der menschlichen Hirnrinde (Allgem. Zeitschr. f. Psychiatrie); 1929: Hirnforschung und Genetik (Journ. f. Psychol. u. Neurol.).

Kaiser Wilhelm-Institut für Hirnforschung
und
Neuro-Biologisches Institut der Universität

Berlin-Buch, den 12. Januar 31.
Lindenberger Weg
Sammelnr. E 7 Buch 8136

Aktenzeichen:
(Bitte in der Antwort anzugeben)

Die unterzeichneten Direktoren
     der Bucher Städtischen Krankenanstalten
        und
     des Kaiser Wilhelm-Instituts für Hirnforschung
beabsichtigen, in der Folgezeit in gewissen Abständen an
Spätvormittagen Demonstrationsvorträge mit anschliessender
Besichtigung der betreffenden Institute zu veranstalten.
Die unterzeichneten Leiter erlauben sich hiermit, zu
einem ersten Vortrag im
Auditorium des Kaiser Wilhelm-Instituts für Hirnforschung
     in Berlin - Buch
am Mittwoch, den 21. Januar, mittags pünktlich 12 Uhr,
einzuladen. Es wird sprechen:
    O. V o g t, Über die Pathoklisenlehre.
Im Anschluss an den Vortrag ist für die Gäste, die das
Institut noch nicht kennen, eine Führung durch die bereits eingerichteten Abteilungen des Hirnforschungsinstituts vorgesehen. Den Gästen, die eine Führung bereits mitgemacht haben, werden einige bei ihrem letzten Besuch
noch nicht vorhandene Spezialapparate demonstriert.
    Diese Einladung ist auch für Ihre Herren Mitarbeiter
bestimmt. Sie gilt sowohl für Sie als auch für Ihre Herren
Mitarbeiter als Ausweis.

                                     Birnbaum
                                     Maas
                                     Rosenstern
                                     Vogt.

Abfahrt:
Berlin, Stettiner Vorortbahnhof 11^{25h}
Autos stehen am Bahnhof Buch.
Feste Taxe, auch bei Teilnahme
mehrerer Personen, 1.- Rm.

Zur Zusammenarbeit des Kaiser-Wilhelm-Instituts für Hirnforschung in Berlin-Buch und den Bucher Krankenanstalten. Archiv MPG, I. Abt., Rep. 1A.

Kaiser Wilhelm-Institut für Hirnforschung
und
Neuro-Biologisches Institut der Universität

Berlin-Buch   22. Jan. 1931.
Lindenberger Weg
Sammelnr. E 7 Buch 8136

Aktenzeichen:
(Bitte in der Antwort anzugeben)

An den Präsidenten der Kaiser Wilhelm-
Gesellschaft zur Förderung der Wissenschaften,
Herrn Geheimen Regierungsrat Professor Dr. P l a n c k ,

B e r l i n .

Hochverehrter Herr Geheimrat!

Bei dem Interesse, dass Sie der Zusammenarbeit zwischen den Dahlemer biologischen Instituten und dem unsrigen entgegenbringen, möchte ich Ihnen mitteilen, dass auf die Einladung zu meinem gestrigen Vortrag von den Herren der Dahlemer Institute nur Herr Professor Warburg nicht geantwortet hat. - Die Herren Professoren Correns, Hartmann und Eugen Fischer waren aus verschiedenen Gründen am Erscheinen verhindert. Es haben aber aus dem Biologischen und dem Anthropologischen Institut im ganzen 20 wissenschaftliche Mitarbeiter sowohl der Einladung zum Vortrag wie auch einer von meiner Frau und mir an sie ergangenen Aufforderung zu einem einfachen Frühstück Folge geleistet.

Mit ganz besonderer Verehrung
Ihr ergebener

Zur Zusammenarbeit des Kaiser-Wilhelm-Instituts für Hirnforschung in Berlin-Buch und Instituten in Berlin-Dahlem. Archiv MPG, I. Abt., Rep. 1A.

Manuskript der Rede von Max Planck, Präsident der Kaiser-Wilhelm-Gesellschaft, zur Einweihung des Instituts für Hirnforschung in Berlin-Buch am 2. Juni 1931. Archiv MPG, I. Abt., Rep. 1A.

2. Juni 1931.

Sehr verehrte Anwesende!

Lassen Sie mich in dieser festlichen, für die Geschichte des Kaiser Wilhelm-Instituts für Hirnforschung bedeutungsvollen Stunde im Namen der Kaiser Wilhelm-Gesellschaft deren herzlichste Glückwünsche dem Institut und allen seinen Angehörigen zum Ausdruck bringen. Genau genommen feiern wir ja heute nicht die Gründung des Instituts, sondern nur einen besonders wichtigen Markstein in sei Entwickelung; liegen doch bereits zahlreiche wertvolle Früchte de: darin geleisteten Arbeit vor unseren Augen. Schon vor einem Menschenalter, im Jahre 1898, machte Oskar Vogt mit der Einrichtung der "neurologischen Zentralstelle" den Anfang zu der organisatorischen Verwirklichung der Forschungsideen, die ihn erfüllten und d er mit der ihm eigenen unbeirrbaren Energie und Zähigkeit bis zum heutigen Tage festgehalten und ausgebildet hat. Eine Schilderung im einzelnen davon zu geben, wie er es unternahm, die Methoden der Anatomie und der Physiologie des Gehirns zu vermehren und zu verbessern, ist nicht meines Amtes; das muß ich dem Vorsitzenden des Kuratoriums, Herrn Dr. Krupp v. Bohlen und Halbach, anheimste en Aber einen Punkt möchte ich doch besonders hervorheben, denn bei allem Respekt vor der Gründlichkeit des Herrn Vorsitzenden befürc te ich doch, daß dieser Punkt in seinem Bericht nicht seiner voll Bedeutung entsprechend zur Würdigung kommen wird. Das ist der Anteil, den er selber und mit ihm seine Gattin an der Entwickelung dieses Instituts genommen hat. Von Anfang an hat die Familie Krup ihr tiefes Interesse an den Aufgaben des Instituts dadurch bekundet, daß sie ihm nicht nur durch Bereitstellung von Mitteln, sondern

sondern auch mit Rat und Tat ihre Unterstützung gewährte und über manche Schwierigkeiten hinweggeholfen hat. In der Tat: Was gäbe es für den unbefangenen Beobachter Interessanteres und Reizvolleres, als die Aussicht auf eine gründlichere wissenschaftliche Erforschung jener geheimnisvollen Vorgänge, die sich in den Regionen des menschlichen Gehirns abspielen, des kostbarsten Besitzes, den ein jeder sein eigen nennt? Unvergeßlich wird demjenigen, der einmal die feinen hier angefertigten Gehirnschnitte in Augenschein genommen hat, der Eindruck des so wundersam zusammengesetzten Bildes in Erinnerung haften und unaufhörlich drängend wird ihm die Frage bleiben nach dem Zusammenhang seiner verwickelten Struktur mit den Bewußtseinsvorgängen.

Naturgemäß führen die hier zu behandelnden Aufgaben der Anatomie und Physiologie weiter zu allgemeineren Problemen der Biologie, der Chemie und der Physik, und so sehen wir, daß Meister Vogt sein Institut mit einer ganzen Reihe von Abteilungen ausgestattet hat, in welchen über eine Menge spezieller Fragen gearbeitet wird, die alle auf das nämliche Ziel gerichtet sind. Wenn er selber auch sicherlich mit dem Erreichten noch lange nicht zufrieden ist, so wird man doch beim Rückblick auf das Geleistete an dem heutigen Tage von einem bewundernswerten Fortschritt reden und auch auf die Zukunft entsprechende Hoffnungen setzen dürfen. Daß solche Hoffnungen sich in reichem Maße erfüllen werden, ist der aufrichtige Wunsch, den ich dem Institut für Hirnforschung im Namen der Kaiser Wilhelm-Gesellschaft heute auf den ferneren Weg mitgeben möchte.

Präs./Br. 10.6.31

Beschwerdebrief des Ortsgruppenleiters der NSDAP an den Direktor des Kaiser-Wilhelm-Instituts für Hirnforschung über mangelhafte Beteiligung der Mitarbeiter an der „Eintopfsammlung" zum Winterhilfswerk. Sammlung Erhard Geißler.

Nationalsozialistische Deutsche Arbeiterpartei

Gauleitung   Groß-Berlin

Gaugeschäftsstelle: Berlin W 9, Voßstraße 11
Fernruf: Sammelnummer U 1 Jäger 0029
Drahtanschrift: Hitlerbewegung
Postscheckkonten
Otto de Mars, Gauschatzmeister
Berlin Nr. 45663
für Ortsgruppen und Kreise:
Berliner Stadtbank, Girokasse 2, Konto Nr. 2200
Postscheckkonto Berlin 860 02

Kampfzeitung des Gaues: „Der Angriff"
Geschäftsstelle
der Zeitung und der Schriftleitung:
Berlin SW 68, Wilhelmstraße 106
Fernruf:
Sammelnummer U 1 Jäger 6951
Postscheckkonto: Berlin 113 137

NS-Volkswohlfahrt
Kreis XIX Pankow
Ortsgruppe Buch

Berlin-Buch, den 23.10.34

An die
    Direktion des Kaiser Wilhelm Instituts
       für Hirnforschung.

Betrifft: Eintopfsammlung.

Sehr geehrter Herr Professor.

Zu meinem aufrichtigen Bedauern muß ich Ihnen leider mitteilen, dass das Rundschreiben in obiger Angelegenheit nicht fälschlicherweise an Sie, Herr Professor, gerichtet wurde. Wenn nicht die richtige Anschrift vermerkt war, bitte ich dies zu entschuldigen.

Zur Sache selbst, möchte ich bemerken, dass der von Ihnen, Herr Professor, angeführte Vergleich hinkt; denn die Speisen in einem Restaurant werden gegen einen gewissen Verdienst an die Gäste abgeführt, während die Abgabe des Essens in den Anstalten nur gegen Erstattung der entstandenen Unkosten abgegeben werden. Somit steht also der abgeführte Differenzbetrag der Anstalten in keinem Verhältnis zu den von den Gastwirten abgeführten Beträgen, und erst recht nicht zu den Einkommen der betreffenden Personen.

Es liegt nicht im Sinn des Führers, sich mit haltlosen und unzulänglichen Einwendungen zu entschuldigen und solche auch noch zu verteidigen. Ich bemerke nochmals, der Eintopfsonntag ist nur ein äußeres Zeichen der Opferaktion, an der sich

Höflichkeitsformeln fallen bei allen parteiamtlichen Schreiben fort.

jeder mit einem fühlbaren Opfer beteiligen soll.

Mir liegt gerade die Sammelliste des Gutes Lindenhof vor. Die gezeichneten Beträge von diesen ganz gering besoldeten 24 Gutsarbeitern ergeben eine Gesamtsumme von 9,65 RM.

Die in dem Institut für Hirnforschung gesammelten Beiträge ergeben eine Summe von 8,- RM. Wenn man bedenkt, daß die Gehälter der einzelnen Mitarbeiter des Institutes ein mehrfaches teilweise ein 10 und 15 faches derjenigen der Gutsarbeiter übersteigen, so ist das Sammelergebnis im Institut für Hirnforschung nicht nur beschämend, sondern katastrophal.

Aus diesem Grunde halte ich mein Rundschreiben v. 16.10.34 auch an die Adresse des Instituts für Hirnforschung gerechtfertigt und ich bitte Sie, sehr geehrter Herr Professor, im Interesse des W.H.W. in vorgeschlagenem Sinne mitzuarbeiten.

Heil Hitler!

Ortsgruppenamtsleiter.

Kaiser Wilhelm-Institut für Hirnforschung
Einteilung in Abteilungen
ab 1.4.1937.

I. Erste Abteilung für Anatomie und Pathologie des Gehirns.
- Leiter: Prof. Hugo Spatz

II. Zweite Abteilung für Anatomie und Pathologie des Gehirns.
- ....+)

III. Abteilung für menschliche Erb- und Konstitutionslehre.
- Leiter: Dr. Bernhard Patzig.

IV. Abteilung für experimentelle Physiologie des Gehirns.
- Leiter: Dr. Alois Kornmüller.

IVa. Physikalisch-technische Abteilung.
Leiter: Dr. Hans-Joachim Schaeder.

V. Abteilung für experimentelle Pathologie des Gehirns und Abteilung für Tumorforschung.
- Leiter: Prof. Wilhelm Tönnis (Direktor der Neurochirurgischen Universitätsklinik Berlin).

VI. Abteilung für allgemeine Pathologie.
- ....++)

VII. Abteilung für Chemie des Gehirns.
- zur Zeit nicht besetzt.

Nervenklinik .... Oberarzt Frau Dr. Soeken

+) In Aussicht genommen:

++) In Aussicht genommen: Prof. Anders (Direktor der Prosektur der städtischen Heilanstalten in Berlin-Buch.

Als völlig selbständige Abteilung mit eigenem Etat dem Hirnforschungs-Institut angegliedert:
Abteilung für experimentelle Genetik.
- Leiter: Dr. Timoféeff-Ressovsky.

Bisher noch hier befindlich, aber auszugliedern:
Phonometrische Abteilung.
- Leiter: Dr. Eberhard Zwirner.

Aufzeichnung von Hugo Spatz zur Neugliederung des Kaiser-Wilhelm-Instituts für Hirnforschung nach Übernahme der Leitung 1937. Sammlung H. Bielka.

Herr N.W. T i m o f é e f f - R e s s o w s k y ist ein sehr origineller und erfolgreicher Vererbungsforscher. Er hat eine Reihe neuer Fragegebiete der Drosophila-Forschung in Angriff genommen. Einmal hat er der Wirkung mutierter Gene auf die Vitalität ihrer Träger besondere Aufmerksamkeit geschenkt und festgestellt, daß die überwiegende Mehrzahl der geprüften Genmutationen, welche sichtbare Außenmerkmale bewirken auch die Lebenseignung irgendwie beeinflußt. Röntgenbestrahlungsversuche haben ihm weiterhin gezeigt, daß eine große Anzahl von vitalitätssenkenden Mutationen auslösbar ist, die sichtbare Merkmalsänderungen gar nicht zur Folge haben. Ein zweiter wichtiger Arbeitsbereich Timoféeffs bezieht sich auf die wechselnde Auswirkungsweise bestimmter Gene. Er hat die Zuordnung der Manifestationshäufigkeit und des Manifestationsgrades genbedingter Merkmale von der Anwesenheit anderer Gene im Genotypus und von Außenbedingungen während bestimmter sensibler Perioden der Entwicklung untersucht und wichtige neue Feststellungen gemacht, die Ansätze zu weiteren Experimentaluntersuchungen bieten. Am meisten hat er sich bekannt gemacht durch die Versuche, aus der strahleninduzierten Mutation Aufschlüsse über die Natur der Genmutation und der Genstruktur zu gewinnen. In enger, von ihm angeregter Arbeitsgemeinschaft mit Physikern hat er sehr ausgedehnte Versuchsserien ausgeführt und die gewonnenen Ergebnisse ungemein scharfsinnig theoretisch ausgewertet. Die gezogenen Schlüsse sind sehr weittragend: Es erscheint sehr wahrscheinlich, daß die Mutation ein einfacher physikalisch-chemischer Elementarvorgang und das Gen ein Naturkörper vom Rang eines Moleküls oder Kristalls aus identischen Atomverbänden ist. In der Ausnützung aller physikalischen Methoden und theoretisch-physikalischen Interpretationsmöglichkeiten in Gemeinschaftsarbeit mit Physikern bei der Behandlung des Problems der Natur der Erbanlagen liegt ein besonderes Verdienst Timoféeffs.

Gutachten der Biologen Max Hartmann und Alfred Kühn über N. W. Timoféeff-Ressovsky zum Antrag auf Ernennung zum Wissenschaftlichen Mitglied des Kaiser-Wilhelm-Instituts für Hirnforschung.
Sammlung H. Bielka.

Schlesische Volkszeitung   Breslau

1. 2. 1938

Hochschulnachrichten

Neue Abteilungen am KWI

Wie uns mitgeteilt wird, wurde am Kaiser-Wilhelm-Institut für Hirnforschung in Berlin-Buch zu Beginn dieses Jahres die Histopathologische Abteilung neu eröffnet. Abteilungsleiter ist Oberarzt Dr. Julius Hallervorden. Dr. Hallervorden bleibt wie bisher Leiter der Prosektur der Landesanstalten der Provinz Brandenburg, deren Sitz von Potsdam nach Buch verlegt worden ist. Das Laboratorium in Potsdam wird als Zweigstelle der neuen Abteilung in Verein mit dem Brandenburgischen Provinzialverband weitergeführt. Zu gleicher Zeit wurde eine Abteilung für Allgemeine Pathologie am gleichen Institut eingerichtet, deren Leitung Prof. Dr. Hans Anders übertragen wurde. Prof. Anders ist hauptamtlich Direktor des Neuropathologischen Instituts der Heil- und Pflegeanstalt Buch der Reichshauptstadt.

NAZI VICTIMS

Brain sections to be buried?

Frankfurt

COINCIDENT with its fortieth annual meeting, the Max Planck Society (MPS) last week announced plans to give a respectful burial to tissue samples from the brains of Nazi euthanasia victims that remain in its collections. According to Director Heinz Wässle of the Max Planck Institute for Brain Research (MPIBR) in Frankfurt, the brain tissue — fixed in thin sections on up to 10,000 glass slides — will be cremated and the ashes will be buried at an appropriate site, perhaps an existing Holocaust memorial.

The tissue samples were collected by neuropathologist Julius Hallervorden (1882–1965) from the euthanasia centre at Brandenburg-Görden. Hallervorden, a section leader at the Kaiser Wilhelm Institute for Brain Research in Berlin, the forerunner of MPIBR, received 697 brains from the centre between 1940 and 1944. Thirty of the tissue samples have been shown to derive from these brains; up to 400 samples have been linked circumstantially with the killing centres.

The Max Planck Society will cremate all slides and samples in its possession dating back to the years 1933 to 1945. The permission from University of Frankfurt is required, but is expected to be granted.

A scandal erupted in Israel in January when a West German television report revealed the presence of tissue samples and skeletons of Nazi victims at the West German universities of Tübingen and Heidelberg (see *Nature* 337, 195; 1989).

The University of Tübingen appointed a commission to investigate the presence of such samples at the university and the possibility that they had been used for teaching. The commission is to meet soon and is expected to consider burial. The University of Heidelberg is "still deciding" how best to dispose of four samples in its anatomical collections that may have been taken from Nazi victims, said spokesman Michael Schwarz. The samples may be buried at a memorial to Holocaust victims in a Heidelberg city cemetery. Neither university had heard of the MPS plans.

Wässle says that researchers have not used the Hallervorden samples in recent years, and that he and his co-director, Wolf Singer, did not know of the collection's existence when they arrived at the institute eight years ago. They learned of it only when historian Götz Aly tried to gain access to it in 1983 and "locked it away" in 1987 when Aly's book offered proof of its origins.

Cremating the collection respectfully seems to be the "only ethical solution", said Wässle, but he is also concerned that the reputation of science might suffer from further publicity. Meanwhile, the slides are locked in the basement room T0011 and are accessible only with a key stored in the director's desk.

The brains used by Hallervorden were removed from the cadavers of children who allegedly suffered from psychiatric disorders. Psychiatrist and historian Robert Jay Lifton estimates in his book *The Nazi Doctors* that 5,000 children were killed in the official Nazi euthanasia programme. Hallervorden continued to publish papers about his findings until his retirement in the early 1960s.

Geneticist Benno Müller-Hill, who collaborated with Aly's investigation some years ago, said that it is important for the records of the collection to be retained even after the samples are destroyed. **Steven Dickman**

NATURE · VOL 339 · 15 JUNE 1989

Zeitungsbericht über den Eintritt von Julius Hallervorden in das Kaiser-Wilhelm-Institut für Hirnforschung (oben) sowie Bericht in „Nature" (unten) über die „Bestattung von Hirnpräparaten" von Opfern des Naziregimes aus der Sammlung von J. Hallervorden (s. hierzu S. 48).

Gehirnleben in Kurven

Besuch im Kaiser-Wilhelm-Institut für Hirnforschung / Von Dr. med. et phil. Hefter

Nähert man sich, von Berlin kommend, auf der Karower Chaussee der nördlichen Vorstadt Buch, wo sich noch immer das alte märkische Dorf neben den zahlreichen Krankenanstalten der Reichshauptstadt in reizvollem Widerspiel erhalten hat, so wird die Aufmerksamkeit von einem anspruchslosen kubischen Bau auf sich gezogen, dessen weißgraue Tönung — scharf akzentuiert durch den dunkelgrünen Rahmen seiner gartigen Umgebung — von der Höhe zur Rechten herableuchtet. Ein Pfad, der den großstädtischen Kraftfahrer nicht eben mit Freude erfüllt, führt zu einer Pforte, die ungehinderte Zufahrt gewährt. Knirschend graben sich die Räder in den Kies vor dem Hauptgebäude: Wir stehen vor dem Kaiser-Wilhelm-Institut für Hirnforschung.

Fotografische Porträts der Männer aus aller Welt, die ihre Namen durch hervorragende Beiträge mit der Geschichte der Hirnforschung verknüpft haben, unterbrechen hier und da das indifferente Weiß des kargen Treppenhauses. An langen Fluren, deren sachliche Geradheit jedem abschweifenden Gedanken abhold scheint, liegen die Räume der verschiedenen Spezialabteilungen. Hier wird Sorge getragen, daß die äußere Form des Gehirns, der Irrgarten seiner Wülste und Furchen, durch sinnreiche Abgußverfahren oder fotografische Aufnahmen naturgetreu und dauerhaft nachgebildet ist, bevor das Messer des Anatomen die tieferen Schichten bloßlegt. Hauchdünne Scheiben legt das Mikrotom nach Paraffineinbettung durch die zarte Nervensubstanz. Dank erprobter Färbemethoden treten die jeweils gewünschten Partien in leuchtenden Kontrasten hervor und lassen uns im Gegenlicht an die märchenhafte Tönung einer seltenen tropischen Blüte denken.

Ein Blick von der Höhe des Hauses läßt die Augen über den ganzen Gebäudekomplex schweifen. In unmittelbarer Nähe erhebt sich die klinische Abteilung, welche die Beobachtung und Behandlung von etwa 60 Nervenkranken ständig durchzuführen hat und der Forschung die praktischen Erfahrungen liefert, ohne die sie sich ihrer Aufgabe, dem Leben zu dienen, allzu leicht entfremden könnte. Fernerhin, in saftiges Grün gebettet, das Wohnhaus des Direktors.

Beschreibung des Kaiser-Wilhelm-Instituts für Hirnforschung in der Zeitung „Das Reich" vom 2. Juni 1940.

Nr. 51 / Sonnabend, 28. Februar 1942   BERLINER MORGENPOST

Das Wunder Gehirn
Besuch im Kaiser-Wilhelm-Institut für Hirnforschung in Buch

Bei einer von der Presseabteilung der Reichsregierung veranlaßten Besichtigung war Gelegenheit geboten, dem Kaiser-Wilhelm-Institut für Hirnforschung in Berlin-Buch einen Besuch abzustatten. Der Direktor des Instituts und der Leiter der Abteilung für Tumorforschung und experimentelle Pathologie, gaben Erläuterungen über ihr wichtiges und hochinteressantes Arbeitsgebiet.

In sieben Abteilungen arbeitet das Institut für Hirnforschung in Buch, das in dieser Ausdehnung und in diesem großzügigen Ausbau auf der Welt nicht seinesgleichen hat. In der physiologischen Abteilung werden Tierversuche gemacht und werden jetzt auch wehrmachtwichtige Untersuchungen vorgenommen.

Zur Verdunkelung!
Beginn heute   19.36 Uhr
Aufhebung morgen   7.18 Uhr
Mondaufgang 15.55 Uhr; Untergang 6.22 Uhr

Auch bei schweren Gehirnverletzungen kann heute das Messer des Chirurgen noch heilsam eingreifen und den Menschen nach Möglichkeit wieder seine Gesundheit zurückgeben. Daß bei solchen Verletzungen auch unsern Kriegsversehrten mit allen Mitteln moderner Heilkunst geholfen wird, ist selbstverständlich.

Aus dem Bericht über „Das Wunder Hirn" in der „Berliner Morgenpost" vom 28. Februar 1942.

Auswärtiges Amt
Reg.Rat Bassler

P.

Berlin W 8, 12.November 1940
Wilhelmstraße 74-76

Sehr verehrter Herr Doktor!

Die Deutsche Botschaft in Tokyo ist an uns mit der Bitte herangetreten, ihr zur Veröffentlichung in japanischen Zeitschriften Aufsätze zukommen zu lassen, die sich mit den Forschungsergebnissen der deutschen Wissenschaft befassen.

Ein Artikel in den deutschen Tageszeitungen von Heinrich Kluth über das Thema "Atomzertrümmerung fördert Erbforschung", worin über Ihre Ausführungen anlässlich einer Besichtigung der Anlagen Ihres Institutes berichtet wird, veranlasst mich, an Sie, sehr verehrter Herr Doktor, die Anfrage zu richten, ob Sie bereit wären, uns einen Aufsatz über Ihre Forschungen und Arbeitsmethoden zur Verfügung zu stellen. Die japanische Öffentlichkeit wie die dortigen wissenschaftlichen Kreise interessieren sich für das Problem der Radioaktivität natürlich in hohem Maße, und es liegt im deutschen Interesse, in japanischen Zeitungen und Zeitschriften möglichst viel über unsere Forschungsarbeit unterzubringen. – Es wäre erwünscht, dass der Aufsatz eine Länge von 15 bis 20 Seiten besitzt.

Heil Hitler!

Herrn
Dr. K.G. Z i m m e r
Genetische Abteilung des
Kaiser-Wilhelm-Instituts für Hirnforschung

Berlin - Buch

Schreiben des „Auswärtigen Amtes" von 1940 an K. G. Zimmer, seine „radioaktiven Arbeiten" (s. S. 58) und japanische Interessen daran betreffend. Sammlung E. Geißler.

KERNFORSCHUNGSZENTRUM KARLSRUHE
Institut für Strahlenbiologie
Prof. Dr. K. G. Zimmer

75 KARLSRUHE 1, 29.9.1969
Postfach 3640
Telex: 7825 651 / 7826 755
Telefon: 07247 / 821
Durchwahl: 07247 / 82 ....

Eilboten - Einschreiben
Herrn
Prof. Dr. E. Geißler

X 25 Rostock 1
John Brinckmanstr. 12

Sehr geehrter Herr Kollege Geißler!

Verbindlichen Dank für Ihre Anfrage vom 24.9., die trotz des komplizierten Verlaufs der Drucklegung des Buches Timoféeff-Ressovsky und Zimmer: "Trefferprinzip in der Biologie" leicht zu beantworten ist. Das Manuskript war bereits 1944 fertiggestellt und ging sofort in den Druck. Der Satz wurde zunächst bei der Druckerei Spamer in Leipzig begonnen und dann - nach deren Zerstörung durch Bomben - bei der Druckerei Pierer in Altenburg/Thüringen fortgesetzt. Schon unmittelbar nach Kriegsende erhielt ich zu meinem Erstaunen die Korrekturen und konnte diese noch im Sommer 1945 erledigen, ehe ich in die Sowjetunion "verzog". Der weitere Verlauf läßt sich nicht mehr aufklären. Offenbar wurde die Firma Pierer demontiert, aber der Satz zur Firma Lippert, Naumburg/Saale, verbracht und dort ausgedruckt, so daß das Buch schließlich, wie auch in diesem angegeben, 1947 mit Genehmigung der sowjetischen Militäradministration erschien. Auch der weitere Verlauf bleibt unklar. Anscheinend wurden viel mehr Exemplare gedruckt als vertraglich vereinbart und auch mehr verkauft als dem Honorar entsprach. Schließlich scheint es, daß ein großer Posten (möglicherweise im Zusammenhang mit den ja inzwischen überwundenen Meinungsverschiedenheiten über Genetik) eingezogen und eingestampft wurde.

Zu Ihrer Unterrichtung übersende ich Ihnen gleichzeitig einige Sonderdrucke und bitte Sie der guten Ordnung halber um eine kurze Bestätigung des Eingangs.

Mit besten Empfehlungen

(K. G. Zimmer)

Das Kernforschungszentrum wird betrieben von:
Gesellschaft für Kernforschung m.b.H., Karlsruhe, Weberstraße 5

Brief von Prof. Dr. K. G. Zimmer an Prof. Dr. E. Geißler zur Veröffentlichung des Buches über „Das Trefferprinzip in der Biologie" (s. S. 57 u. Abb. 43). Freundlicherweise von Professor Erhard Geißler zur Verfügung gestellt.

Reichsforschungsrat
Der Bevollmächtigte des Reichsmarschalls
für Kernphysik
Prof. Dr. W. Gerlach
Bb.-Nr. RFR 1909/44 Ge/Gud.

Berlin-Dahlem, den 21. Oktober 1944
Boltzmannstr. 20
Fernsprecher: 76 32 45/44

Herrn
Dr. T e l s c h o w
Generaldirektor der Kaiser
Wilhelm-Gesellschaft
B e r l i n C 2
Schloß, Portal 3

Lieber, sehr verehrter Herr Dr. Telschow!

Ich habe heute noch einmal mit Herrn Prof. G e r t h s e n die Frage der Unterbringung seiner Hochspannungsanlage in Bln.-Buch durchgesprochen. Wir können tatsächlich keine andere Möglichkeit sehen, die Anlage hier in der Gegend aufzustellen. Gleichzeitig ergibt sich jetzt aus den vorliegenden Plänen, daß die Unterbringung der Anlage in Berlin-Buch technisch besonders günstig wäre.

Herr Prof. Gerthsen wird in den nächsten Tagen noch einmal mit Ihnen über dieses Projekt sprechen. Ich darf Ihnen mitteilen, daß auch ich sehr daran interessiert bin, daß diese Anlage möglichst bald aufgestellt wird. Ich wäre Ihnen daher dankbar, wenn Sie dazu beitragen würden, etwa noch bestehende Schwierigkeiten möglichst aus dem Wege zu räumen.

Mit bestem Gruss und

Heil Hitler!
Ihr

Schreiben des Physikers Prof. Dr. W. Gerlach, Bevollmächtigter des Reichsmarschalls für Kernphysik, die Aufstellung einer Hochvoltanlage zur Erzeugung von Neutronenstrahlen in der Friedhofskapelle (s. Abb. 5) im Gelände des Kaiser-Wilhelm-Instituts für Hirnforschung betreffend (s. auch S. 43). Archiv MPG, I. Abt., Rep. 1A.

Auszüge aus einem Vortrag von Professor Hugo Spatz am 23. Februar 1945 anläßlich des 30jährigen Bestehens des Instituts für Hirnforschung mit Angaben über Struktur und Aufgaben des Instituts. Sammlung H. Bielka.

Man kann aber feststellen, dass die Hirnforschung, etwa seit der Zeit des berühmten Gall, des Wiederentdeckers der Großhirnrinde, in keinem Lande so viel Förderung erfahren hat, wie in Deutschland. Eine unserer Pflegestätten ist das <u>Kaiser-Wilhelm-Institut für Hirnforschung</u>, welches <u>vor 30 Jahren</u> (am 23.I.1915) durch seinen 1. Direktor, Professor Oskar Vogt, dank der verständnisvollen Förderung der Bestrebungen der Hirnforschung durch die Familie Krupp, gegründet werden konnte. Dies geschah auf der Grundlage eines älteren, von Vogt schon 1898 ins Leben gerufenen und 1902 der Universität Berlin angegliederten Laboratoriums. Der heute am Rande der Reichshauptstadt in Buch stehende, von Vogt errichtete großzügige Bau, zu dem eine eigene Klinik gehört, wurde erst 1931 eingeweiht. Oskar Vogt, welcher in Kürze seinen 75. Geburtstag feiert und heute noch im Dienste der Hirnforschung steht, ist zusammen mit seiner Frau Cécile und seinem verstorbenen Mitarbeiter Brodmann der Begründer einer exakten "Architektonik" der Großhirnrinde. Dieser Forschungszweig hat uns gezeigt, dass die Großhirnrinde, welche vor nicht allzu langer Zeit noch als gleichartig gebautes Organ galt, bei der mikroskopischen Untersuchung in mehrere hundert verschiedene "Felder" zerfällt, die sich durch die Anordnung und Struktur ihrer Nervenzellen und deren Leitorgane, der Nervenfasern, voneinander abgrenzen lassen. Nur von einer Minderzahl dieser Felder können wir heute schon etwas über ihre besondere funktionelle Bedeutung aussagen, es ist aber keine Frage, dass Besonderheiten des Baues <u>grundsätzlich</u> Besonderheiten der Verrichtung anzeigen.

Heute umfasst das Kaiser-Wilhelm-Institut 7 Abteilungen, denen noch eine Abteilung für Genetik angeschlossen ist. Es gibt eine Fülle von Aufgaben und sehr verschiedene Wege, mit ganz verschiedenartigen naturwissenschaftlichen Methoden. Umfangreiche Sammlungen von Präparaten sind die notwendige Grundlage aller Studien, welche den Bau des Gehirns im normalen und krankhaften Zustand betreffen. Genannt sei, dass die Physiologische Abteilung zur Stätte systematischer Untersuchungen über die elektrischen Lebenserscheinungen des Gehirns und ihre Besonderheiten an verschiedenen Stellen, bei Tier und Mensch, im gesunden und kranken Zustand geworden ist (Kornmüller).

Dabei ist es interessant, dass die elektrischen Lebenserscheinungen des Herzens (Elektrokardiogramm) schon lange gut bekannt waren, ehe an die Erforschung dieser Erscheinungen am Gehirn (Elektrenkephalogramm) gedacht worden ist. Auch hier steht die Hirnforschung also erst in den Anfängen, aber jetzt schon beginnt diese Methode ein wertvolles Hilfsmittel zur Erkennung von Gehirnkrankheiten zu werden. Eine andere Abteilung beschäftigt sich z.B. mit der Entwicklung des Gehirns bei Tier und Mensch und mit der Entwicklungsstörungen, welche den angeborenen Schwachsinnszuständen, gewissen Formen der Epilepsie u.a. zugrunde liegen. Eine eben abgeschlossene Untersuchung ist der angeborenen Großhirnlosigkeit gewidmet; der menschliche Säugling, dessen Großhirn noch unreif ist, bleibt bemerkenswerterweise ohne Großhirn, nur mit dem Hirnstamm, ja manchmal nur mit Resten desselben, längere Zeit lebensfähig (beim Erwachsenen ist dies unmöglich). Hieraus ergeben sich Einblicke in die maximale Leistungsfähigkeit bestimmter Hirnstammabschnitte. Weitere Aufgaben betreffen die Störungen des Gehirnkreislaufes, welche besonders im vorgeschritteneren Alter eine so große Bedeutung haben, und die Hirndrucksteigerung bei den gefürchteten Hirngewächsen. Im Mittelpunkt verschiedener Forschungswege steht die von einer Lösung freilich noch weit entfernte Frage: welche Abschnitte der Großhirnrinde sind dem Menschen eigentümlich und welches sind ihre besonderen Leistungen? Offenbar werden diese bestimmten Abschnitte der Großhirnrinde auch bei der Entwicklung des Kindes zuletzt reif, und sie verkümmern zuerst bei einer meist im Rückbildungsalter auftretenden seltenen Erbkrankheit, für welche der Abbau gerade der höchsten geistigen und seelischen Leistungen charakteristisch ist (Verlust des Urteilsvermögens und Verfall der Gesittung, während das Gedächtnis und die eingeschliffenen Leistungen erhalten bleiben). Eine weitere Untersuchungsreihe gilt wieder den Verrichtungen des Hirnstammes, nämlich den Störungen der unwillkürlichen Bewegungen (beim Veitstanz, der Gehirngrippe usw.) sowie den erwähnten Beziehungen des Hirnstammes zu den Blutdrüsen. Es war auch für uns eine Überraschung, als wir feststellten, dass ein so völlig dem Bewusstsein entzogener Vorgang wie die von der Reifung der Keimdrüsen abhängige Geschlechtsreifung (Pubertät), völlig ausbleibt, wenn man bei jungen Tieren eine ganz bestimmte winzige Stelle im Hirnstamm (Tuber cinerum) ausschaltet. Eine gelegentlich beim Menschen vorkommende Vergrösserung dieses "Sexualzentrums" infolge Entwicklungsstörung ruft das Gegenteil, nämlich krankhafte vorzeitige Geschlechtsreifung, hervor (z.B. bei einem 3-jährigen Jungen unserer Beobachtung). — Nicht zuletzt steht das Kaiser-Wilhelm-Institut für Hirnforschung jetzt im Dienste der Gehirnverletzten. Zahlreiche neue Aufgaben haben sich durch den Krieg ergeben. Im Frieden waren die Grundlagen dazu gelegt durch eine enge Zusammenarbeit mit der Neurochirurgischen Klinik der Berliner Universität sowie jetzt mit Neurochirurgischen Fachlazaretten (Generalarzt Prof. Tönnis). So wird versucht, das, was hier und an anderen Orten in theoretischer Forscherarbeit errungen worden ist, praktisch nutzbar zu machen.

Директор   Берлин-Бух, 18го мая 1945 года.
Н.-И.Института.

                    У д о с т о в е р е н и е .

    Дано гр. .... в том, что
он-а состоит на службе в Н.-И. Институте Генетики и Био-
физики в Берлин-Бухе, находящемся в ведении Командования
Красной Армии, и не подлежит привлечению ни на какие по-
сторонние работы.

                        Директор
                            (проф. Тимофеев)
                    Правильность удостоверяет
                    Начальник части п.п.
                    Подполковник
                                (Вургман).

Direktor   Berlin-Buch, den 18. Mai 1945
des N.-I. Instituts

                        Bescheinigung

Dem(r) Bürger(in)..................... wird bescheinigt, daß er
(sie) im N.-I. Institut für Genetik und Biophysik in Berlin-Buch,
das sich unter der Leitung des Kommandos der Roten Armee
befindet, angestellt ist und nicht zu anderen (Fremd-) Arbeiten
herangezogen werden kann.

                        Direktor
                            (Prof. Timofeew)
                Die Richtigkeit bestätigt
                    Leiter des P.P.
                    Oberstleutnant
                                (Burgman)

Bescheinigung für Mitarbeiter des N.-I. Instituts vom Mai 1945 (oben: Original; unten: Übersetzung) aus der hervorgeht, daß die sowjetische Militäradministration im ehemaligen Kaiser-Wilhelm-Institut für Hirnforschung zunächst ein Institut für Genetik und Biophysik mit N. W. Timoféeff als Direktor eingerichtet hatte (s. auch S. 61). Sammlung E. Geißler.

Das ehemalige K a i s e r - W i l h e l m - I n s t i t u t
für Hirnforschung in B e r l i n - B u c h, ist auf Antrag der
Deutschen Akademie der Wissenschaften und der Deutschen Verwaltung
für das Gesundheitswesen von der sowjetischen Militärverwaltung
deutschen Wissenschaft zurückgegeben worden.
Kommissarischer Leiter der Forschungsstätte ist Prof. Dr. K. Lohmann
Nach seinen Aussagen soll diese Forschungsstätte für Medizin und
Biologie nach vollendetem Ausbau und technischer Ausstattung insgesamt sieben Institute und eine Klinik umfassen. Bearbeitet werden
sollen ausschliesslich Probleme der theoretischen und klinischen
Medizin.
Von den sieben Instituten sind zwei bereits vorhanden und eingerichtet, nämlich das Institut für Biochemie unter dem Leiter der
Forschungsstätte Prof. Dr. Karl L o h m a n n, und das Institut für
Festkörperforschung mit einer Abteilung für Biophysik unter
Prof. Dr. M ö g l i c h.
Noch einzurichten sind: das Institut für vergleichende Erbbiologie
und Erbpathologie unter Prof. Dr. N a c h t s h e i m, das Institut
für organische Chemie unter Prof. Dr. R e i c h e, das Institut für
Mikromorphologie unter Prof. Dr. Helmut R u s k a.
Geplant sind ferner ein Institut für Entwicklung medizinischer und
naturwissenschaftlicher Forschungsgeräte, ein Krebsforschungsinstitut
und eine Klinik für Krebskranke.

Das Kuratorium der Forschungsstätte setzt sich aus folgenden
Persönlichkeiten zusammen:
Dr. Maxim Zetkin, Vizepräsident der Zentralverwaltung für das
Gesundheitswesen.
Prof. Dr. Karl L o h m a n n, Leiter des Psychologisch-Chemischen
Instituts der Universität Berlin.
Prof. Dr. Otto W a r b u r g in Dahlem, Nobelpreisträger der Medizin
Prof. Dr. Wolfgang H e u b n e r, Direktor des Pharmakologischen
Instituts der Universität Berlin.
Prof. Dr. B o n h ö f f e r, Direktor des Physikalisch-Chemischen
Instituts.
Dr. Werner R u s k a, Erfinder des Elektronenmikroskops.
Prof. Dr. Friedrich M ö g l i c h, Direktor des Instituts für
Theoretische Physik an der Universität Berlin.
Prof. Dr. Hans N a c h t s h e i m, Direktor des Instituts für
Erbbiologie.
Prof. Dr. Ludwig R e i c h e l, Leiter des Instituts für Organische
Chemie in Dresden, und
Dr. Alfred W e n d e, Abteilungsleiter in der Deutschen Akademie der
Wissenschaften.

Vor der Übernahme des ehemaligen Kaiser-Wilhelm-Instituts für Hirnforschung in Berlin-Buch durch die Deutsche Akademie der Wissenschaften zunächst geplante Institute (s. auch S. 69). Aus dem Nachlaß von Prof. Dr. Karl Lohmann, freundlicherweise von seiner Tochter, Frau Ilse Gensew, geb. Lohmann, dem Autor zur Verfügung gestellt. Sammlung H. Bielka.

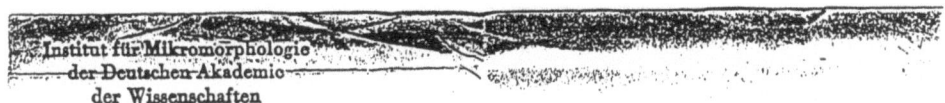

Institut für Mikromorphologie
der Deutschen Akademie
der Wissenschaften

Berlin-Buch, den 1.9.47

Herrn Dozent Dr. Fritz Jung
<u>Würzburg</u>

Lieber Herr Jung!

Haben Sie vielen herzlichen Dank für die Zusendung Ihrer schönen Sonderdrucke. In der Geburtstagsarbeit für Heubner sind mir eine Reihe dummer Druckfehler aufgefallen. Vor allen Dingen ist der Vergrößerungsmaßstab der Bilder immer reziprok angegeben, und auf Bild 15 auch noch elektronenoptisch und osmiumfixiert falsch gesetzt. Auf Seite 2 sind wohl Eiweißmicellen statt Eiweißzellen gemeint und auf Seite 9 muß es oben wohl Haemiglobin statt Haemoglobin heißen. Außerdem ist auf der gleichen Seite unten rechts und links verwechselt. Auf Seite 16 unten ist wieder ein Haemoglobin statt Haemiglobin gedruckt.

Im übrigen können Sie aber versichert sein, daß mir die Arbeit sehr gut gefallen hat. Sachlich dürfte Herr Wolpers gegen das Bild 5 Einwendung erheben. Ich glaube, es liegt hier etwas anderes vor als hämolysier Stechapfelformen. Die chematische Übersicht finde ich sehr schön.

Auch von mir sind inzwischen einige Mitteilungen erschienen, die ich Ihnen zusende, wenn die Sonderdrucke da sind.

Die Arbeit im neuen Institut beginnt langsam. Das erste ÜM kann in de nächsten Tagen eintreffen, aber es ist noch nicht zu übersehen wie lang die Montage dauert. Auch weiß ich nicht was an Einzelteilen zu reparieren und zu ergänzen ist, trotzdem rechne ich mit den ersten Aufnahmen noch vor Jahresende. Sie können dann mit wohlvorbereiteten Präparaten gern hier eine Gastrolle geben. In 14 Tagen muß ich nach dem Westen no zurück und wann dann der Umzug zum Klappen kommt, weiß ich noch nicht.

Mit herzlichen Grüßen
Ihr

Brief von Helmut Ruska aus dem Institut für Mikromorphologie in Berlin-Buch (s. hierzu S. 69) an Friedrich Jung. Freundlicherweise von Prof. Dr. F. Jung zur Verfügung gestellt. Sammlung H. Bielka.

Übersetzung

USSR
Gesundheitsverwaltung
der sowjetischen Militärverwaltung
in Deutschland

24. März 1947

Nr. 14/875

in Berlin

An den
Präsidenten der Deutschen
Akademie der Wissenschaften
Herrn S t r o u x

Berlin NW 7
Unter den Linden 8

In Beantwortung Ihres Schreibens vom 3. Februar 1947 unter Nr. 199/47 betreffs Übernahme des wissenschaftlichen Forschungsinstituts Berlin-Buch in Ihre Verwaltung gebe ich meine grundsätzliche Zustimmung zu dieser Übernahme.

Zur praktischen Durchführung aller Fragen, die mit der Übernahme des Instituts verknüpft sind, bitte ich Sie, Ihren bevollmächtigten Vertreter zu bestimmen.

Der Kandidat für das Amt des Direktors soll von Ihnen gemeinsam mit der Deutschen Zentralverwaltung für Gesundheitswesen vorgeschlagen und von mir bestätigt werden.

Chef des Gesundheitswesens
der Sowjetischen Militärverwaltung
in Deutschland

Oberst S o k o l o w

Übersetzung des russischen Dokuments der Abb. 50 zur Übernahme der Bucher Institute durch die Deutsche Akademie der Wissenschaften zu Berlin. Archiv der BBAW.

Deutsche Akademie der Wissenschaften zu Berlin
Institut für Medizin und Biologie
— Der Direktor —

An den
Betriebsrat des Instituts   Berlin-Buch, den 10.12.1948
für Medizin und Biologie

Berlin - Buch

    Herr Dr. W i l d n e r leidet an einem Zwölffingerdarm-
geschwür und bedarf einer milchhaltigen Kost. Ich befürworte, dass
er bis auf weiteres von der Milch der Institutskuh täglich 1/4 ltr.
erhält.

                           (Prof. W. Friedrich)

Einverstanden:
      Betriebsrat

Math.-nat. Verwaltungsabteilung   Berlin, den 6.9.1948
                                       Ka.

An die
Wirtschaftsabteilung
im Hause

Betr.: Bereitstellung von Glühbirnen für die Biologische Abteilung
      des Instituts für Krebsforschung in Berlin-Buch.

Für die neu eingerichteten Laboratoriumsräume der Biologischen
Abteilung des Instituts für Krebsforschung werden dringend
              2 Glühbirnen 40 W.
       und   2   "   100 W.
benötigt, da der Leiter der Abteilung, Herr Dr. G r a f f i ,
sehr oft abends arbeitet und ihm dies bei der jetzt schon früh
einsetzenden Dunkelheit ohne Beleuchtung der Räume unmöglich ist.
Wir bitten um Bereitstellung der vorgenannten Glühbirnen.

*Dokumente aus der Gründerzeit des Akademieinstituts für Medizin und
Biologie in Berlin-Buch nach dem Zweiten Weltkrieg. Oben: Sammlung
H. Bielka; unten: Archiv BBAW.*

Worte des Gedenkens

für Herrn Prof. Dr. Hans GUMMEL

(Trauerfeier im Krematorium Berlin-Buch
am 7.6.1973)

Tiefbewegten Herzens ergreife ich das Wort: Am 29. Mai 1973 erwarteten wir Hans GUMMEL samt Getreuen in Heidelberg. Enge Zusammenarbeit zwischen Berlin-Buch und dem Heidelberger Krebsforschungszentrum stand auf dem Programm. Unser Aller Vorfreude war groß.

Aber die Schicksalsgöttin ATROPOS, die Unabweisbare, hatte es anders beschlossen. GUMMELs großes Vorhaben wurde sein letzter großer Plan. Wir müssen uns beugen.

Immer wird es mir wie ein Wissenschaftswunder vorkommen, als ich Ende 1957 anläßlich eines Berliner Symposions über Carcinogenese in Berlin-Buch bereits verwicklicht sah, was wir in Heidelberg erst erstrebten.

In Berlin-Buch wurde aus meinem einstigen Schüler jetzt mein Lehrer. GUMMEL belehrte mich auch im einzelnen über alles, inwieweit die Gunst der frühen Gesundheitspolitik der DDR ausgenutzt und ausgewertet wurde für die Förderung der theoretischen und klinischen Krebsforschung. Ich bekam in Berlin-Buch aber auch bei anderen Stellen Einblick in alles, was mir für unseren Heidelberger Plan wichtig erschien.

Ungefähr 8 Tage später lag in Stuttgart und in Bonn meine Denkschrift über das in Berlin Gesehene und Gehörte vor. Diese Schrift beendete in Kürze einen langen Konkurrenzstreit zwischen föderalistischen zentralistischen und kooperativen Sonderbestrebungen.

Auszüge aus der Trauerrede von Prof. Dr. Karl-Heinrich Bauer für seinen 1973 verstorbenen Schüler Prof. Dr. Hans Gummel mit Ausführungen zur Gründung des Deutschen Krebsforschungszentrums Heidelberg. Freundlicherweise von Professor Arnold Graffi zur Verfügung gestellt. Sammlung H. Bielka.

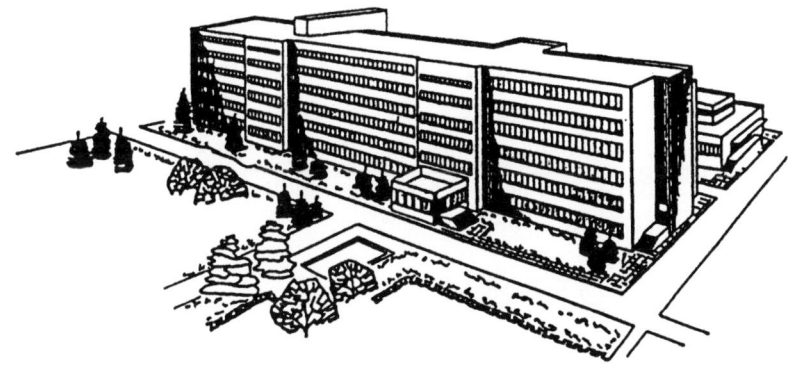

ZENTRALINSTITUT FÜR MOLEKULARBIOLOGIE
der Akademie der Wissenschaften der DDR

Zur feierlichen

Übergabe des neuen Laborgebäudes
am Dienstag, dem 13. Mai 1980, um 16.00 Uhr

im Zentralinstitut für Molekularbiologie der Akademie der Wissenschaften der DDR, 1115 Berlin-Buch, Lindenberger Weg 70, lade ich Sie sehr herzlich ein.

Prof. Jung
Direktor

Zur Einweihung des Laborneubaus des Zentralinstituts für Molekularbiologie 1980. Sammlung H. Bielka.

FESTKOLLOQUIUM

aus Anlaß des 40. Jahrestages der Gründung
der Bucher Akademie-Institute.

Die Veranstaltung findet am Mittwoch, dem 24. Juni 1987, 14.00 Uhr im Salon der Betriebsgaststätte, Berlin-Buch, Robert-Rössle-Straße 10, statt.

PROGRAMM

Soireequartett Berlin
Leitung: Konzertmeister Dieter Ecke

> Joseph Haydn
> 1. Satz (Allegro moderato)
> Aus dem Streichquartett G-Dur op. 77 Nr. 1

> Peter Tschaikowski
> 2. Satz (Andante cantabile)
> 3. Satz (Allegro non tanto e con fuoco)
> Aus dem Streichquartett D-Dur op. 11

H. Bielka
> Entstehung und Entwicklung der Bucher Institute

G. Pasternak
> Entwicklung der molekularbiologischen Forschung

S. Tanneberger
> Entwicklung der Krebsforschung

H. Heine
> Entwicklung der Herz-Kreislauf-Forschung

F. Jung
> Erinnerungen eines Emeriti

W. Scheler
> Schlußworte

Zum 40jährigen Bestehen der Akademieinstitute in Berlin-Buch. Sammlung H. Bielka.

KONZEPT

für die Bildung der

GROßFORSCHUNGSEINRICHTUNG

"Zentrum für

Biomedizinische Forschung" e. V.

Vorgelegt von einer Initiativgruppe mit den Mitgliedern:

Prof. Dr. H. Bielka, stellv. Direktor des ZIM
Prof. Dr. D. Bierwolf, stellv. Direktor des ZIK
    Dr. G. Erzgräber, stellv. Direktor des ZIM
Prof. Dr. E.-G. Krause, Vors. des wiss. Rates des ZIHK
Prof. Dr. M. Lüder, amt. Direktor des ZIK
Prof. Dr. G. Pasternak, Direktor des ZIM und Sprecher
         der Initiativgruppe
Prof. Dr. K. Richter, Direktor des ZIHK

- Entwurf -

Inhaltsverzeichnis

	Seite
Thesen	2
Einführung	3
Zielstellung	6
Biomedizinische Grundlagenforschung	9
Institut für Genetik	9
Institut für Zellbiologie	10
Institut für Enzymologie und Biosensorik	11
Institut für Molekularbiophysik	13
Institut für Theoretische Molekularbiologie	14
Klinisch-experimentelle Forschung	16
Institut für Immunologie	16
Institut für Molekularpharmakologie	17
Institut für Experimentelle Krebsforschung	19
Institut für Experimentelle Kardiologie	21
Institut für Epidemiologie und Präventivmedizin	23
Forschungskliniken	26
Onkologische Forschungsklinik "Robert Rössle"	26
Forschungsklinik für Herz-Kreislauf-Krankheiten	28
Zentrale Einrichtungen	33
Bibliothek und Information	33
Zentrales Tierlaboratorium	34
Chemische Synthesen und Analytik	35
Forschungstechnik	35
Hinterlegungsstelle für patentierte Zellinien	37
Betriebsarztstelle	37
Administration	38
Selbständige Stabsstellen	40
Haushaltsplan und Finanzbedarf 1991/92	41

Von Mitarbeitern der Bucher Zentralinstitute im Frühjahr 1990 erarbeitetes Konzept (Inhaltsverzeichnis) zur Gründung eines „Zentrums für Biomedizinische Forschung" als Nachfolgeeinrichtung der Bucher Akademieinstitute (s. S. 122). Sammlung H. Bielka.

Artikel 38
Wissenschaft und Forschung

(1) Wissenschaft und Forschung bilden auch im vereinten Deutschland wichtige Grundlagen für Staat und Gesellschaft. Der notwendigen Erneuerung von Wissenschaft und Forschung unter Erhaltung leistungsfähiger Einrichtungen in dem in Artikel 3 genannten Gebiet dient eine Begutachtung von öffentlich getragenen Einrichtungen durch den Wissenschaftsrat, die bis zum 31. Dezember 1991 abgeschlossen sein wird, wobei einzelne Ergebnisse schon vorher schrittweise umgesetzt werden sollen. Die nachfolgenden Regelungen sollen diese Begutachtung ermöglichen sowie die Einpassung von Wissenschaft und Forschung in dem in Artikel 3 genannten Gebiet in die gemeinsame Forschungsstruktur der Bundesrepublik Deutschland gewährleisten.

(2) Mit dem Wirksamwerden des Beitritts wird die Akademie der Wissenschaften der Deutschen Demokratischen Republik als Gelehrtensozietät von den Forschungsinstituten und sonstigen Einrichtungen getrennt. Die Entscheidung, wie die Gelehrtensozietät der Akademie der Wissenschaften der Deutschen Demokratischen Republik fortgeführt werden soll, wird landesrechtlich getroffen. Die Forschungsinstitute und sonstigen Einrichtungen bestehen zunächst bis zum 31. Dezember 1991 als Einrichtungen der Länder in dem in Artikel 3 genannten Gebiet fort, soweit sie nicht vorher aufgelöst oder umgewandelt werden. Die Übergangsfinanzierung dieser Institute und Einrichtungen wird bis zum 31. Dezember 1991 sichergestellt; die Mittel hierfür werden im Jahr 1991 vom Bund und den in Artikel 1 genannten Ländern bereitgestellt.

(3) Die Arbeitsverhältnisse der bei den Forschungsinstituten und sonstigen Einrichtungen der Akademie der Wissenschaften der Deutschen Demokratischen Republik beschäftigten Arbeitnehmer bestehen bis zum 31. Dezember 1991 als befristete Arbeitsverhältnisse mit den Ländern fort, auf die diese Institute und Einrichtungen übergehen. Das Recht zur ordentlichen oder außerordentlichen Kündigung dieser Arbeitsverhältnisse in den in Anlage I dieses Vertrags aufgeführten Tatbeständen bleibt unberührt.

- Geschäftsführer -

Geschäftszeichen

Datum:
12. 9. 1991

An alle Direktoren der
Forschungsinstitute und
sonstigen Einrichtungen
der ehemaligen Akademie der
Wissenschaften der DDR

Betr.: Abwicklungsleitfaden

Sehr geehrte Damen und Herren,

Alle Forschungsinstitute und sonstigen Einrichtungen der ehemaligen Akademie der Wissenschaften (AdW) <u>werden spätestens bis zum 31. 12. 1991 geschlossen</u> und <u>sind abzuwickeln.</u>

Mit freundlichen Grüßen

(Grübel)

Zur „Abwicklung" und Beendigung der Tätigkeit der Institute der Akademie der Wissenschaften der DDR im vereinten Deutschland. Sammlung H. Bielka.

Enttäuschungen und Hoffnungen 1991.

„Probleme noch nicht bewältigt"   Süddeutsche Zeitung, 15. 4. 1991

Arbeitsbeschaffung für Ost-Forscher
Minister Riesenhuber stellt Überbrückungshilfen in Aussicht

Bonn (dpa) – Wissenschaftler in Ostdeutschland ohne gesicherte weitere Tätigkeit in Forschungsinstituten können jetzt als Überbrückungshilfe eine Förderung aus dem 5,5-Milliarden-Topf des Bundesarbeitsministers für Arbeitsbeschaffungsmaßnahmen (ABM) erhalten. Nach Angaben von Forschungsminister Heinz Riesenhuber können auf diese Weise im Bereich der früheren Akademie der Wissenschaften in Ostberlin, von deren derzeit noch 19 000 Mitarbeitern höchstens 10 000 in neue Einrichtungen übernommen werden, etwa 2000 ABM-Arbeitsplätze geschaffen werden. Als Arbeitsmöglichkeiten nannte er den Einsatz von ABM-Forschergruppen in der Umwelt- und medizinischen Forschung sowie zur Aufarbeitung von Archiven und Kulturgut und bei der Denkmalpflege.

Abgesang für AdW
Endzeitstimmung herrscht in der ehemaligen DDR-Wissenschaftsakademie in Berlin-Buch. Die Galgenfrist, die der Einigungsvertrag den Spitzen-Instituten der Forschung im Osten ließ, läuft ab.   SEITE 3

Die Besten verlassen Berlin
Kritik an Personalabbau in Instituten und Hochschulen

„Die Forschungsinstitute sind eine frische Beute für drittklassige Westwissenschaftler." Diesen Eindruck hat Kurt Lange, Vorsitzender der Berliner Gewerkschaft Öffentliche Dienste, Transport und Verkehr (ötv). Scharf kritisierte er Wissenschaftssenator Manfred Erhardt (CDU). Erhardts Wissenschaftspolitik sei eine „Nicht-Politik" und habe zu einem „chaotischen Durcheinander" geführt, „der Senat hat im Wissenschaftsbereich versagt".

Einen „stillen Personalabbau" beobachtet die ötv in den Forschungsinstituten und Hochschulen im Ostteil Berlins. Die qualifizierten Mitarbeiter suchten sich in den alten Bundesländern einen neuen Arbeitsplatz, da ihnen in Berlin keine Perspektive geboten werde. „30 000 bis 35 000 in der Forschung Beschäftigte haben seit der Wende ihren Arbeitsplatz verloren", sagte ötv-Vertreter Gerhard Zettler. Der DGB teilte gestern in Berlin mit, daß von den 80 000 Beschäftigten in der Industrieforschung der ehemaligen DDR rund 60 000 arbeitslos wurden.

Das „Ausbluten" der Institute der ehemaligen Akademie der Wissenschaften und der Humboldt-Universität wird anhalten, befürchtet die ötv. In dem neuen medizinischen Großforschungszentrum in Buch blieben beispielsweise nur 350 Arbeitsplätze erhalten. Die Gewerkschaft forderte ein „wissenschafts- und wirtschaftspolitisches Gesamtkonzept" für Berlin und Brandenburg.   Christine Richter

Berliner Zeitung - Nr. 261   IM BLICKPUNKT   Freitag, 1. November 1991   3

Die Flaggschiffe von Buch sind auf Grund gelaufen
Akademie-Institute werden abgewickelt / Neues Forschungszentrum wächst im einstigen Renommierpark der Ost-Wissenschaften

Noch ehe gemäß Einigungsvertrag die obligatorische „Evaluierung" - eine fachliche Begutachtung durch den Wissenschaftsrat der Bundesrepublik Deutschland erfolgte, entfalteten die Bucher Eigeninitiative, ließen ihre Forschung durch ein internationales Gremium vorab bewerten und entwickelten noch 1990 das Konzept eines biomedizinischen Großforschungszentrums. Eine drastische Selbstbeschneidung auf 800 Planstellen war vorgesehen.

Große Illusionen können die Biomediziner freilich nicht gehabt haben, hatte doch der Wissenschaftsrat seinerteil Großforschungszentren gerade geschmäht. So verschwand das Papier aus Berlin-Buch folgerichtig in den Mühlen der deutschen Wissenschaftsbürokratie, die sich jedoch bald selbst übertreffen sollte. Bemerkenswerte Aspekte des Bucher Konzepts tauchten nämlich später, nach erfolgter offizieller Evaluierung, in den Empfehlungen des Wissenschaftsrates wieder auf. Insbesondere schlug man vor, eines (von drei) Großforschungszentren der neuen Bundesländern in Berlin-Buch anzusiedeln. Das neue Zentrum sollte keines im alten Stil sein. Allein schon vom Personal her: Nur 350 Mitarbeiter werden auf Planstellen arbeiten, Mittel für 250 weitere Beschäftigte über Forschungsprojekte „eingeworben".

Gründungsdirektor Prof. Dr. Detlev Ganten steht vor einer ungewohnten Aufgabe.

Wissenschaftler protestieren gegen Abwicklung

Berlin (NZ/dpa). Berliner Wissenschaftler der ehemaligen Akademie der Wissenschaften der DDR haben Verfassungsbeschwerde gegen die Abwicklung ihrer Institute eingelegt. Beschwerdeführer sind Mitarbeiter der Zentralinstitute für Molekularbiologie und für Krebsforschung in Buch sowie des Zentralinstitute für physikalische Chemie in Adlershof, teilten ihre Anwälte mit. Die Wissenschaftler und ihre Personalvertreter wenden sich gegen Passagen des Einigungsvertrages, nach denen Beschäftigungsverhältnisse in der ehemalige DDR-Akademie bis zum 31. Dezember 1991 befristet sind. Sie argumentieren, bei den geplanten Neubewerbungen nur zehn bis 20 Prozent der ehemaligen Mitarbeiter eine Chance auf Weiterbeschäftigung hätten, da ein Großteil der Stellen gestrichen werden und der Konkurrenzdruck aus dem Westen groß sei. Dieses Vorhaben widerspreche „in eklatanter Weise" dem Schutz sozial benachteiligter Personen, wie ihn das Bundesverfassungsgericht im April für die Warteschleifenregelung formuliert habe.

„Probleme noch nicht bewältigt"   Süddeutsche Zeitung, 15. 4. 1991

Arbeitsbeschaffung für Ost-Forscher
Minister Riesenhuber stellt Überbrückungshilfen in Aussicht

Der Tagesspiegel, 11. 5. 1991

Ost-Forschung soll zügig umstrukturiert werden
Riesenhuber und Länderminister diskutierten / Übernahme von bis zu 10 000 Akademie-Beschäftigten möglich

Ein Forschungszentrum für Berlin-Buch
Schrumpfung der alten Zentralinstitute / Anbindung an Universität

SONNTAG, 17. MÄRZ 1991 — DER TAGESSPIEGEL

Pläne für bedeutendes Wissenschaftszentrum
Wie man das Zusammenwachsen von Ost und West gestalten kann
Von Senator Manfred Erhardt

13 842 / SONNTAG, 7. APRIL 1991

Komitee für Forschungszentrum

Berlin-Buch
Für das in Berlin-Buch geplante neue Zentrum für biologisch-medizinische Forschung haben Bundesforschungsminister Heinz Riesenhuber (CDU) und Berlins Wissenschaftssenator Manfred Erhardt jetzt ein Gründungskomitee berufen, dem zehn namhafte Wissenschaftler angehören. Das Gründungskomitee soll noch vor der Sommerpause ein Konzept für die Arbeit der neuen Forschungseinrichtung in Berlin-Buch vorlegen.

Der Wissenschaftsrat hatte empfohlen, aus den Zentralinstituten der ehemaligen Akademie der Wissenschaften für Molekularbiologie, für Krebsforschung und für Herzkreislaufforschung in Berlin-Buch eine neuartige Forschungseinrichtung zu schaffen.

Sie soll moderne klinische Forschung in Verbund mit Molekularbiologie, zellbiologischen und physiologischen Methoden betreiben. Nach den Vorstellungen des Wissenschaftsrates soll die Forschungseinrichtung bis zu 650 Beschäftigte haben.

Dem Gründungskomitee gehören folgende Professoren an: W. F. Bodmer (London), H. Bujard (Heidelberg), M. Burger (Basel), Geiler (Leipzig), W. Gerok (Freiburg), W.-D. Heiss (Köln), F. Melchers (Basel), R. Mertelsmann (Freiburg), S. Meuer (Heidelberg) und E.-L. Winnacker (München). dpa

Der Wissenschaftsrat wird seine Empfehlungen bis zur Mitte des Jahres 1991 vorlegen. Für die Zentralinstitute in Berlin-Buch (Krebs-, Herz-Kreislaufforschung und Molekularbiologie) liegt bereits eine Empfehlung vor, die ein großes molekularbiologisches Zentrum in einer völlig neuartigen Kombination mit klinischer Forschung vorsieht, das im wesentlichen mit Bundesmitteln finanziert werden soll. Darin liegt eine große Chance für Berlin. Verhandlungen mit dem Bundesministerium für Forschung und Technologie haben begonnen. In Kürze wird ein international besetztes Gründungskomitee berufen werden.

Berliner Zeitung 13. November 1991

Wissenschaftler sauer

Mitarbeiter von Ost-Berliner Instituten der ehemaligen Akademie der Wissenschaften der DDR haben am Dienstag erneut auf ihre ungewisse Perspektive aufmerksam gemacht. Mit einer Demonstration vor der Berliner Außenstelle des Bundesforschungsministeriums warnten sie zugleich vor den Gefahren einer drastischen Minderung des Forschungspotentials im Osten Deutschlands.

Freitag, 6. September 1991

Grünes Licht für das Medizinzentrum in Buch

Zum Gründungsdirektor für das Zentrum für Molekulare Medizin (CMM) wurde gestern der Heidelberger Professor Detlev Ganten von Bundesforschungsminister Riesenhuber und Wissenschaftssenator Erhardt (CDU) berufen. Die Großforschungseinrichtung soll am 1. Januar 1992 mit zunächst 350 Mitarbeitern die Arbeit aufnehmen. eb

UNABHÄNGIGE ZEITUNG FUR DEUTSCHLAND

Berlin
Sonnabend, 9. März 1991

47. Jahrgang, 11. Woche, Nummer 58, Berlin und Umland

Zum Forschungszentrum führt ein Weg mit Hindernissen
Gedämpfter Optimismus und Enttäuschung in den Instituten für Molekularbiologie in Berlin-Buch

ZENTRALINSTITUT FÜR MOLEKULARBIOLOGIE

Ø-1115 Berlin, 9. 9. 1991
Robert-Rössle-Str. 10
Ri/Sce

Herrn
Prof. Dr. med. Detlev Ganten
Zentrum für Molekulare Medizin
- Aufbaustab -
KAI-AdW

Otto-Nuschke-Str. 22/23

Ø-1086   B e r l i n

Sehr geehrter Herr Professor,

Für den Aufbau des neuen Zentrums für Molekulare Medizin halten der Wissenschaftliche und Personalrat des ZIM einen Neuanfang auch in personeller Hinsicht für erforderlich.

Insbesondere sollten Aufbaustäbe und ähnliche Gremien nicht mit Personen, die in der Vergangenheit herausgehobene staatliche und politische Leitungsfunktionen ausübten, besetzt werden.

Beide Räte sind kurzfristig in der Lage, kompetente wissenschaftliche bzw. technische Mitarbeiter vorzuschlagen, die für solche Aufgaben geeignet sind.

Die Berücksichtigung von belasteten Personen (im oben genannten Sinn) würde bei der Mehrzahl der Mitarbeiter auf Befremden und Unverständnis stoßen.

Mit freundlichen Grüßen

Dr. O. Ristau   Prof. Dr. G. Damaschun
Vorsitzender des   Vorsitzender des
Personalrates   Wissenschaftlichen Rates

Wendezeitreaktion.

CENTRUM FÜR MOLEKULARE MEDIZIN
Center for Molecular Medicine · Centre de Médicine Moléculaire

1. Bucher Symposium zur molekularen Medizin

Ort: Campus Berlin-Buch

Zeit: 25.11.1991
9.00 - 18.00 Uhr

Die moderne Medizin wird in ihrer weiteren Entwicklung entscheidend durch die Fortschritte der Molekular- und Zellbiologie beeinflußt. Die Zusammenführung von Grundlagenforschung auf diesen Gebieten sowie von klinisch orientierter Forschung war das Grundanliegen, welches zur Gründung des Centrums für Molekulare Medizin geführt hat. Aufbauend auf der Tradition der Bucher Forschungsstätten sollen die vorhandenen günstigen Voraussetzungen für eine enge Verbindung von Klinik und Labor genutzt werden. Damit werden Untersuchungen genetischer und molekularer Grundlagen besonders relevanter Erkrankungen bis hin zur Entwicklung molekularer Therapiekonzepte und moderner Präventions- und Vorsorgeforschung ermöglicht.

Die Durchführung der Bucher Symposien zur molekularen Medizin in regelmäßigen und kurzen Abständen dient der Verständigung über die wesentlichsten Schwerpunkte sowie deren ständiger Aktualisierung.

D. Ganten

Zur Vorbereitung der Gründung der Einrichtung „Centrum für Molekulare Medizin" Ende 1991

Nature   CLASSIFIED 3

CMM Center for Molecular Medicine
Berlin-Buch, Germany

New developments in cellular and molecular biology have considerably furthered our understanding of the processes involved in health and disease. The use of advanced methodologies in molecular biology is increasingly leading to renewed contacts between clinical research and the basic sciences. The rapid development in these scientific fields necessitates joint efforts across traditional barriers in academic structures.

Following the recommendations of the German Science Council and an international expert panel, the Ministry of Research and Technology of the Federal Republic of Germany and the State of Berlin have decided to establish the *CMM - Center for Molecular Medicine* in Berlin-Buch, Germany. The new center, which will employ approximately 600 people, will provide new opportunities for biomedical research. An important goal is to achieve close cooperation between the basic sciences and clinical research.

Close scientific cooperation between the Center and the universities in Berlin as well as with the surrounding hospitals is desired. The Center will also have about 60 hospital beds for clinical research.

The *CMM - Center for Molecular Medicine*, Berlin-Buch, will endeavour to further the development of molecular medicine by creating experimental and clinical research groups in which molecular and cellular biological methods will be used for investigations in the areas of oncology, immunology, neurobiology and cardiovascular research, as well as in basic issues of molecular biology, cell physiology, and genome research. Several independent working groups will be integrated in the respective areas.

Qualified scientists with an established scientific record and a strong interest in cooperative biomedical research are invited now to apply for positions as:

RESEARCH GROUP LEADER (C4, C3)

JUNIOR RESEARCH GROUP LEADER

The remuneration will be according to German university standards. Interested individuals should submit the usual materials as well as a detailed statement on research interests and how they intend to pursue these to:

     Detlev Ganten, MD, PhD,
     CMM - Center for Molecular Medicine,
     c/o KAI,
     Otto-Nuschke-Str. 22/23,
     O-1086 Berlin,
     Germany.
     Tel: +49-30-392 86 83
     Fax: +49-30-392 96 58.

Further information on research topics and organisational structure is also available from the above address.

Ausschreibung in „Nature" 1991 für Stellenbesetzungen im „Center for Molecular Medicine (CMM)" in Berlin-Buch.

Forschung & Technik   DER TAGESSPIEGEL   Nr. 14 079 / SONNABEND, 11. JANUAR 1992

Krankheitsforschung ohne Kästchendenken

Neue Großforschungseinrichtung in Buch / „Max-Delbrück-Centrum für Molekulare Medizin" nimmt seine Arbeit auf

(Auszüge)

Am 13. Januar wird in Berlin-Buch eine neue biomedizinische Großforschungseinrichtung offiziell eröffnet, die als Stiftung des öffentlichen Rechts zu 90 Prozent vom Bund und zu zehn Prozent vom Land finanziert wird: das „Max-Delbrück-Centrum für Molekulare Medizin" (MM). Der Name deutet einiges über das Konzept an. „Molekulare Medizin" ist eine sprachliche Neuschöpfung (bislang war nur „Molekularbiologie" geläufig). Sie signalisiert, daß die Krankheitsforschung heute bis zur molekularen Ebene vorgedrungen ist. Das C in „Centrum" steht für den Anspruch auf Internationalität.

Max Delbrück ist nicht nur durch seine gärungstechnischen Forschungen bekanntgeworden, er war auch an grundlegenden Arbeiten über die molekulare Struktur der Gene beteiligt, und zwar in Berlin-Buch.

Der nordöstliche Vorort ist seit der Jahrhundertwende eine Krankenstadt (die schönen Bauten Ludwig Hoffmanns sind noch heute erhalten); frühzeitig wurde Buch aber auch zum Standort biowissenschaftlicher Forschung. Mit dem Namen Max Delbrück will man offensichtlich an diese Tradition anknüpfen und daran erinnern, daß die DDR-Akademie der Wissenschaften nicht bei Null anfing, als sie in Buch die drei Zentralinstitute für Molekularbiologie, für Herz-Kreislaufforschung und für Krebsforschung einrichtete.

Aus dem Fundus dieser drei – in ganz Osteuropa führenden – Institute konnte man beim Aufbau des Zentrums schöpfen. Den Empfehlungen des Wissenschaftsrats folgend, schöpfte man sehr gezielt die besten Brocken aus der überreichlich in Buch brodelnden Forschungs-Suppe. Zwei der drei Akademie-Institute (Molekularbiologie und Krebsforschung) befanden sich gemeinsam auf einem weitläufigen Campus, das dritte (Herz-Kreislauf-Forschung) zweieinhalb Kilometer entfernt. Die Krebs- und die Herz-Kreislauf-Forscher konnten über je eine Forschungs-Klinik verfügen – eine Verbindung zur angewandten Medizin, die zum Beispiel dem Deutschen Krebsforschungszentrum in Heidelberg bis heute fehlt.

Am 1. September 1991 kam Ganten, der vor fünfzig Jahren in Bremen geboren wurde, nach Berlin-Buch. Zuletzt hatte er am Institut für Pharmakologie der Universität Heidelberg geforscht und gelehrt und zusammen mit der Hochdruck-Liga das Deutsche Institut für Bluthochdruckforschung aufgebaut. „Wir haben dieses Institut gegründet, um Dinge zu machen, die nicht in die Schubladen eines Universitätsinstituts hineinpassen, nämlich ein Gebiet gesamtmedizinisch zu erforschen: molekularbiologisch, pharmakologisch, klinisch, epidemiologisch. Das wollen wir hier in Buch auch versuchen."

Anstelle von Instituten gibt es Forschungsbereiche mit Arbeitsgruppen um einzelne Projekte herum. Die Aktivität und Kreativität der Wissenschaftler wünscht Ganten sich als Basis des Zentrums – und eine lebhafte Atmosphäre.

Es gibt viele Bewerbungen aus aller Welt, Verhandlungen mit internationalen Spitzenkräften stehen kurz vor dem Abschluß. Aber, so Professor Ganten: „Wir haben einen großen Teil der Bucher Forschungsgruppen übernommen, im Bereich der Humangenetik, der Zellphysiologie, der Biophysik, der Immunologie – fast – alle großen traditionellen Forschungseinrichtungen, die qualitativ gut waren."

Auch die meisten wichtigen Richtungen der angewandten, „klinischen", Forschung an (stationär oder ambulant behandelten) Patienten werden zunächst einmal weitergeführt, ob es nun um Herz-Kreislauf- oder um Krebskrankheiten geht. Neuer Träger der Herz-Kreislaufklinik und der Krebsklinik (Robert-Rössle-Klinik) ist das Diakonische Werk Berlin-Brandenburg. Es stellt 60 der jetzt insgesamt 280 Betten für die Forschung des Zentrums vertraglich zur Verfügung, die Zusammenarbeit mit ihm nennt Ganten „hervorragend". Auch mit den Berliner Hochschulen, vor allem mit den Medizinern und den Biologen der Humboldt-Universität, will man in Forschung und Lehre enge Kontakte pflegen.

Hoffnungen.

Anmerkung des Autors: Der Namensgeber des MDC (Max-Delbrück-Centrum) ist der Biophysiker und Molekularbiologe Max Ludwig Henning (M.L.H.) Delbrück, und nicht, wie im obigen Artikel beschrieben, der durch gärungstechnische Forschungen bekannte, am 16. Juni 1850 geborene Max Delbrück. Dieser war der Bruder des Vaters von M. L. H. Delbrück, des Historikers Hans Delbrück.

Delbrück-Centrum in Buch offiziell eröffnet

Mit einem Festakt in Anwesenheit von Bundespräsident Richard von Weizsäcker wurde gestern in Buch das Max-Delbrück-Centrum für Molekulare Medizin (MDC) offiziell eröffnet. Die Teilnahme des Bundespräsidenten unterstreiche „den hohen Stellenwert der Wissenschaft in unserer Gesellschaft und deren Bedeutung für den Aufbau einer leistungsfähigen Infrastruktur im östlichen Teil Deutschlands", betonte MDC-Gründungsdirektor Prof. Dr. Detlev Ganten.

Bundesforschungsminister Heinz Riesenhuber hob die in Deutschland einzigartige enge Verbindung von molekularmedizischer Grundlagenforschung mit klinischer Forschung hervor: Die Forschungsergebnisse des MDC kommen unverzüglich den Patienten der Herz-Kreislauf-Klinik und der Robert-Rössle-Klinik für Krebserkrankungen in Buch zugute. Riesenhuber ermunterte das MDC, die Gentherapie und die damit verbundenen ethischen Fragen mutig anzupacken.

„Wir wollen nicht um jeden Preis machen, was machbar ist", steckte MDC-Chef Ganten die Grenzen der Forschung ab. Mit Hilfe der Genetik und Molekularbiologie versuche man, „komplexe Krankheitsbilder in ihrem molekularen Ursprung zu verstehen, behandeln und verhindern zu lernen". Die Ethik-Kommission der FU überwacht die Gen-Versuche.

Das MDC besteht seit Januar dieses Jahres. Von den 1400 Mitarbeitern der früheren DDR-Akademie-Einrichtungen in Buch konnten rund 1100, darunter je 400 mit Dauerstellen im MDC und beiden Kliniken, übernommen werden. Der Etat der Großforschungseinrichtung (1992: 63 Millionen DM) wird zu 90 Prozent vom Bund und zu zehn Prozent vom Land finanziert. Hinzu kommen 18 Millionen DM Fördermittel für Forschungsvorhaben, überwiegend von der Deutschen Forschungsgemeinschaft, was als Qualitätsnachweis gilt. Wissenschaftssenator Manfred Erhardt ist zuversichtlich, daß das nach Nobelpreisträger Max Delbrück benannte Zentrum an die „große Zeit der Medizin-Forschungen in Buch anknüpfen kann".

Rund um das MDC soll ein biomedizinischer Technologie-Park entstehen. Auf dem vier Hektar großen Gelände sollen das in Gründung befindliche Institut für Molekulare Pharmakologie (derzeit Friedrichsfelde) sowie kleinere biomedizinische Firmen angesiedelt werden. Den Anfang machen 15 Firmen-Neugründungen von Bucher Wissenschaftlern. *Barbara Winkler*

Berliner Zeitung – Nr. 287   Dienstag, 8. Dezember 1992

Max-Delbrück-Centrum in Berlin-Buch eröffnet

Großforschungseinrichtung für molekulare Medizin

Das Max-Delbrück-Centrum (MDC) für Molekulare Medizin ist gestern in Berlin-Buch in Anwesenheit von Bundespräsident Richard von Weizsäcker und Bundesforschungsminister Heinz Riesenhuber (CDU) eröffnet worden. Die jüngste Großforschungseinrichtung der Bundesrepublik wird molekularbiologische und genetische Grundlagenforschung mit der klinischen Behandlung von Krebs- sowie Herzkreislauferkrankungen verbinden. Das Zentrum ging im Januar 1992 nach einem positiven Votum des Wissenschaftsrats aus drei Zentralinstituten der ehemaligen Akademie der Wissenschaften der DDR hervor. Nach den Worten Riesenhubers wird das Zentrum in bislang einmaliger Weise die Ergebnisse der Krebsforschung und auf dem Gebiet der Herzkreislauferkrankungen in die klinische Behandlung umsetzen. Die Mitarbeiterzahl von derzeit 400, darunter 80 Ärzte, soll später auf 600 erhöht werden. Namensgeber des Zentrums ist der Nobelpreisträger Max Delbrück, der mit dem russischen Genetiker Nikolai Timofejew-Ressowski 1936 in Berlin die Grundlage für die molekulare Genetik legte. Das MDC ist eines der drei Großforschungseinrichtungen in den neuen Bundesländern. Neben dem MDC sind dies das Geoforschungszentrum in Potsdam und das Umweltforschungszentrum in Leipzig-Halle.   dpa

11. Belletristisches über Bucher Medizin und Wissenschaft

Alfred Döblin: Berlin Alexanderplatz. DTV, München sowie Reclam, Leipzig, 1977 (Nachdrucke der Originalausgabe). Dr. Alfred Döblin war von 1906 bis 1908 Arzt in der III. Städtischen Irrenanstalt in Buch (s. S. 11), heute Hufeland-Krankenhaus. Bei dem von ihm beschriebenen „festen Haus" handelt es sich um das sog. Verwahrhaus 212 der Psychiatrischen Klinik.

Leseprobe: *„Irrenanstalt Buch, festes Haus. Die Anstalt liegt ein Stück hinter dem Dorf, das feste Haus liegt außerhalb der anderen Häuser mit Patienten, die nur krank sind und nichts verbrochen haben. Das feste Haus liegt im freien Gelände, auf dem offenen ganz flachen Land. [...]. Es sind wenig Bäume und Sträucher, dann stehen noch ein paar Telegraphenstangen da".*

Der Buchtitel wurde gleichnamig auch verfilmt.

Tilla Durieux: Eine Tür steht offen. DTV, München, 1992 (Nachdruck der Originalausgabe).

Die Autorin war eine der bekanntesten Charakterdarstellerinnen unter Max Reinhardt am Deutschen Theater in Berlin. Während des Ersten Weltkrieges hat sie in einem Lazarett der Bucher Kliniken als Rot-Kreuz-Schwester gearbeitet. Aus dieser Tätigkeit stammt die nachfolgend zitierte Anklage gegen den Krieg.

Leseprobe: *„Ich erlebte einen gräßlichen Schock. Zum ersten Mal sah ich das Elend, das der Wahnsinn des Krieges über die Menschen brachte. Menschen werden hingeopfert für die Launen und Fehler von Machthabern. Das erstemal wäre ich beinahe ohnmächtig bei einer Operation umgefallen, denn man gab mir ein abgesägtes Bein, um es in die Ecke zu tragen".*

Als Schauspielerin beschreibt Tilla Durieux im gleichen Buch Erlebnisse einer Theateraufführung von Patienten im Festsaal der III. Irrenanstalt in Buch.

Leseprobe: *„Die Irren waren ganz vortreffliche Schauspieler. Jede Hemmung, wie Lampenfieber, Scheu vor dem Publikum, waren ausgeschaltet. Sie bewegten sich freier und natürlicher als die Mehrzahl der richtigen Theaterleute".*

John Erpenbeck: Alleingang. Mitteldeutscher Verlag Halle (Saale), 1974. In diesem Buch berichtet der promovierte Physiker in launig-interessanter Weise über seine Erlebnisse als wissenschaftlicher Mitarbeiter in einem Bucher Akademieinstitut.

Leseprobe: *„... und er begriff, warum der Enzymspezialist Professor Rebke als Gutachter eingeladen worden war. Tatsächlich meldete sich der alte Herr, kaum daß Worcinsky zur Diskussion aufgerufen hatte; Professor Rebke, schon weißhaarig und ein wenig dicklich, machte denn doch einen fast jugendlichen Eindruck mit seinem scharfgeschnittenen Gesicht und seinen forschen Bewegungen. Rebke zog die Augenbrauen unnatürlich hoch und sah bedeutungsvoll im Kreis umher - Hört mir alle zu! -, ehe er, übertrieben artikulierend, leise und doch scharfsinnig zum Urteil ausholte: „Zweifellos ist es eines der bedeutenden Ergebnisse* *moderner Enzymkinetik, was wir soeben erfahren durften"*, begann er, und in dieser Lobeshöhe blieb sein zwanzigminütiger Beitrag".

Peter Fischer: Licht und Leben. Ein Bericht über Max Delbrück, den Wegbereiter der Molekularbiologie. Universitätsverlag, Konstanz, 1985. Beschreibt u.a. Beziehungen von Max Delbrück zu N. W. Timoféeff-Ressovsky in Berlin-Buch.
Leseprobe s. S. 52 f.

Daniil Granin: Der Genetiker. Das Leben des Nikolai Timofejew-Ressowski, genannt Ur. Verlag Pahl-Rugenstein, Köln, 1988. Unter dem Titel „Sie nannten ihn Ur" auch im Verlag Volk und Welt veröffentlicht. Leseprobe (Beschreibung von Timoféeffs Wohnung und Leben im Torhaus in Buch; s. Abb. 3): *„Sie lebten offenbar genau so spartanisch einfach wie vor dem Krieg. Die Möbel in der Wohnung waren Kraut und Rüben. An den Wänden hingen ein paar Bilder, Geschenke von Oleg Zinger. Im Eßzimmer stand ein großer Tisch, an dem jeden Abend Gäste saßen und Tee tranken. Man hatte die Deutschen und die anderen an die russische Sitte gewöhnt. Nach dem Tee saß man in seinem Arbeitszimmer. Darin gab es ein Sofa, einen Schreibtisch und Bücher - wissenschaftliche kaum, mehr Gedichte. Auf dem Teppich war die Bahn, auf der der Hausherr jeden Abend hin- und herlief, abgewetzt".*

Horace Freeland Judson: The Eight Day of Creation. Makers of the Revolution in Biology. Simon and Schuster, New York, 1979. Geschichte der Molekularbiologie mit Ausführungen über Max Delbrück und N. W. Timoféeff-Ressovsky.

Alfred Mühr: Das Wunder Menschenhirn. Die abenteuerliche Geschichte der Hirnforschung. Verlag Walter, Olten, 1957. Enthält Ausführungen über Oskar Vogt.

Robert Olby: The Path to the Double Helix. MacMillan Press, London, 1974. Beschreibung der Geschichte der Molekularbiologie mit Ausführungen über Max Delbrück und N. W. Timoféeff-Ressovsky.

Alexander Solschenizyn: Der Archipel Gulag. Scherz-Verlag, Bern, 1974. Beschreibungen über Timoféeff-Ressovsky im sowjetischen Haft- und Internierungslager.
Leseprobe (Timoféeff stellt sich einem neu eingelieferten Häftling vor): *„Professor Timoféeff-Ressovsky, Präsident der wissenschaftlich-technischen Gesellschaft der fünfundsiebzigsten Zelle. Unsere Gesellschaft versammelt sich jeden Morgen nach der Essenausgabe am linken Fenster. Könnten Sie uns vielleicht eine wissenschaftliche Mitteilung machen?".*

Tilman Spengler: Lenins Gehirn. Rohwolt-Verlag, Reinbek, 1991. Eine Lebensgeschichte über den bekannten deutschen Hirnforscher Professor Oskar Vogt, von 1930 bis 1937 Direktor des Kaiser-Wilhelm-Instituts für Hirnforschung in Berlin-Buch. Ab 1925 leitete er die wissenschaftlichen Untersuchungen des Gehirns des 1924 verstorbenen W. I. Lenin.

In der nachfolgenden Leseprobe beschreibt der Autor die Ankunft von Oskar Vogt in Moskau: „*Der Zug traf mit fünfstündiger Verspätung ein, doch seine Ankunft wurde gefeiert, als sei eine siegreiche Armee heimgekehrt. Auf dem Bahnsteig ertappte sich Bechterew dabei, wie er mit der Menge applaudierte und dabei seine Pelzmütze schwenkte*".

Maxi Wander: Tagebücher und Briefe. Buchverlag der Morgen, 1979. Enthält Schilderungen der 1977 im Alter von 44 Jahren an Krebs gestorbenen Schriftstellerin über ihren Aufenthalt in der Robert-Rössle-Klinik in Berlin-Buch.
Leseprobe: „*Plötzlich Einberufung in die Robert-Rössle-Klinik. Und es ist wirklich wie in einem guten Hotel, sogar Spiegelschränkchen über dem Waschbecken, Lampen über dem Bett, Einbauschränke - und die Sonne scheint, dazu die Heizung, ich kann immer das Fenster offenhalten. Musik aus dem Radio, eine Gulyassuppe mit freundlicher Bedienung, Föhren vor dem riesigen Fenster und Stille ... . Nichts erinnert hier an die Krebsstation wie in der Charité. Nur der Krebs*".

Elly Welt: Berlin Wild. Viking Penguin Inc., New York, 1986. In diesem Buch beschreibt die Autorin in abgewandelter Gestaltung Berichte ihres Mannes (Peter Welt, der Ich-Erzähler in der Leseprobe) über dessen Arbeit bei N. W. Timoféeff-Ressovsky (Professor Avilov) in der genetischen Abteilung des Kaiser-Wilhelm-Instituts für Hirnforschung in Berlin-Buch. Der Titel des Buches bezieht sich auf eine im Park des Instituts eingefangene Wildvariante der Fruchtfliege *Drosophila melanogaster*, einem Objekt der genetischen Forschung.
Leseprobe: „*I thought it must be Sonja Press at the desk taking dictation from the director, Professor Avilov, who was pacing back and forth. He was as I remembered him when he visited high school to lecture to my biology class: stocky, not too tall, with thik light-brown hair and powerful arms and chest. His son, Mitzka Avilov, who had been my schoolmate and friend, told me that his father had been a swimming champion in his youth. Professor Avilov was a world-famous geneticist. He talked to us without notes, partly in German, so we could be sure to understand about his genetic research at the institute with the fruit fly Drosophila*".

SUMMARY

The history of the Biology and Medical Institutes in Berlin-Buch from 1930 to 2000 can be devided into four periods which include the Kaiser Wilhelm Institute for Brain Research from 1930 to 1945, an interregnum from 1945 to 1947, the Biological-Medical Institutes of the Academy of Sciences from 1947 to 1991 and finally, the Biomedical Campus Berlin-Buch since 1992.

I. In 1919 the Senate of the Kaiser Wilhelm Society decided to build an Institute for Brain Research in honour of the neurobiologist, Oskar Vogt, who had already founded a private neurobiology ward in Berlin in 1898. The construction of the Institute for Brain Research from 1929 to 1930 in Berlin-Buch was realized with significant help from the Rockefeller Foundation. In order to promote cooperation between basic research and clinical medicine, the institute was built in close proximity to the psychiatric clinics of the Berlin Municipal Hospital, established in Berlin-Buch at the beginning of the 20th century.

Oskar Vogt organized the institute into ten departments which included Neuroanatomy and Brain Architecture, Neurohistology and Pathology, Neurophysiology, Psycholgy, Neurochemistry, Genetics and the Research Clinics. The genetic department was lead by the Russian geneticist, Nicolai W. Timoféeff-Ressovsky, who came to Berlin from Moscow in 1925 by Oskar Vogts request. In 1935, N. W. Timoféeff-Ressovsky, K. G. Zimmer and M. Delbrück published their famous work entitled „The Nature of Gene Mutation and Gene Structure" as deduced from their studies on radiation induced mutations in Drosophila. This publication is considered to be a milestone in the development of molecular genetics.

The work of Oskar Vogt and his co-workers, especially his wife Cécile, predominantly concerned the analysis of the functional organology of the cerebral cortex and its pathological alterations, research fields which were designated in the scientific literature as Topistics and Pathoklise of the brain.

Due to political reasons and contrary to the terms of his contract, Oskar Vogt had to resign as the director of the institute in 1935 by order of the Ministry of Education and Arts. At the beginning of 1937, he left Berlin-Buch and settled with his family at the private Institute of the German Brain Research Society located in Neustadt in the Black Forest where he was scientifically active until his death in 1959 at the age of 89.

Oskar Vogt was replaced by Hugo Spatz, a psychiatrist and neuropathologist from Munich who became the next director of the Kaiser Wilhelm Institute for Brain Research in Berlin-Buch. He reorganized the departments of the institute and during the Second World War, it became increasingly oriented towards military medical research and the clinic served as a reserve military hospital predominantly for those inflicted with brain injuries.

In 1938, Hugo Spatz invited the neuropathologist, Julius Hallervorden, to become the head of the department of histopathology and to serve as the assistant director of the institute. Julius Hallervorden was also head of the department of neuropathology at the psychiatric clinic in Brandenburg-Görden near Berlin where people with congenital illnesses or disabilities were killed in the framework of the Nazi Euthanasia Program. After World War II, the US American military branch instigated an investigation of Hallervorden's work, especially for the prosecuting authorities of the Nürnberger Trials, however, there were no official legal charges brought against him.

In 1944/45, the departments of the Brain Research Institute in Berlin-Buch were moved to the western part of Germany predominantly to Dillenburg, Göttingen, Bochum, Munich and Marburg. Only Timoféeff-Ressovsky remained in Berlin-Buch. He was arrested by the Soviets in September of 1945 and was deported along with some of his German co-workers to the Soviet Union.

II. Before, and after the end of the war in 1945, numerous German scientists from the demolished Berlin institutes came to Berlin-Buch to continue their work. Among them were the biochemist, Karl Lohmann, who discovered ATP in Otto Meyerhof's laboratory in Berlin-Dahlem, Erwin Negelein, a pupil of Otto Warburg, who discovered 1,3-Diphosphoglycerate (Negelein-Ester), the geneticist Hans Nachtsheim and the electron microscopists Ernst and Helmut Ruska. After the war, the institute was supervised by the Soviet Military Administration which gave the scientists the opportunity to continue their work in the buildings of the former Institute for Brain Research.

III. In 1947, the Soviet military authorities handed over the institute to the German Academy of Sciences. Following the recommendations of German scientists, among them the biochemist Karl Lohmann and the physicist Pascual Jordan, the institute was predominantly oriented towards basic and clinical cancer research. Under the direction of Karl Lohmann and the biophysicist Walter Friedrich, who together with Max v. Laue, discovered the electromagnetic nature of X-rays, the following departments were founded in the Institute for Biology and Medicine: Biochemistry, Biophysics, Biological Cancer Research, Chemical Cancer Research, Cell Physiology, Genetics, Pharmacology and Experimental Pathology. Since 1949, the former clinical building of the Institute for Brain Research has housed the Robert Rössle Cancer Clinic

The scientific work at the institute was supervised and coordinated by a board of directors and a scientific advisory council which mainly consisted of external members of the Academy. According to the founding status of the institute, questions predominantly regarding carcinogenesis by chemical substances and viruses, processes of tumorigenesis and metastasis, metabolic and chemical properties of tumors as well as cancerostatic effects of antimetabolites of nucleic acid metabolism and radation were investigated.

In the middle of the 1950's, a more medically orientated research focus at the Institute for Biology and Medicine was obtained by founding a department for Cardiovascular Research and in 1958, a clinic was established which is known today as the Franz Volhard Clinic.

From the different departments and clinics, three so-called Central Institutes of the Academy were formed in 1972. Namely the Center for

Oncology and the Center for Cardiovascular Research and their respective clinics and the Center for Molecular Biology. The main areas of research pursued at the Center for Molecular Biology were cell biology, genetics, immunology, enzymology and biophysics with particular emphasis on problems relating to cell growth and cell differentiation.

IV. According to the Unification Treaty which was agreed upon by the two German countries in 1990, the Academy Institutes were abolished in December 1991. The Scientific Advisory Council of the Federal Republic of Germany and a founding committee recommended to establish a Center for Molecular Medicine as a „Großforschungseinrichtung" in the institutes and clinics of the former Academy in Berlin-Buch. Prof. Dr. Detlev Ganten, a pharmacologist and hypertension research scientist from Heidelberg, became the founding director. After its foundation, research at the Max Delbrück Center for Molecular Medicine (MDC) focused on medical genetics, cell biology, oncology, cardiology, hypertension and neurobiology. The Robert Rössle Cancer Clinic and Franz Volhard Clinic for Cardiovascular Diseases belong to the Charité, Medical Faculty of the Humboldt University. They are associated with the MDC via contracts as „Cooperating Partners".

In 1991 the Science Council of the Federal Republic of Germany recommended that, in line with the Buch concept of cooperation between basic and clinical research, a Biotechnology Park on the Berlin-Buch Campus should be established. Therefore in 1995, the MDC founded an offspring facility, the Biomedical Research Campus Berlin-Buch (BBB) GmbH, now BBB Management GmbH Campus Berlin-Buch. Co-partners include Schering AG and the Forschungsinstitut für Molekulare Pharmakologie (FMP), both of them have a 20 per cent share. The main objective of the BBB is to provide the appropriate framework for the establishment of new companies evolving out of research institutes and clinics and to facilitate the settlement and development of biomedical start-ups and companies. So far, over 40 biotech companies with more than 500 employees have set themselves up on the Berlin-Buch Campus to work closely with the Max Delbrück Center, the Research Institute for Molecular Pharmacology, and with clinicians from the two university affiliated clinics, the Robert Rössle Cancer Clinic and the Franz Volhard Clinic for Cardiovascular Diseases.

In the autumn of 2000, the Research Institute of Molecular Pharmacology, evolved in 1992 from the „Institut für Wirkstofforschung" of the former Akademie der Wissenschaften der DDR and now member of the „Wissenschaftsgemeinschaft Gottfried Wilhelm Leibniz" moved to the campus Berlin-Buch. Its activities are primarily devoted to the identification and characterization of biological macromolecules as drug targets, especially of proteins which are part of cellular signal transduction chains.

NACHWORTE

Wohl dem, der seiner Väter gern gedenket,
der froh von ihren Taten, ihrer Grösse
den Hörer unterhält und still sich freuend
ans Ende dieser schönen Reihe sich geschlossen sieht.

J. W. v. Goethe

Während meiner etwa vierzigjährigen Tätigkeit in Bucher Instituten in der zweiten Hälfte des 20. Jahrhunderts konnte ich wissenschaftliche Entwicklungen miterleben, die nunmehr mit den Begriffen Molekularbiologie und molekulare Medizin beschrieben werden. Diese Fortschritte erlebte ich an der Seite von Forscherpersönlichkeiten, die Maßstäbe für eigenes Handeln setzten. Aus diesen Erlebnissen heraus wurde schließlich auch die Idee geboren, die Geschichte der Bucher medizinisch-biologischen Forschung, die in ihren Anfängen auf das Jahr 1930 zurückgeht, zu untersuchen und niederzuschreiben. Nach ersten Versuchen in Form kleiner Broschüren wurde erstmals 1997 eine größere Darstellung veröffentlicht. Das Echo hat mich ermutigt, weiter an dieser Aufgabe zu arbeiten. Das Ergebnis ist die nunmehr vorgelegte erweiterte 2. Auflage. Auf den Untertitel der 1. Auflage „Beiträge zur Geschichte" habe ich verzichtet, da ich glaube, daß die nunmehrige Fassung über Beiträge hinausgeht und auch für Historiker als Grundlage für weiterführende Arbeiten geeignet ist. Trotzdem erhebt auch diese Ausgabe nicht den Anspruch auf Vollständigkeit in Details. Bei der Auswahl historischer Materialien in Form von Zitaten und Dokumenten in Kapitel 10 habe ich mich von verschiedenen Gesichtspunkten leiten lassen: In erster Linie natürlich, um weitere Fakten zu vermitteln, darüber hinaus aber auch, um Eigenartigkeiten und auch Kuriositäten von Geschehnissen und Persönlichkeiten auf anschauliche Weise zu illustrieren und erlebbar zu machen.

Auch mit dieser Auflage möchte ich wiederum Anregungen zu Rückbesinnungen geben, um das Wissen und die Kraft aus der Wirkung von Geschichte nutzen zu können, frei von Zeitströmungen und ihren Befindlichkeiten.

Mein Dank gilt, ebenfalls wiederum, vielen Kollegen und Freunden, die mir bei meiner Arbeit beratend geholfen haben. Ich danke Prof. Dr. H. Abel (Mühlenbeck), Prof. Dr. H.-D. Faulhaber (Berlin), Prof. Dr. E. Geißler (Berlin), Prof. Dr. A. Graffi (Berlin), Prof. Dr. E. Henning (Berlin), Prof. Dr. A. Hopf (Düsseldorf), Prof. Dr. W. Kirsche (Pätz), Dr. W. Knobloch (Berlin), Frau N. Kromm (Mitarbeiterin von N. W. Timoféeff-Ressovsky, Berlin), Prof. Dr. P. Langen (Berlin), Prof. Dr. P. Oehme (Mühlenbeck), Prof. Dr. G. Pasternak (Teupitz), Prof. Dr. J. Peiffer (Tübingen), Dr. J. Reindl (München), Dr. J. Richter (Berlin), Prof. Dr. R. Rompe (Berlin), Prof. Dr. H. Schulze (Berlin), Dr. A. Timoféeff (Sohn von N. W. Timoféeff-Ressovsky, Jekatarinenburg), Frau Charlotte und Herrn Kurt Trettin (Berlin) sowie Prof. Dr. G. Wildner (Berlin) für Informationen und Anregungen. Ich danke weiterhin Herrn PD. Dr. R. Willenbrock (Franz-Volhard-Klinik) und Herrn Klaus Armbrust (Robert-Rössle-/Franz-Volhard-Klinik) für Beiträge zu diesen beiden Kliniken, Herrn Prof. Dr. W. Rosenthal und Frau Dr. P. Béziat für Beiträge zum Forschungsinstitut für Molekulare Pharmakologie, Frau Dr. G. Erzgräber für Beiträge zur BBB Management GmbH Campus Berlin-Buch sowie Herrn J. Ziegler für Informationen zur Eckert u. Ziegler Strahlen- und Medizintechnik AG. Danken möchte ich auch Frau Karin Müller (Max-Delbrück-Centrum für Molekulare Medizin) und Frau Annett Krause (BBB Management GmbH Campus Berlin-Buch) für ihre Mitarbeit bei der Aufbereitung von Bildmaterialien. Mein besonderer Dank gilt wiederum Prof. Dr. D. Ganten für sein stets förderndes Interesse an meiner Arbeit.

Für finanzielle Unterstützungen zur Herstellung dieses Buches danke ich der BBB Management GmbH Campus Berlin-Buch, dem Forschungsinstitut für Molekulare Pharmakologie, dem Max-Delbrück-Centrum für Molekulare Medizin, den Universitätskliniken Franz Volhard und Robert Rössle sowie der Eckert und Ziegler Strahlen und Medizintechnik AG.

Meine wissenschaftlichen Interessen und Arbeiten in Berlin-Buch wurden entscheidend durch meinen Lehrer Prof. Dr. Dr. h.c. Arnold Graffi gefördert und geprägt. Ich widme ihm dieses Buch in Dankbarkeit und Verehrung. Ich widme dieses Buch auch den jungen Wissenschaftlerinnen und Wissenschaftlern, verbunden mit der Hoffnung, daß es gelingen möge, Wissenschaft als ein mit hohem Ethos verbundenes Streben nach Wahrheit und segensreichen Fortschritten zum Wohle aller Menschen zu verstehen und erfolgreich gestalten zu können.

Berlin-Buch, im Oktober 2001

Heinz Bielka

Quellenverzeichnis

Archiv der Deutschen Akademie der Wissenschaften zu Berlin/Akademie der Wissenschaften der DDR/ Berlin-Brandenburgischen Akademie der Wissenschaften (Archiv BBAW), Berlin.

Archiv zur Geschichte der Max-Planck-Gesellschaft (Archiv MPG), Berlin-Dahlem.

Bielka, H.: Berlin-Buch: Zentrum der Krebsforschung in der DDR: In W. E. Eckart (Hrsg.): 100 Years of Organized Cancer Research. Georg Thieme Verlag, Stuttgart New York, 2000.

Bielka, H. u. R. Hohlfeld. Biomedizin. In J. Kocka u. R. Mayntz (Hrsg.): Wissenschaft und Wiedervereinigung. Akademie-Verlag GmbH, Berlin, 79-142, 1998.

Brocke, B. vom: Die Kaiser-Wilhelm-Gesellschaft in der Weimarer Republik. Ausbau zu einer gesamtdeutschen Forschungsorganisation (1918-1933). In: Vierhaus R. u. B. vom Brocke (Hrsg.), s. dort.

Brocke, B. vom u. H. Laitko (Hrsg.): Die Kaiser-Wilhelm/Max-Planck-Gesellschaft und ihre Institute. Studien zu ihrer Geschichte. Das Harnack-Prinzip. Walter de Gruyter, Berlin, New York, 1996.

Bucher Ortschronik, Interessengemeinschaft: Aus einhundert Jahren Bucher Geschichte 1898-1998. Druckerei H.-V. Götze, Berlin-Buch, 1998.

Deichmann, U.: Biologen unter Hitler. Fischer Taschenbuch Verlag, Frankfurt, 1995.

Ebert, H.: Zur Geschichte von Berlin-Buch. Edition Hentrich, Berlin, 1995.

Freundeskreis der Chronik Pankow e.V.: Zur Geschichte von Berlin-Buch: Edition Hentrich, Berlin, 1995.

Gläser, J. u. W. Meske: Anwendungsorientierte Grundlagenforschung? Erfahrungen der Akademie der Wissenschaften der DDR. Campus, Frankfurt, 1996.

Grau, C.: Die Preußische Akademie der Wissenschaften zu Berlin. Spektrum Akademischer Verlag, Heidelberg, Berlin, Oxford, 1993.

Handbuch der Kaiser-Wilhelm-Gesellschaft (Jahresbände).

Hartkopf, W.: Die Akademie der Wissenschaften der DDR. Ein Beitrag zu ihrer Geschichte. Akademie-Verlag Berlin, 1992.

Hartkopf, W., G. Wangermann: Dokumente zur Geschichte der Berliner

Akademie der Wissenschaften von 1700 bis 1990. Spektrum Akademischer Verlag, 1991.

Haymaker, W., F. Schiller (Eds.): The Founders of Neurology. Springfield, Illinois, 1970.

Heller, G.: Vorgeschichte, Gründung und Aufbau des Kaiser-Wilhelm-Instituts für Hirnforschung 1898-1931. Staatsexamensarbeit, Universität Konstanz, Philosophische Fakultät, Fachgruppe Geschichte, 1995.

Henning, E., M. Kazemi: Chronik der Kaiser-Wilhelm-Gesellschaft zur Förderung der Wissenschaften. Veröffentlichungen aus dem Archiv zur Geschichte der Max-Planck-Gesellschaft, Berlin, 1988.

Jahrbücher der Deutschen Akademie der Wissenschaften zu Berlin/Akademie der Wissenschaften der DDR.

Jahresberichte/Research Reports und Programmbudgets des Max-Delbrück-Centrums für Molekulare Medizin.

Kirsche, W.: Oskar Vogt. Sitzungsberichte der Akademie der Wissenschaften der DDR. 13N, 5-51, 1985.

MDC-Report. Zeitschrift des Max-Delbrück-Centrums für Molekulare Medizin (MDC).

Müller-Hill: Tödliche Wissenschaft. Rowohlt Taschenbuch Verlag, 1984.

Nötzold, P.: Der Weg zur sozialistischen Forschungsakademie. Der Wandel des Akademiegedankens zwischen 1945 und 1968. In D. Hoffmann u. K. Macrakis (Hrsg.): Naturwissenschaften und Technik in der DDR. Akademie-Verlag, Berlin, 1997.

Paul, D. B., C. B. Krimbas: Nikolai W. Timofejew-Ressowsky. Spektrum der Wissenschaft, Heft 4, 86-94, 1992; Scientific American, Heft 2, 64-70, 1992.

Peiffer, J.: Julius Hallervorden, Psychiater und Neuropathologe (Unveröffentlichtes Manuskript, Sammlung H. Bielka).

Peiffer, J.: Hirnforschung im Zwielicht: Beispiele verführbarer Wissenschaft aus der Zeit des Nationalsozialismus. Matthiesen Verlag Husum, 1997.

Peiffer, J.: Assessing Neuropathological Research carried out on Victims of the 'Euthanasia' Programme. Med. hist. J. *34*, 339, 1999.

Peiffer, J.: Neuropathologische Forschung an „Euthanasie"-Opfern in zwei Kaiser-Wilhelm-Instituten. In D. Kaufmann (Hrsg.): Geschichte der Kaiser-Wilhelm-Gesellschaft im Nationalsozialismus. Wallstein Verlag, 2000.

Pfannschmidt, M.: Geschichte der Berliner Vororte Buch und Karow. Berlin, 1927. Nachdruck 1994, Druckerei H.-V. Götze, Berlin-Buch.

Reindl, J.: Akademiereform und biomedizinische Forschung in Berlin-Buch. In G. A. Ritter et al. (Hrsg.): Antworten auf die amerikanische Herausforderung. Band 12: Studien zur Geschichte der deutschen Großforschungseinrichtungen. Campus, Frankfurt, New York, 1999.

Reindl, J.: Die biomedizinischen Forschungsinstitute der DAW/AdW in Berlin-Buch 1945-1990. Unveröffentlichtes Manuskript.

Richter, J.: Oskar Vogt und die Gründung des Berliner Kaiser-Wilhelm-Instituts für Hirnforschung unter den Bedingungen imperialistischer Wissenschaftspolitik. Psychiatrie, Neurologie u. Med. Psychologie, 28. Jahrg., Heft 8, 449-457, 1976.

Richter, J.: Das Kaiser-Wilhelm-Institut für Hirnforschung und die Topographie der Großhirnhemisphären. In Bernhard vom Brocke und Hubert Laitko (Hrsg.): Die Kaiser-Wilhelm-/Max Planck Gesellschaft und ihre Institute. Studien zu ihrer Geschichte: Das Harnack-Prinzip. Walter de Gruyter, Berlin, New York, 1996, S. 349-408.

Richter, J.: Rasse, Elite, Pathos. Centaurus Verlag, Herbolzheim, 2000.

Rompe, R.: Timoféeff-Ressovsky und die Berliner Physik (Unveröffentlichtes Manuskript; Sammlung H. Bielka).

Satzinger, H.: Zur Neurobiologie und Genetik im Zeitraum von 1902-1911 in den Forschungen von Cécile und Oskar Vogt. Biol. Zbl. *113*, 185-195, 1994.

Satzinger, H.: Die Geschichte der genetisch orientierten Hirnforschung von Cécile und Oskar Vogt in der Zeit von 1895 bis ca. 1927. Deutscher Apotheker Verlag, Stuttgart, 1998.

Satzinger, H. u. A. Vogt: Elena Aleksandrovna und Nikolaj Vladimirovich Timoféeff-Ressovsky (1898-1973; 1900-1981). Max-Planck-Institut für Wissenschaftsgeschichte, Preprint 112, 1999.

Scheler, W.: Von der Deutschen Akademie der Wissenschaften zu Berlin zur Akademie der Wissenschaften der DDR. Abriss der Genese und Transformation der Akademie. Karl Dietz Verlag, Berlin, 2000.

Schmuhl, H.-W.: Hirnforschung und Krankenmord. Das Kaiser-Wilhelm-Institut für Hirnforschung 1937-1945. Ergebnisse 1. Vorabdrucke aus dem Forschungsprogramm „Geschichte der Kaiser-Wilhelm-Gesellschaft im Nationalsozialismus". Max-Planck-Institut für Wissenschaftsgeschichte, Berlin, 2000.

Spatz, H.: Geschichte des Max-Planck-Instituts für Hirnforschung. I. Geschichte des Kaiser-Wilhelm-Instituts. Jahrbuch der Max-Planck-Gesellschaft, Teil II, 411, 1961.

Tätigkeitsberichte der Kaiser-Wilhelm-Gesellschaft 1930-1943. Naturwissenschaften, Band 19 (1931) ... Band 31 (1943).

Viergutz,V.: Ludwig Hoffmanns Bauten in Buch. In: Berlin in Geschichte und Gegenwart, 1989.

Vierhaus, R. u. B. vom Brocke (Hrsg.): Forschung im Spannungsfeld von Politik und Gesellschaft. Geschichte und Struktur der Kaiser-Wilhelm-/Max-Planck-Gesellschaft. Aus Anlaß ihres 75jährigen Bestehens. Deutsche Verlags-Anstalt, Stuttgart, 1990.

Vogt, O.: Das Neurobiologische Laboratorium. In M. Lenz: Geschichte der Königlichen Friedrich-Wilhelms-Universität zu Berlin. Band 3, Halle, 1910.

Vogt, O.: Das Kaiser-Wilhelm-Institut für Hirnforschung. In L. Brauer et al.: Forschungsinstitute, ihre Geschichte, Organisation und Ziele. Paul Hartung Verlag, Hamburg, 1931.

Wolf, H.-P., A. Kalinich: Zur Geschichte der Krankenanstalten Berlin-Buch. Edition Hentrich, Berlin, 1996.

Das Institut für Kortiko-Viszerale Pathologie und Therapie. Akademie-Verlag GmbH, Berlin, 1963.

Zentralinstitut für Molekularbiologie Berlin-Buch. Herausgeber: Zentralinstitut für Molekularbiologie, 1980.

Zentralinstitut für Herz-Kreislauf-Forschung der Akademie der Wissenschaften der Deutschen Demokratischen Republik Berlin-Buch. Eigenverlag des Instituts, 1984.

Zentralinstitut für Krebsforschung Berlin-Buch. Herausgeber: Akademie der Wissenschaften der DDR, Zentralinstitut für Krebsforschung, 1989.

BILDNACHWEIS

Archiv der Berlin-Brandenburgischen Akademie der Wissenschaften, Berlin: Abb. 14, 17 (oben), 18, 25, 48, 50, 51, 52, 56, 58.

Archiv zur Geschichte der Max-Planck-Gesellschaft, Berlin: Abb. 6, 7, 8, 11 (oben), 13, 15, 17 (unten), 21, 22, 27, 28, 29, 32, 36, 44.

BBB Biomedizinischer Forschungscampus Berlin-Buch GmbH, Berlin: Abb. 3, 33, 114, 122, 123, 125, 126, 127, 128, 129. Aus „Wissenschaft und Kunst auf dem Campus Berlin-Buch": Abb. 133, 134, 136, 137, 140, 142, 143, 144, 145 (Fotos Gunter Lepkowski: 140, 142, 143, 145; Harald Hirsch: 125; Pico Risto: 144).

Max-Delbrück-Centrum für Molekulare Medizin (MDC), Berlin-Buch: Abb. 34, 69, 94, 107, 108, 109, 111, 112, 113, 115.

Sammlung H. Bielka, Berlin-Buch: 4, 5, 10, 11 (unten), 12, 16, 19, 30, 35, 39, 46, 47, 55, 57, 59, 60, 61, 62, 63, 64, 65, 68, 71, 72, 76, 77, 78, 79, 80, 81, 82, 83, 88, 89, 90, 91, 92, 93, 95, 96, 98, 99, 110, 129. Abb. 135 (Foto: Irmgard Matthies); Abb. 124, 139, 141 (Foto: Dr. Thomas. Müller, MDC).

Eckert u. Ziegler AG: Abb. 130, 131, 132.

Ernst-Ruska-Archiv e.V. Berlin: Abb. 53.

Dr. J. Fassbender, Jülich: Abb. 45.

Forschungsinstitut für Molekulare Pharmakologie, Berlin-Buch: Abb. 118, 119, 120, 121.

Prof. A. Graffi, Dr. Inge Graffi, Berlin-Karow: Abb. 66, 67, 101, 102.

Heinle, Wischer u. Partner: Abb. 114.

Harald Hirsch, Potsdam: Abb. 122, 123.

Prof. H. Kettenmann, MDC, Berlin-Buch: Abb. 111.

Klinik des Zentralinstituts für Herz-Kreislaufforschung/Franz-Volhard-Klinik: Abb. 84, 85, 86, 87.

Dr. Waltraud Noll, geb. Negelein, Berlin: Abb. 49.

Robert-Rössle-Klinik: Abb. 73, 74, 75, 100, 116, 117.

Uta Rademacher: Abb. 127.

Helga Sydow, Bernau: Abb. 104.

Abbildungsvorlagen für Einbandseite 1:
Gehirnkarte: Cécile u. Oskar Vogt (Abb. 20, S. 33); Wildform und Flügelmutante von *Drosophila melanogaster*: Nach F. H. Morgan; Onkogene PaPoVa-Viren: Inge Graffi (Abb. 102, S. 107); Eizell-Mikroinjektion: Max-Delbrück-Centrum/BBB Management GmbH Campus Berlin-Buch (Aufnahme Uta Rademacher); Struktur eines Proteinmoleküls (Adrenodoxin Adx[4-108]): A. Müller et al., MDC-Research Report 2000, Fig. 23.

Personenregister

Auf den *kursiv* verzeichneten Seiten finden sich Abbildungen der genannten Personen, **halbfett** markierte Seitenzahlen verweisen auf Biographien.

Abel, H 88, 96, 97
Alexander, L. 47, 48
Althoff, F. 21
Alzheimer, A. 21
Anders, H. 15, 39, 40, 42
Arnold, W. 100

Bachtler, B. 135
Bader, M. 135
Barth, L. 75, 77, 79
Bauer, K. H. 74, 86, 105, 224
Baumann, R. 83, *87*, 89, 90, 91, 94, 102, 161, 162, 163, 167
Bechterew, W. M. 22
Behlke, J. 98
Benda, L. 27
Bender, E. 78, 109
Berger, H. 30
Bernal, J. D. 74
Berndt, H. 161
Béziat, P. 147
Bielka, H. 87, 88, *89*, 92, 97, 98, 105, 109, 110, 150, 161, 162, 163, 167, 227
Bielschowsky, M. 21, 27, 29, *34*
Biener, M. 80
Bienert, M. 146
Bierwolf, D. *79*, 100, 101, 105, 106, 121, 135, 163, 227
Bimmler, M. 135
Birchmeier, W. 132, 136, 137
Birchmeier-Kohler, C. 133, 135
Birnbaum, K. 24
Biswanger, O. 30, 183
Blankenstein, G. 96, 99
Blankenstein, Th. 133, 136
Blumenbach, J. F. 32
Boehm, H. 41
Böhme, H. 89
Bodmer, W. 123, 126
Bohr, N. 52, 171
Boll-Dornberger, K. 74, *77*
Bonhoeffer, F. 68, 70, 111, 220
Born, H.-J. 57, 58, 59, 61, 62, 79
Borries, B. v. 71
Bothe, H. 77
Brach, M. 139
Brodersen, A. 14
Brodmann, K. 21, 160
Brugsch, Th. 82, *86*, 111, 240
Buch, J. 16
Bürgener, D. 131
Burger, M. 126
Buschbeck, K. 131
Bujard, H. 126
Busjahn, D. 135

Castle, W. E. 51
Conti, L. 40, 41
Coutelle, Ch. 98, 110, 166, 168
Cramer, H. *73*, 74, 76, 77, 166, 168

Damaschun, G. 98, 231
de Crinis, M. 34, 38, 41
Delbrück, M. 52, *53*, 54, 55, 58, *157*, 158, 170, **171**, 239
Dessauer, F. 53
Diepgen, E. 150
Dietz, R. 135, 137, 143, 167
Diterichs, F. W. 17
Dittrich, F. 99
Dobberstein, J. 82
Döblin, A. 236
Donnevert, M. 26, 27, 28
Dörken, B. 135, 137, 141, 167
Drigalski, W. v. 24, 27, 28
Durieux, T. 236
Dutz, H. 80, 163

Ebeling, K. 100
Eckert, A. 153
Eichhorn, H. J. 75, 79, 100, 108
Eicke, W.-J. 42, 45
Einhorn, J. 123
Engelmann, Th. W. 21
Erhardt, M. 131
Erpenbeck, J. 236
Erzgräber, G. 148, 150, 227
Eschbach, W. 75, 79, 106
Etzold, G. 96, 97, 98

Fabricius, E.-M. 163
Faulhaber, H.-D. 102, 121, 163
Fey, F. *79*, 105
Fichtner, I. 135
Fiehring, H. 102, 103, 121
Finnetti, M. 139
Fischer, M. H. 27, 34
Fischer, P. 52, 237
Flechsig, P. 20, 22, 160, 183
Foerster, O. 22, 24, 26, 41
Fontane, Th. 17
Forel, A. 21, 38, 160, 183
Freud, S. 160
Frick, W. 36
Friedrich II., der Große 165
Friedrich III., Kurfürst 165
Friedrich, W. 56, 70ff-78 (*72, 77*), 80, 81, 82, 83, *85*, *86*, 88, *89*, 104, 107, 111, 113, *154*, 155, 160, 166, 168, 172, 223, 240
Fuxe, K. 132

Ganten, D. 124, 127, 129, 131, *132*, 135, 137, *142*, 146, 148, 150, 157, 161, 162, 163, 167, 232, 233, 241
Ganten, U. 132
Geiger, K. 90
Geiler, G. 126, 132
Geißler, E. 77, 97, 109, 135, 215
Gerlach, J. 58, 59
Gerlach, W. 216
Gerok, W. 125, 131, 132, 139
Gerthsen, Ch. 43
Glum, F. 23, 25, 40, 190
Graffi, A. *74*, 76, *77*, *78*, *79*, 81, 82, 85, 86, 91, 99, 100, 101, 103, 104, 105, 106, 109, 161, 162, 163, 166, 167, 172, **173**
Graffi, I. 107
Granin, D. 237
Gross, L. 105
Grosse, R. 98, 109
Grotewohl, O. 75
Grübel, H. 123, 228
Grunwald, R. 122
Grzimek, S. 154, 156
Grzimek, W. 88, 155
Günther, K. 163
Gummel, H. 74, *75*, 76, *77*, 79, *81*, 82, *85*, *86*, 90, 94, 99, 101, 105, 113, *154*, 155, 156, 161, 166, 167, **174**, 224

Haagen, E. 64
Hahn, O. *72*, 58
Haller, H. 132, 135
Hallervorden, J. 39, 42ff-48, 75, 209, 211, 239
Hamperl, H. 82, 173
Handloser, S. 41
Harnack, A. 28, 45, 166, 191
Hartke, W. 117
Hartmann, M. 210
Harris, P. 123
Hausen, H. zur 122, 123, *132*
Havemann, R. 71
Hebekerl, W. 74, 76, 77
Heim, E.-L. 13
Heine, H. 102, 121, 122, 163
Heine, U. 105
Heinemann, L. 163
Heinemann, U. 133, 136
Heise, E. 100
Heinze, H. 41, 45
Heisenberg, W. 56
Heiss, W.-D. 126
Helmcke, J.-G. 105
Henkel, H.-O. 146
Herrmann, F. 132, 139, 141
Hertweck, H. 77, 82
Heubner, W. 68, 74, 175, 220
Hevesy, G. v. 59
Heyse, E. 27, 34

Himmelrath, A. 139
Hippke, E. 41
Hobrecht, J. 11
Hochheimer, W. 27, 39, 41
Hoehe, M. 135
Höhne, E. 96, 97, 98
Hoffmann, L. 11ff-17
Holsboer, F. 147
Holtzhauer, M. 98
Horak, I. 147
Huber, R. 147
Hüttner, J. 101, 121
Hufeland, Ch. W. 12
Husemann, D. 150

Ilse, A. 122
Ipoustéguy, I. 157

Jacobasch, K. H. 99
Jacobi, K. 135
Jordan, P. 56, 57, 58, 64, 65, 66, 240
Jost, E. 129, *132*, 135, 136
Judson, H. F. 237
Jung, F. 25, 74, *75*, 76, 78, 80, 82, *85*, 86, 94, 95, 97, 108, 146, 161, 166, 167, **175**, 221

Kagelmacker, H. 98
Katzenstein, A. 163
Kern, H. F. 123
Kettenmann, H. 132, 133, 136, 162
Kiekebusch, A. 16
Kirsche, W. 160
Kiesling, U. 98
Klare, H. 89, 94, 117
Kleist, K. 41
Knipping, P. 72, 172
Kocka, J. 124
Köhler, W. 27
Kölle, W. 77
Kokkalis, P. 80
Koltzoff, N. K. 50, 56
Koprowski, H. 123
Korge, K. 23
Kornmüller, A. E. 27, *29*, 30, *34*, 40, 43, 44, 47, 209
Knöll, H. 82, 117
Krause, E.-G. 102, 103, 121, 132, 133, 136, 161, 227
Kriester, R. 155
Krischke, W. 105
Krupp, F. A. 20, 21
Krupp von Bohlen und Halbach, G. 21, 26, 28, 36, 37, 41, 189, 190, 197
Kühn, A. 53, 210
Kuhn, R. 71
Kun, B. 35

Lange, F. 84, 85, 87, 114
Langen, P. 97, 98, 109, 163
Laue, M. v. 63, 72, 104, 172

Leibniz, G. W. 165
Lenin, W. I. 22, 23, 49
Lenz, M. 20
Leutz, A. 132, 133, 135
Lewin, G. 133, 135
Lindigkeit, R. 97, 109
Linser, K. 68
Lipp, M. 133, 135
Lohmann, K. 62ff-66, 68, 69, 71ff-75, 77, 78, 80, 81, 82, 85, *86*, 87, 104, 111, 113, 114, 117, *154*, 156, 161, 166, 167, **175**, 220, 240
Lohs, K. H. 87, *89*, 161
Lucius, H. 98
Lüder, M. 101, 121, 227
Lüers, H. 76, *77*, 104
Lührs, W. 75, 77, 79, 82, *86*
Luft, F. 135, 141, 143
Luther, P. 131

Malz, W. 98
Mammen, J. 156, 157
Marggraff, A. 11
Marx, G. *81*, 99
Matthes, Th. 75, 76, 99, 101
Mehnert, W.-H. 100
Meitner, L. 52, 58, *72*, 171
Melchers, F. 125, 132, 135
Mentzel, R. 41
Merkle, K. H. 100
Merriam, J. C. 27, 41
Mertelsmann, R. 125
Meuer, St. 126
Meyer, M. 79
Meynert, Th. 20
Micheel, B. 98
Minor, L. S. 22
Mittelstraß, J. 125
Meyerhof, O. 175
Möglich, F. 58, 63, 64, 66, 68, 69, 73, 74, 220
Mohr, P. 96, 97
Morano, I. 133, 135
Morgan, Th. H. 50, 51
Mothes, K. 117
Mühr, F. 237
Müller, G. 76
Müller, H.-G. 98
Muller, J. 27, 35, 41, 51, 52, *53*

Naas, J. 67ff-71
Nachtsheim, H. 61, 64, 66, 68, 69, 70, 73, 111, 220
Negelein, E. 63, *64*, 73, 74, 75, *77*, 82, 85, 87, 104, 114, 149, 150, *154*, 156, **177**, 240
Neunhoeffer, O. 63
Niedrich, H. 108
Nissl, F. 21, 178
Nitsche, P. 46
Nitschkoff, S. 163

Noack, K. 70, 82, *86*
Noll, F. 98

Ocklitz, H. W. 84, 167
Oehme, P. 90, 96, 108, 161
Olby, R. 54, 237
Oschkinat, H. 147
Ostertag, B. 15

Parchwitz, H. 78
Parthier, B. 131
Pasternak, G. 97, *98*, 100, 105, 106, 122, 161, 163, 167, 227
Patzig, B. 27, *29*, 31, 39, 40, 42, 43, 44, 209
Pawlow, I. P. 83, 198
Pette, H. 41
Peiffer, J. 46, 47, 48
Pfeil, W. 98, 161
Pfrieger, F. 133
Pick, A. 21
Planck, M. 26, 28, *29*, 35, 36, 72, 168, 194, 204, 205
Plaut, F. 28
Platen-Hallermund, A. 48
Pölnitz, K. L. v. 17, 165
Pürschel, H.-V. 128
Pupke, H. 81, 82, *86*

Rajewsky, B. 56
Rakow, A. 161
Ransom, B. 162
Rapoport, T. 98, 110
Rathjen, F. 133, 135
Rauch, J. 13
Reich, J. 97, 98, 109, 132, 133, 135, 163, 167
Reichel, L. 63, 66, 68, 69, 74, 200
Repke, K. 84, 87, 88, *89*, 92, 95, 97, 108, 109
Rein, Herrmann 47
Rein, Horst 98, 163
Reis, A. 133, 135
Rembser, J. 135
Richter, J. 88, 92
Richter, Kh. 102, 103, 121, 122, 227
Riehl, N. 58, 61
Riesenhuber, H. *98*, 131, *132*, *142*
Ringpfeil, M. *121*
Ristau, O. 110, 231
Röbel 17
Rössle, R. 27, 41, 68, 82, 84, 111, *154*, 155, 166, 169
Rommel, G. 155
Rompe, R. 56, 58, 61, 63, 64, 65, 82, 88
Roosevelt, Th. 12
Rosche, G. 98
Rosenhagen, H. 42
Rosenthal, S. 95, 97, 98
Rosenthal, W. 145, 146, 147

Rubner, M. 21
Ruckpaul, K. 97, 98, 108, 163
Ruska, E. 68, 69, *70*, 71, 73, 111, 220
Ruska, H. 68, 69, *70*, 71, 73, 74, 111, 220, 221
Rust, B. 37
Rüttgers, J. 150

Sakmann, B. 132
Sattler, C. 25
Schack, O. 154, 155
Schack, R. 154, 155
Schaeder, H.-J. 40, 209
Schaltenbrand, G. 38
Schedl, A. 133
Scheidereit, C. 133, 135
Scheler, W. 94, 97, 108, 118, 161, 167
Schellenberger, A. 124
Scheller, F. 97, 98, 109, 163, 167
Scherneck, S. 106, 107, 109, 133, 135
Schlag, P. 135, 141, *142*
Schmidt, E. 94
Schmidt, F. 78, 105
Schmidt-Ott, F. 26, 41
Schmuhl, H.-W. 44
Schneeweiß, U. 99, 163
Schnitzer-Ungefug, J. 135
Schnoor, St. 131
Schockel-Rostowskaja, M. 154, 155
Schoffa, G. 110
Scholz, W. 38, 41
Schramm, G. 59
Schramm, T. 100, 161, 162
Schröder, R. 82, 160
Schrödinger, E. 54
Schubert, F. 163
Schürmann, P. 38
Schulz, A. 155
Schulze, W. 103
Schunck, W.-H. 135
Schuster, H. 135
Schwarzbach, A. F. 156
Selbach, H. J. 39, 40
Sellner, H.J. 88, 90, 92
Semaschko, N. A. 22
Serffling, H. J. 80
Simon, D. 124
Simon, R. v. 23
Sklenar, H. 98, 110, 133, 135
Soeken, G. 27, 39, 209
Sokolov 66, 73, 222
Solschenizyn, A. 61, 237
Sommer, Th. 135
Sommerfeld, A. 172
Spatz, H. 38, *39*, 41ff-48, 55, 56, 75, 168, *178*, 209, 217f, 239
Spengler, T. 237
Spielmeyer, W. 26, 38, 45, 178
Starlinger, P. 54
Steinbach, M. 131
Steinert, J. 156

Stone, R. S. 108
Straub, W. 27, 41
Strauss, M. 98, 110
Streeter, G. L.
Stroux, J. 65, 70, 72
Szymanski, R. 157

Tanneberger, St. 100, 101, 103, *121*, 163, 167
Taschner, I. 12, 13, 155
Teichmann, B. 98
Telschow, E. 40, 71
Tenenbaum, E. 34
Thieme, G. 154, 155
Thierfelder, L. 133, 135
Thies, E. 131
Timoféeff-Ressowsky, E. *29*, 34, *50*, 51, 56, 58, 61, 64, **179**
Timoféeff-Ressovsky, N. W. 25, 27, *29*, 40, 41, 49ff (*50*), 61, 63, 64, 71, 76, 88, 89, 104, 107, 162, 166, 168, 171, **180**, 209, 210, 219, 239, 240
Tönnies, J. F. 25, 27, 30, 35
Tönnis, W. *39*, 42, 44, 209
Towstucha, I. P. 20, 187
Trautner, Th. 132
Treusch, J. 131
Tschetwerikoff, S. S. 49, 50, 56

Ulbricht, W. 117

Vavilov, N. I. 52, 56
Viereck, O. v. 17
Virchow, R. 11
Vogel, A. 155
Vogel, F. 98, 107, 135
Vogt, Cécile 20, *21*, 22, 27, *29*, 32, 33, 37, 38, *155*, 160, 162, 166, **182**, 188
Vogt, Marguerite 183
Vogt, Marthe 27, *29*, 31, 34, *36*, 38, 183
Vogt, O. 20ff-38 (*20*, *29*), 49, 55, *155*, 160, 162, 166, 168, **183**, 187, 188, 193, 195, 197, 198, 199, 203, 204, 207, 239
Vogt, P. K. 162
Volmer, M. *72*
Vormum, G. 79, 85
Voss, G. v. 11, 17

Wagner, R. 32
Waldmann, A. 41
Wander, M. 238
Warburg, O. 56, *62*, 63, 68, 71, 82, *86*, 104, 111, 173, 174, 177, 220
Weizsäcker, R. v. 131, *132*, *142*
Welfle, H. 98, 161
Welt, E. 238
Wende, A. 68, 220
Wermuth, A. 17
Westermann, P 98

Wettstein, F. v. 41
Widow, W. 99
Wiechmann, C. 150
Wildner, P. G. 73, 79, 107, 223
Wilhelm II., Kaiser 12, 16
Will, H. 98
Willnow, Th. 135
Will-Shahab, L. 102
Wiltberg, B. v. 16, 17
Windisch, F. 74, 76, 77, 79, 82, 85, 104
Winkelmann, E. 160
Winnacker, E.-L. 125, 132
Winzer, O. 71
Wittbrodt, H. 112
Woelcke, M. 23
Wolf, P. M. 58, 59

Wollenberger, A. 80, 83, *84*, *85*, 102, 110, 161, 167, **185**
Wrba, G. 13, 155
Wunderlich, V. 100, 109

Zapf, K. 79, 89
Zarapkin, S. R. 27
Zenke, M. 133, 135
Zetkin, M. 67, 73, 220
Ziegler, J. 152
Zilling, G. 88, 92
Zimmer, K. G. 52ff-55 (*54*), 57, 58, 59, 61, 62, 108, 162, 214, 215, 239
Zschiesche, W. 97, 161
Zwirner, E. 27, 39, 40, 41, 209

SACHREGISTER

Abwicklung, Akademieinstitute 123, 169, 228, 229
Akademiereform 89, 90, 117, 118
Akademiestatuten 119
Akutmedizin, kardiologische 89, 102
Alte-Leute-Heim 12, 13, 14
Ambulanzen 142, 143
Anästhesie(ologie) 73, 77, 79, 101
Antimetabolite 109
Apoptose 134, 136
Architektonik, Gehirn- 20, 21, 27, 28, 29, 31, 49
Armeelazarette 13, 42, 73
Arteriosklerose 133, 135
Atomforschung, Institut f. 43
Auer-Gesellschaft 56, 57, 58
Auftragsgebundene Forschung 116
Ausbildungsprogramme, klinische 138, 141
Ausnahmegehirne 31, 32
Außenabteilung f. Gehirnforschung 42, 44
Autoantikörper 111
Axone 135, 137

BBB Biomedizinischer Forschungscampus Berlin-Buch GmbH 148ff, 170
BBB Management GmbH Campus Berlin-Buch 148ff
Berliner Abgeordnetenhaus 129
- Magistrat 14, 62
- Senat 131, 140, 141, 142, 143, 148, 149
- Stadtverordnete 11, 12
Berufsbeamtentum 34
Betatron 95, 169
Bibliotheken 30, 87, 134
Biochemie 63, 64, 68, 69, 70, 74, 76, 78, 80, 84, 85, 98
Bioelektronik 98
Bioethik 134, 135
Biographien 171ff
Bioinformatik 98, 134, 135, 136, 137
Biokatalyse s. Enzymologie
Biologieprognose 116
Biomedizinischer Forschungscampus 129ff
Biomembranen 95, 109, 118, 133, 147
Biophysik 63, 64, 66, 68, 69, 70, 76, 78, 85, 88, 96, 98, 107, 108, 135, 147
Biopolymerstrukturanalyse 98, 110, 134, 136, 147
Biosensoren 109; s. auch Enzymelektrochemie
Biotechnologieunternehmen 149, 152
Biozentrum 88, 92, 93
Botanisches Labor 78, 104
Brandenburg-Görden 39, 45, 46, 48

Brandenburgische Anstalten 39, 45, 46
Bucher Wissenschaftskonzept 1990 122, 123, 125, 227
Bundesministerien 131, 138, 150

Centrum f. molekulare Medizin 129, 170, 232, 233
Charité 11, 15, 38, 107, 140, 141
Chemie 27, 31, 40, 63, 65, 69, 70, 74, 96, 98
Chemotherapie 30, 100, 101, 109, 134, 136
Chirurgie, Onko- 39, 42, 99, 101, 141, 143
Chronik 168f
Clinical Research Units 138, 141
Computertomographie 100, 101, 169

Degussa-Konzern 57
Deutsche Forschungsanstalt f. Psychiatrie 38, 45, 47
Deutsche Forschungsgemeinschaft (DFG) 33, 46, 49, 138
Deutsche Hirnforschungsgesellschaft 37
Deutsche Zentralverwaltung f. Gesundheitswesen 60, 66, 68, 73
Deutsche Zentralverwaltung f. Volksbildung (DZVV) 62, 71
Deutsches Krebsforschungszentrum (DKFZ) 86, 101, 122, 132
DFG, s. Deutsche Forschungsgemeinschaft
Diabetes mellitus 111
Diagnostik 99, 101, 103, 104, 142, 143
Diakonisches Werk 18
Dillenburg 44, 47
Direktorenhaus 23, 25, 158
Direktorium, Akademieinstitute 81, 85
DNA-Onkoviren 106, 107, 110
Dokument D906 48
- L170 47
Dreimännerarbeit 53, 54, 55
Drittmittel 138, 143, 144, 145
Drosophila 50ff

Eckert u. Ziegler AG 148, 152, 153, 154, 159
Editionen, wissenschaftliche 160ff
Elektroenzephalographie 29, 30, 35
Elektronenmikroskopie 70, 71, 78, 79, 98, 103, 135, 149
Elitegehirne 32
Endokrinologie 101
Endoplasmatisches Retikulum 108, 134, 135
Energiewanderungsprozesse 58
Enzymelektrochemie 96, 97, 98, 109

Sachregister

Enzymologie 96, 98, 106, 118
Epidemiologie 103, 107, 134, 137
Epilachna 50, 51
Erbbiologie/Erbforschung/Erbpathologie 41, 66, 68, 69, 70
Erwin-Negelein-Haus 149, 150, 152, 158, 170
Eugenik 33, 70
Europäischer Fonds 149, 150
Europäische Union 138
Euthanasie 44ff-49, 156
Evaluierung 123, 124, 125, 169
Evolutionsgenetik 50
Evolutionstheorie, synthetische 50

Fälschungen, s. Forschungsfälschungen
„Festes Haus" 18, 236
Festkörperphysik/Forschung 63, 69, 74
Fördermittel 138, 143, 144, 149; s. auch Drittmittel
Forschungsbereiche, Akademie 94, 117
Forschungsfälschungen 139
Forschungsgemeinschaft, Deutsche-, s. Deutsche Forschungsgemeinschaft
-, der Akademie 81, 113, 116
Forschungsinstitut, für Molekulare Pharmakologie 145ff, 148, 170
-, Luftfahrtmedizinisches - 42
Forschungskliniken, s. Franz-Volhard-Klinik, Geschwulstklinik, Nervenklinik, Robert-Rössle-Klinik
Forschungsschwerpunkte
- Akademieinstitute 74, 97, 99, 100, 101, 103ff
- Forschungsinstitut f. Molekulare Pharmakologie 146, 147
- Franz-Volhard-Klinik 144
- Institut f. Hirnforschung 27, 29, 30, 31, 38, 39, 40, 42, 43, 50, 51f, 199, 217f
- Max-Delbrück-Centrum 132f, 135f
- Robert-Rössle-Klinik 142
Forschungsstelle f. Hirn-, Rückenmark- u. Nervenverletzte 42
Forschungstechnik (Automatisierung, Geräteentwicklung etc.) 27, 69, 70, 76, 98, 109
Forschungszentrum für Molekularbiologie u. Medizin 94, 97, 112, 115, 117, 118
Fototechnik 27
Franz-Gross-Haus 84, 88, 170, 158
Franz-Volhard-Klinik 140f, 143f, 170, 158
Friedhöfe 13, 14, 15, 23, 24

Geheime Staatspolizei, s. Staatspolizei
Genesungsheim 12, 13, 14, 15
Genetic engineering 55
Genetik 25, 26, 27, 31, 39, 40, 45, 49ff, 64, 65, 70, 74, 76, 77, 78, 85, 96, 98, 103, 110, 118, 120, 132, 134, 135, 136, 142, 147
- Human- 98, 103, 110
- medizinische - 31, 98, 103, 110, 132, 134
Genetische Krankheiten 45, 110, 134, 144
Genetisches Vivarium 25, 26, 50, 51
Gen-/Genomanalyse 53f, 55, 110, 133f, 142, 144, 147
Genovariationen 51, 136
Gentherapie 106, 110, 135, 136, 142
Gentransfer 110, 135, 136
Genstruktur 53f
Geschwulstforschung 39, 64, 65, 68, 69, 70, 73, 74, 76, 77, 78, 85, 90, 94, 104ff, 132, 134, 135, 136, 137, 141
Geschwulstklinik 69, 73, 74, 76, 77, 81, 85, 99f, 141f, 168; s. auch Robert-Rössle-Klinik
Gewächshäuser 25, 26, 50
Gewebezüchtung 78, 87, 90, 169
Gießen 44
Gläsernes Labor 15, 16, 149, 150, 151, 170
Gliazellen 135, 136
Glykokonjugate 134, 134
Graffi-Virus 105, 106
Görden 39, 41, 44, 45, 46, 47
Großhirnrindenkarten 29, 33
Großforschungsvorhaben, sozialistisches 117, 118
Gründerzentrum, s. Innovations u. - Gründung
- BBB 148
- Eckert u. Ziegler AG 153
- Forschungsinstitut Molekulare Pharmakologie 145
- Geschwulstklinik 73
- Hirnforschungsinstitut 20, 26, 28, 29, 199f, 205
- Innovations- u. Gründerzentrum 150
- Institut Herz-Kreislaufforschung 80
- Institut Kortiko-Viscerale Pathologie u. Therapie 83
- Institut Medizin u. Biologie 68, 69
- Max-Delbrück-Centrum 129, 130
- Universitätskliniken Franz Volhard u. Robert Rössle 140
Gründungskomitee, MDC 125, 126
Gutachten, Bucher Institute 123, 125

Harnack-Prinzip 28, 65
Hauptforschungsrichtungen 100, 108
Hämkatalyse 98
Hämoglobinforschung 108
Heil- u. Pflegeanstalten 12, 24, 25, 26, 39, 40, 41
Heim-Krankenhaus 13, 19
Heimstätte f. Lungenkranke 13, 14

Helios-Kliniken GmbH 19, 141
Hermann von Helmholtz-Gemeinschaft 132, 137
Hermann von Helmholtz-Haus 139, 159, 170
Herzbiochemie 111, 133
Herzinfarktforschung 84, 102, 103, 111; s. auch Kardiologie
Herz-Kreislaufforschung 135, 136, 137, 169; s. auch Kardiologie
- Zentralinstitut f. - 102
Herzglykoside 109
Herzmuskelzellen, pulsierende 111
Hirnforschung, s. Institut f. Hirnforschung
Hirnpräparate 46, 48, 49, 75, 211
Hochgeschwindigkeitsdatenleitung 158
Hochvoltanlage 43, 76, 80, 168, 216
Hoffmann-Krankenhaus, s. Ludwig-Hoffmann-Krankenhaus
Hospital-Ost 12
Hospital-West 13
Hufeland-Krankenhaus 12, 13, 15, 18, 46, 49
Humangenetik 98, 109
Hydrodynamik 96, 136
Hyperthermie-Therapie 105, 142
Hypertonie 42, 102, 111, 132, 134, 135, 143, 144
Hypnose 31

Immanuel-Krankenhaus GmbH 18
Immunologie 97, 98, 100, 101, 103, 106, 135, 142
Immuntherapie 98, 106, 134, 136, 142
Indikatormethode 59, 60
Industriebezogene Forschung 116, 117, 119
Infarktforschung, s. Herzinfarktforschung
Infektionskrankheiten 84, 85
Informationszentrum 91, 96, 99
Innovations- u. Gründerzentrum 149, 150, 151, 158, 159, 170,
Institut
  Angewandte Isotopenforschung 78, 79, 85, 90
  Anthropologie, Eugenik u. Erblehre 70
  Apparatebau 70
  Biochemie 68, 69, 70, 74, 75, 78, 85
  Biophysik 66, 68, 69, 70, 74, 76, 85, 88, 89
  Biophysik u. Medizinische Physik 65, 66
  der Deutschen Hirnforschungsgesellschaft 37
  Erbbiologie u. Erbpathologie 64, 66, 68, 69, 70
  Festkörperphysik/-forschung 63, 68, 69

  Genetik 61, 63, 74, 76
  Genetik u. Biophysik 61, 63, 319
  Geräteentwicklung 69
  Geschwulstforschung, s. Krebsforschung
  Herz-Kreislaufforschung 81, 84, 85, 168, 169
  Hirnforschung 15, 20f, 23f, 38f, 168
  Kortiko-Viscerale Pathologie u. Therapie 83, 84, 85, 87, 88, 89, 90, 168
  Krebsforschung 69, 70, 74, 76, 78, 85, 86, 90
  Medizin u. Biologie 68, 69, 74ff, 168
  Mikromorphologie 69, 70, 74
  Organische Chemie 69, 70
  Pharmakologie 76, 78, 85
  Zellphysiologie 85, 87
Institutsstrukturen
- Forschungsinstitut Molekulare Pharmakologie 146, 147
- Franz-Volhard-Klinik 143
- Geschwulstklinik 73
- Hirnforschung 27, 28, 39, 40, 42, 199, 217f
- Institut Medizin u. Biologie 74ff, 85, 90, 91
- Kortiko-Viscerale Pathologie u. Therapie 83, 84
- Max-Delbrück-Centrum 132f, 135f
- Robert-Rössle-Klinik 141
- Zentralinstitut
  - Herz- Kreislaufforschung 102, 103
  - Krebsforschung 99, 100, 101
  - Molekularbiologie 95, 96, 98
Intensivtherapiestationen 82, 84, 169, 170
Investitionen 158, 159
Irrenanstalt 11, 13, 14, 24
Isotope/Isotopenforschung 30, 58ff, 61, 78, 79, 85, 90, 152, 153, 154

Jeanne-Mammen-Saal 15, 158, 170
Judenboykott 24, 34, 35

Kaderpolitik 114
Kanalisation 11
Kanzerogene(se), chemische 100, 101, 104
Kanzerostatika 109
Kapelle, Friedhofs- 14, 15, 17, 25, 43, 77, 168
Kardiologie 102, 103, 132, 133, 135, 143; s. auch Herz-Kreislaufforschung
Kardiomyopathien 111, 133, 134, 144
Karl-Lohmann-Haus 151, 152, 159, 170
Kinderheilanstalt 13
Klinische Ausbildungsprogramme 138, 141
-, Kooperationsprojekte 137
Komakademie 23

Kommunikationszentrum 139, 159, 170
Kommunistische Partei (KPD) 34
Konstitutionsforschung 27, 31, 39, 64
Konzept, Bucher 122, 123, 125
Kooperationsprojekte, klinische 137
Kortiko-Viscerale Pathologie u. Therapie, s. Institut f. - u. Institutsstrukturen
Krankheiten, genetisch bedingte 45, 110, 134, 144
Krebsforschung, s. Geschwulstforschung
-, Institut/Zentralinstitut f. - 85, 86, 99ff
Krebsregister 100, 101, 107
Kreislaufforschung 80, 83, 84, 85, 94, 102, 168; s. auch Herz-Kreislaufforschung
-, Institut/Zentralinstitut f. - 81, 84, 85, 102ff
Kreislaufzeit 59
Kristallographie 98, 135
Kunst, auf dem Campus 154ff
Kuratorium
-, Akademieinstitute 68, 73, 81
-, Institut f. Hirnforschung 26, 27, 41
-, Max-Delbrück-Centrum 131, 132

Landbuch Kaiser Karl IV. 16
Landhaus V. 25, 26, 49
Lazarette 12, 13, 14, 42, 44, 73
Leitinstitute 107, 100
Leitungskollegium, MDC 137
Lenins Gehirn 22, 23, 32, 187, 237
Lokalisationslehre 20; s. auch Topistik
Leukämien 105, 106, 134
Leukämieviren 105, 106
Linearbeschleuniger 100, 169
Lipidstoffwechsel 135
Ludwig-Hoffmann-Krankenhaus 12, 13, 18, 42, 73
Luftfahrtmedizinisches Forschungsinstitut 42, 44, 47

Magistrat, Berliner 14, 62
Magnetokardiographie 144
Magnetresonanztomographie 144
Mai-Demonstrationen 41, 86
Makrobiotik 12
Marienkäfer 50, 51
Marsaille-Kliniken 18
Mathematische Biologie 97
Mauerbau 1961 113, 114, 115
Max-Delbrück-Centrum 129ff
Max-Delbrück-Haus 95, 139, 157, 158, 169
Medizinische Fachschule 18
Membranen, s. Biomembranen
Metastasierung 104, 134, 136
Mikrobiologie 74, 76, 77, 78, 79
Mikromorphologie 69, 70, 74

Militärärztliche Akademie 42
Ministerrat, der DDR 116, 117, 118, 119
Mitarbeiterhaus 23, 25
MOGEVUS 117, 118
Molekularbiologie 90, 94, 95ff
- Zentralinstitut f. - 95ff
Monooxygenasen 108
Muskelphysiologie 133, 135
Mutationsforschung 50, 51ff, 136

Nachsorge 73
Nationale Erhebung 35
Nationalsozialistische Deutsche Arbeiterpartei (NSDAP) 34, 65, 207
Negelein-Ester 63, 177
Nephrologie 135, 141, 143, 144
Nervenklinik 26, 27, 39, 73
Neuer Gemeindefriedhof 13, 23
Neues Ökonomisches System 116
Neurobiologische Zentralstation 20, 21, 29
Neurobiologisches Laboratorium 21, 22
Neuro-
anatomie 20, 25, 27, 39
biologie 20, 21, 22
chemie 27, 31, 36, 40
chirurgie 39, 42
histologie 21, 25, 27, 29, 39, 41
pathologie 27, 29, 39, 40
physiologie 20, 27, 29, 30, 40
regulation 102
pharmakologie 31
wissenschaften 132, 135, 136
Neutronengenerator 57, 80
Neutronenhaus 57, 76, 77, 80, 85, 86, 87, 168; s. auch Walter-Friedrich-Haus
Neutronen(strahlen) 43, 57, 58, 100, 108, 216
Neutronentherapie 58, 108
NMR 147
Notgemeinschaft, der deutschen Wissenschaft 26, 33, 34
Nuklearmedizin 77, 101, 102, 141, 143
Nukleinsäurestrukturanalyse 110, 136
Nürnberger Ärzteprozesse 46, 47, 48

Onkogene 105, 134
Onkologie, s. Geschwulstforschung
Onkogene Viren 105ff, 109
OP2000 142, 143, 144
Operationssaal 77, 81, 100, 101, 142f, 169
Orthopädie 12, 18
Oskar- u. Cécile-Vogt-Haus 25, 76, 148, 150, 158, 168
Otto-Warburg-Haus 151, 152, 159, 170

Parkinsonsche Krankheit 43
Parteikontrolle 115
Pathoarchitektonik 22, 29

Pathoklise 22, 29
Pathologie 15, 27, 39, 40, 70, 74, 102;
  s. auch Neuropathologie
Pawlow-Lehre 83
Penetranz 51
Peptidchemie 108, 146
Personal
- Akademieinstitute 74, 75, 99
- Forschungsinstitut Molekulare Pharmakologie 145
- Franz-Volhard-Klinik 140, 143
- Institut Hirnforschung 27, 33, 34, 39, 40
- Max-Delbrück-Centrum 129, 138
- Robert-Rössle-Klinik 140, 142, 143
Personalrat, MDC 132, 135
Pflanzentumoren 78, 104
Phänogenetik 50, 51
Pharmakogenomik 137
Pharmakologie 31, 74, 76, 78, 84, 85, 96, 102, 108, 145f
Phonetik/Phonometrie 27, 39, 40
Physik 65, 78, 84; s. auch Biophysik, Festkörperphysik
Physiologie 40, 64, 84, 103, 133, 135; s. auch Neurophysiologie
Picksche Krankheit 43
Poliklinik 73, 100, 102, 144, 169
Politbüro der SED 117, 118
Populationsgenetik 49, 50, 51
Programm Biowissenschaften 118
Prosektur Görden, s. Görden
Protein-"Engineering" 147
Proteinstrukturanalyse 98, 134, 136, 147
Proteintransport 110, 134
Protestaktionen 1989/90 121
Psychiatrische Anstalten 39, 41, 44, 45, 46, 48
Psychologie 20, 27, 39

Querschnittsprojektbereiche 141

Radiobiologie, s. Strahlenbiologie
Radiodiagnostik 143
Radioisotope 50, 58ff, 79, 153, 154; s. auch Isotope
Radiologie 100, 102, 103
Rassegehirne 32
Rassekunde 22
Rassen
  -biologie 34
  -lehre 69
  -pathologie 32
Rat
- der Direktoren, Institut Medizin u. Biologie 81, 82, 86
- f. Gegenseitige Wirtschaftshilfe (RGW) 100
- f. Medizinische Wissenschaften 118
- f. Planung u. Koordinierung der Medizinischen Wissenschaften 118
Rechenzentrum/Rechentechnik 87, 91, 98, 157, 169
Regierungskrankenhaus 14, 18
Reichsamt für Wirtschaftsausbau 60
Reichsausschuß zur Erfassung erb- u. anlagebedingter schwerer Leiden 45
Reichsforschungsrat 43, 60
Reichsinitiative Ost
Reichsluftfahrtministerium 42, 47
Reichsministerien 36, 37, 41, 42, 47, 56, 60
Reisekader 114
„Republikflucht" 113
Restenosen 144, 154
Ribosomen 109, 110
Rindenfelder 29, 33
Rieselfelder 11
RNA-Onkoviren 105, 106
Robert-Rössle-Klinik 25, 81ff, 86, 99ff, 140, 141f, 158, 170; s. auch Geschwulstklinik
Rockefeller-Stiftung 22, 34, 191, 192
Röntgenhaus 77, 83, 87, 169
Röntgenstrahlen, mutagene Wirkungen 51ff
Röntgenstrukturanalyse 74, 96, 98, 136
Rudolf-Virchow-Klinikum/Krankenhaus 15, 140, 170

SA (Nationalsozialistische SturmAbteilung) 35
Schering AG 148
Schlaftherapie 83
Schloßkirche 17, 44, 177, 178
Schule f. Gesundheitsberufe 18
SED (Sozialistische Einheitspartei Deutschlands) 112ff-115, 117, 118, 119
SED-Mitgliedschaften 114, 115
Semnonen 16
Signalsysteme, zelluläre 133, 134, 135, 136, 147
Skulpturenpark 156, 157
Sonderstelle zur Erforschung von Kriegsschäden des ZNS 42
Sowjetische Militäradministration 62, 64, 65, 66, 68, 69, 70, 72, 73, 75
Sozialistisches Großforschungsvorhaben MOGEVUS 117, 118
Spektroskopie 96, 98, 136
Staatspolizei, geheime 36
Staatsrat, der DDR 117
Staatssicherheit 14, 115
Städtisches Klinikum/Krankenhaus 14
Stammzellen 137, 142
Stasi-Krankenhaus 14, 18
Steroidchemie 109
Stiftungsvorstand, MDC 132
Strahlenbiologie 50, 51, 77, 88, 96, 104, 107, 108

Strahlenbiophysik 88, 89, 96, 108
Strahlengenetik 51ff
Strahlenmetronomie 74, 104
Strahlentherapie 58, 76, 77, 79, 100,
 101, 104, 108, 136
Streßproteine/-reaktionen 134, 135
Strukturbiologie 135, 136, 137, 147
Studentenausbildung 99, 125, 126
Sungul, Lager - 61, 62
Synthetische Evolutionstheorie 50

T4-Aktion 41, 45
Tabakmosaikvirus (TMV) 59
Telemedizin, interaktive 143
Therapie
 Chemo- 30, 100, 101, 109, 134, 136
 Gen- 106, 110, 135, 136, 142
 Hyperthermie- 105, 142
 Immun- 98, 106, 134, 136, 137, 142
 molekulare - 134, 136
 Neutronen- 58, 108
 Strahlen- 58, 76, 77, 79, 100, 101,
  104, 108, 136
Thermodynamik 98
Thoriumisotop Uran X 59
Thorotrast 59
Thorotrastosen/Thorotrastome 59
Tiere, transgene- 134
Tierhäuser 25, 79, 87, 90, 84, 88
Timoféeff-Ressovsky-Haus 87, 91,
 158, 169
Tönniesscher Elektroenzephalograph
 30, 35
Topistik 29, 33, 37
Torhaus 14, 15, 23, 25, 44, 49, 51, 158,
 170
Transkriptionsregulation 135, 136
Treffertheorie/Trefferprinzip 53, 57, 59
Tumorbiochemie 104
Tumorforschung, s. Geschwulstforschung
Tumorgenetik 134, 135, 142
Tumorimmunologie 98, 106, 134, 135,
 141

UNESO 99
Universitätskliniken 140, 141f, 143f

Vektoren 110, 136, 146
Versuchstierzucht 100
Vertragsforschung 116, 117

Verpflegungsanstalt 12
Vierjahresplaninstitut f. Atomforschung
 43
Villa Rotonda 17
Virchow-Krankenhaus/Klinikum 15,
 140
Viren, onkogene 105ff, 110
Virologie/Virusforschung 59, 64, 65,
 78, 87, 90, 96, 97, 98, 100, 101, 105f
Virostatika 109
Vivarium, genetisches 25, 26, 50, 51

Wachstumshemmstoff MDGI 109
Waldhaus 12, 13, 14, 15, 18, 19
Walter-Friedrich-Haus 17, 25, 77, 139,
 158, 168
„Wendezeit" 120, 121, 127, 128, 231
Werk Buch 14
WHO 101, 102, 111
Wirkstofforschung 96, 108, 145
Wirtschaftsgebäude 15, 16, 23, 158; s.
 auch „Gläsernes Labor"
Wissenschaftlicher Ausschuß, MDC
 131, 135
Wissenschaftlicher Rat
-, Akademieinstitute 81, 82, 86
-, MDC 132
Wissenschaftsgemeinschaft G. W. Leibniz 145
Wissenschaftspolitik 111ff
Wissenschaftsrat 120, 123ff-126
Wollenberger-Clamp 110
WTZ-Abkommen 101

Zellbiologie 96, 98, 103, 132, 134, 136
Zellgenetik 96, 98
Zellkinetik 96, 97, 98
Zellphysiologie 63, 64, 74, 85, 96, 97,
 98
Zellregulation 96, 97
Zentralfriedhof Buch-Karow 13, 14,
 15, 17, 23, 24
Zentralinstitute, Akademie- 94, 95ff,
 99ff, 102f, 169
Zentralkomitee, SED 89, 112
Zentralverwaltung, Deutsche
 f. Gesundheitswesen 60, 66, 68, 73
 f. Volksbildung 62, 71
Zyklotron 168
Zytoarchitektonik 20, 21, 49

If you have any concerns about our products,
you can contact us on
ProductSafety@springernature.com

In case Publisher is established outside the EU,
the EU authorized representative is:
**Springer Nature Customer Service Center GmbH
Europaplatz 3, 69115 Heidelberg, Germany**

Printed by Libri Plureos GmbH
in Hamburg, Germany